U0309490

人工重力

Artificial Gravity

[法] 吉尔斯·克莱门特
[美] 安吉·伯克利 编

白延强 等 译

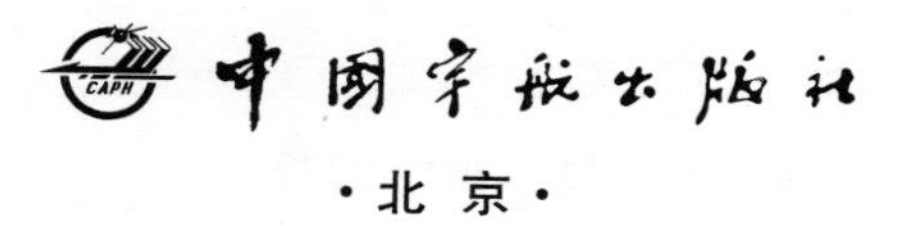

·北京·

Translation from the English language edition:
Artificial Gravity by Gilles Clement, Angeli Bukley (Eds.)
Copyright © 2007 Springer Science + Business Media, LLC
All Rights Reserved
本书中文简体字版由著作权人授权中国宇航出版社独家出版发行，未经出版者书面许可，任何个人或者组织不得以任何方式抄袭、复制或节录本书中的任何部分。
著作权合同登记号：图字：01-2012-6559

版权所有　侵权必究

图书在版编目（CIP）数据

人工重力/（法）克莱门特，（美）伯克利（Bukley，A.）编；白延强等译. --北京:中国宇航出版社,2012.10

ISBN 978-7-5159-0292-0

Ⅰ.①人… Ⅱ.①克… ②伯… ③白… Ⅲ.①人造重力 Ⅳ.①O314

中国版本图书馆 CIP 数据核字（2012）第 216725 号

责任编辑 曹晓勇　**责任校对** 祝延萍　**封面设计** 文道思

出版发行 中国宇航出版社
社址 北京市阜成路 8 号　邮编 100830
(010)68768548
网址 www.caphbook.com
经销 新华书店
发行部 (010)68371900　(010)88530478(传真)
(010)68768541　(010)68767294(传真)
零售店 读者服务部　北京宇航文苑
(010)68371105　(010)62529336
承印 北京画中画印刷有限公司
版次 2012 年 10 月第 1 版　2012 年 10 月第 1 次印刷
规格 880×1230　开本 1/32
印张 14　字数 403 千字
书号 ISBN 978-7-5159-0292-0
定价 68.00 元

本书如有印装质量问题，可与发行部联系调换

译者序

在神舟九号与天宫一号组合体飞行期间，为本书撰写译者序，感慨万千。经历了四十多年的风风雨雨，我国的航天发射技术、飞行控制技术以及相关保障技术都取得了长足的发展，并逐步成熟。中国航天员队伍不断发展壮大，人员结构日趋合理，值得我们尊敬和佩服。在飞控现场看到航天员娴熟流畅地完成各项操作时，心底不由地在想，深邃的太空早已不是无法企及的梦想，我国的航天实力也得到了国际同行的高度认可。面对未来的航天之路，作为技术支撑的航天医学基础是否已经明确了研究目标？我们准备好了吗？

随着航天事业的发展，国际航天医学界越来越认识到，我们要有标准的研究方法、标准的检测方法，需要通过优势互补的合作来完成复杂的研究任务。前不久完成的“火星—500”试验，充分体现了这一点。本次组织翻译的《人工重力》一书，也体现了在未来长期飞行防护措施的探索过程中，国际合作的必然趋势。本书系统地介绍了在航天飞行防护措施探索过程中的大胆设想，并依据这一设想所开展的相关工作及结果。从数据内容来看，人工重力防护的研究工作还有很长的探索之路要走，目前的研究成果距离在飞行中以及在星际探索的居留地使用，还相去甚远。本书系统介绍了失重生理学的相关内容，对于指导后续的失重防护措施和方法的研究具有重要意义。书中详实的实验结果和机理叙述，对科学问题的系统梳理和归纳，不仅可以指导科研人员开展相关的研究工作，对于攻读航天医学的研究生也是非常好的教材。

本书的作者吉尔斯·克莱门特教授是活跃在航天医学界的资深专家之一，长期从事航天医学空间实验及教学工作。他也是中国航天员科研训练中心的老朋友，曾多次来中心参观交流，他主编的《航天医学基础》一书也由中心科研人员于2008年进行了翻译，由中国宇航出版社出版。

本书由中国航天员科研训练中心组织翻译，中心各研究室相关研究方向的科研人员承担了具体的翻译工作，他们是：王林杰，刘炳坤，汪德生，袁明，李志利，谈诚，曹毅，赵琦，宋锦苹，费锦学，李红毅，张磊，张立红。这些译者长期从事相关研究工作，确保了翻译的权威性和准确性。沈羡云、白延强担任了译著的主审，肖志军在校译和定稿中做了大量工作，中心科研训练科李娜承担了大量协调工作，大大促进了译著的出版过程。这里，要特别感谢中国宇航出版社在本译著版权合作及出版过程中给与的大力支持。

由于任务繁重、时间仓促并限于译者水平，本书的译校、统稿中难免有疏漏之处，敬请同行专家和广大读者指正。

白延强

中国航天员科研训练中心副主任

2012年8月

序

人工重力是一个老概念，起源于19世纪后期，当时被誉为俄罗斯航天之父的康斯坦丁·齐奥尔科夫斯基（Konstantin Tsiolkovsky）提出了人体不能很好地适应太空轨道飞行微重力环境的观点。为解决这一问题，他提出将空间站进行旋转，产生向心加速度，提供类似于地面上重力的惯性载荷。后来爱因斯坦（Einstein）在他的相对论中证实了加速度与重力影响在本质上没有区别。此后，许多专家，包括来自科学界的沃纳·冯·布劳恩（Werner von Braun）以及来自文艺界的如亚瑟·C·克拉克（Arthur C. Clark）和斯坦利·库布里克（Stanley Kubrick），提出了各种详细的航天器旋转方案，用产生的“人工重力”抵消太空飞行所致的生理改变。

到了1959年，由于无法确定人类在太空飞行中的反应，迫使美国国家航空航天局（NASA）在早期人类航天器的研制计划中考虑设计人工重力装置的必要性。当然，部分原因是飞行时间相对较短，人工重力在美国国家航空航天局早期计划中并未得到实际应用。从这些早期的太空飞行任务中，我们发现人类可以耐受短期的零重力环境，但对于在这种环境中的长期暴露将导致显著影响的担忧一直存在。在进行长期飞行时，可能存在某个阈值，当超过该阈值后，航天员的健康、安全以及工作能力将会受到极大的影响，以至于对航天员个人乃至整个飞行任务带来无法接受的危害。因此，在19世纪60年代，美国国家航空航天局资助了多个学术会议，讨论人工重力在长期太空飞行中的必要性。

20世纪70年代，通过天空实验室项目，我们得知人类可以耐受数周的零重力环境而不会超过人体耐受阈值。最近20年，随着和平号空间站和国际空间站项目的进行，我们认识到通过一些特定系统的防护措施（如抗阻力锻炼和有氧锻炼），能够满足长达6个月的近地轨道飞行（LEO）所需的生理防护要求。现在，美国国家航空航天局的目光已经转向更远的飞行，包括在月球长期停留以及长达1 000天以上的火星飞行或其他远离近地轨道的目标飞行。这些目标又重新引起人们对人工重力的关注，促使有关的学术团体达成共识，公开各自人工重力的研究结果，形成切实可行的旋转飞行器工程设计方案。

生理失代偿并不是威胁人类太空飞行的唯一因素。心理因素（如无聊、隔离、小团体成员间的互动），环境因素（尤其是辐射暴露）以及后勤保障（如空气、水及食品的供给）等，都会随着飞行时间的延长产生愈来愈显著的影响。这些因素中的任意一种都可能对未来载人飞行的时间产生制约。同时，飞行的距离受到所使用推进系统的限制。为实现某个特定推进系统功能的最大化，开展太空探索的国家都会投入大笔的经费开展相应的研究，以便将这四种因素的影响降至最低。最优解决方案不仅要使航天员在任务进行期间能胜任工作，还要保护他们的长期健康，此外，还应该能够利用最小的资源（如重量、体积、航天员乘组时间）非常可靠地实现任务目标。

由于太空飞行所致生理失代偿最根本的原因是重力负荷和力学刺激的消失，所以我认为最佳生理防护手段就是将重力通过离心加速度产生离心力的方式施加于人体。航天器的旋转属于被动施加力的作用方式，而且在航天器任何部位都可以受到加速度作用，无需在基本装置的基础上增加新的重量和体积，所需要的能量输出也仅仅是保证舱体在旋转起始和结束时达到需要的角速度，因此有可能成为最简单有效的防护措施。如果通过合理的设计能将科里奥利加速度的影响降至最小，旋转的航天器舱体对于解决航天员飞行中出现的一些心理问题也有一定的帮助，因为它可以减少一些笨重而不再需要的系统，如厨房中的部分装置、废物收集装置、辅助睡眠装置、辅助锻炼装置等，使它们和其他物体所占的地方空出来，代之以地面经常使用的物品。间断作用的短臂离心机产生人工重力的设计在旅途中可能有一定的优势，但停留于其他低重力环境（包括月球、火星、火星的卫星、小行星以及其他星球）进行太空探索时则可能存在严重问题，因为在星体表面停留期间只呆在（不停旋转的）舱中是没有任何意义的。

一旦航天机构开始实施人类长期太空飞行计划，必然会遇到人工重力装置的设计以及开展优化研究等问题，以使之更加符合航天员的生理因素和人体因素要求。本书将会给开展人工重力研究的科学家、工程师以及项目管理人员提供帮助。

在本书中，克莱门特（Clément）博士和伯克利（Bukley）博士首次联合对人工重力防护研究的关键性进展和未知领域进行了讨论。由于本书的大多数章节均由当今太空生理和重力研究领域的知名专家撰写，包含了人工重力生理研究中的最新内容，对于那些准备开展人工重力防护研究的人员来说，这是一本在开展工作前不可不看的指导书。与他们联合完成此书是件愉快的事情，我衷心地希望读者您能从此书中受益。

威廉·H·帕洛斯基（William H. Paloski）博士
人体适应与对抗措施办公室
美国国家航空航天局约翰逊航天中心
2006年12月1日于休斯敦

前 言

目前，人类进行太空探索所能达到的最远距离仅限于近地轨道以及短期登陆月球。除了在和平号空间站或者国际空间站上停留较长时间外，飞行时间通常持续数天或几周。对于短期航天飞行任务，失重所产生的负面影响是很小的。但是，一旦我们开始长期月球探索或去往更远距离的星球时，飞行时间将大大延长，此时的失重环境会对航天员产生严重的危害。关于这一点，目前世界各国的航天机构正在开展相应的研究工作以寻求解决之道。长期失重飞行所带来的危害主要是我们并不希望发生的各种生理性适应，这些变化将会妨碍航天员在返回地球时正常的操作和活动。更为严重的危害包括感觉一运动系统和心血管系统的失代偿现象，立位耐力不良，肌肉萎缩和骨矿盐丢失（Clément，2005，《航天医学基础》，《空间技术系列丛书》）。

为了对抗失重所产生的负面影响，已经有多种防护措施得以研究，其中的一些已经在航天活动中投入使用，例如肌肉锻炼、增加饮食中的钙含量，以及其他药物治疗等均可用于减轻失重所致的生理变化。这些防护措施通常是针对单一器官或是某一症状，而且往往需要特定的装置。这些措施不仅需要花费大量的时间，还要制定标准严格的个体化实施方案，然而不幸的是，这些防护措施仅部分有效。

人工重力有着完全抵消长期失重飞行所致各种生理变化的可能性。当今使用的各种防护方法仅是部分有效，而人工重力则能够提供针对多个生理系统的综合防护。人工重力以离心或持续的线加速度所产生的惯性力替代重力的作用。实际上，早期太空计划中的载人火星飞行，就已经建议使用该技术。使用旋转航天器舱体可带来多方面的益处，但部分由于其工艺设计的复杂性以及在重量和能量消耗方面的花费，目前还没能实际应用。

尽管现有的新技术已经能够实现设备的制造，但还有许多未知因素有待于进一步研究，如人体在旋转环境内如何适应，及其在到达一个不旋转环境（如登陆火星）后如何再适应等。这些有关人体的因素将是本书讨论的重点内容。最近的研究资料显示人体可以适应短臂离心机所产生的高转速环境。因此，代替全环境旋转舱体的另外一种方式就是在航天器内安装短臂离心机，产生类似人工重力的效果，这将是更为简洁有效的设计理念。

据我们所了解，目前还没有一本书完整介绍人工重力。这一研究领域的文献多局限于会议论文集和少数杂志文章中。因此，本书是一本及时、新颖、独一无二的从多学科角度开展人工重力探讨的专著。在本书中，第一章节主要讨论人工重力的发展历史、基本概念以及在航天飞行中使用人工重力的合理性。同时也给出了目前对人工重力实施的意见，包括在航天器内使用短臂离心机。后面的章节包含了多位专家对使用连续或间断人工重力（大多数在航天器内使用离心机进行研究）的优缺点所开展的研究，对于人工重力改善感觉一运动神经系统、心血管系统以及骨骼肌肉系统的失代偿情况进行了详细的探讨。这些章节概括了目前我们已经了解的失重/超重对人体各系统影响的内容，以及我们目前正在探索的领域。

太空研究揭示了在失重环境中人体多个生理系统将产生可塑性改变。这些系统相互作用，共同产生影响。因此，开展防止失重所致负面效应防护措施的研究，应该具备全面的眼光。本书以3个章节的篇幅对生理系统包括自主神经、免疫系统以及营养学改变中存在的相互作用展开了论述。在最后一个章节中，特别介绍了人工重力使用过程中应该注意的医学、精神学以及安全措施等内容。在本书的结尾部分，我们还提出了开展进一步研究的一系列建议。

本书的各章节相对独立，因此读者在阅读本书的过程中可能会注意到一些重复的地方，这是针对那些对特定内容感兴趣的读者设计的，以便于其能在阅读某一方面的人工重力研究内容时，同样也能实现全面的了解。

在此，我们衷心希望本书的内容能够激发大家对开展人工重力新研究的兴趣。同时希望在将来的某天，人工重力能在长期航天飞行中得以使用。

古尔斯·克莱门特（Gilles Clément）

安吉·伯克利（Angie Bukley ）

2006 年 11 月 23 日于雅典市（Athens）

致 谢

撰写本书的灵感来自于欧洲空间局（ESA）中关于人工重力研究首席工作组的研究内容。该工作组是根据2004年11月国际空间生命研究计划中的一项内容组建的团队。吉尔斯·克莱门特为该工作组的负责人。对于本书，该工作组进行了为期1年的合作编写，于2005年11月在荷兰的诺德韦克市进行了汇总，确定了本书的大部分内容。我们衷心地对参与编写本书的所有首席工作组的人员，尤其是欧洲空间局提供的大力支持表示感谢！

本书的其他资料来源包括1965～1970年由阿什顿·格雷比尔（Ashton Graybiel）博士组织的5次美国国家航空航天局论坛以及在彭萨科拉（弗罗里达州，美国）集中召开的关于“前庭器官在太空探索中的作用”会议中的文章和讨论内容。另一个重要来源是由威廉·帕洛斯基博士和拉伦斯·杨（Laurence Young）博士于1999年在里格市（坎萨斯州，美国）负责的关于人工重力研究项目，该项目由美国国家航空航天局和国家航天生物医学研究所资助。还有一个来源则是国际宇航科学院（IAA）关于人工重力研究小组所取得的研究成果。本致谢之后附有上述所有会议的会议文集名称。我们对所有与会人员所提供的资料表示感谢，本书也是对他们工作的传承。

在此，我们特别感谢参与本书各章节编写的所有作者，其中的一些作者出现在本致谢之后的照片中，尤其感谢威廉·帕洛斯基博士，他参与了多个章节内容的编写。此外，我们对奥利弗·安杰尔（Oliver Angerer）和米勒德·雷塞克（Millard Reschke）的审稿工作也表示深深的谢意。

本书由克莱门特博士在俄亥俄大学（雅典市，俄亥俄州）工作期间编写完成。他特别表达了对俄亥俄大学拉斯（Russ）工程技术学院化学和分子生物工程系全体员工，尤其是系主任丹尼斯·欧文(Dennis Irwin) 先生的感谢。

感谢图卢兹市保罗萨巴蒂尔大学多媒体通讯部的菲利普·陶津(Philippe Tauzin) 先生，感谢他作为本书的美编所付出的努力。同样感谢美国国家航空航天局和欧洲空间局提供的大量资料和多媒体资料。

威廉·帕洛斯基博士为本书也做了许多贡献。他在美国国家航空航天局约翰逊（Johnson）航天中心开展的关于人工重力预先研究中，集中了来自各行业的生理学家、工程师以及医生，为将来开展研究工作做出了示范。

最后，感谢哈里·布洛姆（Harry（J. J.）Blom）博士和詹姆斯·沃茨（James R. Wertz）博士一直以来的支持与帮助，使得本书能够列入在《空间技术系列丛书》中出版。

本书所参考的会议文集包括：

Graybiel A，等，编著．前庭器官在太空探索中的作用论坛．NASA，华盛顿，NASA SP－77，1965.

Graybiel A，等，编著．前庭器官在太空探索中的作用第二届论坛．NASA，华盛顿，NASA SP－115，1966.

Graybiel A，等，编著．前庭器官在太空探索中的作用第三届论坛．NASA，华盛顿，NASA SP－152，1968.

Graybiel A，等，编著．前庭器官在太空探索中的作用第四届论坛．NASA，华盛顿，NASA SP－187，1970.

Graybiel A，等，编著．前庭器官在太空探索中的作用第五届论坛．NASA，华盛顿，NASA SP－314，1973.

Paloski W H，Young L R. 人工重力工作组，城市联盟(League 市)，坎萨斯州，美国：进展与建议．美国国家航空航天局约翰逊航天中心和国家航天生物医学研究所，休斯敦，坎萨斯，1999.

Young LR，Paloski W，Fuller C，Jarchow T. 人工重力作为一种工具在生物学和医学中的应用．总结报告，国际航天学院研究组2.2，2006.

Clément G，等。欧洲空间局人工重力首席研究组总结报告.2006.

上图为2005年11月28～30日参加本书荷兰诺德韦克市集中编写的欧洲空间局人工重力首席研究组成员，他们为本书提供了大量的有价值资料。从左至右分别为：Eric Groen，Gilles Clément，Oliver Angerer，Angie Bukley，Pierre Denise，Guglielmo Antonutto，Marco Narici，Anne Pavy - Le Traon，Guido Ferreri，Jochen Zange，Floris Wuyts，Bill Paloski，Jorn Rittwegger，Joan Vernikos，Pietro Di Prampero

目　录

第1章　重力概述

吉尔斯·克莱门特（Gilles Clément）[1,2]
安吉·伯克利（Angie Bukley）[2]
威廉·帕洛斯基（William Paloski）[3]
[1] 国家科技研究中心，法国图卢兹（Centre National de la Recherche Scientifique，Toulouse，France）
[2] 俄亥俄大学，美国俄亥俄州雅典市（Ohio university，Athens，Ohio，USA）
[3] 美国国家航空航天局约翰逊航天中心，美国得克萨斯州休斯敦（NASA Johnson Space Center Houston，Texas，USA）

人长期停留在失重环境中将导致骨丢失、肌肉萎缩、心血管功能和感觉—运动失调、激素水平变化等改变，这些适应性变化是人类进军太空的巨大障碍，尤其是那些飞行时间长达几个月以上的任务，如火星之旅，更是如此。然而，目前针对不同生理系统的对抗措施效果有限，并不能完全对抗这些适应性变化。由于人工重力对人体多个生理系统均有影响，因此有可能作为一项补充措施以提高防护效果。

1.1　为什么要采用人工重力

现阶段的载人航天飞行主要是为将来不远的火星行星际航行做准备。这些飞行任务的持续时间是以年为计算单位，因此，倘若整个飞船系统不能提供合适的空气、水、食物和温度，那么无论在飞行中还是在外星球表面人类都将暴露在严重威胁人体健康和安全的辐射之中，使参加火星探索任务的航天员处于危险的境地。由长期隔离、封闭导致的行为学问题和由失重[①]引起的严重生理功能失调问题则是航天员所面临的另一个威胁。

如何对长期失重和辐射进行防护是现阶段进行长期飞行面临的最大挑战。假定航天员将进行火星探索任务，在往返于火星的过程中他们将不得不暴露在这种有害环境下长达数年。为了避免这些极端环境对人体的影响，在该类项目实施前开展对抗措施[②]的预先论证、开发、试验和验证等就显得极为重要。

没有大气的保护，航天员将持续暴露于宇宙粒子流所带来的高剂量辐射中。仅近地轨道一年的累计剂量就相当于地球表面 10 年的累计剂量。专家预测在 30 个月的火星之旅中航天员所受的辐射剂量约为地面年辐射累计剂量的 1 000 倍，这将增大血液中淋巴细胞染色体异常和癌症发生的风险。对辐射的屏蔽和服用保护性的药物可能将这种风险降低到可接受水平（Cucunotta，等，2001）。

更快出现的生理效应是由长期失重引起的，这些效应包括骨密度降低、肌肉萎缩、红细胞减少；心血管、循环和感觉运动功能失调以及免疫系统的改变等（图 1－1）。这些效应已经在航天员身上出现，而且这些航天员的飞行时间又远低于未来火星探索所需的飞行时间。在失重环境中人体发生的变化是对新环境的适应性调节反应。进入失重环境后，人体的控制系统能够感知到重力消失并开始适应这种独特的环境，但却并不会意识到最终目的是经历短暂的失重后重返正常的地球重力环境。人体的适应性变化或许对失重环境是完全适应的，但这种适应性变化在进入其他星球或重返地球时却是不适合的（图 1－2）。

---

① 失重是人或物体在自由落体时的一种受力状态，即不受力 0 g 或表观重量为 0。由于航天器内部不是完全失重，因此也称微重力。

② 在军事应用领域，对抗措施是一个用来防止武器对目标捕获或破坏的体系。类似的，在航天医学领域，对抗措施是一个用来抑制空间环境对航天员健康和工作能力的不利影响的体系，包括机械、药物和制度等。

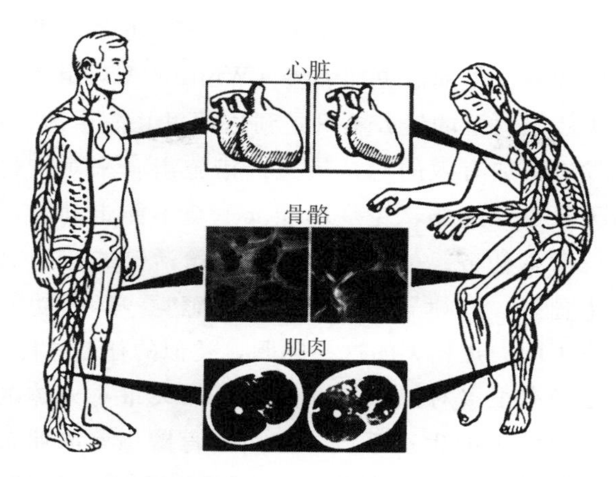

图 1-1　已知长期失重对人体的影响主要包括骨质脱钙、肌肉萎缩、心脏体积减小和血浆容量降低

图 1-2　经历长期飞行后的航天员返回地面后站立和走动都很困难（图片由 NASA 提供）

航天生物医学研究人员针对长期失重生理效应的对抗措施已经研究了许多年，尽管应用了对抗措施，多数航天员着陆后的数日内

还是经历了平衡、失定向和头晕等症状。由于还存在肌肉拉伤和骨折的风险，因此在恢复期需更加谨慎（White，Arvener，2001）。

假如人类登陆火星的任务不只是到达那里并简单地在那里生存，那么就必须发展更加有效的对抗措施或措施组合来对抗长期微重力效应。当航天员身体虚弱、免疫功能低下至不能走动时，几乎不可能成功地执行探索任务。他们在飞行、出舱活动或远距离指导作业时有可能发生骨折、心律异常、肾结石和感觉—运动功能障碍等问题。只有解决了同失重相关的这些问题，类似的任务才能考虑进行。

目前，已经有很多对抗措施在用来降低失重对人体的影响。这些措施通常针对特定的生理系统，如用体育锻炼刺激肌肉（其对骨骼和心肺功能的影响较小）、体液负荷用来刺激心血管。虽然这些措施效果有限，但这些仍是国际空间站和航天飞机上运用的主要对抗措施（Sawin，等，1998）。

人工重力是在载人航天器上通过对整体或部分进行稳定持续旋转或线性加速以模拟重力的作用（Stone，1973），它是对失重生理效应进行防护的另一项措施。人工重力不是单独针对某个系统进行防护，而是通过再现地球重力环境对所有生理系统的刺激。骨骼受到应力，抗重力肌、前庭耳石、心血管也受到同地球上类似的刺激。显而易见，人工重力不能对抗所有长期飞行相关的生物问题，尤其是辐射、昼夜节律变化和随着封闭与隔离时间延长而出现的心理问题。但人工重力确有可能对骨丢失、肌肉萎缩、感觉—运动和神经—前庭异常、调节功能紊乱等严重生理问题形成有效防护。由于人工重力能够在轨对所有系统进行防护，因此是一项综合性的对抗措施（Clément，Pavy－Le Traon，2004）。

1.2 火星任务构想

火星是人类将要登陆的第一个行星，也是距离地球最近的行星。火星有着分明的四季、云、极地冰盖、山、干涸的河床和休眠的火山。它是太阳系中与地球最相似、最具居住可能性的星球。虽然火星非常寒冷、非常干燥，但夏天赤道表面温度也能达到26 ℃。

科学家们相信，数十亿年前火星和地球的环境是相近的。以往火星探测得到数据显示，这个星球早期曾经有一个更温暖湿润的气候，在类似湖、河甚至海洋形状的地方有大量水存在。对火星的详细探测将非常有助于我们认识地球的过去与未来。我们或许还可以了解火星是否能够作为人类的殖民地，并且实现自我运转。这样万一发生全球性灾难，火星就可以作为人类的诺亚方舟。此外，开发火星还能创造新的商业机会和收入来源。

人类通过火星无人探测项目对火星进行了较详细的研究，定位了重要的水源可能地，分析了土壤样本，确定了最佳的着陆地点。就在本书编写过程中，火星漫游车机遇号和勇气号仍然分别在火星上下对着的两处进行探测。美国国家航空航天局和欧洲空间局正在计划进行另外几个无人探测项目，并计划在多个地点登陆火星。这些活动的火星车或固定的着陆器均装有用来探测的机械臂。这些小巧的火星探测器都是令人叫绝的工程结晶，还有许多发现有待于它们去创造。然而，他们也有很多限制，如机遇号探测一个直径20 m的凹地花了56天。勇气号前行2 km需要一年时间，而同样的任务航天员或更高级机器人仅需几个小时就可以完成。

虽然机器人将会是未来探测的一个重要组成部分，但人类相比而言能够走得更远，会对地平线上所有的东西感到好奇，同时能到机器人不能到达的地方进行探测。航天员能驾驶装有特殊工具和分析设备的先进漫游车，穿越不同的地形驱车数千米。他们的大部分时间将用来寻找水源，寻找过去或现在的生命迹象，同时开展多种机器人无法完成的科学探测活动。

人类在航天器内飞行或在火星表面着陆时必须对有害辐射进行屏蔽。同时由于火星引力仅为0.38 g，可能不足以抵消飞往火星过程中失重影响造成的生理效应。在这种荒芜的环境中他们仅能依靠所掌握的多种知识和专业技能、携带的装备和对抗措施来生存。当遇到未曾预料但肯定会出现的问题和挑战时，航天员需要自己解决问题，很少甚至没有来自地球的帮助。同地球控制人员之间的无线电通信由于传递时间的延迟而变得非常困难。火星与地球的距离为0.75 亿～3.5 亿 km，信息到达地球将需要 5～20 min。

没有人知道人类探索火星最终将花费多少亿美元，如此巨大的经济负担需要由多个国家分担。完成这项任务所面临的风险和技术难度均远超 40 多年前的登月活动。月球距地球仅 38 万 km。如果在火星探索任务时发生类似阿波罗 13 号（Apollo 13）那样的灾难，航天员将无法返回地球。

人类内在对未知世界探索的欲望和好奇心将最终激励我们克服挑战，将人类送上火星。没有美国作者雅克·库斯托（Jacques Cousteau）的想像，水下世界就不会是如此的迷人。得益于先驱者对人类火星任务的幻想，人们提出了一些比较现实的构想。自从沃纳·冯·布劳恩在 1953 年描绘了他的火星构想之后，一系列的设计和草案在美国和苏联/俄罗斯得到认真的研究。对火星任务的详细描述可浏览互联网（http：//www.Astronautix.com/craftfam/martion.htm，2005 年 4 月 21 日）。有关火星探索构想的最新研究包括佩因（Paine）的太空前沿先驱报告（Paine，1986），赖德（Ride）的火星探索计划报告（1987），美国国家航空航天局的 90 天研究项目（Cohen，1989），美国国家航空航天局的火星演变和太空探索初步研究（Stafford，1991），罗伯特·米布林（Robert Zubrin）的进军火星（Zubrin，1991），美国国家航空航天局任务设计参考（Hoffman，Kaplan，1997）和最新的美国国家航空航天局空间探索构想（2004），欧洲空间局的曙光（Aurora）项目（Bonnet，Swings，2004）。

迄今为止，关于人类火星探索的方案构想有两种：合相方案（conjunction class）和冲相方案（opposition class）。合相方案是指以返回之前需要在火星停留大约 500 天时间为特征的低速转运。之所以需要在火星表面停留如此长的时间是因为飞船到达火星时地球已经远离，飞船很难在返回时进入地球轨道（图 1-3）。

冲相方案通常要求快速转运，需要在到达火星时有比德尔它-V型性能更强大的制动系统，在火星表面停留大约 30～90 天，这样任务的总时间约为 430 天。通常，此种转运方案需要航天器穿越进行金星轨道借力飞行返回地球。

在本书编写的时候，有关载人火星探索的明确时间表尚未制定。因为所需要的推进系统类型还未确定，因此往返火星的最终时间还不确定。然而，本书中所涉及的登陆火星构想是合相方案，地球飞往火星约 6 个月，在火星表面停留 18 个月，返回需要 6 个月，因此总时间约为 30 个月。这个方案不是基于任何单独的特定任务，而是考虑到宇宙探险的可能性，反映了目前最乐观的估计。虽然有如此多的不确定性，本书作者相信，关于人类太空探索所面临最重要的问题是健康问题，他们对此的认识和建议，以及人工重力作为一种有潜力的对抗措施无论在哪种任务构想中都将会得到应用。

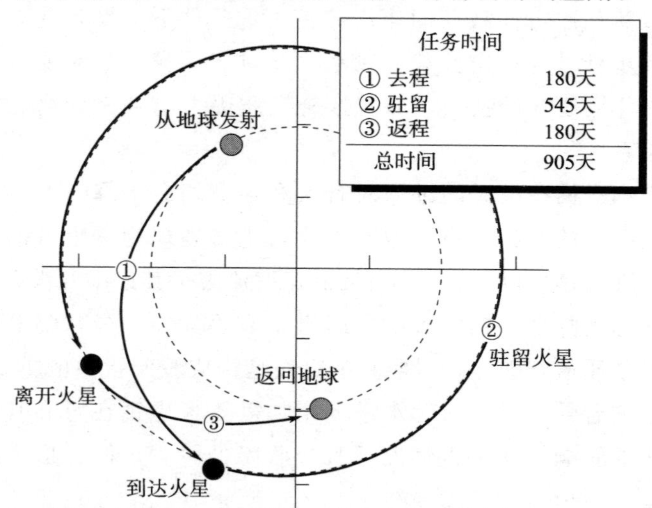

图 1-3 在过去的几年中，在几次会议上人们重新审视了一些有前景的火星任务构想（Hofffman，1997）。这张草图显示了一个可行的载人火星任务构想。合相方案，设计的总时间为 905 天，包括 180 天到达火星时间，545 天停留时间和 180 天返回时间

1.3 失重的危害

空间环境对人体的危害在多个文献中已有详述，有兴趣的读者可参阅《空间技术系列丛书》中的其他书籍，包括《航天心理学与精神病学》（Kanas，Manzey，2003），《航天医学基础》（Clément，2005）。人工重力并不能解决与辐射、隔离、封闭环境、生保系统可靠性等相关的关键性问题，但它能解决长期失重所带来的危害。本节对这些效应进行了综述，重点讨论与人类空间探索任务相关的健康和实施问题。

1.3.1 骨丢失

骨是动态变化的组织，通过从血液中摄取膳食钙而得到加强，同时又不断分泌钙质到血液而被破坏。骨的维持还需要受到沿纵轴的压力载荷和冲击性载荷的作用。在失重条件下，没有重力对骨的静压力和步行时的冲击性载荷刺激，此时支撑身体的主要骨骼开始退化，人体钙质开始丢失，而且这种钙质丢失与补充食物和钙制剂都没有关系。

腿骨和脊椎在长时间卧床时骨量和强度均会下降，类似的情况在航天飞行中的航天员身上也有发生，主要表现为承重骨的骨密度和骨量下降。钙质以平均每月 1%的速率流失，其速率并没有随着强有力的锻炼而降低，钙丢失的同时磷也有丢失。尿羟基脯氨酸的增加显示骨基质遭到破坏，尿羟基脯氨酸是构成胶原蛋白的重要成分，后者又影响着骨强度。血钙水平的增加需要考虑钙在肾和其他软组织中沉积的影响。在失重情况下骨吸收降低较少，但骨形成降低却非常严重（Leblanc，等，2000）。

这些变化说明失重情况下骨量尤其是承重骨骨量是减少的。除非骨量的减少能稳定在一定水平，否则在长达两年的失重飞行中骨量可能会降低 40%，但目前在 14 个月的飞行中还没有观察到骨量能稳定在一定的水平。骨量的降低增加了骨折的风险，可能也降低了骨骼自我修复的能力。骨丢失对航天员的健康安全构成了严重的危险，尤其在经历了长期失重后面对再入段的应激刺激时更是如此。

骨量的变化一直会持续到着陆后 6 个月（Vico，2000）。以此推断即使到达了火星表面，骨丢失还将继续。如果证明火星 0.3 g 的重力不足以防止骨的退化，那么当航天员完成 30 个月的火星任务后将发生严重的骨质疏松。这种症状同地球上观察到的骨质疏松有些类似，目前还没有有效的防护药物。同样，失重条件下的体育锻炼也无法将骨丢失程度降至最低。

1.3.2　肌肉萎缩

肌肉是一种适应性较强的组织。通过举重或其他锻炼可使肌肉变得更大更有力，在低负荷如卧床或失重条件下，他们将变得小而无力。当肌肉受到一定负荷作用时，肌纤维内发生一系列细胞内的信号传导。细胞核内的基因开始复制产生 RNA，进而合成构成肌纤维的蛋白。举重能够刺激这些蛋白的合成，从而增加肌纤维。失重引发的效应则相反，它减小了作用在肌肉上的重力负荷，导致蛋白合成减少，肌肉萎缩。肌肉质量的降低必然导致航天员从失重环境中返回后肌肉力量的下降。

在失重环境中可以观察到肌肉力量、体积和重量非常明显的降低，变化最显著的肌肉主要是大腿和背部的抗重力肌群。

这些变化说明肌肉在失重环境下由于废用而分解，构成肌肉大部分的肌纤维发生重组。仅 14 天的航天飞行就可以引起肌纤维萎缩约 30%（Edgerton，等，1995）。肌纤维主要有两类：慢肌纤维和快肌纤维，前者主要对抗重力维持直立姿势，后者主要参与快而有力的运动，如跑和跳。由于慢肌纤维是主要的抗重力效应器，重力消失对它的影响更明显。事实上，经过长期失重后慢肌纤维的表现更像快肌纤维，他们收缩速率增加，更适应于快速的往复运动，而不是长时间站立或行走，同时更易疲劳。

研究表明，在 14 天的航天飞行中大腿约有 15%～20%的慢肌纤维转换为快肌纤维。随飞行时间的延长，这种转换可能会继续增加。其直接结果是肌耐力下降，这对航天员的操作能力有严重影响，而且快肌纤维在收缩时更易损伤。另一个需要关注的问题是动物实验显示在太空中肌纤维的再生能力降低。

当返回后，航天员多半会表现出肌肉无力、疲劳、晕厥、协调性差、动作反应迟滞等反应。在适应地球重力的过程中，受损肌肉受到牵拉时，由于肌肉萎缩，人们会感到疼痛。体育锻炼有助于这种状况的改善，美国和俄罗斯都采用了有氧锻炼，主要设备为自行车功量计和跑台（图 1－4）。然而，有氧锻炼主要改善心血管系统，而不会大范围增加肌肉的负荷。例如，骑车运动对于大腿来说负荷合适，而对小腿或背部很小。

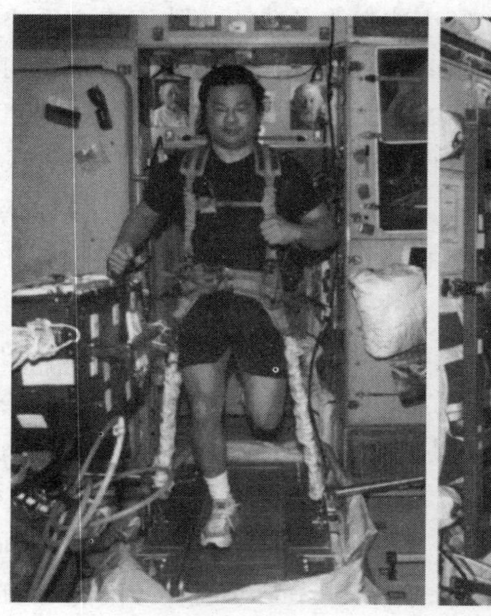

图 1－4　国际空间站（ISS）的航天员在跑台（左图）和自行车功量计（右图）上锻炼。振动隔离装置减少了运动产生的振动向舱壁的传递（图片由 NASA 提供）

发展力量、增强对疲劳和损伤的抵抗力需要不同形式的锻炼。任何失重条件下的锻炼方案不仅需要能维持肌肉的质量和力量，也必须能维持快肌力量和慢肌耐力之间平衡所需的肌肉蛋白比例。在地球上，典型的力量训练是由等张和等长持续阻力锻炼组成：高强度的等张收缩运动（如哑铃）和没有任何移动的等长收缩（如推门），理论上能减轻失重性肌肉萎缩（Di Prampero，等，1996），然而大鼠实验表明等长收缩更能保护慢肌纤维，因为在相对快速的等张运动中慢肌纤维产生的力量很小。

虽然进行了强有力的锻炼，航天员返回地球后肌肉功能还是明显减弱。单独锻炼还不能预防肌肉的废用性萎缩，因此理想的锻炼计划还有待于确定。

1.3.3　心血管功能失调

心血管和肺脏系统为人体提供必需的氧气。在地球上，心脏必须克服重力将氧和血液输向远端。在太空中由于缺乏重力，血液和其他体液向头胸部转移，体液头向转移引起了心血管系统的诸多变化。

由于体液头向转移，心血管功能失调在入轨后便开始发生。最先出现的症状是头部充血和不适，体液（包括血浆）开始丢失。机体通过降低骨髓造血功能和破坏新生红细胞来减少相对过剩的红细胞。

关于人类在太空长期和短期停留的研究证明失重下心率增加，脉压减小，血容量减少，心室容量下降，面部浮肿（Meck，等，2001）。动物实验显示心肌也会发生萎缩。

正常在地面站立时维持血压的心血管调节系统在太空中不再需要。航天员在进入太空后很快便开始出现心血管调节功能退化。体液丢失、心血管调节功能和紧张性下降在太空中并没有造成任何不良影响。但在返回段和着陆后，对重力的再适应会使航天员感到头晕眼花。当他们站立时，血压可能会下降，从而导致晕厥。这些由于循环功能不良而出现的症状，在着陆后的几周内有时还会发生（Buckey，等，1996）。

在太空中，心血管系统的功能也发生了适应性变化，主要表现为锻炼时最大耗氧量下降。运动能力和立位耐力的降低可能会使返回时的操作能力下降，降低了着陆后的应急出舱能力，其发生机制还不清楚。可能的原因包括血容量的下降、由于结构和反射功能变化引起的立位静脉容量增加和心血管反射功能改变等（Churchill，Bungo，1997）。

与心血管系统不同的是，肺脏不会发生与失重本身相关的问题，研究者也很少注意到失重下它的生理功能变化。然而肺功能会由于血压和血容量变化而改变。事实上，已经有报导称失重下氧分压是降低的。

1.3.4 感觉—运动功能失调

失重下感觉—运动功能失调是随着前庭（内耳耳石）和躯体感觉（触觉、本体感觉、运动觉）信息变化而发生的，而前庭和躯体感觉信息又同空间定向和姿势、运动控制相关（参见 Clément，Reschke，1996，综述部分）。

因为失重下耳石器官唯一的刺激就是平移而不是倾斜时的线性加速度，所以随着新的感觉—运动整合方式的建立，对前庭信息的感知分析会再次进行（Parker，等，1985）。其结果是在飞行的初期，空间运动病经常发生，整个任务期间都会出现空间定向障碍，在返回时姿态不稳、眩晕（图 1-5）。虽然空间运动病通常情况下会在进入太空一段时间后消失，但在长期飞行任务中也观察到其会再次发生。和平号和国际空间站的数据显示约 90%的航天员完成任务后会经历 Mal de debarquement 综合症，且持续几个月（Jennings，1997），这种症状同空间运动病类似。

失重环境下，抗重力肌持续无负荷，在地球上维持姿态和运动的抗重力反射消失或发生调整，结果使太空中伸肌反射消失。下肢位置觉信息不能被正确感知。随意指向的精确性和静止时肢体位置觉受损。微重力时运动协调功能的改变也是由随环境发生改变而导

图 1－5　第三批考察组（着白色衬衣）、STS－105 乘员（条纹衫）和第二批考察组（灰色衫）在国际空间站命运舱中的合影（图片由 NASA 提供）

致的身体认知（躯体构图）改变，或由于机体保持原有内部重力模式所致。经过长期飞行返回地球时，航天员会出现姿态平衡功能失调，从而导致运动的不协调。航天员需要花很长时间对地球的再适应或功能的恢复（Paloski，等，1993）。经过持续长达 6 个月以上的飞行后，一些乘员需要被动出舱（图 1－2）。

长时间姿态控制失活和运动功能受损与登陆火星后的应急出舱需求显然不相适应。而且，航天员完成飞行任务的能力严重受损，甚至在火星重力环境下进行跑台锻炼的能力可能也会降低。现在，除在 1 g 环境下锻炼再适应外，还没有任何其他对抗措施对抗受损的运动功能。

1.3.5 调节生理学

人体生理系统是多个功能子系统的集合，这些子系统使许多重要生理参数（如体温、体液平衡、生物节律、电解质水平）稳定在一定水平，这种状态称稳态。医学观察和航天医学实验表明，这些生理参数和生理活动在失重下发生改变。例如，电解质平衡、血细胞量、激素合成和活性等在太空中均发生了变化。

失重环境下体液转移因电解质 Na^+、K^+ 等的持续丢失而变得更为复杂，长期飞行中电解质丢失的程度还无从得知，且难以预测。长期电解质丢失能导致一些并发症的发生，如脱水、心功能异常等。事实上，心律异常的发生率似乎随着失重暴露时间的增长而增加(Fritsch，等，1998)。

体液和电解质平衡调节是机体最基本的一项功能。严重的脱水和 Na^+、K^+ 丢失也能引起骨骼肌功能、体温调节和细胞电化学成分发生变化，进而可能会导致循环衰竭。体液和电解质的调节对于应对身体和精神应激是非常重要的。由于血容量和 K^+ 的减少，尽管进行了补液措施恢复了血容量，但在登陆火星后，航天员正常或紧急程序下的操作能力严重受损。在这一点上，目前还不完全清楚激素和反射功能在体液平衡控制中的作用到底有多大。

红细胞质量下降无疑是立位耐力和运动耐力不良发生的原因之一，而主要的原因很明显是失重的影响。病因可能是多方面的，包括运动功能减退、体力下降、骨质脱钙、骨重塑、肌肉萎缩、血液动力学改变、氧的供需改变、营养代谢紊乱等。航天员返回地球后血细胞的恢复大约需要 4～6 周，且与飞行时间长短无关。虽然航天贫血症在飞行中或飞行后对机体没有什么明显的影响，但是飞行中发生的疾病或伤害可能会在某种程度上改变机体对心血管和呼吸功能的需求，此时降低的血细胞量可能会引发一些问题。

白细胞主要协助免疫系统识别和清除内部、外部病原，在失重环境下白细胞数量也明显减少。飞行前后的测量数据显示航天飞行引起细胞介导的免疫系统功能抑制，降低了机体的抗感染能力。免疫系统的功能在返回地球后约需 30 天才能恢复至飞行前的水平。由于飞行数据有限，对于机体免疫水平是稳定在一较低水平还是持续降低，是否随着飞行时间延长会逐渐恢复等并不清楚（Taylor，1993）。

虽然有关长期飞行中神经内分泌、血液学、免疫系统变化等的数据还很有限，但是很明显也是需要对抗措施的。这些对抗措施主要包括药物饮食和行为干预（NASA Advisory Council，1992）。

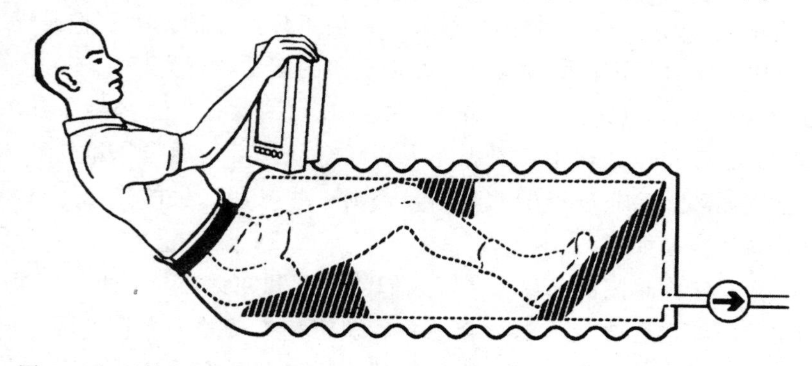

图 1－6　下体负压（LBNP）设备使人体腹部和下肢处于不同的负压水平，从而引起血液向下肢转移。这种方式与地球上直立位时的立位应激类似。草图由菲利普·陶金（Philippe Tauzin）提供（SCOM. Toulouse）（Clément，2005）

1.3.6　人的因素

在失重环境中，也会出现与人的因素相关的问题和挑战。其中包括航天器内为了保持航天员身体稳定和防止可能出现的失定向所需的手脚限制装置。其他失重环境下的人的因素项目包括废物处理、液体处理、食物供应和个人卫生等。

工作平台和计算机的设计必须考虑身高、姿态、生物力学、力量等的差异。然而，对于设计者来说，要考虑到所有可能在失重环境中出现的“新”标准方向是不可能的。例如，如果某个航天员飘在了工作站平台的上方（图 1－5），显示和控制如何设计才能确保不会反向操作？

在太空中，脚除了最初需要蹬伸一下外，几乎象是一个无用的附属肢体。运动主要靠手指控制。按开关动作而不是开关复位更易引起航天员身体的旋转，除非将航天员的身体限制住。当人在太空中飘动时，若要减少撞伤或擦伤，就必须有辅助的力限制装置，这对于人想静止下来也是很重要的。在低重力环境如火星、月球表面，从一个地方到另一个地方，其运动状况与在地球上进行类似的动作是明显不同的。人在月球的录像显示他们不像典型的走而更像是蹦。航天服和工具的设计必须考虑人在太空中的运动和行为特征。

自然状态下的对流需要有重力的存在，因此在失重环境下热气是不会上升的。这意味着要想呼吸新鲜空气就必须通过风扇使舱内的空气循环。除非进行主动降温，否则一些电器产生的热也不会散发，人体也是如此。

太空舱内封闭的环境限制了人们的感觉和知觉。与同事、家庭、朋友的隔离也会改变人的社会感觉、期望和支持感。来自外部空间环境和航天内在的风险使人体所受的应激日益加剧，完成每天的任务也变得越来越困难。当进行远程控制或给一些机器发送指令时，几乎没有犯错误的余地。这些任务完成需要大量时间和特殊的技能。一个微小的错误或一不留神就很可能导致死亡或任务失败。因此，每一个任务，不论多么琐碎都非常重要。

在太空中工作、生活所需新的人因设计环境和工具同时影响着人们处理事情的方式。人与设计环境之间交互需要考虑到诸多问题，包括解决认知问题，应对预想不到的挑战，保障安全，对长期而无聊的航天飞行保持注意力和主动性，同时还要保持团队协作，家庭关系和健康的人格等。这还没有考虑到失重下睡眠与心脏节律的变化（Gundel，等，1997）。

失重为生命保障系统的设计和实施也带来了许多困难，尤其是液体和热的传导。这是因为生命保障系统的组成部分（如泵、压缩机、分离机、升华器等）大部分是在 1 g 环境下试验和生产的。在太空建立人工重力的条件下，系统组成部分的状态预测和性能优化会变得更简单。人工重力的建立将会提高产品的性能，如简单性、可靠性、安全性和易维护性（NASA Research Council，2000）。

1.4　火星表面活动

航天员经过长期飞行到达火星表面后，其工作能力是极为重要的。航天员不仅需要在航天器进入火星大气层和着陆时进行操作，而且他们必须在着陆火星后对飞船系统进行一定的调整维护。他们需要准备应对着陆后的紧急情况，如修理或调节在猛烈着陆中可能造成的损坏，在火星表面组装硬件设备。所以应该考虑到航天员经过几个月的失重飞行后的工作能力。

相关的研究已经在航天飞机任务中开展，允许航天员在经过长时间失重后练习着陆技能。这些研究的目的是为了确保经过长期失重飞行后航天员驾驶能力不会降低。而且由于重力的作用，流向头部的血液减少，可能导致头晕、疲劳、失定向等，这些症状是一名火星飞船驾驶员必须能够承受的。

已经从国际空间站中得到一些教训，如在2003年5月，由于软件故障，联盟号带着第6考察组从国际空间站返回时经历了快速下降，结果，航天员在再入段都经历了约8 g 的过载，着陆地点偏离预定目标约400 km。当航天员还束缚在舱壁上的时候他们打开了舱门盖。经过几个月失重后，由于地球重力作用，3名航天员共花费几个小时才从舱门爬出来，竖起折叠通信天线以帮助搜救飞行和直升机发现他们。而在飞行前的训练中，这样的操作仅需几分钟。

在现有状况下，航天员到达火星时也会碰到类似从和平号返回地球时那样的麻烦。在火星低重力下类似情况不会有太大差别。对于经过长期失重飞行身体状态不佳的航天员来说，进行着陆和着陆后的一些活动将是危险的。即使一切都如所料，在最初的几周内所能开展的任务活动也将非常有限。

一些经历了长期失重的航天员坚持在返回后立即站立，以向公众显示其在经过长时间的失重后身体仍能保持良好状态。然而，很多情况下这种站立能力仅能持续几小时。事实上在飞行后的媒体活动中站立的航天员，接着要进行 6 周的再适应。主动进行慢跑练习的航天员称经过 16 天的飞行后需要花费几周的时间才能恢复到飞行前的跑步状态。当航天员约翰·布莱哈（John Blaha）从和平号返回后，他告诉媒体他就像没有了肢体一样，不能动弹。

航天员往返火星旅途中的生活仅仅是火星计划设计者们需要考虑诸多问题中的一个。火星航天服必须更加符合人体工程学。航天服是重要的自主式太空舱。这些特殊的服装充压以保持一定的形状，并提供合适的人居环境。因此，不论在哪或如何穿着航天服，每个动作都必须克服这种压力，而这种压力使任务执行起来变得异常艰难，尤其是手部的动作。考虑到火星探险用的火星服需要适应人在火星表面长时间的工作和活动。一般航天服在某些失重下的相关设计在火星服中就不需要再沿袭。

图 1－7　图片显示航天飞机返回时舱内的情景，3 名航天员在国际空间站上度过了 3 个月时间，返回时他们躺在坐椅上（右），与坐在坐椅上的航天飞机乘员（左）形成鲜明对比，后者在太空停留约 12 天（图片由 NASA 提供）

根据上述讨论，很明显需要开发先进的火星服。为阿波罗任务设计的航天服在登月任务中短暂使用后被放弃。阿波罗17号航天员杰克·施密特（Jack Schmitt）讲述了月球灰尘如何进入到所有服装连接处，以至于第三次太空行走结束时就不能再使用了。将来设计火星服必须设计能够满足300次火星表面的出舱行走的要求活动。这些活动一般会持续几个小时，并且需要航天员进行一系列广泛的操作活动。而穿着现在航天服的航天员10～15 min就会感到很疲劳了。另外这种火星服的设计还必须考虑到在火星的日常维护，而不是运回地球维修。

1.5　现在的对抗措施

对抗措施是措施或治疗方法，包括物理、化学、生物、心理等措施，以维持人体生理平衡、健康、身体适应、任务能力等。对抗措施也降低了健康风险，提高了飞行的安全性。对抗措施主要的目的是预防、延缓、降低不利或有害因素对航天员的影响。本节回顾了目前航天任务中使用的对抗措施，包括对航天员的影响和任务时间表。

航天生物医学研究人员已经就降低或消除长期失重生理效应的对抗措施研究了很多年。这些措施包括飞行前的一系列措施和制度，如医学筛查和选拔新的航天员、制定个体化的锻炼方案、发射前进行检验隔离以避免病原微生物的侵入。其他一些对抗措施主要在飞行中和返回时使用，包括药物和各种锻炼。然而，这些对抗措施中大部分都有一定的局限性，如效果有限、使用不方便、影响任务的时间安排等。着陆后则通过生物节律调整、激素替代疗法和理疗手段以使航天员尽快恢复在地球上的正常工作能力。

1.5.1　在轨对抗措施

一般在任务的第2～3天不会安排太空行走、手控交会对接、着陆以及其他关键活动，以避开运动病的高发期。多数情况下肌肉注射抗组胺药异丙嗪（Promethazine）能有效减轻运动病的症状，但对有些航天员无效。然而，最近研究显示这种药物可以引起一些不良的副作用，它能降低人工作能力，对记忆力、情绪、睡眠等都有负面影响（Paule，等，2004）。

下体负压（LBNP）装置常在任务后期使用，来预测航天员飞行后的立位耐力（图 1-6）。其内部压力能够快速下降至－60 mmHg[①]，在这种负压下能够引发与飞行后立位耐力不良相类似的症状。使用时一般采用缓慢或恒定的减压以模拟地球重力的作用，然而由于对在轨下体负压实验存在较大的个体反应差异，就同一个体而言差异同样存在，这使得很难将这类装置作为预测飞行后立位耐力的手段（Arbeille，等，1997）。

另一项对抗措施是在返回前大约 1 h 饮用 1 L 水或果汁和服用 8 粒盐片，以补充丢失的体液。这种补盐措施能为消化道带来 1 L 的等张液体，随后会吸收入血液以增加血容量。这种技术已经被证明能够减少短期飞行后立位耐力不良的发生或减轻其症状。然而，补液的效果会随着在轨时间的延长而降低。据推测，心血管以外的因素可能在长期飞行后立位耐力不良中起着重要作用。

在返回和着陆的关键时期，航天飞机内的航天员通常会穿着抗重力服（anti - gravity suit）。这种服装的裤腿内有可充气的气囊，充气后这些气囊会压迫腿部，迫使体液流向上身，增加心输出量。俄罗斯采用的是下身弹性束带，两者效果类似。

任何在太空停留超过 30 天的航天员都需要以一种仰卧位的姿势（此种姿势下人体受到加速度为 $+G_x$ 方向[②]）返回地球，以减少下降

① mmHg 是一种非国际标准单位，但仍常用来表示血压和气压。1 mmHg＝133.32 Pa或 1.315 8×10^{-3} atm。

② 在本书中，G_x、G_y、G_z 分别表示重力加速度作用力的方向是沿人体的 x、y、z 轴。人体轴向定义和图示可参见图 2-2。重力单位以 g 表示，例如，某人脚部受到 $+G_z$ 方向 2 g 的重力加速度。

和着陆过程中立位耐力不良的发生。航天飞机上都配有倾斜坐椅，供在国际空间站长期驻留的航天员返回时使用，然而，这些航天员可能无法在没有任何帮助下从倾斜坐椅中出来。

虽然有氧锻炼对立位耐力的影响还不清楚，但已经在实际航天飞行中与抗阻力锻炼结合应用。目前国际空间站上的锻炼方案为：每天锻炼 2.5 h，连续 3 天，第 4 天可进行选择性锻炼。可利用的设备有跑台（保持有氧代谢能力）、自行车功量计（保持有氧运动能力）、抗阻力锻炼装置（维持肌肉力量（图 1－8））和握力锻炼装置（保持出舱活动时的手部力量）。

图 1－8　左图为国际空间站上航天员穿着下蹲锻炼用甲胄，利用间断性抗阻力锻炼装置（IRED）进行膝部伸展锻炼；右图为航天员通过间断性抗阻力锻炼装置的短臂杆进行上身推举力量锻炼（图片由 NASA 提供）

跑台主要用于进行走、跑、抗阻力锻炼等。负荷通过类似甲胄一样的束缚肩托和弹性绳施加在人体身上，以模拟重力的作用。跑台有两种锻炼模式：一是马达驱动模式，此模式下跑台可将速度控制在 0～16 km/h；二是非马达驱动模式，即在没有马达带动下，航天员在跑台上运动，克服阻力以带动跑台传动带。跑台可用来进行步行训练、抗重力肌的耐力锻炼、对骨骼的高冲击性锻炼和对心脏的有氧锻炼。

利用自行车功量计可进行手摇或脚踏锻炼，它提供的负荷为 25～350 W，调节方式为手动或自动调节。操作时需采用坐位或仰卧位，可提供实时数据，这些数据格式与其他分析工具兼容。自行车功量计可用来进行有氧或无氧锻炼，以维持下肢肌肉耐力，对上肢的锻炼则有利于出舱活动。

间断性抗阻力锻炼装置（IRED）含有一系列附件，如手柄、束缚带、曲杆、脚固定装置和肩托（图 1－8）。两侧肩托的固定绳连着两个阻力筒，每个筒中含有一系列弹性带，通过转动来调节锻炼阻力。利用间断性抗阻力锻炼装置可进行多种锻炼活动（表 1－1），包括肌肉大范围的向心和离心收缩，可锻炼所有主要肌群的力量和耐力，以维持骨骼肌的质量和体积，同时能增加对骨的牵拉应力刺激。

表 1－1　国际空间站航天员每日进行的抗阻力锻炼推荐项目

第一天	第二天	第三天
提举 俯身划船 直腿提举 提踵	肩上举 背举 前举 腿外展 腿外展	深蹲 提踵 直腿提举 俯身划船

注：每日都进行下半身的锻炼。

有时俄罗斯的航天员也会用大腿套带来减少体液的转移，但其有效性还缺乏数据支持（Herault，等，2000）。此外飞行中的对抗措施还有企鹅服（图 1－9），除对心血管有效外，其内部的弹性带也模拟了重力对肌肉骨骼的效应。拉力器偶尔也用。

图1-9　企鹅服，其内部有弹力绳、调节带和搭扣等，用来调节服装的舒适性和负荷。企鹅服为穿着者伸肌的收缩提供阻力，促进了静脉血液的回流。草图由菲利普·陶金提供（SCOM. Toulouse）（Clément，2005）

1.5.2　对抗措施的研究

航天的特殊环境对锻炼方案有着特殊的要求，锻炼方案的设计需要考虑许多限制因素并在其中找到平衡。这些限制因素包括锻炼的效果、操作的方便性、个体的服从性和航天器本身对操作的要求，这些要求决定了设备的重量和尺寸以及锻炼可实施的时间，而且还要求对环境的干扰最小。前面各节所描述锻炼程序的一个最主要的问题就是费力、不舒适，而且需要大量时间。

通常，锻炼对于心血管、免疫系统和肌肉骨骼系统很有益处，对于前庭和体温调节也很有帮助。然而，虽然有详细的在轨锻炼制度，但现有锻炼措施对于骨骼、肌肉和有氧能力的维持效果还很有限，而且，这些措施对于神经—运动适应性变化和飞行后立位低血压的影响也不尽一致。造成这种现象的原因部分是因为肌力、肌耐力锻炼和骨维持所需的运动方式不同。目前有关如何在失重下对骨和肌肉施加负荷来预防这些变化的研究正在进行中。

与锻炼对肌肉组织影响的广泛性研究相反，运动的成骨效应则是近期才开始的研究课题。不断积累的间接证据显示运动和骨质疏松症的症状有负相关关系。一些科学家现在开始相信骨量不仅受到运动时的高幅低频机械刺激影响，而且也受到站立或坐位时肌肉作用于骨的低幅高频牵拉刺激作用。地面研究结果显示几乎感觉不到的振动能促使肌肉产生足够的牵拉应力以刺激骨的生长。如果在人体证明有效的话，长期航天任务中的锻炼方案就会增加这样一种选择。

代谢状态对一些生理性变化如骨质脱钙、肌肉萎缩也会有影响。鉴于此，营养对抗被认为是最新对抗措施中的一部分（McCormick，Donald，2004）。其中卡路里的补充就可以作为一项对抗措施来补充体能消耗，尤其对于锻炼时体能的消耗。显然，航天员饮食能够提供机体足够的卡路里以缓减机体因供能而导致的组织分解。然而，似乎增加卡路里的摄入并不能减少肌肉的分解，推测航天飞行过程中通过某种途径改变了肌肉的代谢状态。

激素也是肌肉组织合成和分解代谢的主要调节因素。生长激素直接参与了合成代谢，在发育过程中对于肌肉、骨骼和其他组织的形成非常重要。其他激素如胰岛素、睾丸激素对于肌肉结构、功能的维持也十分重要。飞行过程中生长激素和睾丸激素的下降加速了肌肉的萎缩。若反过来也成立的话，在太空或地球补充这些激素或许会使肌肉质量得到维持。

还有其他一些对抗措施项目研究，如肌肉方面主要是补充氨基酸，增加肌肉蛋白的合成率。骨骼方面有双磷酸盐复合物的研究，双磷酸盐复合物通过与骨晶体结合，抑制骨吸收，达到防护骨丢失的效果。同时研究的还有葡萄糖依赖性促胰岛素多肽，它参与了骨细胞内胰岛素的合成。

迄今为止，研究显示药物的效果在失重下可能是不同的，因此必须在航天飞行中对药物的药代动力学进行测定。此外，近期发现长期航天飞行中药物的降解速度较快，这引起了人们对药物对抗措施有效期的关注，其原因据推测是由于受到了辐射影响。

营养、治疗措施、药物和运动之间的平衡很有可能起到更好的防护效果。尽管锻炼方案的改进、饮食变化、药物个体治疗都很有效，但他们并不能完全消除失重导致的生理变化。虽然迫切需要发展对抗措施，但由于大量对抗措施的有效性验证受到了有限飞行资源的制约，对抗措施的发展受到很大的影响。很明显，最可靠的对抗措施就是制造类似于地球的重力环境，即人工重力。

1.6　人工重力是一种综合对抗措施

为了在21世纪中叶实现人类登陆火星的近期目标，我们必须设法降低长期失重的危害。但这个目标远超出了我们现有的能力范围。人类已经有近45年的航天飞行经验，这期间，人类已经完成了若干次长期飞行任务。虽然有着如此多的经验，但还没有完全有效的单项或组合对抗措施。事实上，现在所用的对抗措施还没有完全被证明有效，还不能为执行长期航天任务（近地轨道，时间>3个月）的航天员提供充分的保护。因此，对于30个月的火星往返飞行，这些对抗措施将不能有效保障航天员的健康（图1－10）。

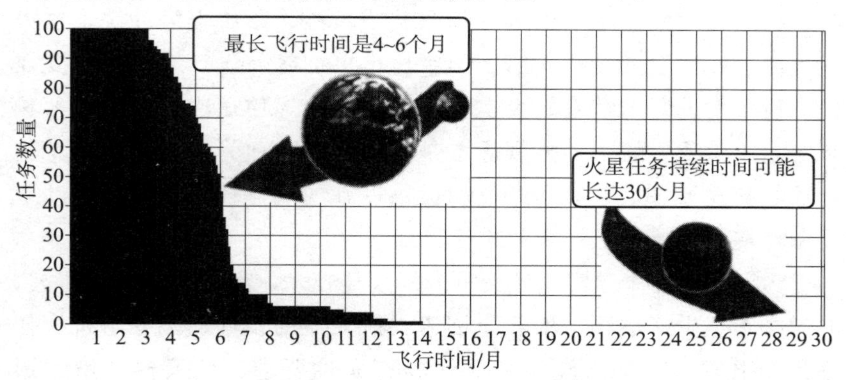

图1－10　现有的航天医学知识受到航天任务的限制（任务时间为几周到6个月）。事实上，我们并不清楚长达一年以上任务中的医学问题。引自约翰·查尔斯（John Charles，NASA，休斯敦）

假如现在有航天员踏上了去往火星的征程，在去往目的地的途中，虽然有各种对抗措施，但经过长达 6 个月的失重飞行，他们仍将会陷入一种完全失能的状态。在返回地球后，失重导致的一些生理系统变化的恢复需要一定的时间，如神经前庭系统、心血管系统和肌肉骨骼系统等的变化在返回地球后的恢复需要几周时间。这些变化在火星 0.38 g 的重力环境中能否恢复还不确定。人工重力是一种完全不同的综合性对抗措施，它能模拟类似地球上 1 g 的重力环境，同时作用于身体所有的系统，而不仅仅是一次只针对一个系统进行防护。当然，对于航天飞行中所有的不良影响，人工重力也不是万能的。很显然，它无法解决与辐射、隔离、限制以及生保系统故障等带来的相关的危险。然而，作为一种高效的多系统长期失重对抗措施来说，它给人们带来了希望。人工重力的合理应用能有效解决骨丢失、心血管功能失调、肌萎缩、神经前庭功能紊乱、航天贫血和免疫功能下降等问题。

除对生理系统有益外，人工重力也可能能够明显改善长期飞行的适居性，并且有利于个人卫生的保持，航天员也更容易开展每日的工作。例如，如果能在航天器内产生人工重力，液体和固态颗粒将会掉落在地面而不会飘进人的眼睛或口腔；厕所也能冲洗，这大大方便了女性航天员；飞船上的厨房也更加容易设计；也不需要在锻炼设备上安装束缚带。事实上，还能方便地使用床、跑台、体重计等。人工重力的一个显著优点是它能随时随地为医学处置，尤其是象心肺复苏、手术等紧急情况提供良好的操作环境，而且有助于无菌环境的保持。

为了确定在太空实施人工重力的最佳技术，必须开展综合研究。同时必须至少考虑到下面几个因素：航天器的设计、工程造价、任务条件限制、对抗措施的有效性和可靠性要求、航天器环境的影响等。

从生理学对抗的观点看，一个好的解决方案就是在整个任务期间都产生人工重力，它最有可能降低或消除生理上的不适应，改善与人相关的因素（如空间方向确定、个人卫生、食物供应、工作效率）；便于更有效的医学处置的实施和设备使用（如对抗措施的应用、手术、心肺复苏）；提供更加适于居住的环境（液体和废弃物更易于处理）。然而，我们需要去衡量这些优点和技术的风险以及不确定性。这包括工程上的挑战，如系统的功能、操作性和实施要求、工程和构造设计、液体的处理机制和推进系统的选择。而且，在航天器到达火星附近后，因人工重力的停用而会出现一些人的因素和生理问题。由于有近一半的航天员需要花费 1～3 天去适应失重环境，因此预计人工重力消失后这些航天员仍需 1～3 天去适应失重。因此只有经过进一步的生理学研究和航天器设计方案的评估，多行业学科的综合研究才能将这一问题分析透彻。能持续产生重力的太空居住舱可能是直径几千米的环状设计（图 1-11）。每分钟 1 圈的转速就能使环外侧产生 1 g 的重力。另一个方法是通过线性加速产生 1 g 的重力（图 1-12）。

然而通过应用巨大的旋转舱或线性加速产生人工重力会带来一些大的工程问题，这种设计在一段时间内实现的可能性不大。在一个载人火星飞行器内，产生人工重力装置的结构将是体积小、重量轻、功耗低。旋转床是一个可供选择的方案，航天员仰面躺在旋转床上，头靠近转轴，脚朝外，他们下身每天都会受到类似在地球重力环境中的负荷。从生理学观点来看，这种方法不一定是直接有效的。但假设人工重力起作用并且是间歇性有效的，那么这种方法就可能被证明是有效的。该类方案的工程造价和设计风险也将显著低于旋转式设计。

对于人体持续暴露于火星环境下的生理反应目前还不清楚。事实上，对于持续暴露于任何低于 1 g 重力环境下的生理反应都不清楚。如果证明在火星重力环境下会发生严重的生理不适反应，那么就需要考虑在火星建立人工重力以保护长期在火星表面驻留的航天员。在外星表面产生人工重力的唯一可行的措施就是通过离心间断产生人工重力。

图 1－11　艺术家切斯利·博尼斯泰尔（Chesley Bonestell）发表在 1952 年 3 月 22 日的科利尔杂志上的一幅沃纳·冯·布劳恩的空间站概念插图。图中的空间站是由折叠尼龙材料构成，它通过完全可重复使用的三级运载火箭送至太空。然后向尼龙体充气，充气后的尼龙体形状象汽车轮胎。这个 75 米宽的巨轮通过旋转产生人工重力（图片由 NASA 提供）

在太空应用人工重力之前还有许多问题需要去研究。本书的目的是回顾以往问题、提出研究方向以发现答案。例如，维持正常生理功能的加速度是多少，我们确信 1 g 重力是足够的，但是否必需，0.5 g 是否也行呢？我们在去往火星的途中为了配合火星重力，航天器持续以 0.38 g 的水平旋转，这种情况下是否还会发生一些不良的生理反应呢？航天员间断暴露于 1 g 或更低的人工重力是否合适？

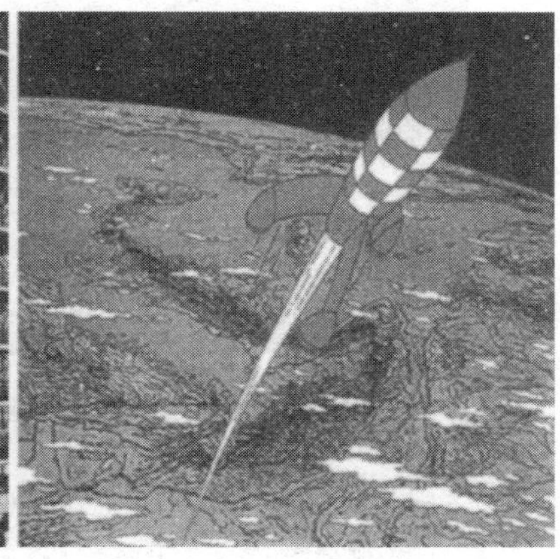

图1-12　在赫奇（Herge）（Casterman，Paris）写的卡通故事《丁丁历险记——奔向月球和月球探险》（1953）中的插图。图中核动力火箭持续以1g的直线加速度飞行，在到达地球和月球中间时开始以1 g的反方向减速到达月球。这样在飞船内部就会持续产生人工重力

我们已经知道航天飞行中的大鼠在离心防护后并没有出现严重骨骼、肌肉和心血管不适应反应，其离心力只有1 g一个水平。在太空利用短臂离心机研究鱼、鸡蛋和其他小动物也已列入计划，但不包括哺乳动物和能很好地模拟人反应的灵长类动物。

间断性人工重力刺激有许多优点，因为人在正常昼夜节律的睡眠期间，一些与重力有关的可以引起体液丢失和骨失调的生理活动是停止的。另一方面长期卧床也会影响到骨骼、肌肉和心血管系统，其效应与失重下的反应类似。头低位－6°卧床由于能引起体液头向转移因而能够很好地模拟失重，在高科技水床上干浸的方法效果则更好（图1-13）。

利用离心机和慢旋转屋进行的短期或长期研究有助于解决离心机应用的时间、频率和离心力大小等有关问题，也有助于对旋转和非旋转环境双重适应的可能性进行评估，更重要的是这些研究可能揭示出重力因素在人体中的生理意义。我们是否继续开展半径相当

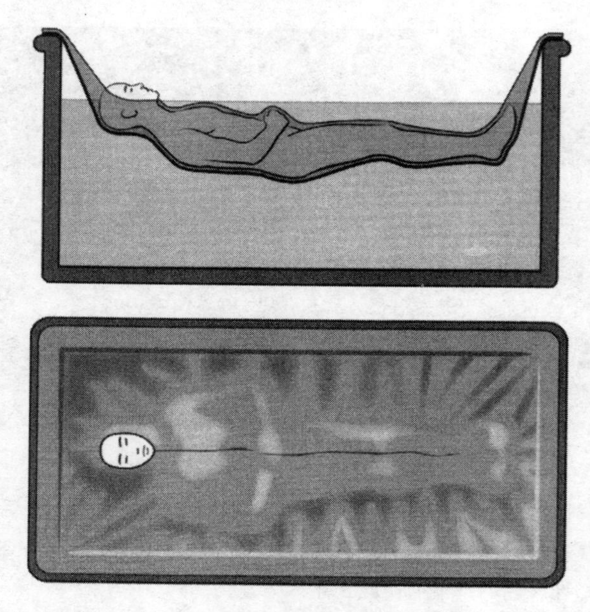

图 1-13 许多研究者利用浸水模拟失重来研究肾脏和循环功能的变化。这种方法通过改变静水压和呼吸模式促使体液向头部转移。在“干浸”过程中，受试者通过一种特制的高弹性和不渗水材料制成的薄膜与水隔开，以防引起皮肤的浸渍

于人体身长短臂离心机的研究也是一个重要的问题。这些研究对于制定长期飞行任务的人工重力处置方法是非常重要的（Young，1999）。

参考文献

[1] Arbeille P, Fomina G, Sigaudo D et al. (1997) Monitoring of the cardiac and vascular response to LBNP during the 14 - day spaceflight "Cassiopée". J Gravit Physiol 4: P29 - P30.

[2] Baldwin KM, White TP, Arnaud SB et al. (1996) Musculoskeletal adaptations to weightlessness and development of effective countermeasures. Med Sci Sports Exercise 28: 1247 - 1253.

[3] Bonnet RM, Swings JP (2004) The Aurora Programme. European Space Agency, ESA Publications Division, Noordwijk, ESA BR - 214. Retrieved 21 April 2005 from the World Wide Web.
http: //esamultimedia. esa. int/docs/Aurora/Aurora625 _ 2. pdf

[4] Buckey JC Jr., Lane LD, Levine BD et al. (1996) Orthostatic intolerance after spaceflight. J Appl Physiol 81: 7 - 18.

[5] Churchill SE, Bungo MW (1997) Response of the cardiovascular system to spaceflight. In: Fundamentals of Space Life Sciences. Churchill SE (ed) Krieger Publishing Company, Malabar FL, Volume 1, pp 41 - 64.

[6] Clément G, Reschke MF (1996) Neurosensory and sensory - motor functions. In: Biological and Medical Research in Space: An Overview of Life Sciences Research in Microgravity. Moore D, Bie P, Oser H (eds) Springer - Verlag Heidelberg, pp 178 - 258.

[7] Clément G, Pavy - Le Traon A (2004) Centrifugation as a countermeasure during actual and simulated spaceflight: A review. Eur J Appi Phvsiol 92: 235 - 248.

[8] Clément G (2005) Fundamentals of Space Medicine. Microcosm Press. El Segundo and Springer, Dordrecht

[9] Cohen A (1989) Report of the 90 - Day Study on Human Exploration of the Moon and Mars. NASA Publication, Washington DC.

[10] Cucinotta FA el al. (2001) Space radiation cancer risks and uncertainties for Mars missions. Radiation Res 156：682 - 688.

[11] Davis JR, Vanderploeg JM, Santy PA et al. (1988) Space motion sickness during 24 flights of the space shuttle. Aviat Space Environ Med 59：1185 - 1189.

[12] Di Prampero PE, Narici MV, Tesch PA (1996) Muscles in space. In：A World Without Gravity. Fitton B, Battrick B (eds) ESA Publications Division, Noordwijk, ESA SP - 1251, pp 69 - 82.

[13] Edgerton VR, Zhou MY, Ohira Y et al. (1995) Human fiber size and enzymatic properties after 5 and 11 days of spaceflight. J Appl Physiol 78：1733 - 1739.

[14] Fritsch - Yelle JM, Leuenberger UA, D'Aunno DS et al. (1998) An episode of ventricular tachycardia during long - duration spaceflight. Am J Cardiol 81：1391 - 1392.

[15] Gündel A, Polyakov V, Zulley J (1997) The alteration of human sleep and circadian rhythms during spaceflight. J Sleep Res 6：1 - 8.

[16] Herault S, Fomina G, Alferova I et al. (2000) Cardiac arterial and venous adaptation to weightlessness during 6 - month MIR spaceflights with and without thigh cuffs (bracelets) . Eur J Appl Physiol 81：384 - 390.

[17] Hoffman S, Kaplan D (1997) Human Exploration of Mars：The Reference Mission of the NASA Mars Exploration Study Team. NASA Johnson Space Center, Houston, Texas, NASA SP - 6107.

[18] Jennings RT (1997) Managing space motion sickness. J Vestib Res 8：67 - 70.

[19] Kanas N, Manzey D (2003) Space Psychology and Psychiatry. Space Technology Library 16, Springer, Dordrecht.

[20] LeBlanc A, Schneider V. Shackleford L et al. (2000) Bone mineral and lean tissue loss after long duration spaceflight. J Musculoskelet Neuronal Interact 1：157 - 160.

[21] McCormick, Donald B (2004) Nutritional recommendations for spaceflight. In：Lane HW, Schoeller DA (eds) Nutrition in Spaceflight and Weightlessness Models. CRC Press, Boca Raton, FL, pp 253 - 259.

[22] Meck JV, Reyes CJ, Perez SA et al. (2001) Marked exacerbation of orthostatic intolerance after long - vs. short - duration spaceflight in veteran astronauts. Psychosom Med 63: 865 - 873.

[23] NASA Advisory Council (1992) Strategic Considerations for Support of Humans in Space and Moon/Mars Exploration Missions. Aerospace Medicine Advisory Committee.

[24] National Research Council (2000) Microgravity Research in Support of Technologies for the Human Exploration and Development of Space and Planetary Bodies. Space Studies Board. National Academy Press, Washington, DC.

[25] Nicogossian AE, Parker JF (1982) Space Physiology and Medicine. NASA, Washington, DC. NASA SP - 447.

[26] Paloski WH, Black FO, Reschke MF et al. (1993) Vestibular ataxia following shuttle flights: Effects of microgravity on otolith - mediated sensorimotor control of posture. Am J Otol 14: 9 - 17.

[27] Paule MG, Chelonis JJ, Blake DJ et al. (2004) Effects of drug countermeasures for space motion sickness on working memory in humans. Neurotoxicol Teratol 26: 825 - 837.

[28] Parker DE, Reschke MF, Arrott AP et al. (1985) Otolith tilt - translation reinterpretation following prolonged weightlessness: Implications for pre - flight training. Aviat Space Environ Med 56: 601 - 606.

[29] Paine T (1986) Pioneering the Space Frontier: The Report of the National Commission on Space. Bantam Books, New York.

[30] Portree DS (2001) Humans to Mars: Fifty Years of Mission Planning, 1950 - 2000. NASA Monographs in Aerospace History Series, Number 21, Washington DC.

[31] Report of the President's Commission on Implementation of United States Space Exploration Policy (2004) A Journey to Inspire, Innovate, and Discover. U. S. Government Printing Office, Washington DC. Retrieved 21 April 2005 from the World Wide Web:
http: //govinfo. library. unt. edu/moontomars/docs/M2MReportScreenFinal. pdf

[32] Rubin C, Turner AS, Bain S et al. (2001) Anabolism: Low mechanical

signals strengthen long bones. Nature 412：603 - 604.

[33] Sawin CF，Baker E，Black FO（1998）Medical investigations and resulting countermeasures in support of 16 - day Space Shuttle missions. J Gravit Physiol 5：1 - 12.

[34] Stafford TP（1991）America at the Threshold：Report of the Synthesis Group on America's Space Exploration Initiative. U. S. Government Printing Office，Washington DC.

[35] Stone RW（1973）An overview of artificial gravity. In：Proceedings of the Fifth Symposium on the Role of the Vestibular Organs in Space Exploration. Naval Aerospace Medical Center. Pensacola，FL. 19 - 21 August 1970，NASA SP - 314. pp 23 - 33.

[36] Taylor GR（1993）Overview of spaceflight immunology studies. J Leukoc Biol 54：179 - 188.

[37] Vernikos J（2004）The G - Connection：Harness Gravity and Reverse Aging. iUniverse Inc，Lincoln. NE.

[38] Vico L，Collet P，Guignandon A et al.（2000）Effects of long - term microgravity exposure on cancellous and cortical weight — bearing bones of cosmonauts. Lancet 355：1607 - 1611.

[39] Von Braun W（1953）The Mars Project. University of Illinois Press，Urbana，IL.

[40] White RJ，Arvener M（2001）Humans in space. Nature 409：1115 - 1118.

[41] Young LR（1999）Artificial gravity considerations for a Mars exploration mission. Annals of the New York Academy of Sciences 871：367 - 378.

文中部分信息还来自以下资料：

NASA Vision for Space Exploration：

http：//www. nasa. gov/missior _ pages/exploration/main/index. html（Accessed 10 April 2006）

Artificial Gravity Encyclopedia：

http：//www. daviddarling. info/encyclopedia/A/artgrav. html（Accessed 12 April 2006）

http：//en. wikipedia. org/wiki/Artificial _ gravity（Accessed 12 April

2006)

http://www.answers.com/topic/artificial-gravity (Accessed 14 April 2006)

http://www.reference.com/browse/wiki/Artificial_gravity (Accessed 14 April 2006)

第2章 人工重力物理学

安吉·伯克利（Angie Bukley）[1]
威廉·帕洛斯基（William Paloski）[2]
吉尔斯·克莱门特（Gilles Clément）[1,3]

[1] 俄亥俄大学，美国俄亥俄州雅典市（Ohio University，Athens，Ohio，USA）

[2] 美国国家航空航天局约翰逊航天中心，美国得克萨斯州休斯敦（NASA Johnson Space Center，Houston，Texas，USA）

[3] 国家科技研究中心，法国图卢兹（Centre National de la Recherche Scientifique，Toulouse，France）

本章从一系列的定义和旋转动力学描述开始，讨论可在航天器中应用的人工重力技术。旋转动力学解释了离心方法中最终作用于人体的力，包括重力大小、重力梯度和科里奥利力。然后讨论旋转环境中人的因素和人的舒适范围。最后，给出了进行人工重力航天

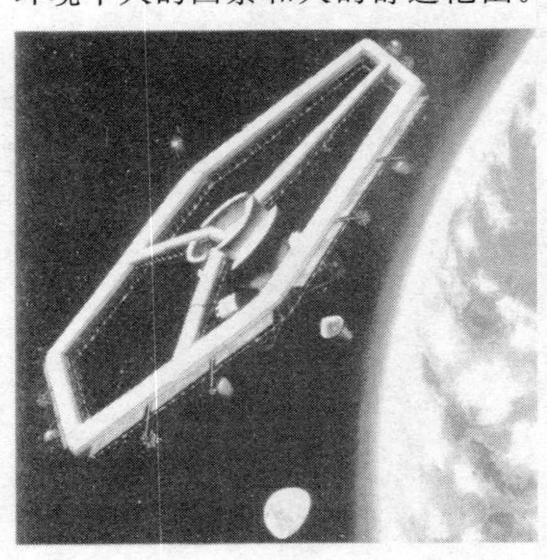

图2-1　1962年美国国家航空航天局提出的早期概念之一，用于有航天员乘组的人工重力空间站，空间站为自动膨胀的旋转六边形（图片经NASA许可使用）

器设计的工程选择。

2.1　什么是人工重力

2.1.1　定义

本书中定义的人工重力是指在地球轨道（或自由落体）或行星际轨道的航天器上模拟的地球引力。书中“人工重力”这一术语专用于描述旋转的航天器或航天器里离心机产生的类似于地球引力的效果。重要的是，人工重力根本不是地球引力，恰当的说，它是惯性力，但和由于地球质量而产生的常规重力没有什么区别。离心力与质量成正比，由设备旋转的离心加速而产生，并不等同于地球重力的吸引。尽管人工重力对人体的影响和真正的重力不同，这一点的某些细节会在接下来的章节中讨论，但若质量是一定的，效果是相同的。这样，我们可以把人工重力看成是施加在人体上的加速度，用以弥补航天微重力条件下缺少的重力（图 2－2）。

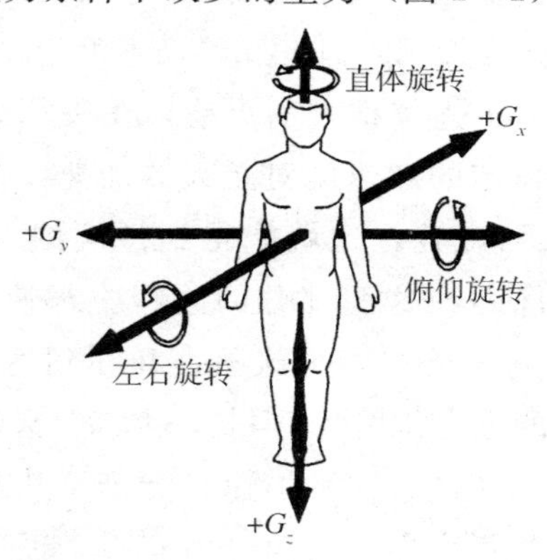

图 2－2　人体主要的轴可定义为 x、y、z 三个轴，绕这三个轴的旋转分别称为左右旋转、俯仰旋转、直体旋转。沿轴的重力惯性力（G）正方向分别是指胸背向（$+G_x$）、左右向（$+G_y$）和头足向（$+G_z$）。注意，这些正方向相应的加速度方向应分别为背胸向、右左向和足头向

2.1.2 如何产生人工重力

产生人工重力的方法有很多，接下来我们讨论几个有意思的机械装置，理论上，这些装置可用于产生人工重力。但是，航天器质量、能量和成本限制了实际的使用，这意味着除非技术能跟得上人的想象，某些设计才能进行下去。

下面是对一些有用资料的编辑，资料来自 http：//en. wikipedia. org/wiki/Artificial _ gravity。

2.1.2.1 线性加速

在航天器中得到人工重力的一种方法是线性加速。持续地对航天器进行直线加速，航天器里的物体就受到与实际加速方向相反的作用力。当航天飞机或其他轨道航天器的推进系统工作，进行轨道调整时，航天员经常会遇到这种现象。汽车驾驶员也会体验到这种现象，当红绿灯变绿而踩下油门时，他们感觉座椅靠背对他们有一个推力。航天员或汽车驾驶员感受到的力就是断断续续、一拨一拨的，其大小等于推进器或者汽车发动机产生的加速度。但是，这种人工重力的持续时间太短了，只有几秒，不可能成为实用的方法。

如果能够制造一个连续推进的火箭，在飞往火星的旅程中，火箭在前一半路程以恒定的加速度对航天器加速，在后一半路程以同样的加速度对航天器减速，这就能得到持续的人工重力环境（图 1－12）。理想的情况是在这两部分的路程中都使用 1 g 的加速度，这样，远征火星的航天员在整个旅程中和在到达火星开始工作时，只会感到“正常”的重力作用①。但是，大部分火箭都是以数倍于地球重力加速度进行加速的，这种加速只能维持几分钟的时间，因为火箭携带的推进剂数量有限，从而推力有限。理论上，使用高性能推进剂的推进系统能够长时间加速，该种推进剂的关键特征是要有

① 火星重力为 0.38 g，航天员到达火星后需要一个适应期。一些专家建议在飞行的最后阶段就减少人工重力大小，这样他们到达那儿时就已经适应了 0.38 g 的环境。

高的推进—重量比。这样就可以得到长期可用的人工重力，而不是短期的高重力情形。相应地，该持续加速航天器能够提供多次的短期太阳系内飞行。以 1 g 加速（然后减速）的航天器可在 2～5 天内到达火星，这取决于飞行的相对距离[①]。在许多的科幻小说情节中，星际航天器都用加速来产生人工重力，但这种推进方法只停留在理论及假设上。

2.1.2.2　质量

质量是引力的关键参数。任何物体都有自己的引力场，粒子的引力场非常小，而对质量几乎无限大的黑洞来说引力场就非常强。因此，得到人工重力的另一个方法就是在航天器中安装一个密度极高的核，使其拥有自己的引力场，能把航天器内部（包括外部！）的任何物体拉向自己。实际上这不是人工重力，就是重力，许多科幻故事使用了这一概念，使用人工重力发生器能够产生重力场，但这是基于一个并不存在的大质量物体。在实际感觉中，故事是可信的，因为在航天器上明显地出现了一个类地环境。当然把这种故事拍成电影或电视的投资会更有效，因为拍摄 1 g 的画面总比拍摄需要模拟失重的特殊效果更省钱。

即使要产生一个微小的引力场也需要有巨大质量的物体。比如，相当大的小行星只能产生几千分之一 g 的引力。可以想象，这种小行星再配上推进系统还是航天飞船吗？而且如此低的引力也没有任何实际使用价值。另外，大质量物体明显需要和航天器一起运动，任何微小的加速都会带来推进剂消耗急剧增加的代价。实现基于质量原理的人工重力，唯一实际方法就是寻找目前未知的高密度原料，做到大质量而小体积。然而，工程师们仍然需要解决如何把质量如

---

① 20 世纪 50 年代后期，位于宾夕法尼亚 Johnsville 的航空医学加速实验室（AMAL）使用离心机进行了一项试验（见图 11－6），研究人类能否 24 h 忍受 $+G_z$ 方向的 $2g$ 加速度。用这种加速度计算，只需 24 h 就可到达火星。但整个飞行时间将会是 30 h，因为还要减速。对整个试验的唯一受试者——C · 克拉克博士进行医学监督，在试验的最后，他仍然能够讲话和运动，但是非常衰弱（Chambers，Chambers，2005）。

此之高的航天器送入轨道的问题。

2.1.2.3 磁力

重看科幻小说，我们看到航天器里的人工重力出现或取消的情况经常出现，而航天器并未旋转或加速。目前对磁技术的研究并未达到可以制造人工重力系统的阶段。逆磁机构当然能够达到同样的效果。但是，为了达到这种效果，必须避免任何非磁性材料处于或接近强磁场，这是实现逆磁效应的基本要求。这种人工重力系统的实现离不开强大的磁铁。现在我们使用这种设备可以把一只青蛙浮起来，这意味着能达到 1 g 的人工重力。但是这一套磁系统的实现需要重达数千千克的磁铁，并使用昂贵的低温设备制造极低温以保持超导。在航天器上应用这种系统过于不切实际。

2.1.2.4 重力发生器

所谓重力发生器是一个技术上未经证实的产生重力的设备，重力来自它自身的质量分离，多年前就有人声称该设备已经开发并生产出来。20 世纪 90 年代早期，俄罗斯工程师尤金·波特科勒特洛夫就声称建造了这样一个设备，设备包含一个旋转的超导体，能够产生强大的重力磁力场，但是无法得到确认，且第三方试验得出的结果是否定的。2006 年，欧洲空间局的研究小组声称建造了一个相似的设备，演示中得到了一个 10^{-4} g 的有效的重力磁力场，对应用来说这个重力水平不小了（Tajmar，等，2006）。

2.1.2.5 离心力

圆周运动或旋转产生向心加速度，从而会有离心力。圆周运动的例子有地球同步轨道上的人造卫星、曲线赛道上的赛车、翻转运动的飞机、系在绳子末端作圆周运动的物体等。我们大部分人体验过这种现象，在小汽车向右（左）拐时，会感受到有一个力把我们向左（右）推，骑自行车运动也有这样的感觉。

自转和自旋是圆周运动的特例，是一个物体绕它的质心轴旋转。在转盘上旋转的唱片就是一个这种运动的例子，事实上，转盘本身也是这种运动。旋转产生了从中心沿着半径向内的向心加速度。

向心力等于向心加速度与物体质量的乘积。以下方法可产生人工重力：

1）航天器绕自己的轴旋转（图2-1）。

2）用系绳连接两个航天器，绕两者组成的系统质心旋转（图2-3，左图）。

3）在航天器上使用短臂离心机（图2-3，右图）。

图2-3　左图：美国国家航空航天局提供的图片，航天员查尔斯·康拉德（Charles Conrad）（中）和里查德·F·戈登（Richard F. Gordon）（右）使用双子座11号的航天器模型和阿金那火箭模型来演示系绳程序和转动。右图：航天器上使用的短臂离心机示意图

在航天器旋转的情况下（1）和2）），由于向心加速度，航天器内部的物体会受到沿旋转半径向外的力，这就是人工重力的来源。而航天器内部使用短臂离心机的情况中，只有离心机上的受试者或物体才会受到人工重力的影响。

2.2　旋转产生的人工重力

本书中，术语人工重力用来描述在旋转航天器中或在航天器的离心机中作用于物体上的离心力。旋转系统中，除了离心力外还有其他的力影响旋转环境中的物体运动，从而影响人的感觉。这都是离心方法涉及的参数。为了更好地理解后面章节中表达的信息，在此假定航天员或微粒的运动速度是恒定的，且这里的加速不考虑惯性因素，只考虑与离心机或旋转航天器有关的旋转因素。这能够简化分析，直达我们想要的目的。惯性因素、旋转因素下运动粒子的综合分析参见 Greenwood，1965。

2.2.1 重力大小

表征圆周运动的特征量是半径 r 和角速度 ω（弧度/秒），这里的半径是指从旋转物体的重心到其边缘的长度，可以假定质心恰是在圆心处，角速度表征航天器或物体旋转的快慢。多数人熟悉用“圈/分钟”（rpm）表示的角速度，但角速度的常用表示单位是“弧度/秒”（r/s，rad/s），这是因为“弧度”是国际单位制［SI 制］中表示角度的单位，使用“r/s”在数学上会有很大的简化①。向心力的大小等于作圆周运动的物体质量 m 和向心加速度的乘积。向心加速度是一个有大小和方向的矢量，其方向等于角速度和切线速度的矢量积。切线速度的大小是 $r\omega$，其方向指向航天器边缘或物体边缘的旋转方向，向心加速度的大小等于切线速度大小乘以角速度大小（$r\omega^2$），其方向总是从旋转体的中心指向内部。这样，向心力的大小是

$$F = m\omega^2 r \tag{2-1}$$

把坐标系固定在离心机或旋转物体上，也就是坐标系随着离心机旋转，从这个坐标系中看起来，好像有一个外力把物体向外拉。离心力作用于所有的旋转框架内的物体，其方向都是从旋转轴指向旋转边缘。离心机里每一个固定的物体都会受到使它远离旋转轴的力，这个力的大小是物体质量、物体离旋转中心的距离以及离心机角速度平方的函数（图 2-4）。本书中提到的向心加速度等同于“人工重力大小”。因此，如果一名航天员站在旋转航天器的地板上，或是脚朝外躺在航天器内部的短臂离心机里，在他脚部感受到的人工

---

① 1 rpm 近似等于 0.1 rad/s。

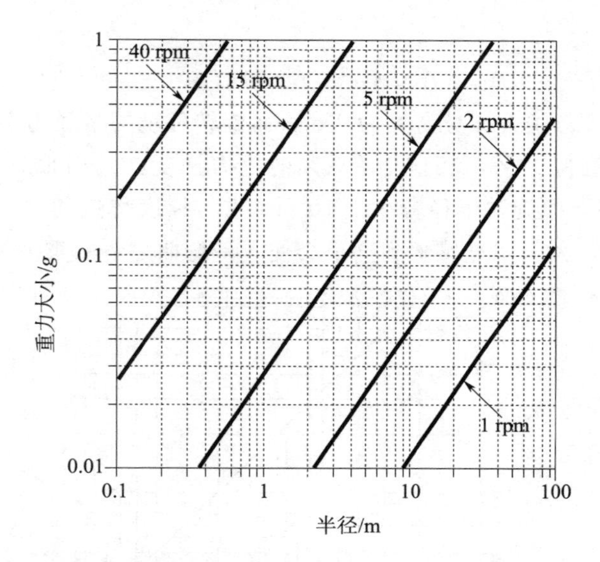

图 2-4　离心机中的重力大小和旋转半径、旋转角速度之间的关系。图中给出了 5 种旋转角速度。对任意给定的角速度，重力大小随着半径的增加而增大，这说明，要产生 1 g 的人工重力，角速度较低时则需要较长的旋转半径（例如，角速度为 5 rpm 时，半径长要 35 m），同样，很短的半径时需要很高的旋转速度

重力大小为

$$A=\omega^2 r \tag{2-2}$$

2.2.2　重力梯度

在同样的旋转速度下，重力大小随离心机半径的不同而不同。航天员沿着半径方向躺在离心机里，脚放在离心机的边缘，那么头比脚更接近于旋转轴，因为头部的旋转半径小，所以头部承受的重力大小小于脚部。航天员受到的重力大小是距离旋转中心长度的函数，称为“重力梯度”。

考虑航天员身高为 h，按上述方法躺在半径 r 的离心机里，那么他头部的旋转半径为 $r-h$。则头部和脚部承受的加速度的比值可表

示为

$$A_{head}/A_{foot}=\omega^2\ (r-h)\ /\ \omega^2 r=\ (r-h)\ /\ r \quad (2-3)$$

例如，若航天员身高 h 为 2 m，而旋转环境的半径为 100 m，那么这个比值为 98%，相应地有 2%的重力梯度，人们很难感觉到这 2%的不同。但旋转半径若小于 10 m，重力梯度将达到 20%～100%（图 2-5），人会明显感觉到这个会使人呈弯曲姿势的重力梯度。

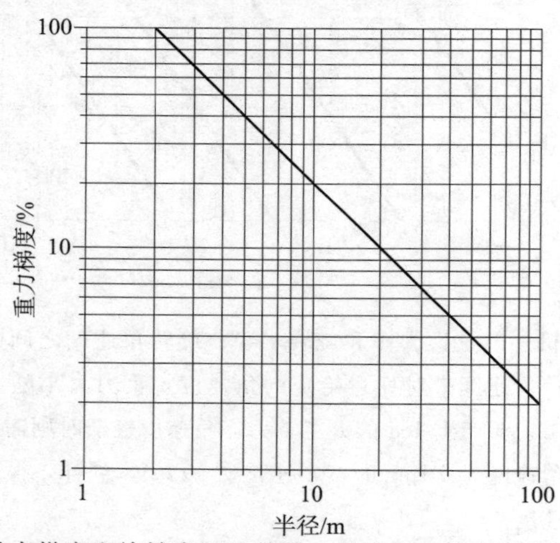

图 2-5 重力梯度和旋转半径的关系。假定 2 m 高的航天员站在旋转航天器的地板上，或脚部朝外躺在航天器内部的离心机里

考虑人在旋转的航天器中移动时所受到的影响。如果航天员顺着航天器的边缘慢跑，方向和旋转方向相同，就像弗兰克·玻尔（Frank Poole）在电影《2001：太空旅游》中做过的一样，那么他的瞬时线性加速度将会与飞船的切线速度叠加，使他脚部承受的重力增加（回忆一下，向心加速度是互相垂直的角速度和切线速度的矢量积）。同样，若航天员跑动的方向与航天器旋转方向相反，即他跑动的速度和他的旋转线速度相反，这会减少他的旋转线速度，因此承受的重力大小也会减小。如果离心机的边缘线速度足够小，那么，航天员的逆旋转方向跑动在理论上可使他脱离受到的人工重力的影响。

在这种特殊的环境（旋转）中，还要考虑有着重要作用的科里奥利力。科里奥利力是航天员在旋转环境中沿着旋转边缘运动的结果，科里奥利力是径向的，航天员的运动方向决定了径向人工重力的增加或减少。这将在下面章节具体介绍。

2.2.3　科里奥利力

旋转系统中静止的物体只受到离心力产生的重力大小的影响，当物体运动时，就会受到科里奥利力的作用。科里奥利加速度是物体在旋转坐标系中作直线运动的直接结果，等于 2 倍的物体（人体或人体的一部分）切线速度矢量 $\boldsymbol{v}$ 和角速度矢量 $\boldsymbol{\omega}$ 的矢量积（图 2 - 6），它的方向正交于 $\boldsymbol{\omega}$ 和 $\boldsymbol{v}$ 的方向组成的平面，符合右手定则。因为力可从运动物体（人体）的质量和加速度的乘积得到，所以，科里奥利力的大小可由下式表示

$$F = 2m\omega v \qquad (2-4)$$

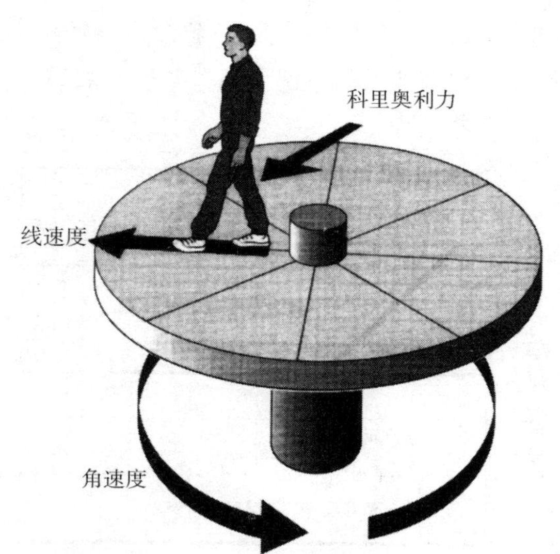

图 2 - 6　人在旋转的平台上沿径向向外走，会感到一个奇特的把他们向旁边推的力，该力与圆周平行。科里奥利力的大小取决于运动的直线速度和旋转的角速度，其方向和旋转轴及旋转角速度方向有关。菲利普·陶津绘制（SCOM，图卢兹）

另外，科里奥利加速度是 $\boldsymbol{\omega}$ 和 $\boldsymbol{v}$ 矢量积的结果。在非矢量条件中，给定旋转的角速度，则物体所受科里奥利力的大小和物体的线速度成正比，也和物体运动方向与旋转轴夹角的正弦成正比。科里奥利力和旋转半径无关这一点很重要，即在距旋转中心任意长度处的科里奥利力大小是一样的（图 2-7）。

科里奥利加速度是有方向的，它垂直于物体的运动方向以及旋转轴。因此，关于科里奥利力或科里奥利加速度，有如下推论：

1）物体的运动速度等于零时，则科里奥利加速度等于零。

2）物体的运动方向平行于旋转轴，则科里奥利加速度等于零。

3）物体的运动方向指向（背离）旋转轴时，则科里奥利加速度的方向与旋转方向（平行于旋转的线速度）相同（相反）。

4）物体的运动方向和旋转方向（平行于旋转的线速度）相同（相反），则科里奥利加速度的方向背离（指向）旋转轴。

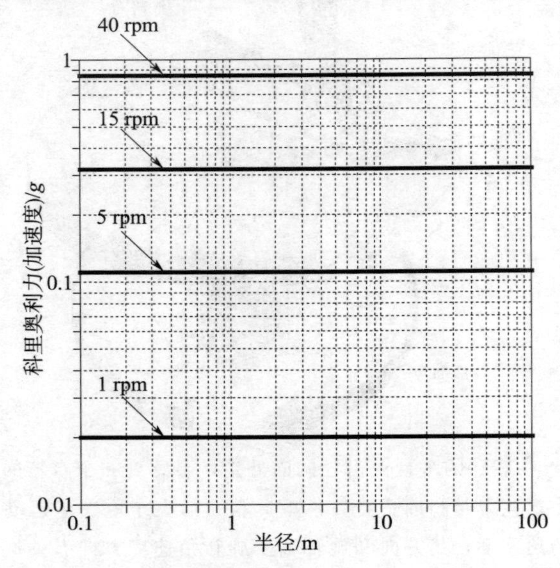

图 2-7　描绘了在 4 种不同的旋转速率下，旋转引起的科里奥利力和半径的关系。注意科里奥利力与距旋转中心的长度无关

因此，如果一个人站在离心机或旋转航天器的外沿并沿着径向超旋转轴方向跳过去，他不会直直地掉下来，而是落在旁边的几厘米处。再次提一下电影《2001：太空漫游》，电影中有这样的场景：航天员通过梯子从航天器的边缘到中心来回地上下。由于是在摄影棚中使用设备（见 3.1.2 节），在拍摄这些场景时，科里奥利力并不存在。但是，假设在真的航天器中，这些航天员像电影中一样上下爬动，他们就会感到科里奥利加速度（以力的形式）的影响，好像要把他们推向一边或另一边（图 2-8）。

若航天器沿逆时针方向旋转，航天员以图中的方式向航天器中心爬，他（她）就会感受向右推的力。反过来往下爬，就会感受向左推的力。正如本书后面章节将要讨论的，科里奥利加速度在导致运动病发作中起着重要的作用。

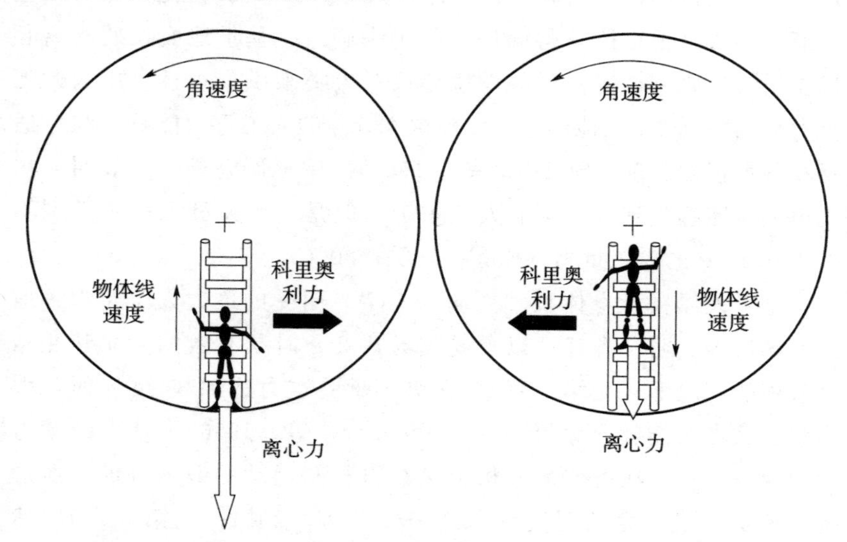

图 2-8　在旋转环境中沿着梯子爬上（左图）、爬下（右图）的航天员受到的科里奥利力和离心力。两种情况下的科里奥利力大小一样，但方向相反。注意，航天员在梯子底部时受到的离心力更大，这是因为距旋转轴的长度增大的缘故。改编自（Stone，1973）

2.3 人的因素考虑

理论上，可产生人工重力的航天器设计方法有很多，每种设计在本质上都有其自身的问题和优势。现在讨论一下对设计影响较大的参数。

2.3.1 重力大小

通常在离心机边缘测得的最小人工重力大小是人工重力系统设计的关键参数。在轨道上进行的动物试验有限，取得的试验数据表明，在航天飞行期间，通过旋转，在大鼠脚部持续产生的 1 *g* 人工重力足以维持其正常的成长和发育（见 3.2.1 节）。但是，当人工重力值减小时是否也能获得同样效果仍未确定。基于地面长期的离心机作用效果研究，俄罗斯科学家建议对人类来说最小且有用的人工重力大约是 0.3 *g*，他们进一步建议 0.5 *g* 的人工重力能够增强舒适感和各种正常表现（Shipov，等，1981）。感觉研究进一步表明人在轨道上能够感觉到 0.5 *g* 的人工重力。但是，航天员无法感觉到不大于 0.22 *g* 的人工重力（Bukley，等，2006）。

至于人体在沿身体长轴方向（$+G_z$）耐受的最大人工重力，地面卧床试验表明，脚部可以承受重力达 2 *g* 时是有效的，尤其在结合锻炼的情况下（见第 5 章）。在脚部承受重力达到 3～4 *g* 时，大多数受试者只能够忍耐 90 min（Piemme，等，1966）。从血液动力学的观点来看，在类似离心机上进行自行车运动的锻炼有助于增加脚部承受 3 *g* 重力的耐受性（Caiozzo，等，2004；见第 5 章）。然而，在头部承受重力达到 2～3 *g* 时，对应于半径 0.5 m，旋转速度 60 rpm，人的周边视觉开始降低，这被称为“灰视”现象。这种旋转条件在人工重力设备中不会出现。但是，众所周知，在地球上一个人的加速度耐力不是一成不变的，它也与身体素质、身体协调性、性别和经历有关。在加速度环境下连续地暴露和体验，可以提高人的加速度耐力。另一方面，当健康变差、机能降低、人虚弱时，人的加速度耐力也下降（Burton，Whinnery，2002）。卧床试验后，人的加速度耐力下降，但经历太空飞行航天后加速度耐力的变化还不清楚。另外，大多数在地面进行的重力生理影响研究使用的都是长臂离心机，没有考虑重力梯度的影响，因此，还需进一步研究在短臂离心机中人对加速度的耐受性。

现在仍不清楚间歇的、短期的高重力体验是否和连续的正常重力体验一样有益于健康，也不清楚低于 1 *g* 时，多大的有效重力能够对抗失重对健康的影响。半径 4 m、合理的低转速 5 rpm 能够产生 0.1 *g* 大小的人工重力（图 2 - 4）；同样是 4 m 半径，要在脚部产生地球重力大小的人工重力需要约 15 rpm 的转速，同时头部的人工重力是脚部的 50%；同样是 4 m 半径，21 rpm 的转速能够产生 2 *g* 的人工重力。如果短暂的高重力体验能够抵消失重对健康的影响，那么就可以在航天器中使用小的离心机作为肌肉锻炼设备。但是，航天器上使用离心机也会带来多种生理系统功能问题。

2.3.2　转速

在旋转环境中走动或移动物体会产生科里奥利力，该力限制了离心机或旋转航天器的最大转速。科里奥利力是在旋转坐标系中运动产生的实际惯性加速度的结果，旋转环境中的任何直线运动，除了平行于旋转轴的运动，在惯性空间中实际上都是曲线运动（图 4 - 9），该曲线反映了横向科里奥利加速度的影响，物体受到了横向的惯性反作用力作用。

人的运动或离心机的转速比较低时，科里奥利力的影响可忽略不计，就像在地球上一样。但是当离心机转速达到几 rpm 时，就会产生不良影响，简单的单腿移动变得困难，而且需要警惕头眼的运动。例如，头部发生转动时，静止的物体好像旋转起来了，即使头部停止了转动，这种旋转还会继续。这是由于在旋转环境中，当头部向旋转平面外部转动时，科里奥利力导致作用在内耳半规管（图

4－2）上的角加速度交叉混合，因此，即使在低于 3 rpm 转速的低速旋转中也会发生运动病，但人们可通过增加体验和延长体验时间来逐渐适应高转速环境（见 3.3.1 节）。

以前的研究表明，科里奥利力大小和人工重力大小相比应尽量小，斯顿（Stone）（1973）建议不应超过 25%。但是，近来的地面研究数据表明人们能够快速适应科里奥利力带来的前庭失衡（Young，等，2001），基于此，25%的比例就有点保守了。而且，在天空实验室进行的一项试验中观察到，在微重力环境中试验 6 天后再进行头部运动，不会导致运动病或方向紊乱（Graybiel，等，1977）。拉克纳尔（Lackner）和迪兹欧（Dizio）（2000）抛物线飞行试验指出，"头部运动时科里奥利力的副作用程度依赖于环境重力的大小，在给定转速情况下，低于 1 *g* 的人工重力能够降低运动病的发生"。最后，离心运动期间限制头部的运动也能够缓解科里奥利力引起的恶心反应。

如上所述，航天员在航天器内运动时感受的人工重力是扭曲的，除非他沿着平行于旋转轴的方向运动。为降低这种影响，航天器边缘的速度应远大于航天员的走动或跑动速度，这就限制了边缘的最小速度。但最小速度也应满足当航天员逆着旋转方向行走时需要的足够大摩擦力。人的正常步行速度是 1 m/s，由此可估计最小的边缘速度约为 6 m/s。

2.3.3 重力梯度

由于多数的人工重力研究使用的都是长臂离心机，重力梯度有限，因此，缺乏重力梯度影响的受试者舒适性或生理反应的有效数据。

假设 2 m 高的航天员站在航天器边缘，头朝向旋转中心，为得到 50%的重力梯度，离心机的半径至少要 4 m。在这种臂长与航天员身高相比较短的连续旋转情况下，则重力梯度就是一个大问题。特别地，这种情况四肢的运动或者笨拙地改变身体姿态将会影响到航天员的生理功能。而且，在旋转环境中的物体有不同的"重量"，这取决于该物体距离旋转中心的远近。重力梯度越大，“重量”的差别就越大。这对拿取或移动物体影响很大，例如，站在离心机边缘的航天员向旋转中心“提升”物体时，物体会变轻，而且当航天员向边缘蹲坐时会变重，而踮着脚尖站立时又会变轻。

2.3.4　舒适域

随着 20 世纪 60 年代载人航天飞行的开始，为确定旋转环境的舒适标准一直进行着努力协商。在美国宾夕法尼亚约翰斯维尔的航空医学加速实验室、佛罗里达彭萨科拉城的海军宇航医学研究实验室、弗吉尼亚汉普顿的美国国家航空航天局兰利研究中心（Chambers，Chambers，2005）进行的研究多数都在离心机、旋转房间、旋转的太空站模拟器中完成。

过去的四十年间，有几位作者公布了人工重力舒适度的指导方针（参见 Hall，1997），其中包括了假想的舒适域图，该图由重力大小、头脚方向重力梯度、转速和线速度的值确定（图 2－9）。

这些研究的结果经常并不一致，比如，克拉克和哈迪（Hardy）（1960）进行的离心机试验研究后提出，头部转动产生的交叉混合加速会引起前庭的幻觉以及晕船的症状，这些症状会有一个阈值，为了完全不超过该阈值，空间站的转速不应超过 0.1 rpm。所谓 0.1 rpm，就是说为产生 1 g 的人工重力，旋转空间站的半径约需 90 km 长！后来，斯顿（1973）假定提高交叉混合加速是可接受的，即是克拉克和哈迪提出的晕船阈值的 3 倍，若空间站的最大转速为 6 rpm，是克拉克和哈迪建议转速的 60 倍，则产生 1 g 仅需 25 m 的半径。但即使这样，也要求旋转空间站足够大才能做到，或是使用系绳方法连接航天器的两部分，如居住舱作为一部分，航天器的其他部分作为另一部分。

近来的研究数据表明，早期为防止科里奥利运动病而对转速的限制太过于保守。例如，杨和他的同事们（2001）近来指出，受试者在转速为 23 rpm 的离心机中能够快速适应头部转动引起的运动病。更高的转速使得使用短臂离心机获取所需大小的重力成为可能。

重力大小的上限一般为 1 g，下限为 0.3 g。下限是基于俄罗斯在太空进行的动物研究结果，也基于在抛物线飞行的低重力阶段中受试者的表现（Faget，Olling，1968），同时还基于在美国国家航空航天局兰利实验室进行地面研究的结果，该研究中使用的圆形平台直径为 12 m，且外沿有 1.8 m 高的垂直围墙。平台旋转期间，水平悬挂的受试者能够在“墙上走动”（Letko，Spady，1970），他们发现在脚部（$+G_z$）的模拟重力介于 0.16 g 和 0.3 g 之间时，朝旋转方向的走动最舒服。刚过 0.3 g 时，受试者报告说“身体和腿都有重量的感觉”，但在 0.5 g 时感觉反而乱了。因此，多数人工重力应用研究的设计中都选择使用 0.3 g 的下限。

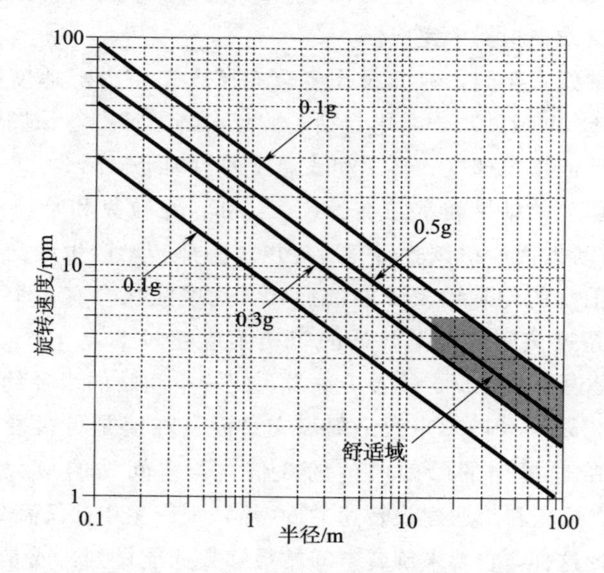

图 2-9　图中画出了 4 种重力大小情况下转速与旋转半径的关系。20 世纪 60 年代进行的早期研究指出舒适域是由最小半径 12 m、最大重力 1 g、最小重力 0.3 g、最大转速 6 rpm 确定的灰色区域。但是近来的研究表明这些界限有些过于保守

最小 12 m 的半径可限制重力梯度不超过约 15%（图 2-5）。这

种强制的界限主要考虑了人的工效因素。如上所述，站在旋转空间站边缘的人从头到脚移动物体时会感觉变重。尽管实际上缺乏重力梯度影响的数据（因为多数研究都是在长臂离心机上进行的，重力梯度很小），但对方便物体操作、降低骨骼—肌肉受伤的潜在风险来说，15%的重力梯度上限明显是保守的。

上文提到的舒适标准界限引发了对于人类在旋转环境中行走和移动物品的讨论，这很重要。事实上，这些界限的提出正处于预言用大型旋转空间站（下一节具体描述）完成空间任务的时期。空间站内部使用短臂离心机时，应严格限制身体、四肢和头部的运动，根据这个情况，明显地应重新评估舒适界限。

2.4 设计方法

人工重力的设计有两种思路，一是让航天员处于连续人工重力作用下，这就需要设计长臂的旋转航天器；另一种是让乘员受到间歇人工重力的作用，这需要小的短臂离心机。下文回顾了这两种设计方法，其内容来源于国际宇航科学院 2.2 研究小组的最终报告，并对其中的部分材料进行扩充。该报告名为“人工重力在生理学和医学中的作用”（Paloski，2006）。

2.4.1 连续人工重力：旋转航天器

在阿波罗工程时期，早期设计的基础是经典的大型旋转空间站，和冯·布劳恩提出的一样。三个基本的、概念性的旋转空间结构从外形上分别是“I 型”、“Y 型”和“环型”（图 2 - 10）。“Y 型”和“环型”的旋转稳定性更好，因它们旋转轴向的力矩最大。而“I 型”在两个轴向上有较大的力矩。诚然我们需要像惯性轮那样稳定的系统，不过，“I 型”在发射运输和入轨配置上相对简单（Loret，1963）（图 2 - 11）。

这些大体积、大质量的设计方法激发了工程师们考虑用大半径来创造离心力的想法。这里出现了两种想法，一是刚性组合或刚性连接，一是系绳概念，下文将详细介绍。另一个工程问题是使得航天器产生加速及减速自转的推进系统设计。如果航天器的一部分设计为非旋转，那么旋转部分和非旋转部分的摩擦和扭矩会导致旋转部分的转速降低，而本应静止的部分出现旋转。要保证航天器一部分旋转而另外部分相对静止，就需要飞轮和推进器。考虑到轨道机动，旋转航天器的角动量也会使与轨道机动有关的推进系统复杂化，但是姿态控制会变得简单。

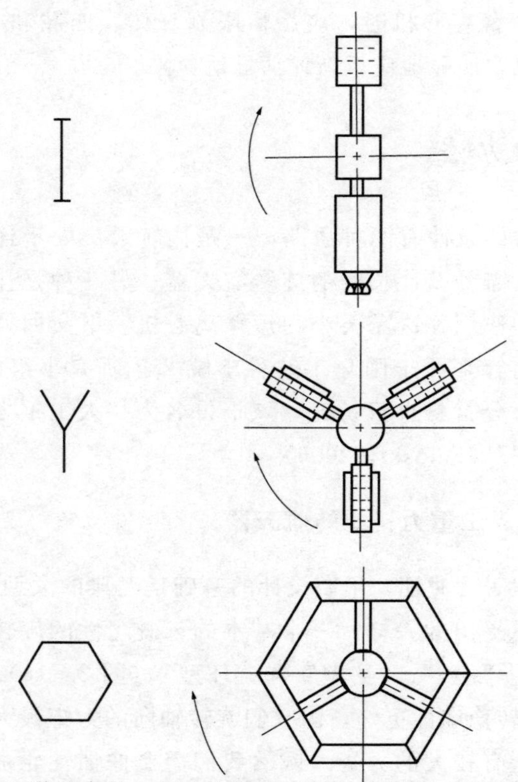

图 2-10　三种基本的、概念性的旋转空间站结构，根据外形可分为“I型”、“Y 型”和“环型”。改编自费格特（Faget）和欧林（Olling）(1968)

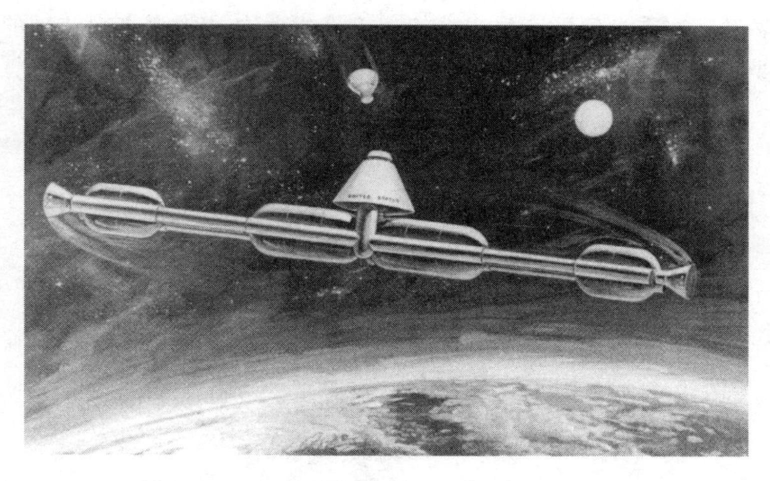

图 2 - 11　美国国家航空航天局 1969 年的空间站设想。航天器绕它的中心轴旋转以产生人工重力。它原本打算用阿波罗计划废弃的平台组装而成。图片经 NASA 许可

2.4.1.1　刚性构架

典型的刚性构架设计一端应有乘员及其操作舱，而另一端是一个大的平衡物。平衡物（总重量）端可以是废弃的燃料罐或其他活性元件，如核反应堆等。多数情况下，在旋转中心有一个抗旋转的组件，既可以作为非旋转的停泊码头，也可用于 0 g 试验的工作舱。

刚性构架的一个改进是将其变成可伸缩的，这样改变人工重力系统的半径就更方便，而不是像固定连接系统那样麻烦。但是，所有的刚性构架设计都意味着要比系绳连接需要更大的质量，同时需要更大的动力。

美国国家航空航天局最近进行了用于载人火星任务的体系研究，荣斯顿（Joosten）（2002）开发了一种基于刚性构架的航天器设计，通过提供合适的人工重力，具有满足典型火星任务需求的能力。这种体系包括位于旋转中心附近的核反应堆舱、位于一端（远离核辐射）的乘员舱、位于另一端的放射性物质。整个结构以 4 rpm 的速

度转动，在乘员舱可产生 1 g 的人工重力，乘员舱距离旋转轴的旋转半径为 56 m（图 2－12）。

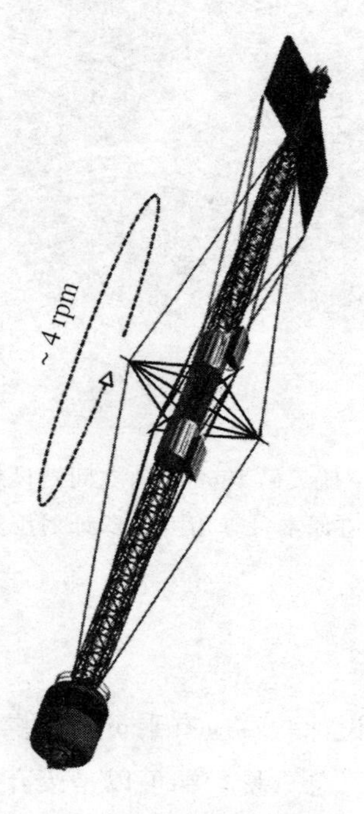

图 2－12　美国国家航空航天局的这个设计中使用了高能核推力器（NEP）系统为动力，使得结构产生旋转。该系统是基于高温液体金属冷却裂变原理。结构的旋转使乘员舱处产生了持续的 1 g 人工重力。图片经 NASA 许可

与任务相关的核推进航天器质量与早期的设计方案一致，其控制策略也与任务需求相一致，没有多余的推进剂消耗。与人工重力相关的质量补偿很小，只有百分之几。茱斯顿注意到使用离心方法提供人工重力环境的深空探测载人航天器，在工程预算上非常有限。他说这很可能是因为缺乏确定的设计需求，尤其目前对一些问题和需求还不清楚，如合适的人工重力大小和转速、大航天器质量和质量补偿能力、航天器结构和空间推力（如大气俘获）选择结果的不匹配、与反旋转部件（如天线和光电阵列板等）有关的复杂性、预

期的有效乘员对抗微重力措施（的期望）等。最后他说对这些问题的理解和涉及范围也可能有夸大成分。

2.4.1.2　系绳

1966 年，双子星座任务证实了基本的航天器系绳连接技术，航天员把他们的座舱和阿金那火箭推进器用一条 30 m 长的绳连接起来（见图 2-3），并使得该连接组合缓慢旋转以产生极小的人工重力。如果系绳再长一些或是旋转再快一些，或是两者同时进行，就能够产生有用的人工重力。双子星座连接航天器任务揭示了一些以前未曾考虑到的系绳动力学问题，这需要在设计人工重力空间定居点时加以考虑（Wade，2005），包括系绳连接的方法也需要进一步探究。

多数可接受的大型人工重力系统设计中，系绳长度都是可变的，在轨运行的用于连接航天器和平衡物的系绳可缠绕回卷。舒尔茨（Schultz）等（1989）设想了火星任务的航天器系统：距质心 225 m 的居住舱质量为 80 000 kg，距质心 400 m 的平衡物质量为 44 000 kg，连接居住舱和平衡物的系绳质量为 2 400 kg，并可被质量为 1 700 kg 的展开结构放出。如上所述，人类火星任务中为产生人工重力需要的额外结构质量为 4 100 kg，再加上 1 400 kg 的推进系统，约占整个系统质量的 3%。

显然，系绳人工重力系统需要关注系绳会破损的弱点。火星任务设计中，外形尺寸为 0.5 cm×46 cm×750 m 的系绳能够提供的动态安全系数为 7，抗拉强度为 630 000 N。即使发生了流星体的撞击，也可通过带状织物或编织电缆来维持系绳的完整性，否则仍需关注系绳破损的缺点。经计算，在 420 天的任务中，质量直径积大于 0.1 gm 的微流星体撞击系绳的概率为 0.001。另一个需要关心的是系绳系统的动态稳定性，尤其在系绳放开或回卷时，以及在加速旋转或减速旋转时。轨道机动中的相互作用很复杂，取决于旋转轴是否是惯性固定的，是否追踪着太阳以利于太阳能电池板的使用等条件。

2.4.1.3 绕偏心轴旋转的航天器

巴克利（Bukley）等（2006）在近来的研究中考察了两种情况，为了在航天飞机上能够产生大小为0.2～0.5 g 的人工重力（图2-13），一个可能的方法是航天飞机绕着一个偏心的轴（该情况下是指航天飞机轨道的基线）以恒定的角速度滚转①。这种旋转动作会在航天飞机的 $+G_z$ 方向产生人工重力，就像飞机在地面上一样。另一种方法是航天飞机绕着它的重心俯仰旋转，这种俯仰机动会在航天飞机的 $+G_x$ 方向产生人工重力，这时航天员会“站在”中部甲板的固定装置上。

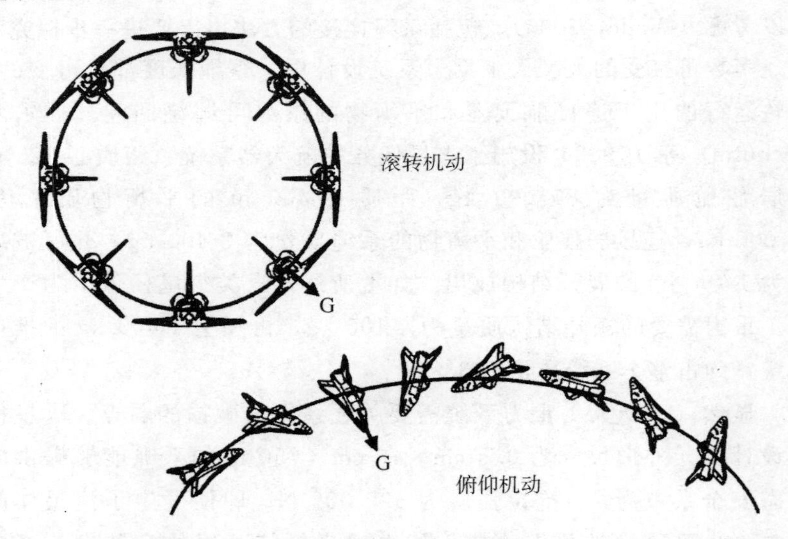

图2-13 两种旋转航天飞机以产生人工重力的可能方法：偏心轴（环形的）滚转机动（上图）和俯仰机动（下图）。但偏心轴滚转机动超出了航天飞机轨道控制系统的能力。改编自 Bukley 等（2006）

① 1999年1月，在得克萨斯州城市联盟（League 市）举行的美国国家航空航天局/国家安全委员会人工重力工作组会议上，约翰·查尔斯（John Charles）最早提出这种机动(Paloski，Young，1999)。

在进行偏心滚转机动的可行性分析时，首先要了解一个点质量物体在中心重力场中的简单动力学，以确定进行滚转操作需要力的大小。一旦该力确定，就可以和航天飞机轨道控制系统的能力进行对比。轨道控制系统包括轨道机动系统（OMS）和反冲控制系统（RCS），前者控制航天飞机的轨道，后者控制姿态。假如滚转操作需要的力在轨道控制系统能力之内，就可以从惯性坐标转换到航天飞机的坐标，并最终根据适当的控制规律把需要的力分配给各个推进器。

进行偏心滚转动作分析时假定轨道高度为 400 km，这是航天飞机任务典型的高度。航天飞机总质量为 99 117 kg，这也是航天飞机在接近任务后期时典型的质量（Joels，Kenney，1992）。点质量动力学分析结果指出，航天飞机在 $+G_z$ 方向上产生人工重力环境需要的力超出了它的轨道控制系统的工作能力（表 2 - 1）。轨道机动系统发动机的推力为 26 700 N，看起来足够航天飞机为产生 0.2 g 人工重力而进行动作，但轨道机动系统的推进剂只够维持 21 分钟的操作。同时，把偏心滚转动作换算到航天飞机坐标系中，也会产生 $-G_z$ 方向的推力。

航天飞机没有能力在这个方向产生推力，但是，未来的空间航天器（如多人探险航天器）的设计者在设计可能执行这种动作的航天器时，应记住这个分析结果。航天飞机的质量决定了需要的推力，进一步说，有着更强推力系统、质量更轻的航天器，或许有实现这种轨迹飞行的能力。

俯仰机动的分析相对简单，与改变航天飞机质心的轨道曲线相比，俯仰机动就是简单地以一个足够产生期望重力（离心加速度）的速度，绕质心不停地作俯仰机动。图 2 - 14 说明了在中部甲板的壁上产生多种人工重力所需要的不同转速。这个壁在航天员看来就是“地板”。有趣的是，航天飞机实际上飞过这种旋转的俯仰动作，那是在 STS - 114 和 STS - 121 的回收任务中，在飞机停靠在国际空间站之前。这个动作使得国际空间站上的乘组拍到了飞机头部保护罩在机腹之上的画面。但是，这个 360°的跟头动作旋转速度只有

0.125 rpm，这样在航天飞机乘员舱产生的人工重力仅有 0.000 3 g，相对能被乘组感受到的人工重力来说太小了。

表 2-1 航天飞机在 G_x 或 G_z 轴向进行偏心滚转动作（以）产生 0.2 g、0.3 g、0.4 g、0.5 g 人工重力时所需要的最大推力。在 G_y 方向需要的推力相对较小。改编自 Bukley 等（2006）

人工重力/g	最大推力/N
0.2	19 440
0.3	29 150
0.4	38 900
0.5	48 600

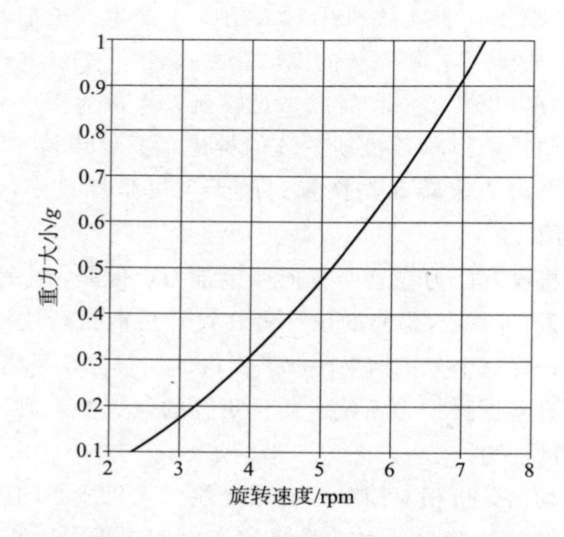

图 2-14 距旋转中心 16.8 m 处产生的人工重力大小，相应于在航天飞机内中部甲板到机腹的距离。图中给出了该处人工重力大小和飞机俯仰旋转速度的关系。改编自 Bukley 等（2006）

2.4.2 间歇人工重力：内部离心机

产生人工重力除了使用连续旋转航天器的方法外，还有一个替代方法是间歇地使用航天器上的短臂离心机。这种情况下不受人工重力小于 1 g 的限制，而是可以高达 2 g 或 3 g，每天 1 小时或每周数次给予受试者足够的加速度体验。当然，这种短臂设备的转速应比设想的长臂系统连续 6 rpm 限制更大，因此将会产生明显的科里奥利力，至少在适应之前，头部运动时会引发运动病的刺激。但是最近的适应性研究指出，多数受试者在高角速度情况下成功适应头部运动的可能性很高（Young，等，2001）。

由于短臂离心机尺寸很小，在当代航天器的空间限制内也能够实施间歇的离心方法，因此非常有吸引力。短臂离心机不需要转动所有的组件，考虑 2 m 半径，受试者能够垂直站立，甚至在受限的空间内走动，当然，他（她）的头会很接近旋转中心，从头到脚会有明显的重力梯度。许多间歇短臂离心机的地面研究中都使用半径 1.8～2.0 m 的离心机。当然，半径一般不能小于 1.5 m，否则个子较高的受试者就无法站直，而要采取蹲坐或蜷伏的姿势。还有许多设计中，需要受试者提供设备转动的动力，如通过自行车机构驱动离心机旋转而进行有效的锻炼等。实际上从工程学的观点来看，即使是一些特殊的向心加速或特殊的人工重力大小，更短臂的离心机也只需要更少的质量和更少的动能。尽管能量存储代价不高，或许意义不大，但在间歇人工重力作用时进行运动也是很重要的，因为在进行离心体验时，身体会经受不熟悉的、朝向下肢方向的力，该力会把血液推向下肢，这时运动锻炼的重要性就体现在能够避免受试者昏厥或昏倒。另外，如果头部足够远离旋转轴，以能够承受足够的前庭耳石刺激，就会保护前庭脊髓反射，其结果是增加神经运动的活性，改善运动状况。航天器上的短臂离心机还涉及质量平衡和动量平衡、加压量以及航天员工作安排等方面的问题。而且人工重力治疗剂量尚未清楚，包括治疗密度、治疗时长等，这是很有价值的研究课题（Clément，Pavy - Le Traon，2004；Hall，2004）。

参考文献

[1] Bukley A, Lawrence D, Clément G (2006) Generating artificial gravity onboard the Space Shuttle. Acta Astronautica, in press.

[2] Burton RR, Whinnery JE (2002) Biodynamics: Sustained accelerations. In: Fundamentals of Aerospace Medicine. Third Edition. Dehart RL, Davis JR (eds) Lippincott Williams & Wilkins, Philadelphia, PA, pp122 - 153.

[3] Caiozzo VJ, Rose - Gottron C, Baldwin KM et al. (2004) Hemodynamic and metabolic responses to hypergravity on a human - powered centrifuge. Aviat Space Environ Med 75: 101 - 108.

[4] Chambers MJ, Chambers RM (2005) Getting Off the Planet. Training Astronauts. Apogee Books, Burlington.

[5] Clark CC, Hardy JD (1960) Gravity problems in manned space stations. In: Proceddings of the Manned Space Stations Symposium. Institute of the Aeronautical Sciences, New York, pp 104 - 113.

[6] Clément G, Pavy - Le Traon A (2004) Centrifugation as a countermeasure during actual and simulated microgravity: A review. Eur J Appl Physiol 92: 235 - 248.

[7] Faget MA, Olling EH (1968) Orbital space stations with artificial gravity. In: Third Symposium on the the Role of theVestibular Organs in Space Exploration. NASA, Washington DC, NASA SP - 152, pp 7 - 16.

[8] Fisher N (2001) Space science 2001: Some Problems with artificial gravity. Phys Educ 36: 193 - 201.

[9] Graybiel A, Miller EF, Homic JL (1977) Experiment M131. Human vestibular function. In: Biomedical Results from Skylab. Johnston RS. Dietlein LF (eds) NASA, Washington DC, NASA SP - 377, pp 74 - 103.

[10] Greenwood, DT (1965) Principles of Dynamics. Chapter 2, Prentice - Hall, Englewood Cliffs, NJ.

[11] Hall TW (1977) Artificial Gravity and the Architecture of Orbital Habitats. Retrieved on 31 July 2006 from URL: http://www.spacefuture.com/archive/artificial_gravity_and_the_architecture_of_orbital_habitats.shtml
[12] Hall TW (1999) Inhabiting Artificial Gravity. AIAA 99-4524, AIAA Space Technology Conference, Albuquerque, NM.
[13] Hall TW (2004) Architectural Design to Promote Human Adaptation to Artificial Gravity: A White Paper. Retrieved on 26 July 2006 from URL: http://www.twhall.com/ag/NASA-RFI-04212004-Hall.pdf
[14] Joels KM, Young LR (1992) The Space Shuttle Operators Manual. Ballantine Books, New York.
[15] Johnson RD, Holbrow C (eds) (1977) Space Settlements: A Design Study, NASA, Washington DC, NASA SP-413.
[16] Joosten (2002) Preliminary Assessment of Artificial Gravity Impacts to Deep-Space Vehicle Design. NASA Johnson Space Center Document No. EX-02-50.
[17] Letko W, Spady AA (1970) Walking in simulated lunar gravity. In: Fourth Symposium on the Role of the Vestibular Organs in Space Exploration. NASA, Washington DC, NASA SP-187, pp 347-351.
[18] Loret BJ (1963) Optimization of space vehicle design with respect to artificial gravity. Aerospace Med 34: 430-441.
[19] Paloski WH, Young LR (1999) Artificial Gravity Workshop, League City, Texas, USA: Proceeding and Recommendations. NASA Johnson Space Center and National Space Biomedical Research Institute (eds) Houston, Texas, USA.
[20] Paloski WH (ed) (2006) Artificial Gravity as a Tool in Biology and Medicine. International Academy of Astronautics Study Group 2.2. Final Report.
[21] Piemme TE, Hyde AS, McCally M et al. (1966) Human tolerance to Gz 100 percent gradient spin. Aerospace Med 37: 16-21.
[22] Schultz DN, Rupp CC, Hajor GA et al. (1989) A manned Mars artificial gravity vehicle. In: The Case for Mars III: Strategies for Exploration - General Interest and Overview. Stoker C (ed) American Astronautical

Society，pp 325 - 352.

[23] Shipov AA，Kotovskaya AR，Galle RR（1981）Biomedical aspects of artificial gravity. Acta Astronautica 8：1117 - 1121.

[24] Stone RW（1973）An overview of artificial gravity. In：Fifth Symposium on the Role of the Vestibular Organs in Space Exploration. NASA，Washington DC，NASA SP - 314，pp 23 - 33.

[25] Tajmar M，Plesescu F，Marhold K，de Matos CJ（2006）Experimental detection of the gravitomagnetic London moment，Physica C（in press）.

[26] Wade M（2005）Gemini 11. Encyclopedia Astronautica. Retrieved 10 May 2006 from URL：http：//www. astronautix. com/flights/gemini11. htm.

[27] Young LR，Hecht H，Lyne LE et al.（2001）Artificial gravity：head movements during short - radius centrifugation. Acta Astronautica 49：215 - 226.

文中的部分信息还来自以下资料：

Atomic Rockets：

http：//www. projectrho. com/rocket/rocket3u. html（Accessed 30 June 2006）

Center for Gravitational Biology Reseach：

http：//cgbr. arc. nasa. gov/hpc. html（Accessed 25 June 2006）

The Encyclopedia of Astrobiology，Astronomy and Spaceflight：

http：//www. davidarling. info/encyclopedia/O/ONeill _ type. html（Accessed 15 May 2006）

Mobile Suit Gundam：High Frontier：

http：//www. dyarstraights. com/msgundam/habitats. html（Accessed 15 May 2006）

Wikipedia：

http：//en. wikipedia. org/wiki/Artificial _ gravity（Accessed 30 June 2006）

NASA Task Force on Countermeasures（1997）Final Report：

http：//peerl. nasaprs. com/peer _ review/prog/countermeasures/Final _ Report. pdf（Accessed 30 June 2006）

第3章 人工重力历史

吉尔斯·克莱门特 (Gilles Clément1)[1,2]
安吉·伯克利 (Angie Bukley)[2]
威廉·帕洛斯基 (William Paloski)[3]

[1] 国家科学研究中心，法国图卢兹 (Centre National de la Recherche Scientifique，Toulouse，France)

[2] 俄亥俄大学，美国俄亥俄州雅典市 (Ohio university，Athens，Ohio，USA)

[3] 美国国家航空航天局约翰逊航天中心，美国得克萨斯州休斯敦 (NASA Johnson Space Center Houston，Texas，USA)

本章我们回顾过去和现在航天任务期间提出的人工重力计划。在齐奥尔科夫斯基、诺丁 (Noordung) 和沃纳·冯·布劳恩的著作里提到这样一个设想：一个像轮子似的空间站通过旋转提供人工重力。这一设想最著名的代表是电影《2001：太空漫游》，这部电影描写了在一个空间站和一艘准备前往木星的太空飞船上，通过飞船的旋转产生了人工重力；另一个经典的例证是奥尼尔类型的空间殖民地。与其转动整个空间站，不如在空间站中安装一个较小的离心机更现实，航天员可以在离心机里锻炼身体，还可以进行针对失重的定期治疗。现在，全球有好几个实验室正在地面试验中研究这种简单的概念。

3.1 概念

3.1.1 人工重力和航天旅行的历史

在人类航天旅行的设想中很早就有用离心机制造人工重力的想

图 3-1　短臂人用离心机。“人工重力的想法在慢慢地苏醒”——拉伦斯·R·杨教授，马萨诸塞州科技学院航空航天系

法。事实上，太空人工重力的方案在人类实际航天飞行前几十年就有了。1883 年，俄国著名的航天先驱康斯坦丁·齐奥尔科夫斯基在其手稿《自由太空》中就探讨了这种想法，该手稿于 1956 年第一次

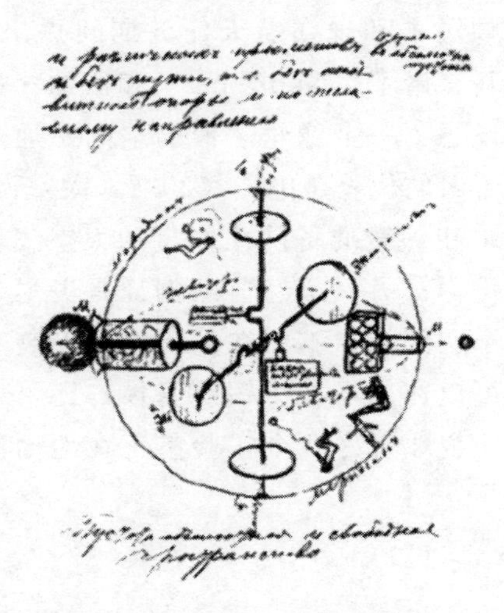

图 3-2　这是齐奥尔科夫斯基的第一幅航天器手绘图，引自《自由太空》(1883)。图中展现了失重时的航天员以及航天员在有人工重力的航天器内跑步的情景

出版。《自由太空》介绍了一艘真正的飞船的原始设计方案：飞船依靠反作用力在太空中运动；文中还描述了在零重力环境中的生活以及运动的方法，探讨了使航天器旋转以产生人工重力的可能性（图 3-2）。

齐奥尔科夫斯基没能看到他的设计付诸实现。然而 50 年后，年轻一代的苏联/俄罗斯工程师和科学家们开始尝试将他的梦想变成现实。科罗廖夫（Korolev）是其中之一，他后来成为苏联航天计划的首席设计师，是他将生命送上了太空，包括卫星号（Sputnik）卫星上的小狗莱伊卡和东方号航天器上的加加林（关于人和动物航天飞行的详细历史，参见《航天医学基础》）。

早在 1959 年，科罗廖夫领导的小组就大胆地进行了登陆火星的概念研究，并开展了设计工作，这项设计成为了确定先进的 N1 火箭技术参数的基础，N1 火箭随后进入了初样设计阶段。设计中，用 N1 火箭上面级把航天器送入一个圆形轨道，然后将其送入绕火星飞行的轨道。借助火星重力场的帮助，航天器就会来到这个地球的近邻，下降飞行器在背向地球的方向着陆。这个巨型行星际载人航天器（HIMV）总质量 75 t，长 12 m，里面有一个直径 6 m 的加压舱，设计的航天员乘组人数为 3 人。预计总的任务周期是 2～3 年。航天器有一个仪器间，在太阳耀斑活动期间，还可作为航天员的辐射防护间。另外，航天器有一个生物反应器为航天员提供食物。飞行中，航天器将会绕它的长轴旋转以产生人工重力。

巨型行星际载人航天器本应在 1962～1965 年间继续发展下去（Vetrov，1998），但是在随后的十年里，苏联航天工业的大部分力量都用来和美国国家航空航天局的阿波罗计划竞争，以及用来进行洲际弹道导弹的全面部署。而科罗廖夫保持着对在大型空间站和行星际飞船上使用人工重力的兴趣，他提出在轨道上进行人工重力试验，用一个系绳把早期东方号计划中的两个舱体连接起来（Harford，1973）。两个舱体在分开时首先会产生 0.03 g 的人工重力，当分开距离为 300 m、旋转速度为 1 rpm 时，人工重力会达到

0.16 g。两舱方案的吸引人之处是面对面的系绳连接，这意味着生活舱可以一直以正确的垂直方向维持试验。这是因为在整个飞船旋转来产生人工重力的过程中，太阳能电池板若无法保持始终朝向太阳，船上的电池会在 3 天后耗尽，这就限制了试验时间。1966 年科罗廖夫突然去世，该计划终止了。

1928 年，在赫尔曼·奥伯斯（Hermann Oberth）先导性计划的鼓励下，赫尔曼·诺丁为使用人工重力的空间站提出了一个详细的工程设计。他的设计由一个轮形的住舱结构组成，在中心轮轴的一端是一个核能发电站和天文观察站；后两部分通过一条脐带与居留地相连；通过中心的凹面镜收集阳光，产生动力，该动力用于转动居住舱的大轮，这样在空间站内部就产生了人工重力（图 3-3）。

图 3-3　奥地利作家赫尔曼·诺丁笔下的在地球同步轨道上的空间站。这个直径 30 m 的旋转空间站称为生命之轮（Wohnrad）。这是 1929 年 8 月《科幻故事》杂志的封面，由著名的科幻插图画家弗兰克·R·保罗（Frank R. Paul）为诺丁的太空站系列故事而创作

在太空杂志《考利尔周刊》上，沃纳·冯·布劳恩用空间探索的眼光提出了一个最新的直径 76 m 的诺丁式旋转轮（von Braun，1953）。他设计的巨大空间站有三层甲板，用加强尼龙纤维制成，外面用金属板保护，在 1 730 km 的轨道高度上每分钟转 3 周（3 rpm）[①]，能够给内部人员提供 0.3 g 的重力，是一个适合火星远征的平台。后来，沃纳·冯·布劳恩和华纳迪斯尼工作室合作公开推出了太空旅行的观念。在迪斯尼的电视系列片“人在太空”（1955～1957）中有一个旋转的空间站，是冯·布劳恩几年前设计的空间站的更新版，两者主要的不同是旧版使用太阳能，而新版使用核能，在它的轴上有一个核反应堆（图 3-4）。

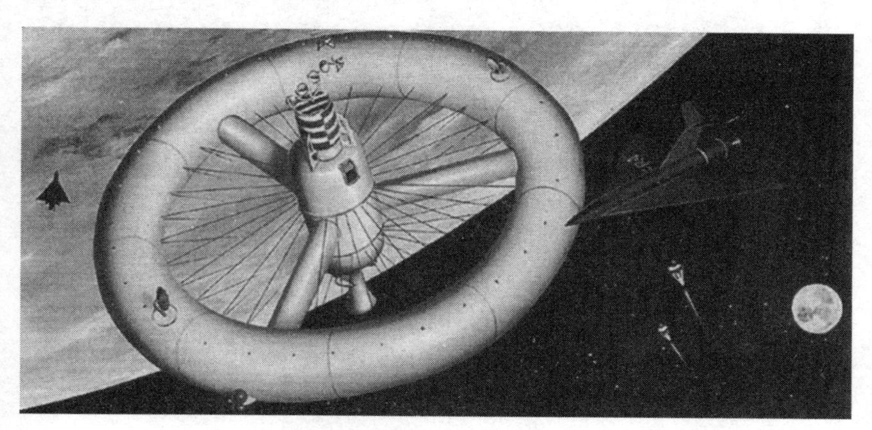

图 3-4　1955 年 ABC 电视台播放的迪斯尼电视系列片“人在太空”中沃纳·冯·布劳恩设计的旋转空间站

3.1.2　科幻小说

人工重力的通俗化归功于科幻小说。1968 年斯坦利·库布里克执导了电影《2001：太空漫游》，剧本改编自亚瑟·克拉克在 20 多

① 后来发现，这一轨道高度位于当时不知道的范·艾伦（Van Allen）辐射带，该轨道不适合载人航天器。

年前创作的小故事《瞭望塔》(Clarke，1948)。在第二段情节中有一个巨大的基于沃纳·冯·布劳恩设计理念的旋转空间站（图3-5)，这个地球轨道空间站直径300 m，绕中心旋转产生人工重力，可作为国际突发事件中科学家、乘客和官员的避难所。

图3-5　电影《2001：太空漫游》中巨大的地球轨道空间站。电影由斯坦利·库布里克执导（1968)。该空间站形似一对共轴的四辐大车轮，通过绕轴旋转产生人工重力。空间站实际上没有完全完成，一个轮子的外框只有光秃秃的“电线”，只在框架和辐条的结点处才有“外壳”

在库布里克执导的电影《2001：太空漫游》的第三段情节（木星任务）中，用作行星际旅行的航天器发现一号用另一种方法提供人工重力。发现一号的前端是个大球，大球后面有隆起的通信天线，尾部则是六边形的阵列排气口（图3-6)。在大球里面的赤道区域有一个缓慢旋转的直径11 m的离心机，当旋转速度略大于5 rpm时，能够提供和月球重力相当的人工重力。根据克拉克和库布里克的观点，这足以预防因失重引起的肌肉萎缩，同时能够实现常规条件下的日常生活。

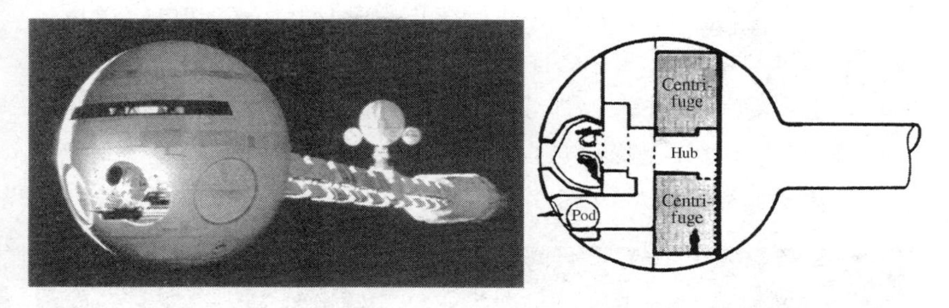

图 3-6　航天器发现一号的外观。图中交叉部分是内部离心机所在。发现一号是电影《2001：太空漫游》中的行星际航天飞行器

发现一号的内部离心机提供了人工重力，使得在空间中的生活理想化，不存在身体健康问题，只是从旋转部分到静止部分时会有一些负作用。离心机里有厨房、饭桌、洗涤及卫生设备，在边缘有 5

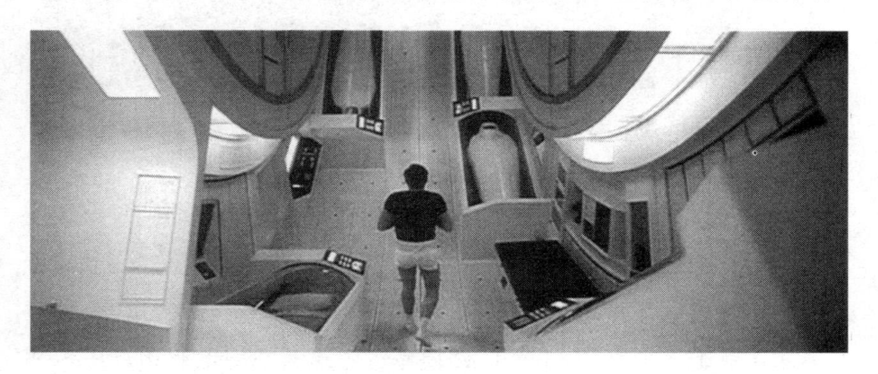

图 3-7　电影《2001：太空漫游》中的一个场景：航天员弗兰克·普尔(Frank Poole) 在发现一号上离心机的边缘慢跑。在一个真正的旋转空间站中，如果慢跑者的方向和空间站旋转方向相同时，就会增加线速度，从而增加离心力，跑起来感觉就像在爬山；反之，就会降低线速度，感觉就像在下坡（该物理现象解释见 3.2 节）

个小卧室，可根据航天员的个人喜好装修，并存放他们的个人物品

(图 3 - 7)。

离心机在需要的时候可以停止旋转。停止时，它的角动量必须储存在飞轮里，以便于重新启动；在正常环境中，它以恒定速度旋转。电影里，航天员两手交替抓住穿过 0 g 区域（中心位置）的辅助杆，很容易就能进入大而慢转的“大鼓”。根据克拉克的故事，“向旋转高速区移动是简单且自动的，只要掌握了一点经验，就像踏上电动扶梯那样简单”[①]（图 3 - 8）。

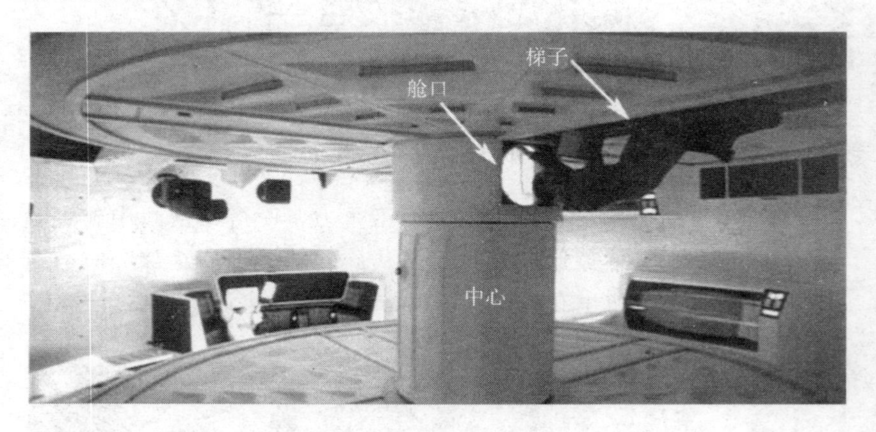

图 3 - 8　电影中的另一个场景：一个航天员出现在发现一号离心机的入口（舱门）处，他通过入口到离心机边缘的梯子走向第一个航天员。该入口在离心机的中心，离心机旋转时入口是固定非旋转的。而在实际的离心机中，沿着梯子从中心到边缘是对航天员前庭平衡功能极大的挑战（见 3.4 节）

为拍摄航天员在离心机中步行和慢跑的场面，库布里克花费 75 万美元建造了一个直径 11 m 的圆筒装置，这在他的电影预算中占相当大的比例。圆筒装置能够以低于 1 rpm 的速度绕轴旋转，在边缘能够达到 0.5 km/h 的线速度。演员始终在这个装置的底部，当他们走动时，装置会在他们的下方旋转，维持演员的位置，同时防止其跌

① 事实上，当从人工重力环境到零重力环境并返回时，人对重力变化和科里奥利力的适应远不止依靠“些许经验”，缓慢旋转房间的地面试验说明了这点（见 3.3.1 节）。

倒，就像大鼠的转笼试验一样。摄影师和摄像机都在一个有轮的小车上，小车不随装置旋转，留在底部。装置很稳固，但从摄像机和观众的角度来看，航天员好像绕着装置的墙壁在走。电影前面的镜头（空姐在白羊号厨房舱里绕墙壁行走）也是这样拍摄的（Bizony，2000）。

电影《皇家婚礼》（斯坦利·多南（Stanley Donen）1952 年执导，米高梅电影制片公司）中，弗雷德·阿斯泰尔（Fred Astaire）著名的个人表演——在墙上、天花板上跳舞（图 3－9），使用了相似

图 3－9　电影《皇家婚礼》（1951）中，弗雷德·阿斯泰尔在酒店房间的墙上和天花板上轻歌曼舞。事实上，家具是固定的，而房间就像一个离心机，摄像机和它同步旋转，从而得到了令人难忘的特效。其实即使知道这段经典电影片段是如何拍摄的，也一点不会损害它的艺术与卓越，电影迅速被公众所接受。这段特别影像的网址：http://www.youtube.com/watch?v=ac6o8PXthzQ

的技术。拍摄时，弗雷德·阿斯泰尔在正常重力环境中跳舞，而摄影师和摄像机藏在一个绕房间旋转的笼子里拍摄。

冯·布劳恩和库布里克的"空间转轮"吸引了新闻媒体和科学界的注意。1956年，达雷尔·罗米克（Darrell Romick）进一步提出了一个更雄伟的轨道旋转圆筒计划，圆筒直径300 m，长1 km，能容纳20 000人。1964年，丹德·里奇科尔（Dandridge Cole）和唐纳德·考克斯（Donald Cox）建议在一个小行星中挖一个30 km长的洞，并绕洞的主轴旋转以产生人工重力，使用镜子反射太阳光，从而在它的内表面创造一个永久性的空间探索居住地。1971年，亨利·格雷（Henry Gray）计划把库布里克类型的太空站扩大成圆柱形的居住地，他为其取名生态园（Vivarium），并用这个名字申请了专利。

在小说《与拉玛交会》（1973）中，阿瑟·克拉克采用了罗米克（Romick）的1 km长的圆柱型航天器，并同比增加了它的尺寸，取名世代飞船（generation ship）。这个叫拉玛（Rama）的航天器能以技术上可达到的最大速度进行行星际旅行。它是一个圆柱形物体，直径16 km，长50 km，绕它的主轴以0.25 rpm的速度旋转时，在它的内表面能够产生接近地球重力的人工重力。沿着柱体有3条巨大的灯带，为内部提供光线。它的赤道处有一个10 km宽的"人造海"，把航天器分成两个部分。

杰拉德·K·奥尼尔（Gerard K. O'Neill）是美国普林斯顿前沿研究学会的物理学家，他也是个思考未来空间站人工重力的人。1969年，奥尼尔开始设计一个由于未来人口膨胀而进入太空的计划。在他的几篇论文（1974）和专著《高处的国界》（1972）里，他赞成轨道定居的想法。奥尼尔首先考虑了空间移民的建筑，是一个直径大约500 m且能够自给自足的球体（空间岛）。该空间岛旋转速度为2 rpm，在赤道上能够产生地球重力大小的人工重力。球体的优势是在给定内部体积的情况下，球的表面积最小，这样使辐射屏蔽的要求最低。

奥尼尔后来大胆地计划把永久空间移民地的轨道放在近地空间的拉格朗日点 L4 和 L5 上，最终建成一个长 32 km、直径 6.4 km 的结构，能够容纳上万（二号空间岛）甚至上百万（三号空间岛）的移民。当移民地旋转速度为 0.53 rpm 时，能够得到常规的地球重力。移民地的内部会有 3 个“移民谷”，每个谷都包含湖泊、森林和城镇（图 3-10）。3 个能够每天定时打开/关闭的巨大镜子把太阳光反射到内部。圆柱体状移民地的底部有一个巨大的抛物线聚能器，能把太阳的能量聚焦到蒸汽发电机上，为移民地提供需要的电能。这个巨大空间移民地的主体是一个极大的旋转铝轮，其建造需要的矿物原料可从月亮或小行星上获取。

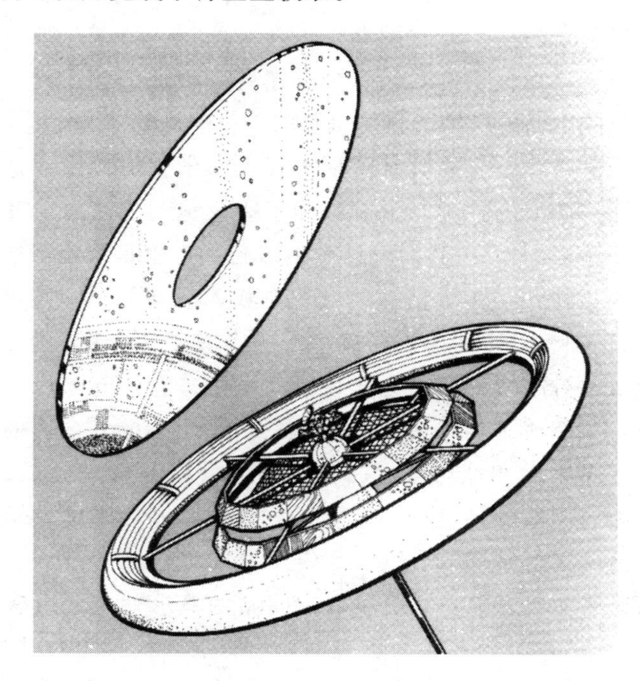

图 3-10　杰拉德·奥尼尔的空间移民地（有人工重力）设想。人工重力在大轮的内部边缘产生，外来航天器的泊位位于大轮的中心，其轴上是零重力，在此人们可以进行微重力动力飞行和特技体育运动的研究。图中还展示了一面巨大的聚能用镜子。图片经 NASA 许可

3.1.3 科学研究

克拉克和奥尼尔提议的"空间方舟"不仅点燃了科幻读者的兴趣，也引起了科学团体的注意。突然之间，仅有的空间站如美国国家航空航天局的空间实验室就显得太少了。曾经保守的科学家也开始关注并制定了更高的目标，人工重力的研究走上了正轨。

1975 年，美国国家航空航天局和美国工程教育会开展了第一项正式研究——在一个为期 10 周的系统工程设计计划中探讨人造世界的可行性。研究的结果是一份 185 页的称为《空间定居设计研究》的报告（Johnson，Holbrow，1977），文中提出了几种空间定居的方式，有奥尼尔的"一号空间岛"更新版，是一种带球顶的圆柱型设计，灵感来自克拉克的拉玛造型；还有一种环形的设计，就是把冯·布劳恩的空间轮扩大成自给自足的"空间岛"。

美国国家航空航天局听从了斯坦福大学学生的建议，选择了新空间轮，即"环形居住地"设计。为了表彰他们的贡献，环形居住地命名为"斯坦福环"。环形设计是最可行的，也是研究的热点。斯坦福环是雄心勃勃和实干精神结合的产物，它是一个圆柱管，直径 130 m，长 5.6 km，弯曲两头相接形成一个直径 1.8 km 的圆轮。它的外形和设计对制造人工重力来说是完美的。它转起来像一个巨大的离心机，当精确地以 1 rpm 速度旋转时，产生的外向离心加速度使里面的居民感觉和地球重力一样。斯坦福环可容纳80 000人，在这个完全类似地球的环境中，有城郊村庄、公园和林地，林地中有小溪自由奔流（图 3-11）。

跟随这些先驱思想，早期多数空间站的概念就是用一种或另一种方法（图 2-10）来产生人工重力，为定居者模拟更自然的环境。在水星和双子星座项目计划期间，航天员在航天器中进行日常活动没有困难，然而当他们进行舱外行走或出舱活动（EVA）时就会遇到极大的困难。后来发现，在巨大的水槽中进行中性浮力模拟，可以极其相似地进行出舱活动训练模拟。同时，可以这样看待轨道空间站的人工重力，“在那里我们美国国家航空航天局不需要对人员进行训练，就能够进行更多类型的实验，不必对每项试验任务进行飞行前的训练”（Faget，Olling，1968）。

图 3-11　斯坦福环内部的艺术设想图。该环直径 1.8 km，以 1 rpm 速度旋转时能够产生 1 g 的人工重力环境。图片经 NASA 许可

然而，旋转航天器或者系绳连接两个航天器的构想会面对设计、经费以及可操作性的挑战。近来更多的研究重点已经放在了降低人工重力值、减小半径和增加旋转速度方面（Loret，1963；Shea，1992）。但是，这种趋势也会带来新的问题。首先，人工重力解决方案最重要的是能够产生一个近似地球惯性重力的环境，但稍低的重力（大小）是否满足则很难确定。其次，减少半径且增加旋转速度

会带来潜在的问题，重力梯度和科里奥利力（见 3.2.2 节）会使人的方向感紊乱，运动能力下降。反过来这些问题可能会降低旋转环境里的工作和生活条件。

航天器在飞行时，也可用小离心机创造人工重力。受试者能够在一个半径 2 m 的离心机中站立，甚至能在有限的空间里走动，当然，他的头会很靠近旋转中心。因此当离心机旋转时，受试者在从头到脚的方向上就会有重力梯度。如果离心机半径更小甚至低于 1.5 m,高个受试者就不能直立了，只能采取蹲坐或蜷缩的姿势。为了在受试者的脚部得到 1 *g* 的人工重力，这种短半径设备的旋转速度就会比大半径设备大得多。如果受试者在旋转时头动了，就会经受科里奥利力的影响，会有主观的呕吐刺激，至少在适应之前都会这样。

对所有的生理刺激而言，在重力水平、持续时间和人的生理功能之间肯定有强度与人体反应的关系，但这仍然有待确定（Young，1999）。即使我们现在的知识是有限的，我们也知道人并不是总要在 1 *g* 的环境里才能保持健康。在正常生理节奏的睡眠期间，不会发生与重力相关的体液流失和骨退化（Diamandis，1997；Vernikos 2004）。另外在使用离心机的短时间里，重力也并不一定只能是 1 *g*，说不定每天短时间（如 1 h）或者一周几次处于 2 *g* 或 3 *g* 的重力中，骨头、肌肉、心血管和感觉运动系统体验到刺激就足够了。在行星际任务中，飞行器上的人定期或间歇地使用短臂离心机来感受人工重力更现实一些。火星上的重力是 0.38 *g*，必须注意人在火星上的生理反应，如果在火星上出现了固有生理机能降低的情况，那么也需要离心机产生的人工重力来保护那些长时间处于火星表面的航天员。

半径为 1.5～2 m 的离心机的潜在应用是给航天员提供间歇的人工重力，这已经在大量的地面研究中得到了验证，并能够有效地克服长期卧床造成的骨退化。下面章节介绍一下这些研究的主要成果。

3.2　人工重力的试验

尽管长期以来，一直对人工重力有着兴趣，但从空间获得的实验结果相当有限。早期用于动物研究的空间任务不多，但研究表明，在离心机制造的不间断的 1 *g* 环境中，鼠在里面几天也没有出现生理机能降低的征兆。曾有计划在国际空间站上安装一个半径 2.5 m 的离心机，提供一个机会，研究在飞行期间为保护老鼠需要多大人工重力，但后来很遗憾计划取消了。人工重力的人体试验是十分有限的，这些试验除了登月航天员在月球表面的事件性报告外，还有就是在执行系绳旋转航天器空间任务期间、轨道机动装置点燃期间、或科学家为研究前庭功能而在轨道中使用电动转椅和电动转床的时候进行的与人有关的人工重力试验。

3.2.1　动物飞行试验

苏联的空间研究团体很早就表现出了对人工重力的强烈兴趣。1961 年，苏联科学家开始测试在抛物线飞行中的大鼠和小鼠的变化，每一次抛物线飞行可提供 25 s 的失重。在短期的 0.3 *g* 情况下，这些动物的姿势和运动都很正常，这说明 0.3 *g* 是可以满足动物运动的重力需求（Yuganov，等，1962，1964）。

在太空中首先进行离心机试验的动物是鱼和海龟。1975 年，在为期 20 天的宇宙-782 任务中，放在容器中的鱼和海龟体验了 1 *g* 的离心力。容器的中心放置在距离心机中心 37.5 cm 处，离心机转速为 52 rpm。这次飞行之后，与 1 *g* 的地面对照组和 0 *g* 的飞行对照组相比，飞行离心机组动物的生理机能和行为没有明显改变。此外，海龟在体验 0.3 *g* 的低离心力时，没有出现肌肉萎缩，而肌肉萎缩正是失重影响下的典型特征（Itlyin，Parfenov，1979）。

1977 年，在为期 19 天的宇宙-936 任务中用老鼠进行了离心试验，这项研究意义深远，也更具有广泛性。鼠被放置在一个个单独的笼子里，且活动不受限制，这些笼子放进一个半径 32 cm 的离心机。离心机旋转速度为 53.5 rpm 时，鼠就会体验到 1 g 的人工重力（图 3－12）。

图 3－12　在生物卫星的宇宙任务中，装有鼠的离心机（改编自 Adamovich，等，1980）

结果显示，与没有使用离心机的飞行动物相比，飞行中使用离心机对动物的心肌、肌肉—骨骼系统有保护性的作用，但是也会带来副作用，体现在视觉、前庭功能、运动失调等方面，运动失调包括平衡性、矫正反射和定向等的紊乱。这些副作用可能是由于离心机的高速旋转和较大的重力梯度造成的（Adamovich，等，1980）。

另外还有其他的一系列试验，其中包括在亚轨道火箭 5 min 的自由落体期间旋转 4 只鼠。使用一个特殊的发动机，使火箭绕它的长轴以 45 rpm 的速度旋转，旋转产生了从 0.3 g 到 1.5 g 不等的人工重力场，用摄像机拍摄鼠的运动，结果表明一只鼠呆在人工重力大约是 0.4 g 的位置，而其他三只鼠则呆在人工重力为 1 g 的地方（Lange，1975）。

航天飞机中的空间实验室、天空实验室、礼炮号空间站和和平号空间站都使用过短臂高转速离心机，用来对细菌、细胞和其他生物标本进行实验。实验结果表明微重力的影响可以被人工重力排除，尤其是在细胞层次上（Clément，Slenzka，2006）。

之前曾经提到，国际空间站计划安装一个半径 2.5 m 的离心机，离心机携带8个舱，可放置鼠、鱼和蛋（图3-13），但计划被取消了。这个重力可变的动物离心机不仅能为零重力试验提供1 g 的环境，也能为不同的生物提供从0.01～1 g 范围内的任一人工重力。它能够产生足够的人工重力，为飞行中的鼠进行防护实验提供机会。它不仅是一项基础研究，而且通过对短臂人工重力生物影响的研究，为人的人工重力有效防护措施的制定奠定基础。令人遗憾的是，虽然离心机是生物重力空间计划的核心，但它还是从国际空间站的计划中删除了。

图3-13　日本宇宙开发事业团和美国国家航空航天局原计划为国际空间站安装的2.5 m离心机，为居住舱提供重力。这张图片显示的是在美国国家航空航天局的艾米斯研究中心用该离心机进行的地面试验。安装在离心机上的居住舱可搭载多种生物标本，从细胞到体积较大的植物以及鼠。令人遗憾的是这个计划被取消了。图片经NASA许可

最后，有必要提一下麻省理工学院（MIT）和格鲁吉亚州技术学院（Georgia Tech）学生的努力，后者曾提出在无人生物卫星上用鼠进行火星重力影响的研究。他们计划的火星重力生物卫星质量为

400 kg，能搭载 15 只鼠，每只鼠都有自己的生命保障系统。卫星绕主轴旋转，可以提供 0.38 *g* 的人工重力。在较低的地球轨道上停留 5 个星期后，返回舱与主航天器分离，安全地降落在澳大利亚的沙漠。卫星有自动的生命保障能力，卫星上设备的数据能够遥测或直接存储。在这个卫星上和在微重力太空任务中（之前提过）就鼠的机能退化进行比较，应能得出有价值的数据，如低重力对生理机能的影响。

3.2.2 人类太空经验

在太空探索的最初 40 年里，在太空没有进行过正式的人工重力实验。在人类太空飞行的最初几年中，主要的生理功能异常是空间运动病，而这仅在飞行最初的几天里出现。阿波罗任务后，美国国家航空航天局医监医生认为："航天员遇到运动病的程度并不需要人工重力的帮助。未来短期飞行航天器中，也不建议进行人工重力系统的设计"（Berry，1973）。20 世纪 70 年代早期的空间实验室及其后的礼炮号和和平号空间站都是长时间的任务，这些任务证实，在失重状态下骨骼、肌肉和心血管系统都会衰弱。然而，大家都相信在飞行中进行体能训练就能够解决这个问题，体能训练包括阻力训练和液体摄入。随着时间的流逝，进行人工重力实验的机会消失了，包括那些离心机、旋转航天器。

1966 年，双子星座-11 号任务提供了第一个将人工重力的科学幻想变成事实的实验机会。然而，在美国国家航空航天局计划实施系绳航天器之前，双子星座任务就完成了。那时，系绳飞行是双子星座任务的一部分，美国国家航空航天局的计划者首先想到的是把系绳作为固定空间站位置的一种辅助手段，同时系绳也可能是产生一定人工重力的方法。尽管要打着"长期保存一个无人值守空间站的经济可行的方法"的名义，美国国家航空航天局还是决定两个目的都试一下，并选择一条 36 m 的达可纶线作为系绳（Wade，2005）。

一名航天员在一次舱外行走时，把系绳的一端系在绕轨道运行的阿金纳火箭外壳上，另一端系在双子星座-11航天器上。这两部分缓慢旋转（图2-3左），旋转速度大约0.15 rpm，旋转半径约19 m，双子星座飞船和航天员乘组（戈登和康拉德）就会受到0.000 5 g的人工重力。若航天员把一个相机朝向设备面板后的方向松开手，相机就会平行于系绳直线地运动到座舱的后部。当然，航天员本身并不能感到任何重力对生理的影响。总而言之，航天员报告说这是“一个有趣而莫名奇妙的体验”（Wade，2005）。

现在知道科罗廖夫在1965～1966年间也有一个人工重力试验的计划（Harford，1973）。如上所述，他计划在东方号航天器和它用完的最后一段助推器之间连接一条系绳，并将它们旋转，从而为乘员舱提供人工重力。计划持续飞行20天，明显地比美国人出风头。航天员乘组包括一个飞行员和一个医生，在飞行中将会有3～4天进行人工重力试验。然而在1966年1月科罗廖夫意外死亡之后，苏联的这个计划就有了危机，先是被延期到1966年2月，后来随着人工重力试验的取消，这一计划也被取消了（Wade，2005）。

之后没有再进行包含航天器的人工重力试验。双子星座11号任务是人类在失重环境下进行的唯一一次与人有关的人工重力试验，在这次试验中有航天员轶事一样的报告和用受控的直线加速度进行的神经前庭系统研究。

举一个例子，在天空实验室任务期间，乘员组模仿斯坦利·库布里克电影中的慢跑者，在一个大而敞开的舱里进行圆周跑。他们通过跑步产生了人工重力（详见下面网址链接的电影：http：//www. artificial-gravity. com/Skylab-clip2. mpg）。他们报告说在进行这项锻炼时，没有遇到运动和运动病的困难。

在20世纪60年代后期，为了定义空间站的人工重力需求，也为了确定在低重力环境下航天员是否能够更好地完成任务，还是做了一些抛物线飞行试验。一次抛物线飞行大约半分钟，试验了0.1 g、0.2 g、0.3 g和0.5 g几种情况。试验者在试验前需要进行几百次的低重力抛物线飞行，执行预先确定的任务。这些任务包括提着大、小容器行走，拧紧螺栓，连接和断开电气设备，用两个容器来回地倒水等。尽管这些试验是初步的，但结果表明，对完成这些工作而言，0.2 *g* 的环境比 0.1 *g* 的环境更好。而对高于 0.2 *g* 的重力水平，看不出有更好的试验表现。此外，试验者报告说，在 0.5 *g* 时他们自己确实感觉到和在 1 *g* 时一样舒适（Faget，Olling，1968）。

1985 年，欧洲空间局在空间实验室进行了 D－1 任务的线性加速试验。在一个直线滑道上，一个以频率 0.18 Hz 和 0.8 Hz 振荡的管能够为试验者提供 0.2 *g* 的峰值线性加速度（图 3－14）。加速度方向是左右向（G_y）或头足向（G_z），$\pm G_y$ 方向分别指向左肩或右肩，$\pm G_z$ 方向分别是头—足方向和足—头方向（方向和坐标轴的图示说明见图 2－2）。试验的基本结论是在微重力中的试验者没有察觉到 G_z 方向的线性加速度，若用人工重力衡量，该加速度小于 0.2 *g*（Arrott，等，1990）。

图 3－14. 在空间实验室的 D－1 任务中，欧洲空间局的线性滑道能够产生 0.2～1 *g* 的线性加速度。由于滑道长度（2.5 m）的限制，只有比 0.05 *g* 还要小的加速度才是持续稳定的。受试者在左右方向（侧向）或上下方向（纵向）加速时，他的感觉研究需要和正弦轮廓联系起来。图片经 ESA 许可

1992 年，STS－42 上的空间实验室启动了国际微重力实验室（IML－1）任务。任务中进行了另一项试验，在一个前后、左右两

自由度的旋转器上旋转4个受试者，受试者的头部偏离中心0.5 m，而脚在旋转轴的另一侧，头部在$-G_z$方向能得到0.22 g的加速度，脚在$+G_z$方向能得到0.36 g的加速度。受试者没有发现异常的视觉倒置现象，这说明在头部施加-0.22 g的人工重力刺激，不会使受试者在垂直方向受到有参考意义的反应（Benson，等，1997）。

1998年在STS-90上的天空实验室任务期间，用欧洲空间局的偏心旋转器，得出了人工重力对人类影响的系统评价。一个可变半径范围为0.5～0.65 m的短臂离心机能够产生0.5～1 g的人工重力。在试验的7 min里，在受试者的整个$\pm G_y$或$-G_z$方向都有人工重力（图3-16）。人工重力作用时，记录下受试者的眼动和感觉，作为客观和主观的数据。试验说明，在人工重力分别为0.5 g和1 g时，受试者感觉相同（Clément，等，2001）。

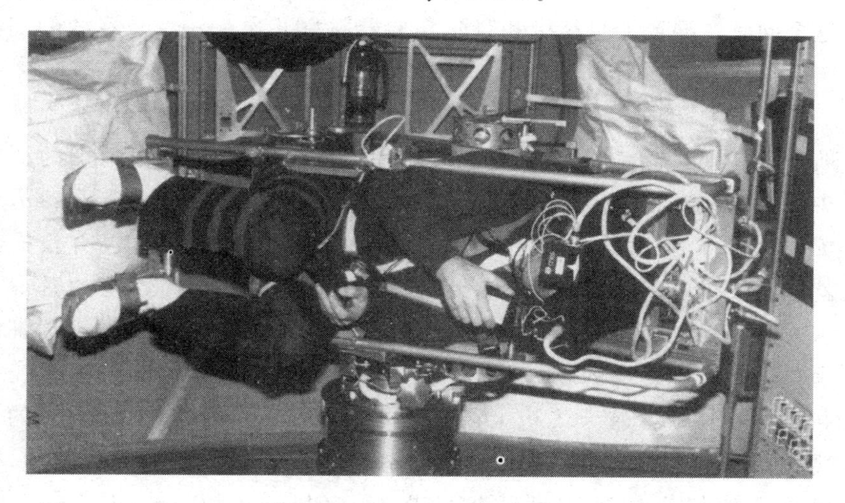

图3-15 STS-42上的微重力前庭研究旋转器。图中可见，受试者前后或左右旋转。因为旋转轴大约在质心，所以在头部得到0.22 g的脚—头方向的离心力（$-G_z$方向），而在脚部得到头一脚方向的向心力。图片经NASA许可

虽然人对线性加速度的感觉阈值是0.007 g（Benson，等，

1986)，而基于我们迄今为止的数据，太空中航天员的人工重力感觉阈值大约在 0.22～0.5 g 之间[①]。也许没有必要从感性角度认识人工重力，因为它就是一个有效的措施。然而，为了定义航天员在人工重力环境中的舒适范围（不管是在旋转的航天器中，还是在航天器的离心机中），确定人工重力感觉的阈值确实很有必要。不幸地，近期内国际空间站并没有安装人用离心机的计划。

到过月球表面的航天员在月球上受到的重力为 0.16 g，在整个历时 12 天的任务期间，他们经历了几小时或几天这样的低重力。他们报告说“很难确定什么是直上直下”。在阿波罗 11 号上，登月舱的地板和月面的水平面实际上有 4.5°的倾斜，而航天员并没有感觉到这种倾斜。当他们在月球上行走时，航天员好几次失去了平衡，最可能的原因是他们无法估计月球表面地形的倾斜。他们还报告说这个问题“导致了照相机和科学实验器材好几次无法保持在我们期望的角度”（Godwin，1999）。

有趣的是，同样在飞行结束后，和天空实验室、航天飞机上的航天员相比，阿波罗航天员的心脏尺寸减小更少，心率增加的更少（Johnston，等，1975；Johnston，Dietlein，1977；Nicogossian，等，1994）。不幸的是，登月的航天员和绕月的航天员之间并没有就这些结果进行比较，因此，无法断定登月任务期间经受的月球重力是否有助于减轻心血管机能的下降。所有的阿波罗航天员都是受过高强度训练的喷气式战斗机的飞行员，身体素质堪称一流。和天空实验室、航天飞机上的航天员比较，他们都有很多小时的喷气式战斗机高 g 机动飞行经验，这可能增加了他们的立位耐力，促进了他们个体适应性防护的提高（Clément，Pavy - LeTraon，2004）。

---

① 有趣的是，从旋转研究得出的人因设计曲线也认为 0.3 g 是下限（见 2.3.4 节）。

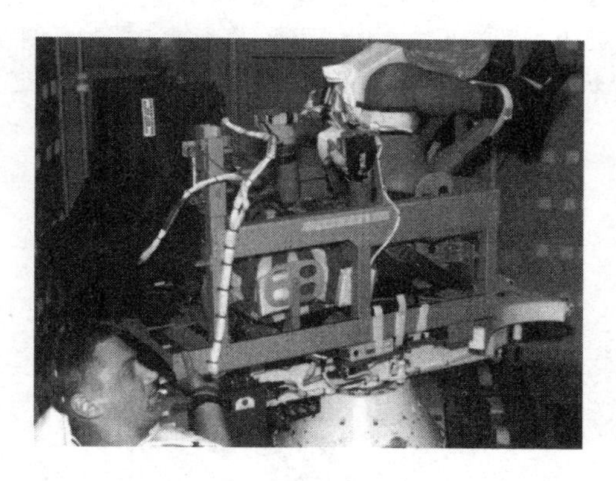

图 3-16　欧洲空间局为天空实验室任务开发的偏心旋转器。在图示方向，旋转器的轴在内部平面。在地球上，当离心力在 0.5 g 和 1 g 时，4 个受试者相应地有头朝下倾斜 27°和 45°的感觉。在微重力环境中，向心加速度是唯一的加速度刺激，受试者出现头朝下站立的错觉。图片经 NASA 许可

有趣的是上面所提到的（图 3-16）在天空实验室任务的离心机上进行断续试验的 4 名受试者，飞行后的立位耐力较好，也没有出现通常倾斜时前庭敏感性下降的现象；任务中其他三名航天员飞行后都出现立位耐力不良的现象。大约 64%的航天员在飞行后都有过明显的立位耐力下降（Buckey，等，1996），基于此，若同一次飞行中 4 名乘员都没有出现立位耐力不良是巧合的话，那么这种巧合的概率近似为 1/60（0.364）（Moore，等，2 000）。在这次飞行期间，离心机隔天进行一次约 10 min 的 0.5 g 或 1 g 的运行，所以在 16 天的任务中能有 45～60 min 的总运行时间。显然，还需要更多的试验来验证这些结果。

3.3　地面离心机试验

尽管缺少飞行试验的机会，世界上一些实验室仍然继续研究大范围人工重力环境的作用和可接受性。当然，稳定的地球重力成了这些研究的障碍。在地球上，地球重力加上离心力产生了一个特殊

的惯性重力（GIF），它的方向相对水平面来说是倾斜的。而在失重时，人工重力等于离心力（图 3－17）。

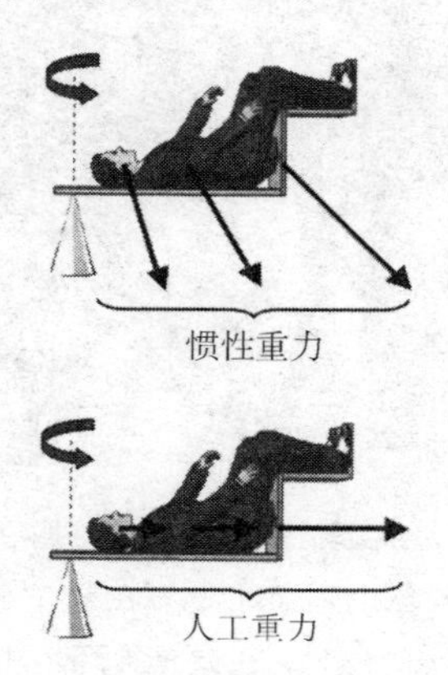

图 3－17　地球上（下图）和太空中（下图）离心力的不同物理作用。在地球上，惯性重力的方向相对旋转平面是倾斜的，而在太空中，人工重力的方向在旋转平面内。图中也说明了两种情况下的重力梯度，如在下图中，当旋转速度为 20.8 rpm 时，脚部的人工重力水平为 1 g，头部只有 0.38 g

地面模拟表明人对旋转非常敏感。尽管旋转速率低于 1 rpm 时对人体的不利影响很小，但由于在地面条件下，旋转对前庭系统是一种异常的刺激，更高的旋转速度会产生运动病，很像在适应失重的敏感期内发生的运动病。作用在内耳淋巴液和运动的四肢上的科里奥利力，导致了方向紊乱、恶心、呕吐和内分泌失调的现象。除非限制头部的运动或者对微重力和人工重力环境都有了应对措施，否则运动病是一个严重的问题。

在文献中对长、短臂离心机的定义没有明确的统一意见。半径长度、重力梯度、甚至试验对象的活动性都会导致离心机的不同，本书中使用试验对象的活动性来定义长、短臂离心机。如长臂离心机，是指试验对象能够完全自由运动的设备；反之，短臂离心机是指试验对象是不可动的，或被捆住了，或被其他方法限制住了。

3.3.1　长臂离心机

彭萨科拉（Pensacola）的海军医学研究实验室（NAMRL）从1958 年开始进行了大量的持续旋转试验。试验使用的缓慢旋转房间（SRR）半径为 5 m，有全部的生活设施，受试者在里面生活的周期从 1 天到 3 周不等，旋转速率为 1～10 rpm，地板是水平的。开始时，当房间旋转速率超过 3 rpm 时，受试者头部的运动使得他们中的大多数人出现了运动病症状，由于这种经历，他们认识到要限制头部运动。房间的转动速率缓慢增加，几天后，速率达到 6 rpm 时，大多数受试者能够适应运动头部而不会感到恶心。在房间转速为10 rpm 时，只有一部分受试者能够达到自然地走来走去的状态。

该项研究也被用来检查人的姿态系统对 3 rpm 转速的适应问题。进入缓慢旋转房间后，开始时，受试者的平衡控制被打乱了，这是运动病的一个症状，但是 3～4 天内就恢复了。后来，大多数受试者能够在一个细横木上来回走动、扔飞镖和倒咖啡，不用特意想着动作的控制，就像他们在地球正常环境中做到的一样。他们还能完成正常规定的保持注意力的试验任务（Guedry，等，1964）。

缓慢旋转房间在 12 天之后停止，受试者体验到了试验后效应，而且在头部运动时，还体验了错误的运动感觉。他们的平衡控制又混乱了 3～4 天。10 rpm 转速运行后的反应比 3 rpm 转速后更明显（Graybiel，等，1965）。

研究者从这些研究中推断出人可以适应 3 rpm 转速的旋转，而且在这个速率下旋转 14 天，受试者的情况和表现不会发生重大的变化。反过来，当转速在 10 rpm 且旋转 12 天时，受试者就会不适应，这意味着 10 rpm 的转速接近于人的最大耐受极限。

接下来用逐渐递增转速的方法研究人对 10 rpm 转速的适应。在16 天试验中，大约每两天增加一次转速，共增加 9 次转速，结果是达到 10 rpm 的转速时，能够减轻受试者运动病的症状，减少平衡问题的发生（Graybiel，等，1969）。试验结果还指出，进行一套特殊的头部运动能够明显缩短适应时间。旋转速率越高，适应越困难，但是在每次速度增加时，只要速度增量控制在每 12～24 h 为 1～2 rpm 内，适应 10 rpm 的旋转是有可能的。对在航天中的实际应用来说，适应这样转速需要的时间可能太长。若要快速达到最终恒定转速，还可以使用抗运动病药品以减轻运动病（Lackner，DiZio，2000b）。

在缓慢旋转房间的长期运行中，经常要停止运行 10～15 min 以便重新准备。长时间的试验中，这种停止能够帮助房间里的受试者适应在静止与旋转之间的来回转变，且不会出现运动病或运动控制混乱。他们表现了完美的双适应（Cohn，等，2000；Lackner，Graybiel，1982；Bob Kennedy 的私人通信），这说明同时适应旋转和非旋转环境是可能的。而且，所有的受试者在几天内都能保持对缓慢旋转房间的适应，说明在一定条件下，从失重状态到旋转状态的转变是容许的（Graybiel，Knepton，1972）。

20 世纪 60 年代早期，莫斯科的生物医学问题研究所（IBMP）进行了一个以地面为主的人工重力研究计划。他们在 MVK－1 的小旋转舱内进行了早期的试验，两名受试者以 6.6 rpm 的转速旋转了一个星期。MVK－1 是半径为 10 m 的宽大的欧比特（Orbita）离心机的前身，能够容纳两到三名受试者以 12 rpm 的转速旋转几个星期。这个计划中最长的试验是 25 天 6 rpm 转速试验。

旋转开始阶段，受试者出现了预料之中的头昏和平衡、协调混乱的情况。1 小时内，受试者出现了一般的运动病症状，甚至在一些情况下会呕吐。4～5 小时后，受试者有瞌睡和头痛的感觉。这种长时间的旋转刺激体现了前庭适应三个阶段的区别。开始的 1～2 天，严重的运动病是主要现象；随后的一个星期内，恶心和相应的急性症状消失了，但是嗜睡和头痛依然存在；最后，也就是 7～10 天之后，受试者出现了对运动病的免疫，即使增加额外的前庭刺激也不会引起运动病。

与彭萨科拉的格雷比尔缓慢旋转房间（Graybiel SRR）研究发

现相同，在俄罗斯的小旋转房间 MVK－1 中，运动病症状的严重程度和长期旋转的适应时间主要和转速有关。转速为1 rpm时，没有任何运动病的症状；而转速为 1.8 rpm 时，出现中度症状；在转速为 3.5 rpm 时，症状显著。但在更大的欧比特离心机上，转速大于 1.8 rpm 时才出现了症状。任何转速下，头部运动都会带来不适（Kotovskaya，等，1981）。

施波夫（Shipov）也有如下的报告："心血管的功能保持在正常范围之内……长期在旋转环境中没有发现明显的睡眠障碍……即使出现了明显的疾病，所有任务都被完成，没有发现短期语言记忆下降的状况"（Shipov，1977）。

使用长臂离心机的这些试验表明，所有不快的感觉都是和转速成正比的。差不多所有的受试者都能很快地适应在 3 rpm 的旋转环境中工作。但当转速更高时，所有的受试者都会体验到运动病以及姿态平衡混乱，这些感觉的程度和转速有关。不管怎样，6～8 天之内，在这些条件下的受试者都会适应，6～8 天之后，在这种旋转环境里继续的受试者都很健康，表现良好。

20 世纪 60 年代进行的这些试验确实非常原始，受试者也很有限。在彭萨科拉的缓慢旋转房间中，总共只有 30 名受试者体验了旋转环境。那时，没有尝试确定合适的运行参数以及人们适应旋转环境的训练策略。而且，在缓慢旋转房间中的受试者往往是避免任何运动，尤其是转速较高时。近来的试验已经表明，在重复自主运动的情况下，高达 10 rpm 转速的全部适应可以在几分钟内完成，所以中枢神经系统是能够对即将到来的科里奥利力加以适应（Lackner，Dizio，2000b）。缓慢旋转房间中的受试者没有做预防科里奥利力的运动，因此，他们无法完全适应高转速就一点也不奇怪了。事实上，正是通过重新评估那些早期缓慢旋转房间研究，拉克纳尔和迪兹欧（2000b）才得出了他们的评论。他们特别指出："在以3 rpm或 4 rpm 旋转的航天器中运动会产生科里奥利力，适应科里奥利力不是不可能的，但会很困难，其实这种担心是毫无理由的。每天我们在日常运动如步行的同时，身体转动就会产生很高的科里奥利力，比在 10 rpm 旋转的人工重力环境中身体运动产生的科里奥利力还大。”

在用位于彭萨科拉的布兰代斯（Brandeis）大学的慢转房研究这个重要课题中，这些设备能让受试者在旋转环境中呆上好几天。而为了长期的试验研究，如几星期或几个月，美国国家航空航天局和美国空军在一个联合计划中还构想了一个有两个吊篮的长臂离心机，在离心机横梁的两端分别安装一个吊篮（图 3－18）。每个吊篮安装在驱动器上，能容纳 4 个人，受试者站立时，身体的长轴和离心力的方向在一条直线上。以 10 rpm 转速旋转时，沿着受试者的 G_z 轴会产生 1.16 g 的力。这个数值非常有意思，它正好相当于地球重力与月球重力之和。

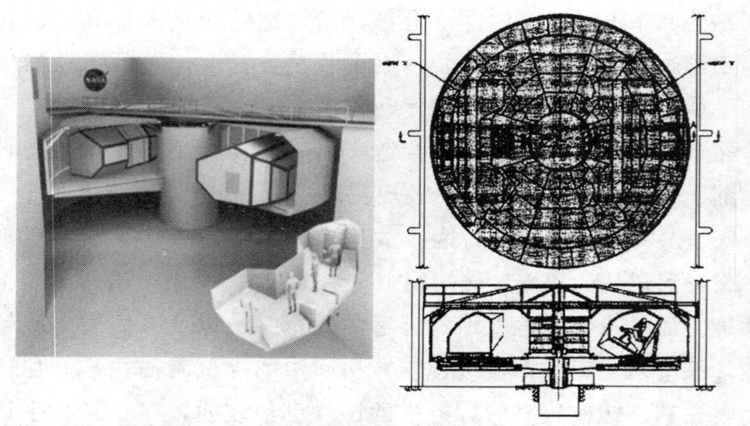

图 3－18　图中展示了美国国家航空航天局和美国空军研究超重和旋转环境影响的一个联合计划。该计划包括一个长臂离心机，有两个安装在传动装置上的人用吊篮。当受试者站立时，其身体轴与离心力和重力的合力在同一方向。两个吊篮中间有中心横梁，给予通过中心外部补给，而吊篮不用停止旋转。图片经 NASA 许可

3.3.2　短臂离心机

最近的研究评价了受试者避免运动病的能力，即在与短臂离心

机相关的高速转动中，受试者在头部运动时抵抗运动病的能力。安东纳托（Antonutto）等人（1993）在乌迪内（Udine）大学发现，受试者在自行车动力驱动的短臂离心机上骑自行车，当转速为19～21 rpm时，受试者的头部能够运动且没有严重的运动病。杨、赫克特（Hecht）及其同事在麻省理工学院用半径为2 m的离心机（图3-1)证明了大多数受试者在23 rpm转速时，能够适应他们的眼动和运动病症状（Young，等，2001)。乌迪内大学和麻省理工学院的试验转速都足够产生1 *g*的水平离心力，或是1.4 *g*的合成惯性力。乌迪内离心机的惯性力方向和受试者头脚向（G_z）相同，而在更刺激的麻省理工学院的研究中，受试者保持了水平状态。

与四肢及头部的运动、以及旋转环境中行走有关的科里奥利力，最初令人好奇又烦恼。差不多在所有情况下，受试者会适当地发展一种新的运动控制策略来适应新的环境，事实上，这是对科里奥利力无意识的行为。在布兰代斯大学众多的旋转房间进行的扩展性试验验证了人对非常环境的适应能力（Lackner，DiZio，2000a)。显然存在双适应的调节，所以受试者才能从旋转环境到非旋转环境转换，而不需要长时间熟悉（见4.5.2节）。

在地面研究中对刺激心血管系统需要的人工重力进行了量化研究，这些研究中，用持续的卧床来模拟失重的有害影响，一般采用头低位6°方法，也可采用将部分身体浸入水中，以更好地模拟在空间中发生的体液转移。1966年开创性的研究中，道格拉斯航天器公司的怀特（White）和他的同事用一个半径1.8 m的离心机（图3-19）制造了1 *g*或4 *g*加速度的环境，并指出受试者间歇地处在该环境中能够有效地减轻立位耐力的降低（立位耐力不良）。运动训练仅能提供极少的额外帮助（White，等，1965)。

在进行离心机研究时，心血管系统的主要指标是压力感受器反射、血压和静脉紧张度，特别是小腿的静脉紧张度。对一个小到只能让受试者采取蹲伏姿势的短臂离心机来说，离心力对肌肉的刺激非常微弱，对静脉回流影响甚微。不过，在莫斯科生物医学问题研究所的圆形离心试验（Shulzhenko，等，1979）表明，在一个半径为 7 m 的离心机上通过间歇的离心体验，可以使在水中 2 周后机能下降的受试者 $+G_z$ 耐力达到 3 g。

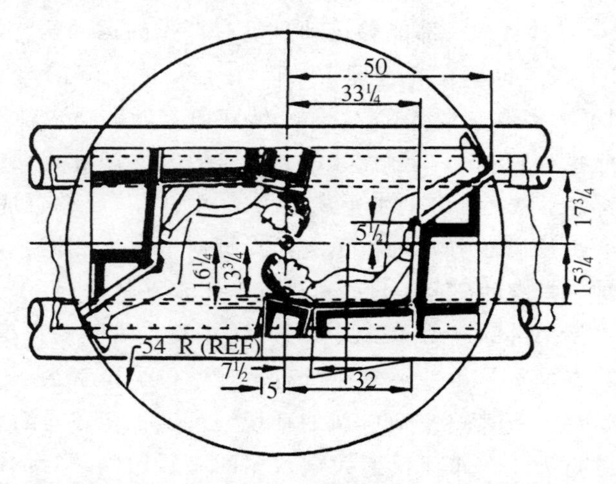

图 3 - 19　道格拉斯航天器有限公司研究期间使用的短臂离心机。两个受试者同时进行试验，各自躺在各自的一侧，头只是轻微地离开中心。图片经 NASA 许可

在相当长的时间里，对于间断性的离心机作用仅仅是被动地影响运动伸缩性还是主动地影响压力感受器的反射功能是有争论的，压力感受器的反射功能具有对抗重力对血压的作用。伯顿（Burton）和米克（Meeker）（1992）用半径为 1.5 m 的离心机进行间断性试验，证明离心力对压力感受器有适度的刺激，旋转期间，对于补偿流体静压的下降的代偿作用，逐渐增加加速度的方法要优于快速增加加速度的方法。

间歇加速度有益于心血管的反应，对血量也有好的作用。通常情况下，失重或头低位卧床引起的体液头向分布可导致体液丢失，其中包括血浆容量减少导致的血细胞比容增加。但是，日本东京大学医药学院的矢岛（Yajima）和他的同事（Yajima，等，2000）进行的 4 天卧床实验中，让受试者在半径为 1.8 m 的离心机中，每天

进行 1 小时 2 $g+G_z$ 方向加速度实验，能够完全预防血细胞比容的增高。在另一个研究中，他们证实了间歇性的离心力作用有助于维持压力感受器反射和副交感神经活动（Iwasaki 等，1998）。为了预防运动病，东京大学的研究者们在离心机运行期间固定住了受试者的头部。

片山（Katayama）等人（2004）研究了有规律的运动增加心血管健康与离心机引起耐力增加之间的关系，试验证明，20 天头低位卧床中进行间歇性的人工重力可以防止受试者健康状态恶化。在后面的章节中，将介绍更多用人力离心机治疗长期心血管失调的功效及方法的可行性。但是，目前缺乏重力梯度对心血管影响的研究。

3.3.3　人力离心机

最近才有一些研究机构开始发现使用人力离心机探索人工重力的潜在好处。依据获得的有关骨骼肌肉方面的数据，认为必须对肌肉进行机械性地加载，以维持或增加肌肉质量。同样地，骨骼的机械负荷（如轻微拉伸）也是维持或增加骨密度的基本条件（参见 Clément，2005）。基于这些观点，一些研究者指出，在长期的微重力环境中，短臂离心机上被动的离心体验对维持骨骼肌肉质量和骨密度没有任何效果。因此，为了对被动离心实验进行补充，研究者们进行了主动离心的研究，即让受试者在受到离心力作用时进行主动的锻炼，将其作为对抗微重力影响的、具有潜在多重作用的措施。这个方法能够研究离心作用对肌肉量、骨密度和立位耐力的影响。

最近，文献中介绍了两种通用的地面设计。第一个设计涉及人力离心机。美国国家航空航天局的艾米斯研究中心和加利福尼亚大学的欧文（Irvine）医疗中心研究团体都在积极地从事这方面研究。第二个设计被描述成一个双自行车系统，由意大利乌迪内大学的迪·普朗佩罗（Di Prampero）及其同事提出（见 5.7 节）。

格林里夫（Greenleaf）等（1966）研制的人力离心机半径为 1.9 m，有两个合适的斜车座，可容纳两个仰卧骑在车座上的受试者，他们的头靠近离心机中心，分为主动受试者和被动受试者，两人使用一套改装的轮转机械，主动受试者通过减速机构给离心机提供动力（图 3－20），他的骑车运动和平台的旋转联系起来，因此，在 G_z 轴上能得到各种重力水平。被动受试者同时也运动。离心机外部设有一个直立的自行车，外部的操作员可通过它给离心机动力。当转速为 50 rpm 时，在受试者的脚部可得到高达 5 g 的离心力。

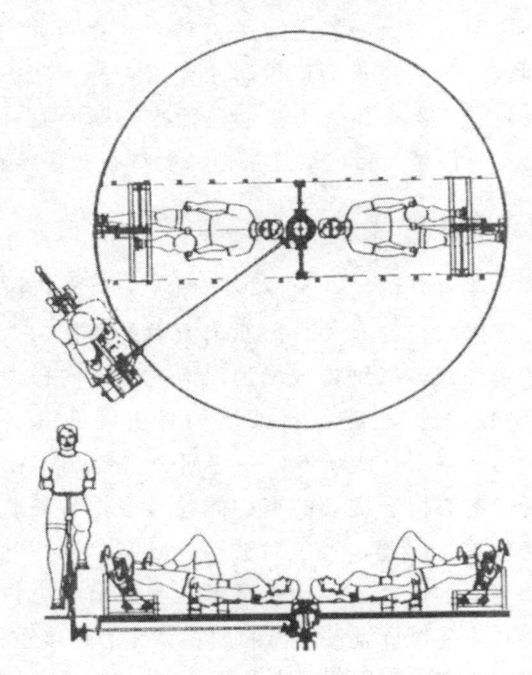

图 3－20　美国国家航空航天局艾米斯研究中心设计的人力离心机。离心机平台的运动可以由两个仰卧在离心机平台上的受试者使用一套轮转机械驱动，或者是离心机外的操作者使用一个直立的自行车驱动。改编自 Greenleaf，等（1996）

同样，加利福尼亚大学的欧文医疗中心设计的空间自行车是让受试者相对骑车，一个在自行车上，一个在平台上（Caiozzo，等，2004），而自行车和平台都能倾斜。受试者蹬车时，空间自行车绕中心做圆周运动。这个运动产生了重力和离心力的合力，方向和受试者的身体长轴方向一致。在平台上的骑车人可进行多种类型的阻力锻炼，如在跑台上跑步或做起蹲运动（图 3－21）。

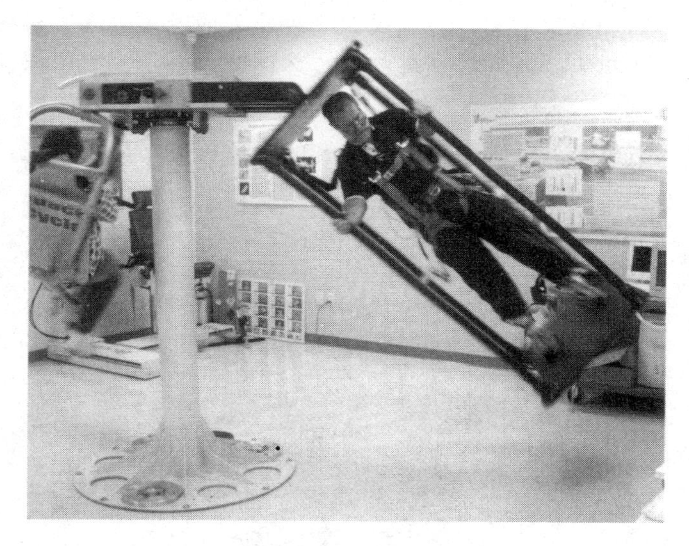

图 3－21 加州大学欧文医疗中心能够两个骑车人身上产生1～5 g 人工重力的空间自行车，骑车人给自行车动力，而且他们可以完成起蹲或其他方式的练习。图中显示的骑车人体验的重力大约为 3g。图片经 NASA 许可

安东纳托（Antonutto）和迪·普朗佩罗（1994，2000）提出的双自行车系统设计了两个通过机械结构连接起来的自行车，采用对面旋转的方式。航天员们将会沿着圆柱形空间舱的内墙骑上它（图 5－6）。骑自行车的角速度决定了沿着骑车人身体主轴方向的离心力大小。就像格林里夫（Greenleaf）和卡约佐（Caiozzo）设计的人力离心机一样，双自行车系统也有这样的潜能，可以克服微重力导致的肌肉、骨骼和心血管系统等方面的机能下降。

在过去的几年中，随着新太空探索计划提供的动力，美国国家航空航天局（图 3－22）和欧洲空间局（图 3－23）分别研发了专用离心机，在卧床研究中调查离心法对生理机能下降的影响效果。俄

罗斯和日本也采用了形似的离心机设计（表 3－1）。这些研究的目标是协助受试者完成持续 60 天的 6°头低位卧床试验，卧床试验可以用来模拟长期失重对心血管、肌肉和骨骼功能的影响。具有代表性的试验是在整个卧床期间，一组受试者仰卧躺在半径为3 m的离心机上，他们的身体长轴方向上可以体验多种重力大小，可周期性地模拟＋G_z 方向的重力环境；另一组对照试验为受试者不经历离心体验。卧床试验后，对比这两组受试者的身体机能下降的情况，能够确定离心作为一种防护措施的作用。这些研究有益于开发适当的离心机使用方案，以保护航天员和了解人工重力的副作用。

图 3－22　得克萨斯大学医学分校中美国国家航空航天局/怀尔（NASA/Wyle）实验室的卧床试验离心机，美国得克萨斯加尔维斯顿（Galveston）。初始研究中，32 名受试者头低位 6°卧床 21 天，模拟微重力环境对身体的影响。一半的受试者在离心机上每天旋转一次，以确定卧床导致的机能下降需要多少保护。受试者采用仰卧姿势以放射性朝向分布，这样在旋转时离心力指向他们的身体长轴方向，在离心支撑下（脚部 2.5 g，头部 1.0 g），他们好像“站”在一个力盘之上。受试者的位置可以自由平移约 10 cm，以便让手足的末端感受最大负荷，也便于抵抗立位肌肉的收缩。固定受试者在离心机上的位置，不让转动。图片经 NASA 许可

图 3 - 23　欧洲空间局卧床试验离心机。离心机有两个半径为 2.9 m 的臂，每个臂能容纳一个受试者。在两个臂上可以安装仰躺的床或倾斜的座椅。座椅要求受试者采用半曲的姿势，有点麻烦，但对微重力来说是很自然的姿势。图片经 ESA 和位于比利时 Kruibeke 的沃哈特空间中心（Verhaert Space）许可

在航空和临床环境中广泛地使用了另一种形式的人用离心机，航空中用来训练飞行人员，临床中用于生理学和医学的研究。为了研究普通受试者和病人的前庭系统，实验室或临床使用短臂离心机或旋转器（表 3 - 1）。飞行员在做高难度喷气飞行时会遇到加速度的重压，需用长臂离心机来模拟。长臂离心机的半径范围通常为 6～12 m，能够产生高达 30 g 的向心加速度，开始的加速范围为 5～8 g/s，与使用的发动机有关，主要用于研究飞行员在快速启动、高 g 环境下遇到的生理影响，也用于研究给予飞行员保护的方法，以便飞行员能够在这样的环境中完成任务。其他方面的使用包括飞行人员 g—保护设备的测试、飞行人员的体格评价、训练飞行人员改善对高 g 环境的耐受力以及进行加速度生理学研究等。

表 3-1 全球在人工重力研究计划中使用的短臂离心机设备[①]

名称	所在地	半径	最大 g 值	轴向
单边离心机	比利时，安特卫普	0.4 m	0.2 g	$\pm G_y$
单边离心机	柏林，夏洛特医科(Charite)大学	0.4 m	0.2 g	$\pm G_y$
美国国家航空航天局JSC离心机	美国休斯敦，美国国家航空航天局	0.5 m	1.0 g	$-G_z$
欧洲空间局天空实验室偏轴旋转器	比利时，安特卫普	1.0 m	1.0 g	$\pm G_y$，$-G_z$
短臂离心机	美国纽约，西奈山(Mt Sinai)医学院	1.0 m	1.0 g	$\pm G_x$，$\pm G_y$
人用离心机	美国沃尔瑟姆(Waltham)，布兰代斯大学	1.2 m	3.0 g	$\pm G_y$
短臂人用离心机	日本，东京大学Nishi-Funabashi	1.8 m	3.0 g	$+G_z$
人工重力卧室	美国，麻省理工学院；剑桥大学	2.0 m	1.8 g	$+G_z$
短臂人用离心机	日本，名古屋大学	2.0 m	2.0 g	$+G_z$
短臂离心机	俄罗斯莫斯科，生物医学问题研究所(IBMP)	2.0 m	2.0 g	$+G_z$
美国国家航空航天局艾米斯人用离心机	美国，莫菲特区域(Moffet Field)	2.0 m	5.0 g	$+G_z$
太空自行车	美国，UC Davis	2.0 m	3.0 g	$+G_z$
欧洲空间局短臂离心机	法国图卢兹，MEDES	2.9 m	3.5 g	$+G_z$
双自行车系统	意大利乌迪内大学	3.0 m	1.0 g	$+G_z$

续表

名称	所在地	半径	最大 g 值	轴向
美国国家航空航天局短臂离心机	美国，UC Davis	3.0 m	3.5 g	$+G_z$
TNO Desdemona	美国 Galveston，UTMB	4.0 m	3.0 g	$\pm G_x$，$\pm G_y$，$\pm G_z$
慢速旋转屋	美国，海军协会 (Brandeis U Waltham)	6.7 m	4.0 g	$\pm G_x$，$\pm G_y$，$\pm G_z$
慢速旋转屋	美国 Pensacola，海军航空航天医学研究所	7.0 m	3.0 g	$\pm G_x$，$\pm G_y$，$\pm G_z$

①表中给出了最大的重力大小（一般在受试者的脚部）和重力方向。本表可能有遗漏。

3.4　小结

许多研究指出，旋转产生的人工重力可抵消失重环境产生有害影响，但目前对大尺度旋转产生的人工重力对人生活和工作能力的影响了解还很少。从已获得的人在太空的很少资料中得出的结果是航天员可以感觉到 0.3 g 以上持续离心力的作用。然而，在这些情况下，人工重力的应用时间只限于几分钟，且限制了受试者头部及身体的运动。

在地面的慢速旋转屋进行的研究指出，在高达 10 rpm 的转速下，人可以适应并长期（达 25 天）生活。短期使用高速旋转（达 23 rpm）的短臂离心机能够实现对长期旋转的适应，旋转时受试者在离心机里仰卧且只能头部活动。

一些人用离心机包括长臂和短臂、被动式和人力驱动式的，近来用于评估人在高重力条件下运动感觉、心血管和肌肉骨骼的反应。这些研究的实际目的是确定离心措施的有效范围。重点强调一下，地面试验应排除和地球实际环境的关联。离心机在太空和地球有很大的不同，虽然产生的离心力方向都在旋转平面内，但是在地球上重力一般垂直于离心机的旋转平面且起作用；而在空间中，人工重力矢量就在离心机的旋转平面内（图 3 - 17）。在空间和在地球上，头和身体的运动会产生不同方式的刺激。考虑到这些不同，要对离心方法得到的人工重力措施做清楚的最终评价，只能在太空进行。

参 考 文 献

[1] Adamovich BA, Ilyyin YA, Shipov AA et al. (1980) Scientific equipment on living environment of animals in experiments on the Kosmos - 936 biosatellite. Kosm Biol Aviakosm Med 14: 18 - 22.

[2] Antomutto G, Linnarsson D, Di Prampero PE (1993) On - Earth evaluation of neurovestibular tolerance to centrifuge simulated artificial gravity in humans. Physiologist 36: S85 - S87.

[3] Arrott AP, Young LR, Merfeld DM (1990) Perception of linear acceleration in weightlessness. Aviat Apace Environ Med 61: 319 - 326.

[4] Benson AJ, Kass JR, Vogel H (1986) European vestibular experiments on the Spacelab - 1 mission: 4. Thresholds of perception of whole - body linear oscillation. Exp Brain Res 64: 264 - 271.

[5] Benson AJ, Guedry FE, Parker DE et al. (1997) Microgravity vestibular investigations: Perception of self - orientation and self - motion. J Vestib Res 7: 453 - 457.

[6] Berry CA (1973) Findings on American astronauts bearing on the issue of artificial gravity for future manned space vehicle. In: Fifth Symposium on the Role of the Vestibular Organs in Space Exploration. NASA, Washington, DC, NASA SP - 314, pp 15 - 22.

[7] Bizony P (2000) 2001: Filming the future. Fourth Edition. Aurum Press, London.

[8] Buckey JC, Lane LD et al. (1996) Orthostatic intolerance after spaceflight. J Appl Physiol 81: 7 - 18.

[9] Burton RR, Meeker LJ (1992) Physiologic validation of a short - arm centrifuge for space applications. Aviat Space Environ Med 63: 476 - 481.

[10] Caiozzo VJ, Rose - Gottron C, Baldwin KM et al. (2004) Hemodynamic and metabolic responses to hypergravity on a human - powered centrifuge. Aviat

Space Environ Med 75：101－108.

[11] Clarke AC（1948）The Sentinel. In：Expedition to Earth. Harcourt，Brace and World，New York.

[12] Clarke AC（1968）2001：A Space Odyssey. New American Library，New York.

[13] Clarke AC（1974）Rendez－Vous with Rama. Ballantine Books，New-York.

[14] Clément G，Moore S，Raphan T et al.（2001）Perception of tilt（somatograic illusion）in response to sustained linear acceleration during space flight. Exp Brain Res 138 ：410－418.

[15] Clément G，Pavy－Le Traon A（2004）Centrifugation as a countermeasure during actual and simulated microgrvity：A review. Eur J Appl Physiol 92：235－248.

[16] Clément G（2005）Fundamentals of Space Medicine. Microcosm Press，El Segundo and Springer，Dordrecht.

[17] Clément G，Slenzka K（2006）Fundamentals of Space Biology：Reaearch on Cells，Animals，and Plants in Space. Springer，New York.

[18] Cohn J，DiZio P，Lackner J（2000）Reaching during visual rotation：context specific compensation for expected Coriolis forces. J Neurophysiol 83：3230－3240.

[19] Cole DM，Cox DW（1964）Islands in Space. Chilton Books，New York.

[20] Conrad N，Klausner HA（2005）Rocketman：Asstronaut Pete Conrad's Incredibale Ride to the Moon and Beyond. New American Library，New York.

[21] Di Prampero PE（1994）The twin bikes system for artificial gravity in space. J Gravit Physiol 1：12－14.

[22] Diamandis PH（1997）Countermeasure and artificial gravity. In：Fundamentals of Space Life Sciences. Churchill SE（ed）Krieger，Malabar，FL，pp 159－175.

[23] Faget MA，Olling EH（1968）Orbital space stations with artificial gravity. In：Fifth Symposium on The Role of the Vestibular Organs in Space Exploration. NASA，Washington，DC，NASA SP－314，pp 7－16.

[24]　Godwin R (ed) (1999) Apollo 11. The NASA Mission Reports. Apogee Books, Burlington, Ontario, Canada.

[25]　Godwin R (ed) (1999) Apollo 12. The NASA Mission Reports. Apogee Books, Burlington, Ontario, Canada.

[26]　Gray H (1971) Rotating Vivarium concept for Earth - like habitation in space. Aerospace Med 42: 899 - 892.

[27]　Graybiel A, Kennedy RS, Knoblock EC et al. (1965) The effects of exposure to a rotating environment (10 rpm) on four aviators for a period of 12 days. Aerospace Med 38: 733 - 754.

[28]　Graybiel A, Dean FR, Colehour JK (1969) Prevention of overt motion sickness by incremental exposure to otherwise highly stressful Coriolis accelerations. Aerospace Med 40: 142 - 148.

[29]　Graybiel A, Knepton JC (1972) Direction - specific adaptation effects acquired in a slow rotating room. Aerospace Med 43: 1179 - 1189.

[30]　Greenleaf JE, Gundo DP, Watenpaugh DE et al. (1996) Cycle - powered short radius (1.9 m) centrifuge: Exercise vs passive acceleration. J Gravit Physiol 3: 61 - 62.

[31]　Gurdry FR, Kenney RS, Harris DS et al. (1964) Human performance during two weeks in a room rotating at three rpm. Aerospace Med 35: 1071 - 1082.

[32]　Harford J (1973) Korolev. Wiley, New York.

[33]　Ilyn YA, Parfenov GP (1979) Biological Studies on Kosmos Biostaellites. Nauka, Moscow.

[34]　Iwasaki K, Hirayanagi K, Sasaki T et al. (1998) Effects of repeated long duration +2Gz load on man's cardiovascular function. Acta Astronautica 42: 175 - 183.

[35]　Johnson RD, Holbrow C (eds) (1977) Space Settlements: A Design Study. NASA, Washington, DC, NASA SP - 413.

[36]　Johnston RS, Dietlein LF, Berry CA (eds) (1975) Biomedical Results of Apollo. NASA, Washington, DC, NASA SP - 368.

[37]　Johnston RS, Dielein LF (eds) (1977) Biomedical Results from Skylab. NASA, Washington, DC, NASA SP - 377.

[38] Katayama K，Sato K，Akinma H et al. (2004) Acceleration with exercise during head down bed rest preserves upright exercise responses. Aviat Space Environ Med 75：1029 – 1035.

[39] Kotovskaya AR，Galle RR，Shipov AA (1981) Soviet research on artificial gravity. Kosm Biol Aviakosm Med 2：72 – 79.

[40] Kosmeodemyanksy AA (1956) Konstantin Tsiolkovsky：His Life and Works. Foreign Languages Publishing House，Moscow.

[41] Lackner JR，DiZio P (2000a) Human orientation and movement control in weightless and artificial gravity environments. Exp Brain Res 130：2 – 26.

[42] Lackner JR，DiZio P (2000b) Artificial gravity as a countermeasure in long – duration space flight. J Neurosci Res 62：169 – 176.

[43] Lackner JR，Graybiel A (1982) Rapid perceptual adaptation to high gravitointertial force levels：evidence for context – specific adaptation. Aviat Space Environ Med 53：766 – 769.

[44] Lange KO，Belleville RE，Clark FC (1975) Selection of artificial gravity by animals during suborbital rocket flights. Aviat Space Environ Med 46：809 – 813.

[45] Loret BJ (1963) Optimization of space vehicle design with respect to artificial gravity. Aerospace Med 34：430 – 441.

[46] Nicogossian A，Leach Huntoon C，Pool SL (1977) Space Physiology and Medicine. 3rd Edition. Lea and Febiger，Philadephia.

[47] Noordung H (1928) Das Problem der Befahrung des Weltraums：Der Raketen – Motor. Richard Carl Schmidt & Co，Berlin [English translation：Noordung H (1995) The Problem of Space Travel：The Rocket Motor. Stuhlinger E，Hunley JD，Garland J (eds) US Government Printing Office，Washington，DC，NASA SP – 4026].

[48] Noordung H (1929) The Problems of Space Flying，translated by Francis M. Currier Science Wonder Stories 1 (July 1929)：170 – 80. (August 1929)：264 – 72，and (September 1929)：361 – 368.

[49] O'Neill GK (1974) The colonization of space. Physics Today 27：32.

[50] O'Neill GK (1977) The High Frontier. William Morrow，New York.

[51] Reason JT，Graybeil A (1970) Progressive adaptation to Coriolis accel-

erations associated with one rpm increments of velocity in the slow - rotation room. Aerospace Med 41：73 - 79.

[52] Romick D（1956）Manned Earth－Satellite Terminal Evolving from Earth - to - Orbit Ferry Rockeys（METEOR）. Paper presented at the 7th International Astronautical Congress，Rome，September 1956.

[53] Shea JF（ed）（1952）Straegic Considerations for Support of Humans in Space and Moon/Mars Exploration Missions. NASA Advisory Council & Aerospac Medicine Advisory Committee.

[54] Shipov AA（1977）Artificial gravity. In：Space Biology and Medicine：Humans in Spaceflight. Nicogossian AE，Mohler SR，Gazenko OG，Grigoriev AI（eds）American Institute of Aeronautics and Astronautics Reston，VA，Vol3，Book 2，pp 349 - 363.

[55] Shulzhenko EB，Vil - Villiams IF，Aleksandrova EA et al.（1979）Prophylactic effects of initermittent acceleration against physiological deconditioning in simulated weightlessness. Life Sci Space Res 17：187 - 192.

[56] Stone RW（1973）An overview of artificial gravity. In：Fifth Symposium on the Role of the Vestibular Organs in Space Exploration. NASA，Washington，DC，NASA SP - 314，pp23 - 33.

[57] Tsiolkovsky KE（1960）Beyond Planet Earth. Translated by Kenneth Sayers. Pergamon Press Inc，New York.

[58] Vernikos J（2004）The G - Connection：Harness Gravity and Reverse Aging. iUniverse，New York.

[59] Vetrov GS（1998）Serger Korolev I Evo Delo. Nauka，Moscow.

[60] Von Braun W（1953）The baby space station：First step in the conquest of space. Collier's Magazine，27 June 1953，pp 33 - 35，38，40.

[61] Wade M（2005）Gemini 11. Encyclopedia Astronautica. Retrieved 10 May 2006 from URL：http：//www. astronautix. com/flights/gemini11. htm.

[62] White WJ，Nyberg WD，White PD et al.（1965）Biomedical Potential of a Centrifuge in an Orbiting Laboratory. Douglas Report SM - 48703 and SSD - TDR - 64 - 209 - Supplement，July 1995. Douglas Aircraft Co，Santa Monica，CA.

[63] Yajima K, Iwasaki K, Sasaki T, Miyamoto A, Hirayanagi K (2000) Can daily centrifugation prevent the hematocrit increase elicited by 6 - degree, head - down tilte Pflugers Archives 441: 95 - 97.

[64] Young LR (1999) Artificial gravity considerations for a Mars exploration mission. In: Otolith Function in Spatial Orientation and Movement. Hess BJ, Cohen B (eds) Ann NY Acad Sci 871: 367 - 378.

[65] Young LR, Hecht H, Lyne LE et al. (2001) Artificial gravity: head movements during short - radius centrifugation. Acta Astronautica 49: 215 - 226.

[66] Young LR. (2003) Artificial Gravity. In: Encyclopedia of Space Science and Technology. Mark H (ed) John Wiley & Sons, New York, pp 138 - 151.

[67] Yuganov YM, Isakov PK, Kasiyan II et al. (1962) Motor activity of intact animals under conditions of artificial gravity. Izvest Akad Nauk USSR, Ser Biol 3: 455 - 460.

[68] Yuganov YM (1964) Physiological reactions in weightlessness. In: Aviation and Space Medicine. Parin VV (ed) NASA, Washington, DC, NASA TT F - 228.

本文的部分信息还来自以下资料:

2001: A Space Odyssey (1968) Movie directed and produced by Stanley Kubrick. Script by Stanley Kubrick and Arthur C. Clarke. Photography: Geoffrey Unsworth, MGM

Chung WD Jr - Atomic Rocket: Artificial Gravity: Retrieved 10 May 2006 from URL: http: //www. projectrho. com/rocket/rocket3u. html

Darling D— The Encyclopedia of Astrobiology, Astronomy and Spaceflight. Retrieved 15 May 2006 from URL: http: //www. daviddarling. info/encyclopedia/O/ONeill _ type. html

Dyar DN— Mobile Suit Gundam: High Frontier. Retrieved 10 May 2006 from URL: http: //www. dyarstraights. com/msgundam/habitats. html

Hon A, Harris K, Sewell D - Astrobiology: The Living Universe - Artificil Gravity. Retrieved 10 May 2006 from URL: http: //www. ibiblio. org/astrobiology/index. php? page=adapt06

Serensen K - A Tether—Based Variable - Gravity Research Facility Concept. Presented at the 53rd JANNAF Propulsion Meeting，Monterey，California，USA，5 - 8 December 2005. Retrieved 10 May 2006 from URL：http：//www. artificial—gravity. com/JANNAF - 2005 - Sorensen. pdf

Center for Gravitational Biology Research：http：//www. cgbr. arc. nasa. gov/hpc. html（Accessed 25 June 2006）

Energya SP Korolev Rocket and Space Corporation：http：//www. energia. ru/（Accessed 15 June 2006）

NASA History Division：http：//history. nasa. gov/（Accessed 15 June 2006）

Wikipedia：http：//en. wikipedia. org/wiki/Artificial _ gravity（Accessed 30 June 2006）

第4章 人工重力的生理学对象：感觉—运动系统

埃里克·格朗（Eric Groen）[1]

安德鲁·克拉克（Andrew Clarke）[2]

威廉·布莱斯（Willem Bles）[1]

弗洛里斯·怀特斯（Floris Wuyts）[3]

威廉·帕洛斯基（William Paloski）[4]

吉尔斯·克莱门特（Gilles Clément）[5,6]

[1] TNO，荷兰苏斯特贝赫（TNO，Soesterberg，The Netherlands）

[2] 查里大学医学院，德国柏林（CharitéMedical School，Berlin，Germany）

[3] 安特卫普大学，比利时安特卫普（Antwerp University，Antwerp，Belagium）

[4] 美国国家航空航天局约翰逊航天中心，美国得克萨斯州休斯敦（NASA Johnson Space Center，Houston，Texas，USA）

[5] 国家科学研究中心，法国图卢兹（Centre National de la Recherche Scientifique，Toulouse，France）

[6] 俄亥俄大学，美国俄亥俄州雅典市（Ohio University，Athens，Ohio，USA）

本章主要描述了与人在太空中感觉—运动系统功能相关的人工重力的应用，包括了支持和反对的观点。航天飞行对已经适应地面重力的运动—感觉功能，包括姿态平衡能力、运动能力、眼手协调性和空间定向能力等，提出了挑战。感觉系统，尤其是前庭系统必须适应入轨后的失重和返回后对地面重力的再适应。这个适应超过了人体实际的重力转换能力水平，因此扰乱了原有的运动—感觉系统的运行。尽管证明人工重力可能对骨骼、肌肉和心血管系统有益，但同时也可能对前庭神经系统产生副作用，比如空间失定向、肢体协调性差及恶心等。

图 4－1　进行舱外活动的航天员曾经历过恐高症，视觉和前庭因素显然在其中扮演了重要角色。图片获得 NASA 许可

4.1　感觉—运动系统的结构和功能

感觉—运动系统能让人确定身体的状态，感知周围的环境，对有关的环境变化做出相应的调整，或者为了达到不同的目的而在所处的环境中运动。人的感觉是依赖体内无数感受器，它们可以感受到身体各部分之间的相互运动和位置变化，以及空间的变化，或者对周围环境进行定向。运动系统是让人在环境中进行运动或相对于环境的运动。感觉和运动是一个整体，不能分割，任何运动都会刺激到感受器，并且及时调整传入中枢神经系统的信息。比如：前庭器官感觉到快速的头动，然后将这种信号传入外周肌肉组织，进而产生一系列代偿性眼动。否则，眼前将会出现模糊的景象。前庭系统除了参与眼睛和头部之间的协调，还参与其他多种感觉—运动功

能。包括姿态保持、步态稳定、肢体协调和空间定向。

和所有物种一样，人类感觉器官的进化很好地适应了地面重力环境下活动的需要。因此形成了直立行走的姿态，这样能更好地观察周围的环境，并在一定范围内进行活动。

由前庭器官发出的这些输入信号汇聚于脑干的中枢前庭区，并与外周视网膜及来自皮肤、肌肉和关节的本体感觉和触觉输入信号相结合。这种结合进一步进行感觉整合，这对于保持平衡感和空间定向来说非常必要。最终的运动输出，主要用来调节眼动以保证稳定的视觉，调节抗重力肌以保证直立的姿态。由前庭系统发出的信号同时传导至小脑及脑高级中枢如视神经节、海马和皮层。这些部分均参与运动的主观感觉和空间定向。考虑到对于整个行为过程的预料及先前的经验和文化因素，这种知觉包括了某种意义上感觉传入信息的综合和分配。同时脑高级中枢也参与学习、适应和习惯形成的相关过程。

内耳前庭器官包括半规管和耳石，前者感知旋转变化，后者感知头部的线性平移或由头部相对于重力方向发生倾斜引起的线性变化（图 4－2）。为了在头动过程中保持清晰的视觉，三个半规管的输入信号通过一个三叉神经元的反射弧来驱动眼外肌，这被称为前庭—眼动反射（VOR），目的在于促进代偿性的眼动，其传导速度约为 10 ms，这可能是人体中最快的神经反射了。

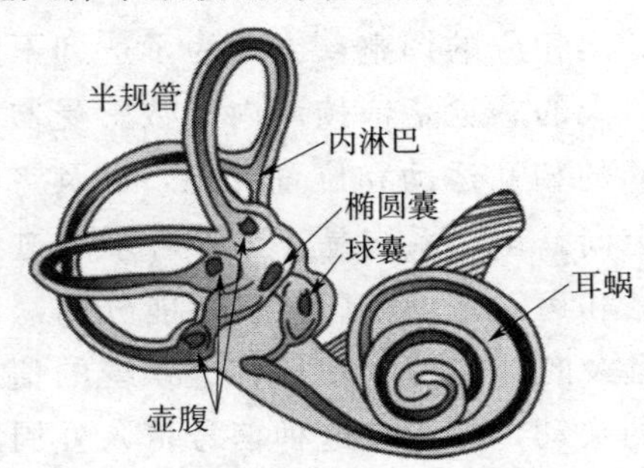

图 4－2　位于内耳的前庭是平衡器官，它包括三个半规管和耳石器官（椭圆囊和球囊）

相对于头部的运动，半规管感受的是角加速度，耳石器感受的是头部的线加速度。耳石器的各个部分，包括椭圆囊和球囊，富含感觉上皮组织，这一组织由数以千计的毛细胞构成，毛细胞顶部的纤毛形成一胶状样膜结构。这种膜结构中层叠有许多碳酸钙盐结晶，即耳石（图 4－3）。膜中耳石的密度比周围的内淋巴液中高出 2.7 倍，当头部进行线性加速度运动时，由于惯性的作用，耳石发生相应的位移变化。随之，耳石的位移对毛细胞纤毛产生剪切作用。在进行水平方向的匀速度运动时，耳石器不会发放传入冲动。但当头部相对于重力作用方向发生倾斜时，耳石器会不断感受内部重力的变化，从而连续发放传入冲动。

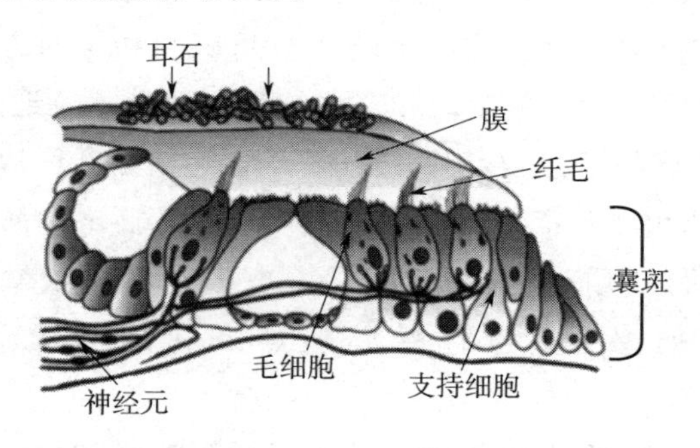

图 4－3　耳石是一种碳酸钙小颗粒，位于椭圆囊和球囊纤毛上方的凝胶状膜层内，当头部相对于重力发生运动或倾斜时，该层的惯性就会对纤毛施加一个剪切力，从而刺激毛细胞。毛细胞通过神经纤维将相关信息传送到中枢神经系统，从而感知运动或倾斜

毛细胞的排列具有极性，能在一定方向上形成最大的响应输出。毛细胞广泛分布于椭圆囊和球囊的囊斑，可以感受到来自各方向上的加速度变化。当椭圆囊位于水平平面时，球囊大约与头部垂直，换句话说，囊斑并非是单一平面的，每个耳石器都能感受到二维的运动，从而保证有足够的传入冲动来确定线性加速度在各方向上的作用。

耳石器的一个主要作用是提供头部相对于重力方向上的运动信息。当头部和身体发生倾斜时，脑干部位的前庭核会自动将来自耳石器的信息通过前庭—脊髓通道传递至相应肌肉，调整姿态，恢复平衡。在这种情况下，耳石器信号的编码过程包括了身体相对于“倾斜”状态的识别，即能够识别它是在重力方向上的一个连续的线性加速度，还是因头部“平动”所引起的线性加速度。通常的解释是，在个体发育期，中枢神经系统通过不断学习，知道重力的方向和大小是恒定的，而运动引起的线性加速度是可变的。在以上知识的基础上，中枢神经系统能够将重力加速度区分出来，作为低频成分，感知到加速度的高频成分归因于自身运动。尽管这一模式已经被众多的数学模型加以解释（Merfeld，等，1993；Bos，Bles，2002），但这种鉴别过程的神经机制还不十分清楚。

除了参与反射活动，前庭系统在空间识别和定向方面也发挥了重要作用，如：环境中的定向和定位知识。而且，最近的研究表明，来自于前庭系统的信息也会影响心率、血压、免疫反应、昼夜节律和觉醒状态（见第 8 章）。因此，任何前庭功能异常都能诱发潜在的一系列症状，包括空间失定向、姿态不平衡和眩晕，常伴有植物神经症状如恶心，也包括心理焦虑和恐惧（Heistein，等，2004）。

航天员常在失重飞行的最初几天感觉到头晕和失定向。经历航天飞行后返回地面时，他们常感到难以维持稳定的身体姿态和步态，如行走或转弯出现协调困难，无法维持稳定注视（Clément，Reschke，1996 年的相关研究）。他们的平衡感和空间定向感都需要一段时间恢复，才能再次适应地面的 1 g 的重力水平。

在这方面，他们的行为与前庭功能紊乱患者相似，类似于一种病理状态。在疾病的急性期，患者出现眩晕和失定向。在许多病例中，患者适应一段时间后，眩晕症状会减轻。由于病因不同，患者可能恢复正常，也可能仍然存在功能障碍。因此，开展健康前庭系统如何适应重力—惯性环境变化的研究，已经并且还将继续需要临床医学提供与这些情况相关的基础知识。

大量实验表明，当微重力持续存在时，半规管的大部分功能没有发生改变。另一些发生了改变的功能被认为是由于与耳石器官输入的信号产生了交互作用的影响（Clark，等，2000）。令人吃惊的是，在太空飞行中，仅观察到少量的姿态和肢体控制紊乱及身体活动障碍（Lackner，DiZio，2000年的相关研究）。这是观察极少数人在太空生活过半年之后得出的结论（图1-10），半年的时间与目前设想的到达火星的单程时间相一致（图1-3），没有结果显示长时间暴露于微重力环境会对前庭系统造成不可逆的改变。但是，我们仍需要更好的诊断知识和诊断工具来检查和探索那些飞行过程中已经存在的改变和飞行后适应过程中出现的改变。

一些数据表明，长期处于微重力环境，幼龄大鼠耳石会出现大小不一，分布不均的情况。这些动物研究结果表明中枢运动神经元及其响应特性存在可塑性重组，在太空飞行时皮层图形也出现了可塑性重组（Ross，等，1992，1993，1994）。直接在人类身上进行此类研究将是非常冒险的。即使在微重力条件下对高级灵长类动物进行了长期研究，假设人类在太空飞行时也存在这样的改变，也仍然是种推论。

4.2　空间定向

人类的日常行为，包括坐下、起立、行走和奔跑都需要我们根据重力不断地进行重定向。通过前庭—脊髓反射机制，中枢神经系统感受到身体方向的改变，从而引发必要的代偿性肌肉活动，维持身体姿态。脑干中枢在反射过程中起到了主要作用。这个过程包括所有参与其中的感受器得到信息的整合：眼、前庭器官及遍布全身的本体感受器。前庭器官及本体感受器所获得的信息会在大脑内部重新编码，视觉系统为我们提供了周围环境的运动与定向的相关信息。因此，视觉信息是衡量内部信息与外部信息的参照系。这其中最基础的反射水平是前庭及眼动反射的协调。

4.2.1 视觉定向

地面环境有很多的水平和垂直为导向的视觉提示，如地板、天花板、墙壁、建筑物和树木等。这种水平与垂直的轮廓共同决定了视觉结构。我们周围的世界也是被极化的，有共同意义上的“上”与“下”。视觉极性可以从可识别物体，如人和树木的“顶部”和“底部”来推测。其余更多的间接视觉提示揭示了重力的方向：如物体放在地板上，或悬挂在天花板上。视觉结构和极性共同决定参考系，并强烈影响着我们的方向感知（Asch，Witkin，1948；Howardand，Childercon，1994）。因为我们在地球上生活，所以我们通常从有限的感知范围来观测周围的环境。例如，我们通过一个垂直的门进入房间，可以以正常的视线水平观察室内。

同样的，在地面训练中，航天员会以同样的感知看到航天飞机模型。然而，在太空中他们可能以从身体的任何方向，以及非常态感知航天飞机（图 4－1）。通常这种结果是引起强烈的视觉定向错觉，尤其是在太空飞行初期（Oman，等，1986，1998）。这种个人重新定向可能是突然的，也可能是在看到其他航天员以颠倒的位置漂浮时突然迸发的。这种视觉冲击可能立即产生颠倒的感觉，并伴有因为失去前庭提示的方向变化而导致的强烈恶心感。

视觉定向错觉会因航天器（如国际空间站和和平号空间站）内复杂和不固定的内部结构而加重（图 4－4）。这将导致航天员出现大量的空间失定向、参考系紊乱和导航问题（Young，2000）。当航天飞机乘组访问和平号空间站时，经常会出现方向感缺失或迷失方向。这主要是由于空间站的大小和迷宫般的特性。并且，从一个轨道舱向另一个轨道舱转移时，航天员的自转会产生预料之外的视觉定向。实际上，1997 年发生的和平号空间站与进步号货运飞船碰撞事故，就是由于和平号航天员感知参考系出现了问题造成的。在国际空间站飞行乘组召开的新闻发布会上，也披露了大量关于因视觉紊乱导致操作失误的故事，尤其是出现多种坐标系和视觉重定向导致的大量机器人远程操作（失误）的问题（Young，2000）。

图 4-4　国际空间站俄罗斯舱段的内部图，图像显示其中缺少清楚的方向提示。标准设备、计算机以及空白表格都朝着统一的方向。但是光线来自光源，而舱的“地面”和“天花板”上都有窗户。图片得到 NASA 许可

像训练技术一样，显然需要有针对空间定向问题的对抗措施。其中一个可行方法是应用仿真技术，它可以再现视觉感知异常时的飞行器内部环境。不过，关于采用这种方法是否有利于改善航天员对航天环境的空间记忆是有争议的（Lackner，1992；Lackner，DiZio，1998a）。而且，目前采用的虚拟现实影像方法还不能够很好地模拟前庭对重力信息的感知和飞行过程中出现的视觉错觉。例如，已经证明当被试者处于卧位时，前庭对重力的感知与视觉呈现的定

向无关，可提高虚拟现实的效果。这种情况下，被试者体验到的再定向错觉十分引人瞩目，其中包括在看一个视觉倾斜景象时出现失重感（Howard，等，1997；Howard，Hu，2001；Groen，等，2002）。目前，这些与失重状态有关的有效模拟方法还没有被完全开发出来。

其他的措施包括将人因标准应用到飞行器的建造和内部配置上，以及设置标明乘员移动方向的标记（Marquez，等，2004）。还需要更多的研究以了解舱外活动和远程遥控问题。航天飞机的航天员在操作机械臂时，很难将几个参考系中同时产生的若干三维信息联系起来。和平号空间站和国际空间站乘员都提到过当地面在他们的视野中变低时，会出现恐高症，已经证明这是由于出现了一些功能的暂时性丧失①。国际空间站航天员在进行舱外作业时，如果空间站进入黑暗，也会出现视觉参照系的缺失（Oman，等，1998）。

4.2.2 感觉重新调整

除了这些视觉冲突之外，失重本身对飞行中的空间定向也有很大影响。例如，在进行几次角位移和空间漂浮后，国际空间站上的蒙眼航天员只能完全靠猜测来判定是“上”，还是“下”（Clément 等，1987；Glasauer，Mittelstaedt，1998；van Erp，van Veen，2006）。在无重力情况下，身体和支撑面之间惯有的触点压力和触觉提示消失。体液和内脏器官的头向移位，类似于身体处于倾斜或仰卧方向（Vernikos，1996）。此时耳石器官不再需要判断与通常 1 g 方向存在差别的线性加速度方向。确定头部向上的正常 1 g 参照方向消失后，头部倾斜的概念也就没有意义。另一方面，内耳半规管继续正常感知头部的旋转。因此，在头部和身体运动时，所有重力感知和旋转感知之间标准的多种感觉协调关系不再起作用。中枢神

①当许多航天员说他们曾因舱外活动或空间行走经历而感叹，一些航天员，如美国航天员杰瑞·林格尔曾承认他有过非常糟糕的错觉感受。在他的回忆录《飞离地球》中（Mcgraw-Hill，2001），林格尔描述为一种“非常可怕，持续存在的坠落感”，“我在另一端紧抓栏杆，完全投降了，为了美丽的生命而坚持着。”

经系统感觉整合发生适应性修正，或称为感觉的重新调整，感觉系统的构成也发生了相应的变化。可以猜想在此过程中，视觉变得更重要了，引起自身运动感觉的移动视觉景象效力增加就是一个证据（Young，等，1986）。在地球上，当看到眼前的场景向水平方向转动时，垂直站立的观察者也会有自身倾斜的错觉（Held，等，1975）。但是，由于视觉倾斜引起的耳石刺激消失，限制了上述的作用，没有 1 g 重力对耳石的刺激，动态视觉场景会在更短时间内产生更大的影响（Young，Shelhamer，1990）。

另一个引起感觉重新调整的因素是失重时中枢神经系统必须考虑到头部平移（而不是倾斜）产生的任何耳石信号输入。假设这种所谓的倾斜—平移的重新调整在太空中发生，回到 1 g 重力的地球条件下还会继续产生误调整。早期研究结果表明，身体的动态倾斜在飞行后被低估，甚至导致对平移的更强感知（Parker，等，1985）。航天员提到，在返回期间或着陆时，当他们头部倾斜或转动时，分别出现向一侧加速或前/后加速的感觉。一般情况下，长期暴露在失重环境下，影响航天员对线性加速度的感知和增加了加速度感知的变异性（Young，等，1986；Merfeld，等，1994）。这无疑是引起飞行后姿态失调和凝视不稳定性的因素之一（Kenyon，Young，1986；Paloski，等，1993）。

4.2.3　“垂直”的感知

值得注意的是，失重不能引起持续的降落感觉。垂直重力感的缺失使人丧失了“直立”的感觉。航天员具有的一些方向感，大部分来源于剩余的垂直感觉。如上所述，视觉环境强烈影响着航天飞行中的空间定向。另外，航天员常提到他们常常感觉脚下的平面是地板，头顶上的平面是天花板，而不是它们在航天飞机中的实际定位。该发现表明，身体的主轴也为垂直面提供了主观的定位（Mittelstaedt，1983）。因此，航天飞行中的主观定位是视觉垂直面和人体垂直面的加权和。航天员在相应的权重下表现各不相同，也反映出个体定向的不同类型（Harm，Parker，1993）。此外，在抛物线飞行研究中发现，微重力下的主观定位方向感可以被视觉、触觉、感知因子，甚至被凝视的变化所修正（Lackner，Graybiel，1983；Lackner，1992；Lackner，Dizio，1993）。显然，不同坐标系的相对贡献是不固定的，而且与位置有关。

一个关于空间定向有趣的问题是：人工重力可否应用于保留对重力的一些“记忆”。它可能有助于保留航天员返回地球和着陆其他星球后的体位平衡基本定向反射，空间定向的眼球运动和交感神经功能也可能从中获益（分别见 4.4 节和 8.2 节）为了使人工重力有效，其刺激量必须能够使人感觉到垂直方向，可以引起倾斜反应。国际微重力实验室的实验数据表明，重力梯度为头部0.22 g 到脚部0.36 g 的固定线性加速度，不能引起人的倾斜感（Benson，等，1997）。神经实验室短臂离心机上得到的实验结果表明，当 G_y 轴和 G_z 轴的离心力为 0.5 g 时，可以产生明显的倾斜感，分别是侧翻、倒挂、上下颠倒（Clément，等，2001）。因此，得出的结论是：重力垂直感的阈值是在 0.22 g 到 0.5 g 之间。进一步的研究应该确定其精确值及研究有关问题。例如，离心机中航天员所处的方向和旋转轴安放的位置等。为了刺激耳石，头部应该尽量远离离心机的中心。从所观察到的不同航天员有不同视—前庭加权值来推测，感知垂直的阈值也有个体差异。因此，人工重力的刺激应该因人而异。

4.2.4 驾驶期间的空间失定向

应特别关注对接和着陆阶段控制航天飞行器的指令长。众所周知，人体的感觉器官不能充分地感受和监测到航天飞行器运动。这就会引起驾驶员出现空间失定向的风险，会错误地感知航天器相对于地球的运动和高度。空间失定向是航空事故发生中常见的人为因素，例如那些被认定为可控的飞行撞地事故（Benson，1988；Previc，Ercoline，2004 综述）。有证据表明，对失重的适应会使指令长在再入大气层时容易产生空间失定向，航天飞机着陆时的飞行错误，包括超过限高、距离限制以及航速限制等均与飞行后神经症状的反应强度有关（McCluskey，等，2001）。航天飞机的驾驶员承认头部运动失定向的危险性，而且认识到航天器加速度或眼动可引起眩晕或者眼震，这样会妨碍对设备的操作。在一个离心机实验中，飞行员在进行 1.5 h、G_x 方向 3 g 人工重力加速度试验后，拒绝进行真实飞行（Bles，等，1997）。

显然，针对空间飞行中的空间失定向问题需要进行专门防护措施的研究。出于这种考虑，地面的空间失定向设备有了较快发展，其中一个是可以进行 6 个自由度旋转的座椅，也可将它安装在离心机里（图 4－5）。这种装置可以进行重力增加后导致的前庭功能适应性与驾驶员飞行操作时出现空间失定向行为之间关系的地基研究。这种方法可用来训练飞行员应对空间失定向错觉，以及不管前庭感觉如何，采用正确的方法来控制航天器。其他的系统与触觉信息的应用有关，它可以给飞行员和航天员提供其他的定向提示（Rupert，2000；van Erp，van Veen，2006）。此外，还可以对一些具有抑制前庭高反应性的药物进行试验，将其作为一种纠正空间失定向方法。

图 4－5　狄蒙娜系统（Desdemona）是由 AMST 系统科技和荷兰 TNO 人因工程两家公司合作开发的演示、模拟、训练和研究设施，受试者坐在一个 4 自由度万向座椅内（可进行 360°俯仰、偏转、翻转，以及 2 m 的提升），座椅安放在横向轨道（8 m）内，轨道可绕垂直轴转动，又增加两个协同自由度。轨道旋转可以产生 3 g 向心加速度。图片经 NASA 许可

4.3　运动病

与以上提及的运动和定向错觉相关，超过50%的太空旅行者都会在太空飞行的2～3天内出现运动病症状。由于和其他形式的运动病相似，这种运动病被命名为空间运动病或空间病（Benson，1977）。空间运动病最主要的症状是胃部不适、恶心和呕吐(Reason，Brand，1975)，其他症状还包括困倦、多汗、面色苍白、呼吸急促、食欲下降、唾液增多、其他不适、疲劳（睡眠综合症）和抑郁。每个人对于同样的失重环境反应截然不同。就我们已有的对航海者比较充分的认识来看，在一些十分恶劣的环境下，即便是一些经验丰富的船员也会发生晕船现象。

运动病由模拟运动刺激引起的，称为模拟运动病。被动的实际运动刺激也可以引起运动病，比如晕车、晕机和晕船。运动病还可能在不运动时发生，比如看电影时连续的画面刺激或玩电脑游戏时发生的运动病。除此之外，当自身运动和感觉之间的正常反馈被干扰时也会发生运动病，比如通过左右后视镜观察周围环境时。

4.3.1　感觉冲突模型

前庭器官在运动病的发病原因中起了主要的作用，因为前庭功能缺失的人群不会罹患运动病。作为一个普遍规律，运动病的发生是由于身体的运动和伴随的感觉反馈之间的正常关系背离了脑在以前经验基础上的预测关系。这是被广泛认可的感觉冲突模型，基于此，运动病是由于自身运动的感觉输入和预期结果之间的不一致造成的（Reason，1978）。比如：经观察开车的人很少出现运动病，而更多的是乘客出现运动病，因为他们几乎不参与掌控汽车的加速和转弯，特别是在他们无法看到前方道路时，更易发生运动病（Griffin，Newman，2004）。驾车者因为掌控车的方向因而能够和感觉的反馈相一致，进而减少运动病的发生。一个很有意思的现象是，在驾驶一个底部固定不动的模拟汽车时，驾车者也会出现类似运动病症状，这是由于模拟汽车无法令驾车者反馈到正常驾驶的感觉。在这个例子中，驾车者感觉到的汽车运动与平时驾驶真车时的经历有所不同。

空间运动病常常因为在太空中头部的主动运动诱发，特别是前后和左右摆头或转动时（Oman，等，1986）。这与感觉冲突模型相吻合，因为在失重时，耳石对于头部倾斜的反应和 1 g 环境下的正常反应有根本上的不同。使人感觉到转动和前后倾斜运动比左右摇摆运动更易引发运动病，因为前两种运动会引发相应的耳石刺激，这是与失重时头部位置的改变相关的。几天失重飞行后，头部运动不会再引发运动病，这是由于中枢系统已经适应了失重环境，前庭系统也重新调整了失重状态下的反应。重新返回地面时，航天员常出现过性的运动病症状，就像航海者上岸时出现的晕船症状一样。这些人在回到稳固的地面时，可能仍保留着对于运动的敏感度，由此伴随出现了类似晕船的症状。这又一次证实了在对环境适应性的调整方面，中枢神经系统起了主要的作用。运动病，包括空间运动病，都被认为是一种“适应性问题”，比如，当前庭系统置于另一新的运动环境中时，仍会发生运动病。

4.3.2 离心机诱发的运动病

尽管空间运动病的症状与地面发生的运动病症状相似，但值得注意的是，平常所用的运动病敏感性检测，包括交叉耦合的科氏加速度刺激和失重飞机都与航天飞行中运动病的发生没有相关性（von Baumgarten，1986；Oman，等，1986）。显然，这些短期测试无法诱导产生出由 1 g 变至 0 g 时相同的生理机制。有研究表明，在地面长时间暴露于人用离心机的超重环境时，可以模拟空间运动病。尽管持续 1 h 的 3 g 水平的 $+G_x$ 方向的离心力令人感到不适，这种离心环境中的头部运动还会在这之后的几小时引发恶心和错觉。但由这种离心诱发的运动病症状却和飞行中的十分相似（Ockel，等，

1990；Albery，Martin，1994；Bles，等，1997）。除此之外，在这种离心之后受试者呈现出的姿态不平衡状态与航天员在太空飞行最初几天的情况相似（Bles，VanRaaij，1988；Bles，de Graaf，1993）。

这种离心之后，头部的运动会诱发和飞行中相似的视动错觉及运动病症状。与飞行中的经历相似，这种效应的严重程度取决于头转动的轴向：头动偏离垂直方向，即转动和前后摆动比沿地球垂直轴左右摆动更易引发运动病（Bles，de Graaf，1993；Groen，1997；Nooij，等，2004）。除此之外，睁眼比闭眼的效应更明显，这也与飞行时的报告相一致（Oman，等，1986）。

基于这些观察提出了一种感觉冲突理论，即运动病不是由哪一种感觉冲突产生的，而是当这些感觉集中于对内在垂直感的认识上时产生的，如主观垂直。在这种理解之下，主观垂直取决于感觉的整合，一方面是经视觉器官、前庭器官和其他本体器官传入的信息，另一方面是作用于身体运动的输出信息。运动病主观垂直理论已经做出了相应的数学模型，模型基于身体姿态的平衡控制（Oman，1982；Bles，等，1998；Bos，Bles，2002）。因为姿态平衡也需要与重力相关的身体方向的精确信息。主观垂直模型包含一个"内部模型"，由此形成了个体对于自身运动和定向感觉反馈的期望。近期对于"g 适应参数内部模型"的研究仍在继续。

这种离心模型的成功之处在于它对空间运动病的模拟，这使得它适用于对航天员进行个体运动病的易感性检测。这种方法也同样适用于飞行前训练。这源于对空间运动病的假设，即空间运动病是由于重力水平的改变引起的，而不是由于身处失重环境而导致的。这个观点认为，耳石器和其他非前庭系统的重力感受器适应了一个固有的重力水平。转换至另一重力水平，如从 1 g 至 0 g 或从 3 g 至 1 g 使得整个感受系统出现了适应不良，从而失定向并出现运动病，这种状态会一直持续到建立新的适应性。因此，尽管重力对于垂直方向的判断是独一无二的要素，但失重与重力变化至另一水平时对感觉运动功能的影响有相同之处，即感觉运动功能发生了混乱。这一点也可以解释由空间返回地面时出现的问题。有结果显示，由于重力向量的完全缺失，失重会在感觉运动方面产生一种性质上完全不同的状态，甚至是对整个生理系统造成不同于以往的影响。

重力水平的变化问题将会是人工重力发展进程中需要考虑的一个重要因素，在人工重力装置中，航天员将会反复经受重力水平的变化。最理想的装置应具有重力记忆功能，这样，当航天员每次进入或离开人工重力装置时都不会诱发产生运动病。研究结果应提供重力水平的“剂量”，这需要将重力水平和人工重力刺激持续的时间相结合得出结论。用离心机得出的受试者数据是仅有的基于地面测试能够预测航天员对于空间运动病的易感性，它是一种探索“剂量”大小的工具。在最近的地基研究中，对这方面的效应进行了初次尝试（Nooij，Bos，2006）。结果显示持续 90 min 2 *g* 的离心作用后，几乎没有产生任何后效应，但 45 min 3 *g* 的离心作用，在停止后引发了运动病。显然，飞行中的人工重力水平应低于 3 *g*，但是这中间存在一个由 0 *g* 向 3 *g* 过渡的过程，这降低了信噪比。因此在更小的重力水平过渡过程中已经有了这种问题的存在。这一点同时为研究特殊的空间运动病对抗药物的效应提供了可能。

4.3.3　科氏加速度刺激引发的运动病

离心作用引起的最大困扰可能在于前庭系统的半规管感觉到交互耦合的角加速度。像上面所提到的，对大部分头部运动来说，半规管的功能是感知头部相对于惯性空间的角速度。然而，由于半规管的机械构造，它们不能长时间记录持续的运动，而当运动持续 10～20 s 以上时，它会给出静止的提示反应。

被离心者沿非旋转轴作头部运动时存在两个无法预计的角加速度。首先，头部运动时有科氏力的存在，相当于轴向速度和头部运动速度一起产生了一个作用于第三个轴上的一过性加速度。其次，头部发生转动时，旋转角的速度从一个头部运动面转移至另一个头部运动面。引起在第一个轴向上的减速感和第二个轴向上的加速感。称之为双向交互的角加速度。接下来，旋转感包括了两个轴向上的感觉，通常持续达 10 s，这正是壶腹嵴在半规管中复位的时间。这种感觉经常伴有运动病症状，被称之为科氏加速度诱发的运动病。然而，这种混淆感和运动病的主要原因是双向交互的角加速度，科氏力和交互角加速度的方向基于受试者在转椅上的朝向及头部运动的方向（见 2.2.3 节），因此在特殊环境下这种适应的过程变得很复杂。

显然，这种重力水平改变诱发的运动病本质与主动头动时超出旋转平面所产生的科氏刺激截然不同，而与离心作用引发运动病例子中观察到的一样。在离心作用过程中，科氏刺激直接可以引起一些问题，而与重力水平改变有关的问题出现在离心作用之后。显然，大部分有关人工重力的研究集中于由科氏刺激引发的运动病，特别是短臂离心机，它需要高速旋转以产生有意义的重力水平（Brown，等，2003；Mast，等，2003；Young，等，2003）。理论上讲，如果在离心过程中航天员保持头部的稳定，科氏刺激诱发的运动病可能不会成为问题，就像在一个人工重力舱里一样（Lackner，Dizio，2000）。然而可以提前预见的是，在航天员乘组的活动安排中，需要将人工重力训练和其他体训结合起来。除此之外，令人质疑的是人工重力舱对于航天员在睡眠时仍保持感觉—运动功能是否有效。

因此，更可能的是，航天员在飞行中进行人工重力训练时，必须同时完成一些工作。如果在短臂离心机中，他们必须适应高速旋转。已经证明，受试者暴露在地面旋转屋的慢旋转环境中，在适应前的一段时间内会出现运动病（Guedry，等，1964；Greybial，Knepton，1972）。转速高于 3 rpm 时，偏离旋转轴的头部运动会产生刺激。然而，当转速以很小的增量逐渐上升时，并且被试者在上升之后的每个平台期都进行头部运动，他们会适应 10 rpm 的转速，并且在此过程中不会发生运动病症状（Reason，Graybiel，1970）。通过逐步增加刺激的方法，同样能够适应转椅的较高速旋转：这种方法主要用于飞行员对航空病的脱敏治疗（Cheung，Hofer，2005）。

正如前文所提到的，许多发表的关于运动病的适应性研究都认为是由科氏刺激引发的（Guedry，等，1964；Reason，Graybiel，1970；Clément，等，2001；Brown，等，2003；Dai，等，2003）。但是，人到底能耐受多大刺激量的科氏刺激仍无结论。显然，对于旋转刺激的脱敏方法可以使航天员在受到离心作用时自由地进行头部运动。但是这种脱敏无法降低航天员对于空间运动病的敏感度。一个仍需解答的重要问题就是是否能使航天员对固有的间断重力水平变得不敏感。地面离心所提供的例子可以解答这个问题。

图 4-6　英国维真火车的庞巴蒂运输系统超级旅行者摆式列车。乘客坐在摆式列车的上部，上部可以向两侧倾斜。在向右转弯时，它向右倾斜，以抵消向左侧的离心力，反之亦然。倾斜的角度取决于列车的速度，速度越快角度越大。但是摆式列车仍会引起乘客晕车，因为它并不能消除科氏刺激的作用。通常，在最大的速度和最大倾斜角度时会发生这种情况，这时倾斜的外部环境、缺少相应的侧向力使乘客感到非常不舒服。最佳倾斜角度大约是全部补偿时所需倾斜角度的 50%左右

通过前庭适应来控制运动病的易感性是一个主要的发展方向，并且已在地面得到了广泛应用。实际上，在运动或旋转环境中，例如轮船、飞机、火车、汽车上进行头部运动，经常会诱发运动病症状或其他不适。在地面上经过整个身体复杂运动后引发的一些临床症状，与旋转环境中对于科里奥利加速度的运动适应性密切相关。最终，掌握前庭及其他感觉器官在特因环境下对于失定向和运动病的适应性所起的作用，对于保证航天员飞行中及返回后的安全舒适有着重要指导意义。

4.4 眼动

眼动和头动直接影响人的视觉感知。前庭眼动反射将头动、眼动与肢体运动联系起来，建立起一个稳定的运动平台。其他眼动类型还包括交替凝视（扫视）、视觉平滑跟踪、眼震。这些眼动使视网膜上的图像保持稳定，提高物体辨识、空间定向等的视觉灵敏度。我们不会注意这些眼球的移动，因此我们看到的世界很稳定。

眼动可以反映多种情况下的前庭功能。因此，眼动的测量可应用于前庭功能的科学研究以及病人的临床诊断，也可应用于失重环境下感觉－运动系统的检查。耳石器官在前庭眼动反射及其他眼动反应的时间和空间认知上起到一定作用。然而，正如我们下面要讨论的，大多数耳石器官的影响是间接的，需要复杂的转换过程。目前的眼动记录仪器可以精确地记录三维眼动（Clarke，等，2002），这项技术在国际空间站中也得到广泛应用（图4－7）。

眼动控制受重力变化的影响，提示这些影响是中枢调节的。已证明耳石器官影响头部运动（如翻转或滚转）时的前庭眼动反射和垂直视动眼震，在失重情况下它们发生紊乱（ Clément，1998）。一项对 6 个多月航天飞行任务中主动头动时的垂直、水平、翻转前庭眼动反射的系统研究结果证实，长期微重力可以明显减少扭转眼动，飞行后几周内有适应性恢复（Clarke，等，2000）。可以认为，这是

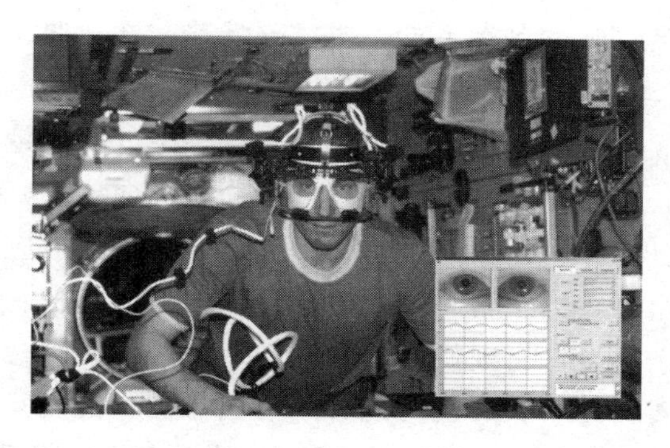

图 4-7　最新的 DLR 眼追踪设备已经装备在国际空间站上，是开展前庭、视觉—运动以及感觉—运动试验的标准设备。图像显示的是计算机屏幕上在线获取模式。基于 CMOS 成像技术，该设备可以进行记录三维的双眼运动以及头部的平动和转动。采样频率最高可达 200/s，用户可选。图像经 Chromnos Vision 许可

排除了耳石调节的动态前庭眼动反射。

在轨道飞行中，扫视眼动的潜伏期增加，峰值速率降低，而垂直跟踪眼动则受到一定影响。这种变化引起航天员产生振动幻视，即一种视觉环境的明显运动，这意味着前庭眼动反射不再受头动的调节。这种视动的错觉可能是诱发空间运动病的原因。

4.4.1　离心过程中的眼动

我们在超重环境下也会观察到眼动的改变（Lackner，DiZio，2000）。具体就是，当 G_z 轴重力增加时，会诱发耳石引起的前庭眼动反射，导致眼球向下运动。是否能将视野稳定取决于观察者的相对位置，例如驾驶舱内，重力的增加会造成舱内的物体看起来向上升起。此外，在重力增加的过程中前后或左右摆头可能会产生过度倾斜的感觉，在此运动过程中，受试者试图盯住某个视靶，垂直前庭眼动反射可代偿这种过度倾斜错觉，因而无法凝视目标。

在离心过程中，当头部的运动超出旋转平面时，也会产生前后或倾斜转动的错觉。水平、垂直及扭转的眼球运动可代偿感知到伴

有科氏加速度错觉的刺激方向。眼震（慢速与快速眼动的交替）是由于头部运动而产生，但可随着头部的重复运动而逐渐降低（Brown，等，2003；Dai，等，2003）。这种降低在长期离心旋转中仍可以维持。然而，如果离心机一直以同一方向旋转（顺时针或逆时针），当它停止时，立刻就会感觉到反向旋转的后效应。

眼震是由离心机开始和结束时的角加速度引起的。反复地暴露在这种刺激条件下，出现旋转前和旋转后眼震的强度逐渐下降，并且从一次旋转到另一次旋转时这种下降会维持，这就是众所周知的前庭适应现象（Collins，1973）。后来的静态实验表明受试者的主观垂直感觉和感觉传导发生了变化（Clément，等，2006）。这些变化说明，眼震和上述范例中的旋转感觉可概括为高级的空间定向认知反应。

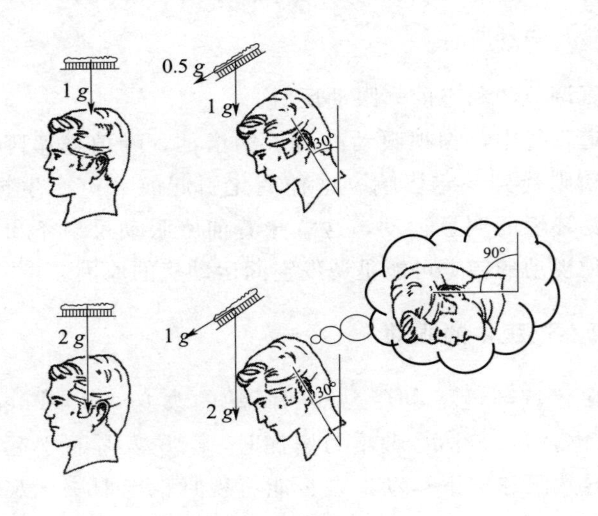

图 4-8　上图显示，当一名受试者在 1 g（上图）和 2 g（下图）环境（+G_z）下头部正直或偏竖直轴倾斜 30°时，椭圆囊耳石膜平面受到的剪切力。在 2 g 环境中，30°的头部倾斜作用在椭圆囊和球囊平面上的力，相当于 1 g 环境下椭圆囊上所受的力，受试者感到头部倾斜 90°的错觉。因此，在这种情况下，垂直眼动代偿的幅度要大于 1 g 环境的幅度（摘自 Gillingham，Wolfe，1985）

4.4.2　眼球反转

眼球反转（OCR）是一种耳石驱动的方向性眼动，向一侧倾斜（或转动）头部时便会产生。在头部倾斜角度为 45°时，眼球反转大约 5°。通过对 1 g 环境与飞行中 0 g 环境下此种反应的比较，发现眼球反转在微重力环境下消失（Clarke，1998），但在飞行中离心机的人工重力环境下又会再次出现（Moore，等，2001）。因此，这种变化被应用于飞行后评价耳石暴露于微重力环境下的反应，即从 0 g 到 1 g 的变化。较早的研究结果说法不一（Moore，等，2001），但近期一项对 14 名航天员的研究表明，飞行前后的眼球反转基本相同（Clément，等，待发表），但当航天员乘组适应超重力环境后，如 90 分钟 3 g 的 $+G_x$ 向离心机作用后马上转换到 1 g，眼球反转会相应地降低（Groen，等，1996）。在抛物线飞行或地面上线性加速度滑车刺激下，重力水平的改变都可调节眼球反转（Merfeld，等，1996）。

有一种假说，在地面 1 g 环境下，左耳与右耳的球囊及椭圆囊不平衡会导致双侧耳石迷路信号的差异。相应的，中枢神经系统会对此种不平衡进行代偿。当进入微重力环境后，前庭器官不再能感受到纤毛的偏移，来自左右耳石器官的放电脉冲降低到静息状态。但是，中枢神经系统以一个很缓慢的时间常数适应 0 g 环境，而在这段时间内系统暂时失代偿。这又回到了（间断性）人工重力环境暴露是否能够干扰适应性代偿的进程这一问题上。

有趣的是，在一些太空飞行或抛物线飞行研究中，我们发现与飞行前相比，眼球的位置有偏移，从而造成了双眼非共轭（Diamond，Markham，1992，1998）。该现象的发现者将此作为耳石不对称假说的论据，并以此作为诱发空间运动病的原因。

在人工重力环境下，我们仍需研究耳石动态刺激引起的眼动。在和平号空间站的长期飞行中，曾经做过 1 g 与 0 g 环境动态头部倾斜状态下的眼动实验（Clarke，等，2000）。在 1 g 环境下，动态头部倾斜会诱发一种耳石—半规管协同作用的眼动反应，这种眼动可以认为是旋转眼震和反转眼动的组合。而在微重力环境下，只会出现半规管诱导的短时旋转眼震。

在快相眼震衰减和慢相眼震重建后测量眼睛相对于头部的位置以及速度增益，发现其在 0 g 时有所增加，而 1g 下又恢复到基础值（Clarke，待发表）。这强有力地说明了，在 1 g 重力环境下，耳石与半规管的作用并不是简单的线性叠加，而是耳石传入信号起到了抑制或稳定耳石—半规管交互影响的作用。我们从一个太空飞行 400 天的个案纵向研究实验，得到了以下结论：在经过几个月的训练后，初始的提高值又回到了飞行前的基础水平。我们可以假设，在长期失重环境期间，除耳石传入信息权重的重新分配外，必然有一种相反的颈—本体感觉输入提供了有效的替代（Clarke，待发表）。这一结果与我们下一节所讨论的速度存储机制有关。

4.4.3 速度存储

头部加速度的生理频率范围大约为 0.05～1 Hz，而半规管相比之下具有更短的时间常数，因此中枢神经系统会产生一种脑干机制来延长这种行为，产生前庭眼动反射，它能与头动速度更好地长时间匹配。这种机制之所以被称为速度存储机制，是因为它能够自发地存储被半规管所转化的头动初速度，而这种存储在半规管传入信号衰减时仍可以被保留（Raphan，等，1979）。目前已经证实，这种速度存储的时间常数受到耳石器官所感受到的重力输入的影响（Bos，等，2003；Dai，等，2001）。进一步研究表明，当适应了离心机内的超重环境后，速度存储的时间常数会相应减小（Groen，1997）。这些研究结果表明，惯性重力的大小不会改变外周前庭对加速度的响应，而对中枢前庭的整合有一定影响。

有趣的是，前庭眼动反射与视动眼震的空间重组也受速度存储机制的影响。在地面环境下，这种响应大约与垂直重力的方向相同（Gizi，等，1994）。而在失重环境下，如能像离心机环境一样保持恒定的重力，这种响应依然存在（Moore，等，2005）。另一有趣的发现是，速度存储与运动病之间也有密切联系。戴（Dai）等（2003）指出，在科氏加速度的刺激下，眼动速度矢量与重力偏差最大，其恶心反应也最明显。我们认为，与空间垂直相一致的速度存储是基于垂直的内部表达，则这一结论与运动病的主观垂直理论相一致。近期一项有关运动病与速度存储之间关系的实验中发现，巴氯芬（一种 GABA 兴奋剂）可以缩短运动存储的时间常数，减轻运动病症状。所有这些研究结果表明，速度存储机制对于我们研究重力转换的影响至关重要。

除了这些由于前庭视动刺激诱发的眼动反射之外，近期一些在国际空间站上进行的为期半年的实验证实了眼动系统本身，与眼动控制系统中与重力偏移的组成成分相关。而弗伦斯（Frens）等（2004）与罗斯切克（Reschke）等（2004）的研究也表明，眼动控制会受到重力偏移的影响。

4.5　头部及手臂运动，以及物体操作

4.5.1　微重力环境

对航天员的一些额外观察、影像资料以及近期的定量研究都表明，一些运动能力协调，例如，抓取、指向、跟踪目标（手—眼协调）等在空间飞行中有所下降。手臂指向动作能力的改变在飞行中期及飞行后均有报道（Watt，1997；Bock，等，1992）。在平面上闭眼用手画出的椭圆纵轴长度有所缩短，而横轴长度基本无变化（Gurfinkel，等，1993；Bock，等，2001）。相似的，航天员在失重状态下画出的立方体也比在地面上画出的略小（Lathan，等，2000），在失重状态下于垂直平面闭眼书写的字间距也有所缩短（Clément，等，1987）。

与因肌纤维类型或神经分布改变而引起的运动功能变化不同，运动控制能力的迅速改变可能与躯体感觉的皮层投射区有关。例如，在失重情况下，举起物体时评价其“重量”的能力是下降的（Ross，

等，1986)，感觉肢体的能力也受到影响，其原因可能是由于失重时肌肉的长度与紧张度之间失谐造成的。一位阿波罗号飞船上的航天员回忆说："在太空中的第一晚，当我漂浮着准备入睡时，我突然发现感觉不到自己手和腿的运动，所有的主观感觉都告诉我，我的四肢已经不存在了。当我有意识地进行肢体运动时，肢体感觉出现了，而在肢体放松后，肢体感觉又消失了。"一位参加双子星座号任务的航天员曾经在醒来时看到有一块磷光闪耀、虚无缥缈的手表在眼前漂浮闪耀，而且短时间内他根本不能判断戴在他手腕上的那块究竟是不是真实存在的、他自己的手表（Godwin，1999)。所有这些在失重条件下肢体感觉、运动控制改变以及不能准确判断物体"重量"的现象都说明，在微重力条件下肢体本体感觉的显著改变（Lackner，DiZio，2000)。

对于出现以上现象的原因，除了由于失重引起的感觉运动紊乱外，另一个解释是"在微重力下运动及感知功能出现障碍"。人们在地面自然获得的运动能力，当处于空间环境时，仍然带有地面固有的重力感知代偿，故难以适应空间环境（Pozzo，等，1998)。有一个实验支持此理论，在太空进行接球实验时，球的速度是恒定的，不同于地面的加速运动，航天员尽管可以接到从弹簧发射器射出的球，但是接球时机选择要早一点。从航天员完成这个动作的反应来看，似乎他们认为的球运动速度要比球实际运动的速度快，也就是说，似乎重力仍然存在。而且，在将近15天的时间里，航天员的脑仍然像在地球上那样，判断球是加速的，这种僵化不变的行为支持脑中有重力模块的设想（McIntyre，等，2001)。

其他一些在抛物线飞行中进行的实验，以及目前计划在国际空间站上进行的实验也证实了，新的重力环境会与中枢神经迅速整合，形成内在的模型。这种内在的模型可以预测加载的力，并据此产生适当的抓取力量，来指导手工操作（Augurelle，等，2003)。实际上，重力通常是根据物体的重量，提供一个作用于物体的恒定力，这个力会被充分地转化为适当的抓取力。但在微重力及超重力环境中，物体的操作便会面临挑战，因为中枢神经在视觉、触觉及记忆暗示等各方面对物体的质量有着固有的观点。此外，可能会以过度用力的方式来缓解对质量不正确的判断结果。另外，为了对抓力进行反馈调节，手运动速度比正常时更慢。

4.5.2　旋转环境

上述我们讨论的是在短期飞行中出现的运动协调改变，这种情况下的改变相对来说还是较少的、是系统化的和持续性的。但是经过 6 个月失重飞行的火星航天员，极有可能在 0.38 g 的环境下无法控制自己身体的移动，从而无法处理紧急情况。同样他们也可能丧失在火星着陆后应急出舱的能力。人工重力的使用会有效避免这些感觉—运动控制器官的变化。然而，身体移动受限的短臂离心机与可在其中自由运动的旋转飞行器（或大型离心机）的使用效果大不相同。

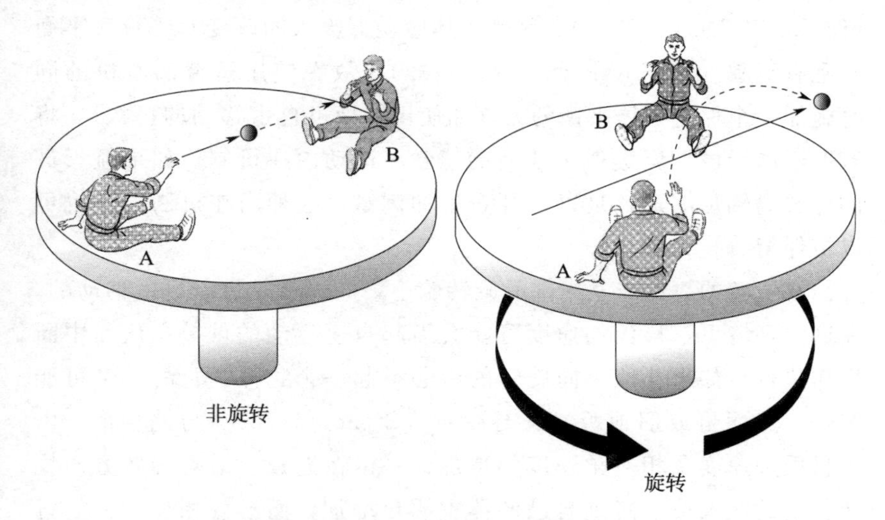

图 4 - 9　科里奥利效应是指在一个旋转的参照系中移动物体的明显偏离。当受试者 A 向受试者 B 投掷一个球时，球会沿直线运动（实线）。但是，在旋转的平台上，球到达 B 前，平台旋转了一定距离，球就会落到 B 的右侧（从 A 的角度看）。对于旋转平台上的观察者 A 来说，球的轨道似乎受到了一种力的作用向右偏离（虚线），这就是科里奥利力。图作者菲利普 · 陶津（SCOM，Toulouse）

我们在 2.3 节讨论过，在旋转环境下，物体受到科里奥利力的作用（图 4－9），这种力会影响到人的头部、肢体和身体的移动。科里奥利力与线速度、运动物体的质量及转动的角速度成比例。科里奥利力作用时间很短暂，在运动开始及停止时不会出现。因为这两个时间点线速度为零。科里奥利力的大小与旋转环境的半径无关，也就是说，短臂与长臂离心机的科里奥利力是相同的。

在飞行中旋转时进行头部运动会刺激耳石及半规管，这种对前庭器官刺激的直接后果就是产生运动病。在短臂离心机中，头部限动系统会有效地减少旋转过程中的头部运动，从而避免产生运动病。但是，如果限制头部、手臂或其他肢体运动，短臂离心机在维持航天员感觉—运动功能方面就起不到很好的效果。因此，这种装置可能不会减少航天员登陆火星时出现的严重运动紊乱和体位控制问题（Lackner，Dizio，2000）。因为本体感受器输入的改变对飞行后平衡紊乱有贡献（Kozlovskaya，等，1982），故在使用短臂离心机的同时施加一个保持人体平衡的力（如使用一种可自由移动的护板），将有助于航天员保留类似于地面的感觉—运动内在机制。如果航天员的位置离轴足够远，足以对耳石施加刺激，这种内在机制同样也可以被保留。

在旋转的飞船或其内部的旋转舱中，航天员是可以自由移动的。在这种环境下，科氏加速度可能会引起自主运动的偏差，从而中断操作执行。如果从地板向旋转的中心举起一个物体，它的重量可能变轻，然而再放回地板时又会变重（Stone，1973）。与此相似，由于科氏加速度及相对角速度的增加，一位在地板上沿着旋转方向快速行走的航天员会感到自己的体重明显增加，而沿着相反的方向行走则感觉正好相反，也就是航天员感到体重在减轻（见第 2 章）。如果航天员沿着与飞行器或离心机旋转轴平行的方向移动，则不会感受到这种科氏效应。

3.1 节讨论过，20 世纪 60 年代在慢旋转屋中进行过早期的人体功效学研究，结果表明在 3 rpm 旋转速度时，头动诱发的运动病症状持续存在（Guedry，等，1964），甚至在旋转停止后，受试者头动时仍然会出现运动病症状。这些早期的研究还包括了单纯处于等速旋转状态的旋转屋。但是，如果将旋转屋的速度逐渐增加到它们的最终速度，即使到了 10 rpm，也可能完全没有运动病产生，旋转中及旋转后均如此（Graybiel，Knepton，1978）。

在这些旋转屋实验中，手一眼协调能力同样受到影响。它们在持续旋转暴露中逐渐适应，但当旋转停止，运动机能又会再次受到影响。在最近的研究中表明，以同样的动作重复抓取物品 15～20 次后就可达到完全适应。值得注意的是，在此旋转环境中，前几次抓

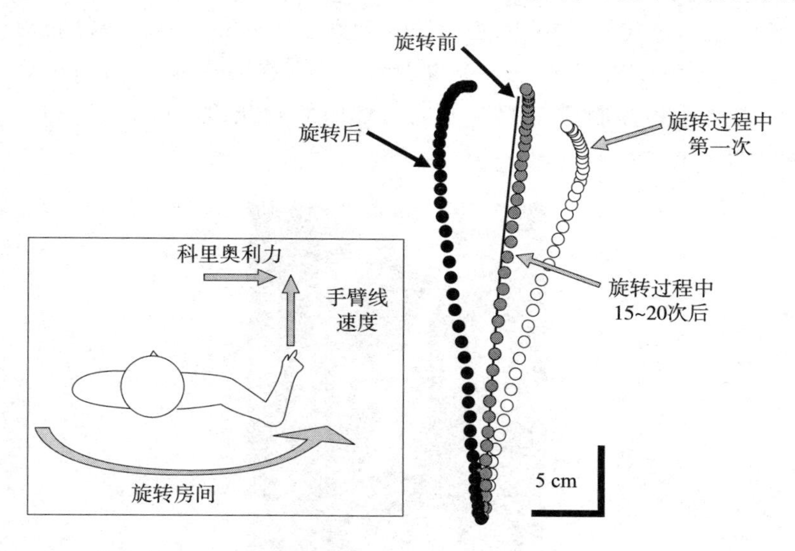

图 4－10 旋转前、10 rpm 速度旋转中（第一次和之后的 15～20 次试验）以及旋转后即刻手臂指向先前静止的发光目标时的运动曲线。逆时针旋转时，上臂运动受到向右的科氏力影响。弯曲的轨迹表明旋转过程中科氏力的作用。经过 15～20 次运动，尽管没有视觉反馈，受试者恢复了直接而准确的指向运动。旋转后即刻指向运动就像是转动开始后的第一次运动的镜像。这种适应和后效应模式表明，神经系统精确地预期了科氏力并进行了相应运动补偿。当受试者在指向运动中能够完全看到自己的肢体时，他们经过 8～10 次就能适应。根据 Lacker 和 DiZio（1997）改编

取尝试会受到科里奥利力的作用，而使物体与手臂偏离，然而有趣的是，经过几次尝试后，实验被试者似乎不再受科里奥利力的影响，而与正常移动没有差别。在适应了旋转环境后，手臂的动作会与地面上非旋转环境中无差别（DiZio，Lackner，1995）。

相似的，在重复的头动过程中，由于科氏作用力及交互角加速度的作用，头部位移与旋转轨道的方向会产生偏移，但在30～40次头动后会恢复正常（Lackner，Dizio，1998）。而相反方向的后效应则是加速旋转。可是，如果每天在慢旋转环境下进行日常活动，常常进行慢旋转屋实验的受试者将获得对旋转屋环境和1 g 环境的双适应。航天员在旋转屋中的感觉及行动完全正常，当旋转停止时也不会产生后效应。近期的研究也表明，只有在转速为10 rpm时，受试者在操作和控制质量相对低的物体时才会出现些小问题（Lackner，DiZio，2000）。

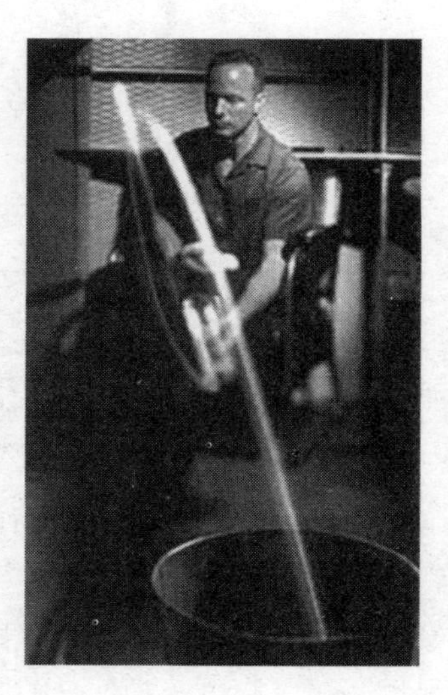

图4-11　在慢旋转屋中，一名受试者向垃圾桶扔东西。物体的运动曲线因科氏力的作用偏离了直线路径。这种偏离取决于受试者在离心机内面对的方向。因此，要预测物体的运动，就需要有准确的空间定向。图像获得NASA授权

另一个涉及到旋转环境适应的问题是人们对于物理问题的直觉通常是错误的。例如，人们通常会错误地认为，一架飞行中装有炸弹的飞机，当投弹时，炸弹会直线落向地面。而实际上，这样的物体会以一个弓形的曲线向前下落（McCloskey，等，1980，1983）。人们是通过他们的经验，来获取一种原始的、非牛顿式的世界观。这种观点随即会被一些承上启下的暗示（也就是更多的经验）和更多相关知识（也就是更多的教育）的共同作用所修正（Clément，1982）。我们对于在旋转环境下运动的物体可能没什么了解，而获得这种物体受到的科氏力以及离心力与重力交互作用的直觉就更加困难了。离心受试者的方向及运动以及与旋转平面和方向有关的物体成为一个新的认知因素。正如赫奇特（Hecht）（2001）所说，“在人工重力环境下额外需要的认识和感知功能，我们还没有来得及思考。”

地面研究已经证实，头部和手臂的运动及物体操作，均可以在持续旋转的短臂或长臂离心机中进行再适应。近期的实验表明，3 rpm 旋转速度限值对于随意性运动适应来说有些过慢。10 rpm 则可能满足要求。通过暴露于科氏力环境下和进行前庭交互耦合刺激，可以加速对旋转环境及非旋转环境（1 *g*）下复杂运动的双适应。在航天员往返于天地之间时，不管这种双向适应能否维持，都应有一个适当的适应性训练计划。在人工重力下人的认识与感知还有待于进一步研究。

4.6　姿态和步态

根据前面章节所述，从最早期飞行到现在的飞行任务中都观察到平衡控制和运动紊乱。长期暴露在微重力环境下，对航天员的身体造成巨大影响，无疑会影响人的姿态行为。在 0 *g* 环境下，身体和下肢肌肉不需要再维持抗重力功能，导致航天员出现了一种类似于胎儿的姿态（屈肌姿势）。早期飞行中，采用了尽量减少头部运动的方法来减少视觉失定向和空间失定向，以及空间运动病的发生（见 4.3 节）。最初，当航天员所处的位置是指令舱视觉垂直线时，由于此垂直线与他们训练时的方向一致，很多航天员是比较舒适的。随着飞行时间的延长，可能在适应新的环境后，他们就比较自由了，可以处于任何方向。这些行为的改变反映了适应性反应必须做到以下几点：1）优化新环境中的感觉运动功能；2）学习其他的感觉运动和行为；3）通过实践改善功能以及使这种行为保持持久。令人感到遗憾的是，当航天员返回到地球后，在太空已经优化的感觉—运动程序使他们无法适应地球环境。因而，必须通过几个小时或者几个星期后，航天员才能重新获得地面的感觉—运动控制程序。

由于感觉运动系统适应了 0 *g* 环境，造成了飞行后平衡控制能力的下降，这对航天员的操作能力有很大影响。早在 1965 年，格雷比尔（Graybiel）和弗莱格里（Fregly）（1965）发明了“轨道测试”方法，后来美国将其作为证明航天员返回后平衡控制能力下降的一种方法。也是在 20 世纪 60 年代，罗伯斯（Roberts）（1968）介绍了产生迷路的“行为垂直面”概念，用来解释前庭器官在直立姿态神经控制中所扮演的内反射参照系作用（见 4.1 节）。在一系列“太空探索中前庭器官的作用”（Graybiel，1965，1966，1968，1970，1973）座谈会上，研究人员提供资料表明多重感觉信息在前庭核团和小脑的汇合（见 4.2.2 节）。

那段时期，人们对地面平衡控制的认知迅猛发展，同时，大量的航天飞行研究使我们更好地了解了太空飞行后平衡控制暂时混乱的特点、人类学特征以及背后的机理。科学家进行了关于整合平衡控制行为、神经运动反射作用、本能反应和视感知作用的人体研究，也开展了小脑和前庭末梢器官重新建模动物研究。

飞行后初期，所有航天员都出现体位稳定性和控制能力紊乱，随着飞行经验（飞行次数）的增加，这些紊乱程度减轻，但是，随着飞行时间的增加，紊乱加重，飞行后出现的植物神经系统问题也会增加。比如，立位血压过低加剧、平衡能力下降、可能会导致部分前庭自主神经系统改变。

4.6.1　重力作用

中枢神经系统是依靠与重力有关的感官输入作为空间定向和平衡控制的基本参照系，从每天的姿态和步态行为中并不能马上明显地表现出这种关系。但是，当观察前庭紊乱的人的体位和步态，或者仔细观察正常人在他们的稳定性极限时或接近极限时的行为模式就可以显示出这种关系（图 4－12）。所以，在航天飞行期间，通过学习使人在失重状态下有效定向、操作和移动的新的感觉—运动系统，中枢神经系统会克服其对基本方位体系的依赖。

图 4－12　图中显示了中枢神经系统将重力作为基本的空间定向参照来感知地球上的垂直方向。注意这位高尔夫球手尽管身体姿势非常特别（并且不稳定），但是他仍然努力维持头部与重力方向保持一致。这张图片 2002 年 10 月 2 日发表在波兰的 Oregonian 报纸上

因此，航天员飞行返回后立刻详细研究其姿态行为非常有意义，此时他们必须要重新校对自己在 1 g 重力下的平衡系统。飞行后行为反应强度和周期因人而异，差别很大，范围从完全运动失调到轻

微影响。所有返回乘组人员会有明显的行为改变。大部分会采用比正常更宽的步态姿态。这种步态会更困难，并经常导致身体震动，给人一种稳定性差的感觉。多数人通过减少头动和头—躯干的一些运动，可以避免定向障碍、姿态不稳和运动病。大部分人对控制自身重心有困难，尤其是遇到角落时候，通常他们会以很大半径转圈，但有时他们会以回形针式小转弯。很多人报告在爬楼梯时有异常感受，出现往下推楼梯的感觉，而不是被楼梯推着向上爬的感觉。站着时候，长期飞行乘组人员的下肢会紧缩或偶尔颤动，但坐下时他们感觉腿部肌肉好似没有骨头，挂在骨头上一样。

对飞行后的姿态步态紊乱的定性分析始于人类第一次航天飞行。如上所提，在美国阿波罗号和天空实验室计划时，研究者用增强的罗姆伯格（Romberg）测试方法，让被试者站在不同宽度的轨道上，来量化被试者的步态紊乱和恢复的情况（Homick，Reschke，1977）。之后，研究者发明了多种姿态紊乱实验（Kozlovskaya，等，1983；Clément，等，1985；Kenyon，Young，1986），姿态反应实验（Kozlovskaya，等，1982；Reschke，等，1986），步态协调和运动功能实验（Bloomberg，等，1999），和其他很多成熟的实验，以了解所观察到的姿态紊乱中特殊感受协调的作用（Bles，de Graaf，1993；Paloski，等，1999）。所有的结果都在本章中提到：短期飞行时，中枢神经系统对前庭信息的重新解释对于短期飞行的姿态和步态的紊乱似乎起主要作用；长期飞行时，本体觉和运动控制系统的适应逐渐起到了重要的作用。不过关于这种飞行中适应的慢相机制还不十分清楚。

持续的、长期的飞行后平衡控制行为的定性研究可以使用临床自动姿态描述系统来记录（图 4－13）。这个系统灵活地使用“摇摆参考”来减少从地面—竖直的视觉和足踝感觉信息，使从高度整合的感觉—运动控制系统中分离前庭信息成为可能。该实验可被用来表现摆动幅度和用于飞行后体能下降恢复期的训练（图 4－14）。实验表明，有经验的航天员的不适应要少于新航天员，主要原因是因

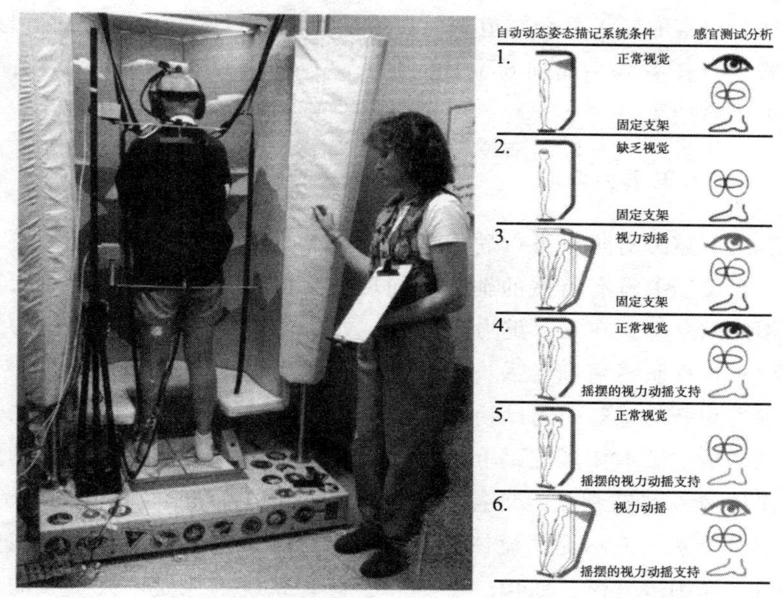

图 4-13　自动动态姿态描记系统以及使用的六种感官测试条件图示。注意，第 5 次和第 6 次试验人为阻断了视觉和本体感觉信息，使系统仅依赖前庭信息，将前庭信息作为唯一的垂直参考系信息

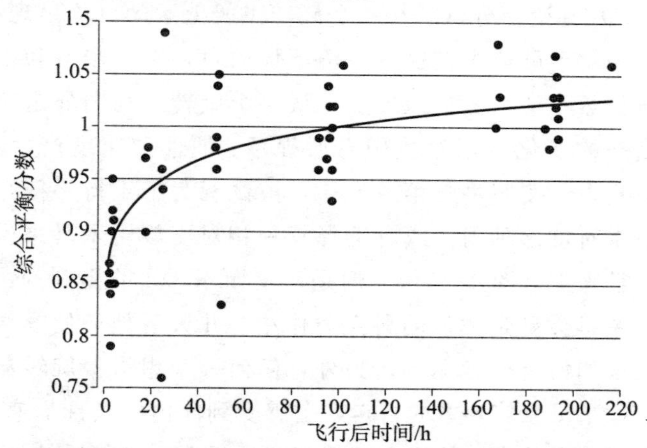

图 4-14　短期航天飞机飞行后（4～17 天）13 名航天员平衡控制的丧失和恢复。综合平衡（EQ）分数是指使用如图4-13中的自动动态姿态描记系统 6 种感官测量时的加权平均分数

为经验丰富的航天员会知道如何在着陆后更早更好地运用前庭信息。随着飞行任务从 2 周到 6 个月的延长，返回后平衡控制不适应会更严重、更持久。

4.6.2 人工重力影响

人工重力对防止飞行后的步态和姿态紊乱起到很好的作用。当然，在飞船上没有器械的辅助，如现在飞船常用的弹力绳，航天员是不能站立的。在 0 g 重力情况下，如果弹力绳可以加足够的力来减少失重性肌萎缩和骨丢失，那么它也就可以对身体施加非自然性加载力和新的感觉—运动协调系统来维持姿态和步态。这些方法可以维持对下肢本体感受器和外感受器的刺激，并将这些感受器的整合作用输入到感觉—运动控制程序，但它们对耳石器官没有刺激，对心血管系统也不提供流体静压载荷。另一方面，人工重力可以像重力一样刺激骨骼、肌肉、感觉和心血管系统。但是，人工重力所产生的一些非重力的科里奥利力和对半规管的刺激，可以抵消这些有益的作用。

4.5 节从理论上分析了在一个旋转飞船上运动可能出现的问题。但是，因为航天员从未在这种环境下体验过，它对步态和姿态会有什么影响仍然不清楚。在地球上，从一个旋转木马向外走时所出现步态和姿态的变化可以对我们有所提示。惯性加速度产生侧向力，即科里奥利力，按照牛顿第二定律，被试者为了维持平衡必须产生相反的力来对抗这种力，或者选择一种相对于旋转木马来说是一种曲线的路径来走（图 4－11）。但是，正如 4.3.3 节提到的，被试者在慢旋转屋里会受到类似的科氏力作用，几天后他们便学会在这种环境下应该如何有效地运动。另外，任何一个想沿着旋转器边缘行走的人，如果沿着旋转方向行走，会感受到向内的线性加速度作用，即产生向下的科氏力，使得空间行走变得很沉重。如果航天员转向，沿着与旋转方向相反的边缘行走，产生向上的科氏力，他将感觉到体重减轻了（见 2.2.3 节）。不过在地面则无法实现这种条件。

唯一的一次“长时间旋转对人步态和平衡影响”的研究是在 20 世纪 60 年代进行的，是一项在慢旋转屋中进行的多天研究（见 3.3.1 节）。实验结果表明在暴露到旋转屋的初期和脱离旋转屋环境后出现同样程度的步态和姿态的紊乱（Graybiel，等，1965）。所观察到的紊乱程度和时间常数类似于短期飞行后航天员的表现。

首次进行的“航天和间断离心对姿态和运动影响”研究的被试者是 3 名欧洲航天员。测试了这 3 名参加空间实验室飞行的航天员返回地球即刻的姿态和运动（Bles，Van Raaij，1988），并在几年后，测试了他们在暴露到 3 *g*（$+G_x$）离心机 1.5 h 后的姿态和运动（Bles，de Graaf，1993）。航天飞行后的测试是在一个振幅为 5°，频率为 0.025 Hz，0.05 Hz，0.1 Hz，0.2 Hz 的正弦旋转的房间中进行的。被试者站在一个固定于地板的平衡仪平台上，即只有视觉环境是倾斜的。第一天，其中一个航天员完全依靠视觉，随着房间一起摆动，他第二天恢复正常状态。有趣的是，他感觉到房间和平台里好像是固定的，他的体重从一只脚移向另一只脚去。对于那些没有感觉到房间运动的被试者，一般会感到平台是倾斜的。另外的两名航天员可以保持直立位，但很费力。一般来说，飞行后航天员的姿态运动会被限制在一个倒置的锥形体里。这个锥形体的孔径每天在变宽。如果摆脱这个锥形体，便可能诱发运动病，因此要尽量避免。这项研究也表明，被试者通过一起转动头和躯干，尽量地减少头部的运动。

几年后，这些航天员参加了在苏斯特贝赫（Soesterberg）航天医学所里和 TNO 进行的实验，在那他们使用离心机进行了 3 *g*、1.5 h 旋转（见 4.3.2 节）。离心机旋转后，他们在倾斜屋里的姿态行为和进行航天飞行后所观测到的十分相似（Bles，de Graaf，1993）。这些相应的征兆就是头动对于步态和姿态产生的失衡效应。当被试者小心行走时，会试图尽可能减小头动。有报告提到的出现过运动错觉（“地面在运动”），比如，当他们脱离离心机中轴向上爬时就会感觉到。研究结果表明，有的成员在 2 h 内会快速恢复，但大多数都会接连几个小时感受到离心机产生的恶心感。在离心机保持移动和头动会让他们的习服更快，不过想让他们保持这种移动同时伴有恶心的状态来习服并不容易。

在地面实验室也进行间断重力对其他生理反应的研究，多数是心血管反应（Iwasaki，等，2001；Hecht，等，2004）或运动病反应（Young，等，2001；Hecht，等，2002）。间断旋转屋（空间）的研究见 4.5.2 节，里面介绍了旋转前后与姿态和步态有关的躯体部分适应情况。最近的实验证据来自于 21 天头低位卧床模拟空间飞行的实验。实验组被试者每天暴露到人工重力环境的时间是 1 h，短臂离心机的半径至少要 3 m，这样才能达到在脚部的 G_z 离心力是 2.5 g，心脏水平是 1 g。对于第一次实验的 7 名被试者来说，通过离心机锻炼，运动病的发生率很低，卧床对姿态和步态的影响也很小，部分的原因是因为卧床对前庭系统的影响很小。这些初步的结果很不错，不过对间断人工重力的作用需要进行更多的综合性生理研究（至少要进行感觉—运动，心血管，肌肉的研究），这样我们才能充分了解人工重力对步态和姿态的作用。

4.7 结论

通过对现有资料的综述，说明在飞行中是否能够采用人工重力作为防护措施与前庭系统有密切关系。大量观察表明，我们需要进一步了解用人工的方法产生加速度时的前庭和中枢神经系统的反应。其中包括振动幻视（倾斜头部时产生的错误感觉）、运动病症状、头动引起的异常眼动和肢体运动失调。

关于前庭系统在长期微重力下反应的相关研究甚少。只有最近才有一些设备被送上国际空间站，首次系统性的研究才刚刚开始。因此，在长期飞行任务中，有关感觉—运动系统，或其他生理系统的人工重力实验的有效数据还不足够。首先要确定一些参数，如离心半径、旋转速率、持续时间、以及重复周期。这样会有效地保持肌肉骨骼和心血管的状态，同时维持神经前庭系统的协调性。前庭损伤患者药物治疗及器械恢复适应研究可以帮助我们建立合适的刺激量。

作为一种对抗措施，人工重力是一把双刃剑。它可以有效地让航天员提前适应新的重力，但同时也会带来空间定向、前庭感觉冲突、运动及身体姿态失衡等问题（Lichtenberg，1988）。举个例子，一台 2 m 半径的小型人用离心机，以 60 rpm 的速度转动，可以产生 1 g 或者更大的人工重力环境。此环境中，如果航天员尝试将头或四肢移动到旋转平面外，那么内耳前庭器官以及移动的四肢所受到的科氏力刺激会诱发空间失定向、非稳定性的代偿眼动、协调性下降以及空间运动病。

感觉—运动系统在反复暴露于人工重力环境下可以出现适应性反应，这与在地面类似条件下出现适应性反应类似，但是，即使经过离心训练，航天员已适应了运动病、运动模式重建和神经前庭的副作用，但仍然不清楚在这些复杂环境作用下认知的适应。可能这也是为防止长期飞行中骨丢失、肌萎缩以及心血管功能失调所付出的代价。很明显，这是个复杂的交叉学科领域。目前的地面卧床实验可能已经不能完全满足要求。尽管卧床实验可以很好地模拟微重力对心血管、肌肉与骨骼系统的影响，但它在感觉—运动系统问题上却不太适用，因为此环境下人的空间定向感觉仍然受到 1 g 重力的作用。因为感觉—运动系统主要与重力水平的最初转变有关，所以地面离心机的超重环境与抛物线飞行的失重环境能为解决这个问题提供更多的帮助。

参 考 文 献

[1] Albery WB, Martin ET (1994) Development of space motion sickness in a groundbased human centrifuge for human factors research. Proceedings of the 45th Congress of the International Astronautical Federation, Jerusalem, October 9 - 14, 1994.

[2] Asch SE, Witkin HA (1948) Studies in space orientation. I. Perception of the upright with displaces visual fields. J Exp Psych 38: 325 - 337.

[3] Augurelle AS, Thonnard JL, White O et al. (2003) The effects of a change in gravity on the dynamics of prehension. Exp Brain Res 148: 533 - 540.

[4] Benson AJ (1988) Spatial disorientation: Common illusions. In: Aviation Medicine. Ernsting J, King P (eds) Butterworths, London, Chapter 21: pp 297 - 317.

[5] Baumgarten von RJ (1986) European experiments in the Spacelab mission 1. Overview. Exp Brain Res 64: 239 - 246.

[6] Benson AJ (1977) Possible mechanisms of motion and space sickness. In: Life Science Resesrch in Space, Proceeding of Cologne/Porz - Wahn ESA Space Life Sciences Symposium, ESA Noordwijk, ESA SP - 130.

[7] Benson AJ, Guedry FE, Parker DE et al . (1997) Microgravity vestibular investigations: perception of self - orientation snd self - motion . J Vestib Res 7: 453 - 457.

[8] Benson AJ, Viéville Th. (1986) European vestibular esperiments on the Spacelab - 1 Mission: 6. Yaw axis vestibulo - ocular reflex, Exp Brain Res 64: 279 - 283.

[9] Bles W and van Raaij JL (1988) Pre - and postflight postural control of the D1 Spacelab mission astronauts examined with a tilting room. Report TNO - IZF 1988 - 25.

[10] Bles W, Graaf B de (1993) Postural consequences of long duration centrifugation, J Vestib Res 3: 87 - 95.

[11] Bles W, De Graaf B, Bos JE et al. (1997) A sustained hyper—G load as a tool to simulate space sickness , J Gravit Phys 4: 1 - 4.

[12] Bles W, Bos JE , Graaf B de, Groen E, Wertheim AH (1998) Motion sickness: Only one provocative conflict? Brain Res Bull 47: 481 - 487.

[13] Bloomberg JJ, Layne CS, McDonald PV et al (1999) Effects of space flight on locomotor control. In: Extended Dutration Orbiter Medical Project Final Report 1989 - 1995 . Sawin CF , Taylor GR, Smith WL (eds) NASA, Washington DC, NASA SP - 534 , pp 551 - 557.

[14] Bock O, Howard IP, Money KE et al (1992) Accuracy of aimed arm movements in changed gravity. Aviat Space Environ Med 63: 994 - 998.

[15] Bock O, Fowler B, Comfort D (2001) Human sensorimotor coordination during spaceflight: An analysis of pointing and tracking responses during the Neurolab Space Shuttle mission , Aviat Space Environ Mes 72: 877 - 883.

[16] Bos JE, Bles W (2002) Theoretical considerations on canal - otolith interaction and an observer model. Biol Cyber 86: 191 - 207.

[17] Bos JE, Bles W, Graaf B de (2002) Eye movements to yaw, pitch, and roll about vertical and horizontal axes: Adaptation and motion sickness. Aviat Space Environ Mes 73: 436 - 444.

[18] Brown EL, Hecht H, Young LR (2003) Sensorimotor aspects of high - speed artificial gravity: I. Sensory confilict in vestibular adaptation. J Vestib Res 12: 271 - 282.

[19] Clarke AH, Teiwes W, Scherer H (1992) Variation of gravitoinertial force and its influence on ocular torsion and caloric nystagmus, Ann NY Acad Sci 656: 820 - 822.

[20] Clarke AH, Teiwes W, Scherer H (1993) Evaluation of the three - dimensional VOR in weightlessness, J Vest Res 3: 207 - 218.

[21] Clarke AH (1998) Vestibulo - oculmotor Research and measurement technology for the space station era. Brain Res Rev 28: 173 - 184.

[22] Clarke AH, Grigull J, Müller R et al (2000) The three - dimensional

vestibulo - ocular reflex during prolonged microgravity . Rxp Brain Res 134：322 - 334.

[23] Clarke AH，Ditterich J，Druen K et al（2002）Using high frame rate CMOS sensors for three - dimensional eye tracking ，Behav Res Methods Instrum Comput 34：549 - 560.

[24] Clarke AH（2006）Ocular torsion response to active head - roll movement under one - g and zero - g conditions. J Vestib Res in press.

[25] Clément G，Gurfinkel VS，Lestienne F et al（1985）Changes of posture during transient perturbations in microgravity . Aviat Space Environ Med 56：666 - 671.

[26] Clément G，Berthoz A ，Lestienne F（1987）Adaptive changes in perception of body orientation and mental image rotation in microgravity. Aviat Space Environ Med 58：A159 - A163.

[27] Clément G，Reschke MF（1996）Neurosensory and sensory - motor functions. In：Billogical and Medical Research in Space：An Overview of Life Sciences Research in Microgravity. Moore D，Bie P，Oser H（eds）Springer - Verlag，Herdelberg ，Chapter 4，PP 178 - 258.

[28] Clément G（1998）Alteration of eye movements and motion perception in microgravity. Brain Res Rev 28：161 - 172.

[29] Clément G，Moore ST，Raphan T et al（2001）Perception of tilt（somatogravic illusion）in response to sustained linear acceleration during space flight ，Exp Brain Res 138：410 - 418.

[30] Clément G，Deguine O，Parant，M et al.（2001）Effects of cosmonaut vestibular training on vestibular function prior to spaceflight. Eur J App Physiol 85：539 - 545.

[31] Clément G，Deguine O，Bourg M et al.（2006）Effects of vestibular training on motion sickness，nystagmus，and subjective vertical. J Vestib Res，in press.

[32] Clément G，Denise P，Reschke MF et al（2006）Human ocular counter - rotation and roll tilt perception during off - virtical axis rotation after spacetlight . J Vestib Res ，In Press.

[33] Clément J（1982）Students' preconceptions in introductory mechanics. Am J

Phys 50：66－71.

[34] Cheung B，Hofer K（2005）Desensitization to strong vestibulra stimuli improves tolerance to simulated aircraft motion ，Aviat Space Environ Med 76：1099－1104.

[35] Dai M，Raphan T，Cohen B（1991）Spatial orientation of the vestibular system：dependence of optokinetic after nystagmus（OKAN）on gravity. J Neurophysiol 66：1422－1439.

[36] Dai M，Kunin M，Raphan T et al.（2003）The relation of motion sickness to the spatial－temporal properties of velocity storage. Exp Brain Res 151：173－189.

[37] Dai M，Raphan T，Cohen B（2006）Effects of baclofen on the angular vestibulo－ocular teflex . Exp Brain Res 171：262－271.

[38] Diamond SG，Markham CH（1991）Prediction of space motion sickness susceptibility by disconjugate eye torsion in parabolic flight. Aviat Space Environ Med 59：1158－1162.

[39] Diamond SG，Markham CH（1998）The effect of space missions on gravity－responsive torsional eye movements. J Vestib Res 3：217－231.

[40] DiZio P，Lackner JR（1995）Motor adaptation to Coriolis force perturbations of reaching movements：Endpoint but not trajectory adaptation transfers to the non－esposed arm . J Neurophysiol 74：1787－1792.

[41] van Erp JB，van Veen HA（2006）Touch down：The effect of artificial touch cues on orientation in microgravity . Neurosci Lett 404：78－82.

[42] Evans JM，Stenger MB，Moore FB et al.（2004）Centrifuge training increases presyncopal orthostatic tolerance in ambulatory men . Aviat Space Environ Med 75：850－858.

[43] Gillingham KK，Wolfe JW（1985）Spatial orientation in flight ，In：Fundamentals of Aerospace Medicine . Dehart Rl（ed）Les &Febiger ，Philadelphia，pp 299－381.

[44] Gizzi M，Raphan T，Rudoph S et al.（1994）Orientation of human optokinetic nystagmus to gravity ：A model － based approach. Exp Brain Res 99：347－360.

[45] Glasauer S，Mittelstaedt H（1998）Perception of spatial orientation in

microgravit, Brain Res Rev 28：185 - 193.

[46] Godwin R（ed）（1999）Apollo 12. the NASA Mission Reports. Apogee Books，Burlington，Ontario，Canada.

[47] Graybiel A（ed ）（1965）The Role of the Vestibular Organs in the Exploration of Space. NASA，Washington DC，NASA SP - 77.

[48] Graybiel A（ed ）（1996）Second Symposium on The Role of the Vestibular Organs in the Exploration of Space. NASA，Washington DC，NASA SP - 115.

[49] Graybiel A（ed ）（1968）Third Symposium on The Role of the Vestibular Organs in the Exploration of Space. NASA，Washington DC，NASA SP - 152.

[50] Graybiel A（ed）（1970）Fouth Symposium on The Role of the Vestibular Organs in the Exploration of Space. NASA，Washington DC，NASA SP - 187.

[51] Graybiel A（ed）（1973）Fifth Symposium on The Role of the Vestibular Organs in the Exploration of Space. NASA，Washington DC，NASA SP - 314.

[52] Graybiel A，Fregley AR（1965）A new quantitative ataxia test battery. In：The Role of the Vesibular Organs in the Exploration of Space. Graybiel A（ed）NASA，Washingtong DC，NASA SP - 77. pp 99 - 120.

[53] Graybiel A，Kennedy RS ，Guedry FE et al（1965）The effects of esposure to a rotating environment（10 rpm）on four aviators for a period of 12 days. In：The Role of the Vestibular Organs in the Exploration of Space. NASA，Washington DC，NASA SP - 77，pp295 - 338.

[54] Graybiel A，Knepton JC（1972）Direction - specific adaptation effects acquired in a slow rotating room. Aerospace Med 43：1179 - 1189.

[55] Griffin MJ，Newman MM（2004）Visual field efffcts on motion sickness in cars Aviat Space Environ Med 75：739 - 748.

[56] Groen E（1997）Oreentation to Gravity ：Oculomotor and Perceptral Responses in Man . Ph. D. Thesis ，University of Utrecht.

[57] Groen E，Graaf B de，Bles W et al.（1996）Ocular torsion before and after 1 hour centrifugation. Brain Res Bull 40：5 - 6.

[58] Groen EL，Jenkin HJ，Howard IP（2002）Perception of self - tilt in a true and illusory vertical plane. Perception 31：1477 - 1490.

[59] Guedry FR，Kennedy RS，Harris FD et al.（1964）Human performance during two weeks in a room rotating at three rpm. Aerospace Med 35：1071 - 1082.

[60] Gurfinkel VS，Lestienne F，Levik YS et al.（1993）Egocentric references and human spatial orientation in microgravity. Ⅱ. Body - centred coordinates in the task of drawing ellipses with prescribed orientation. Exp Brain Res 95：343 - 348.

[61] Harm DL，Parker DE（1993）Perceived self—orientation and self—motion in microgravity，after landing and during preflight adaptation training. J Vestib Res 3：297 - 305.

[62] Hecht H，Kavelaars J，Cheung CC et al.（2001）Orientation illusions and heart rate changes during short - radius centrifugation. J Vestib Res 11：115 - 127.

[63] Hecht H（2001）The Science Fiction of Artificial Gravity. Presentation at the ICASE/LaRC/USRA Workshop on Revolutionary Aerospace Systems for Human/Robotic Exploration of the Solar System，Houston. Retrieved on 31 July 2006 from URL：http：//www. icase. edu/workshops/hress01/presentations/hecht. pdf

[64] Hecht H，Brown EL，Young LR（2002）Adapting to artificial gravity（AG）at high rotational speeds. J Gravit Physiol 9：1 - 5.

[65] Held R，Dichgans J，Bauer J（1975）Characteristics of moving visual scenes influencing spatial orientation. Vision Res 15：357 - 365.

[66] Highstein SM，Fay RR，Popper AN（eds）（2004）The Vestibular System. Springer，New York.

[67] Howard IP，Childerson L（1994）The contribution of motion，the visual frame，and visual polarity to sensations of body tilt. Perception 23：753 - 762.

[68] Howard IP，Groen EL，Jenkin H（1997）Visually induced self - inversion and levitation. Invest Ophtalm Vis Sci 40：S801.

[69] Howard IP，Hu G（2001）Visually induced reorientation illusions. Perception 30：583—600.

[70] Iwasaki K，Sasaki T，Hirayanaga K et al.（2001）Usefulness of daily+

2Gz load as a countermeasure against physiological problems during weightlessness. Acta Astronautica 49：227 – 235.

[71] Iwase S，Fu Q，Narita K et al. （2002）Effects of graded load of artificial gravity on cardiovascular functions in humans. Environ Med 46：29 – 32.

[72] Kenyon RV，Young LR（1986）M. I. T. /Canadian vestibular experiments on the Spacelab – 1 mission：5. Postural responses following exposure to weightlessness. Exp Brain Res 64：335 – 346.

[73] Kozlovskaya IB，Aslanova IF，Grigorieva LS et al. （1982）Experimental analysis of motor effects of weightlessness. Physiologist 25：49 – 52.

[74] Kozlovskays IB，Aslanova IF，Barmin VA et al .（1983）The nature and characteristics of a gravitational ataxia. Physiologist 26：S108 – S109.

[75] Lackner JR（1992）Multimodal and motor influences on orientation：implications for adapting to weightless and virtual environments. Perception21：803 –812.

[76] Lackner JR，DiZio P（1994）Rapid adaptation to Coriolis force perturbations of arm trajectory. J Neurophysiol 72：299 – 313.

[77] Lackner JR，DiZio P（1997）Sensory motor coordination in an artificial gravity environment，J Gravit Physiol 4：9 – 12.

[78] Lackner JR，DiZio P（1998a）Spatial orientation as a component of presence：insights gained from nonterrestrial environments. Presence 7：108 – 115.

[79] Lackner JR，DiZio P（1998b）Gravitational force background level affects adaptation to Coriolis force perturbations of reaching movement J Neurophysiol 80：546 – 553.

[80] Lackner JR，DiZio P（2000）Human orientation and movement control in weightless and artificial gravity environments. Exp Brain Res 130：2 – 26.

[81] Lathan C，Wang Z，Clément G（2000）Changes in the vertical size of a three – dimensional object drawn in weightlessness by astronauts. Neurosci Lett 295：37 – 40.

[82] Lichtenberg BK（1988）Vestibular factors influencing the biomedical support of humans in space . Acta Astronautica 17：203 – 206.

[83] Linenger JM（2001）Off the Planet：Surviving Five Perilors Months A-

board the Space Station Mir. McGraw - Hill, New York.

[84] Marquez JJ, Oman CH, Liu AM (2004) You - are - here maps for International Space Station: Approach and Guidelines. SAE International 2004 - 01 - 2584. Retereved on 26 July 2006 from URL: http://stuff.mit.edu/people/amliu/Papers/Marquez - YAH - 2004 - 01 -2584.pdf

[85] Mast FW, Newby NJ, Young LR (2003) Sensorimotor aspects of high -speed artificial gravity: II. The effect of head position on illusory self - motion. J Vestib Res 12: 282 - 289.

[86] McCloskey M, Caramazza A, Green B (1980) Curvilinear motion in the absence of external forces: naive beliefs about the motion of objects. Science 210: 1139 - 1141.

[87] McCloskey M, Washburn A, Felch L (1983) Intuitive physics: The straight - down belief and its origin. J Exp Psychol Learn Mem Cogn 9: 636 - 649.

[88] McCluskey R, Clark J, Stepaniak P (2001) Correlation of Space Shuttle landing performance with cardiovascular and neurological dysfunction resulting from space flight, NASA Bioastronautics Roadmap. Retrieve 26 July 2006 from URL: http://bioastroroadmap.nasa.gov/User/risk.jsp? showData=13

[89] McIntyre J, Zago M, Berthoz A, Lacquaniti R (2001) Does the Brain Model Newton's laws? Nature Neurosci 4: 693 - 695.

[90] Merfeld DM, Young LR, Oman CM et al (1993) A multidimensional model of the effect of gravity on the spatial orientation of the monkey. J Vestib Res 3: 141 - 161.

[91] Merfeld DM (1996) Effect of space flight on ability to sense and control roll tilt human neurovestibular studies on SLS - 2, J Appl Physiol 81: 50 - 57.

[92] Merfeld DM, Jock RI, Christie SM et al (1994) Perceptual and eye movement responses elicited by linear acceleration following spaceflight. Aviat Space Environ Med 65: 1015 - 1024.

[93] Merfeld DM, Teiwes W, Clarke AH et al (1996) The dynamic contri-

bution of the otolith organs to human ocular torsion. Exp brain Res 110：315－321.

[94] Merfeld DM，Zupan L，Peterka RJ（1999）Humans use internal models to estimate gravity and linear acceleration. nature 398：615－618.

[95] Mittelstaedt H（1983）A new solution to the problem of the subjective vertical . Naturwissenschaften 70：272－281.

[96] Moore S，Clément G，Raphan T，Cohen B（2001）Ocular counter-rolling induced by centrifugation during orbital space flight. Exp Brain Res137：323－335.

[97] Moore S，Cohen B，Raphan T et al .（2005）spatial orienstation of optokinetic nystagmus and ocular pursuit during orbital space flight. Exp Brain Res 160：38－59.

[98] Mueller C，Kornilova L，Wiest G et al.（1994）Visually induced vertical self－motion sensation is altered in microgravity adaptationg. J Vestib Res 4：161－167.

[99] Nooij SAE，Bos JE ，Ockels WJ（2004）Investigation of vestibular adaptation to changing gravity levels on earth . J Vestib Res 14：133（abstract）.

[100] Nooij SAE，Bos JE，（2006）Sustained hypergravity to simulate SAS：effect of G－load and duration. In：Proceedings of the 7th Symposium on the Role of the Vestibular Organs in Space Exploration. ESTEC，Noordwijk，The Netherlands，June 6－9，2006.

[101] Ockels WJ，Furrer R，Messerschmid E（1990）Space sickness on Earth. Exp Brain Res 79：661－663.

[102] Oman CM（1982）A heuristic mathematical model for the dynamics of sensory conflict and motion sickness. Acta Otolaryngol（Suppl）392：1－44.

[103] Oman CM，Young LR，Watt DGD，Money KE，Lichtenberg BK. Kenyon RC，Arrott AP（1988）MIT/Canadian Spacelab experiments on vestibular adaptation and space motion sickness. In：Basic and Applied Aspects of Vestibular Function. Hwang JC，Daunton NG，Wilson VJ（eds）University Press，Hong Kong.

[104] Oman CM，Lichtenberg BK，Money KE，McCoy RK（1986）M. I.

T. /Canadian vestibular experiments on the Spacelab - 1 Mission: 4. Space motion sickness: symptoms, stimuli, and predictability. Exp Brain Res 64: 316 - 334.

[105] Oman CM, Balkwill MD (1993) Horizontal angular VOR, nystagmus dumping, and sensation duration in Spacelab SLS - 1 crewmembers. J Vestib Res 3: 315 - 330.

[106] Oman CM, Kulbaski M (1988) Spaceflight affects the 1 - g postrotatory vestibule - ocular reflex. Adv Otorhinolaryngol 42: 5 - 8.

[107] Paloski WH, Black FO, Reschke MF et al. (1993) Vestibular ataxia following shuttle flights: effect of transient microgravity on otolith - mediated sensorimotor control of posture. Am J Otol 14: 9 - 17.

[108] Paloski WH, Reschke MF, Black FO (1999) Recovery of postural equilibrium control following space flight. In: Extended Duration Orbiter Medical Project Final Report 1989 - 1995. Sawin CF, Taylor GR, Smith WL (eds) NASA, Washington, DC, NASA SP - 534, pp411 - 416.

[109] Park DE, Reschke MF, Arrott AP et al. (1985) Otolith tilt translation reinterpretation following prolonged weightlessness: Implications for preflight training. Aviat Environ Space Med 56: 601 - 607.

[110] Previc FH, Ercoline WR (eds) (2004) Spatial disorientation in aviation. Progress in Astronautics and Aeronautics. Vol 23, American Institute of Aeronautics and Astronautics Inc, Reston, Virginia.

[111] Pozzo T, Papaxanthis C, Stapley P et al. (1998) The sensorimotor and cognitive integration of gravity. Brain Res Review 28: 92 - 101.

[112] Raphan T, Matsuo V, Cohen B (1979) Velocity storage in the vestibulo—ocular reflex arc (VOR) . Exp Brain Res 35: 229 - 248.

[113] Reason JT, Brand JJ (1975) Motion Sickness. Academic Press, London.

[114] Reason JT (1978) Motion sickness adaptation: A neural mismatch model . J Royal Soc Med 71: 819 - 829.

[115] Reason JT, Graybiel A (1970) Progressive adaptation to Coriolis accelerations associated with 1 rpm increments in the velocity of the slow rotating room. Aerospace Med 41: 73 - 79.

[116] Reschke MF, Anderson DJ, Homick JL (1986) Vestibulo - spinal re-

sponse modification as determined with the H - reflex during the Spacelab - 1 flight. Exp Brain Res 64：335 - 346.

[117] Reschke M，Somers JT，Leigh RJ et al. (2004) sensorimotor recovery following spaceflight may be due to frequent square - wave saccadic intersions . Aviat Space Environ Med 75：700 - 704.

[118] Roberts TDM (1968) Labyrinthine control of the postural muscles. In：Third Symposium on the Role of the Vestibular Organs in the Exploration of Space Graybiel A (ed) NASA，Washington DC，NASA SP - 152，pp 149 - 168.

[119] Rose HE，Brodie EE，Benson AJ (1986) Mass discrimination in weightlessness and readaptation to Earth's gravity. Exp Brain Res 64：358 - 366.

[120] Ross MD (1992) A study of the effects of space travel on mammalian gravity receptors. Space Life Sciences - 1 180 - Day Experimental Reports. NASA，Washington DC.

[121] Ross MD (1993) Morphological changes in rats vestibular system following weightlessness. J Vestib Res 3：241 - 251.

[122] Ross MD (1994) A spaceflight study of synaptic plasticity in adult rat vestibular maculas. Acta Otolaryngol Suppl 516：1 - 14.

[123] Rupert A (2000) Tactile situation awareness system：Proprioceptive prostheses for sensory deficeencies. Aviat Space Environ Med 71：A92 - A99.

[124] Stone RW (1973) An overview of artificial gravity. In：Fifth Symposium on the Role of the Vestibular Organs in Space Exploration. NASA , Washington DC，NASA SP - 314. pp 23 - 33.

[125] Vernikos J (1996) Human physiology in space. Bioessays 18：1029 - 1037.

[126] Watt DGD (1997) Pointing at memorized targets during prolonges microgravity. Aviat Space Environ Med 68：99 - 103.

[127] White O，McIntyre J，Augurelle AS et al. (2005) Do novel gravitational environments alter the grip - force/load - force coupling at the fingertips? Exp Brain Res 163：324 - 334.

[128] Young LR，Shellhamer M (1990) Microgravity enhances the relative contributions of visually - induced motion sensation. Aviat Space Environ Med 61：225 - 230.

[129] Young LR (2000) Vestibular reactions to spaceflight: Human factors issues. Aviat Space Environ Med 71: A 100 - A104.

[130] Young LR, Hecht H, Lyne L et al. (2001) Artificial gravity: Head movements during short - radius centrifugation. Acta Astronautica 49: 215 - 226.

[131] Young LR (2006) Neurovestibular aspests of short - radius artificial gravity: Toward a comprehensive countermeasure. NSBRI Sensorimotor Adaptation Project Technical Summary. Retrieved 22 May 2006 from URL: http: //www. nsbri. org/Research/Projects/viewsummary. epl? pid=184

第5章 人工重力的生理学对象：心血管系统

吉利莫·安东那托（Guglielmo Antonutto）[1]

吉尔斯·克莱门特（Gilles Clément）[2,3]

吉多·费里蒂（Guido Ferretti）[4,5]

达格·林纳尔森（Dag Linnarsson）[6]

安嫩·佩维·里塔思（Anne Pavy－Le Traon）[7]

皮埃特罗·迪·普雷佩罗（Pietro Di Prampero）[1]

[1] 乌迪内大学，意大利（University of udine，Italy）

[2] 国家科学研究中心，法国图卢兹（Centre National de la Rechherche Ssientifique，Toulouse，France）

[3] 俄亥俄大学，美国俄亥俄州，雅典市（Ohio University，Athens，Ohio，USA）

[4] 布雷西亚大学，意大利（University OF Brescia，Italy）

[5] 日内瓦大学医学中心，瑞士（University Medical Centre，Geneva，Switzerland）

[6] 卡尔斯塔得大学，瑞典斯德哥尔摩（Karolinska Institute，Stockholm，Sweden）

[7] MEDES，法国图卢兹（MEDES，Toulouse，France）

人类是在地球恒定的重力环境下进化而来的，结果是人体一些生理系统功能直接与重力有关，然而同时还有一些系统的功能可能不受重力的影响。人体的心血管系统属于后者，它以合适的压力供给人体所需要的血液。航天飞行对心血管功能来说是一种挑战。长期飞行任务中，人工重力可能是一项有效的对抗措施。在此，我们提出了一种方案，把加速度作为一种独立因素，研究其对心血管系统的影响，并评价各种可能用于太空舱的装置。

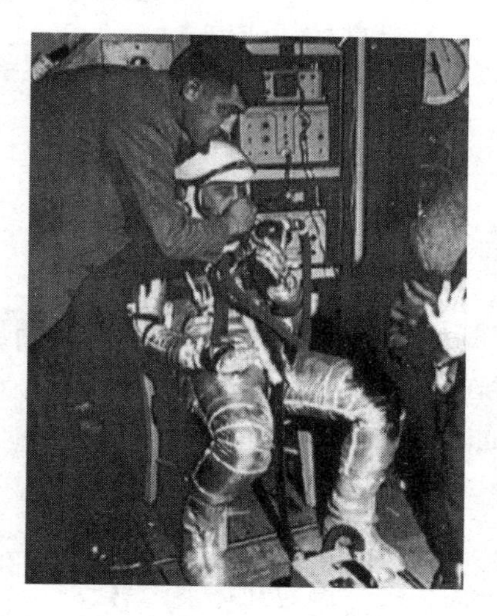

图 5-1　水星号航天员格里索姆在别人的协助下调节呼吸设备，准备进行离心机训练。图片获 NASA 许可

5.1　心血管生理学

生活在地球上的人类处于 9.81 m/s² 或是 1 g 的重力加速度作用下，人体直立位时由此产生的流体静压因素影响血压和体积分布。地球上，动脉压的流体静压（ΔP）如下式所示

$$\Delta P = \rho g h \tag{5-1}$$

其中，ρ 为血液密度，g 为重力加速度，h 为左心室与参考点的垂直距离。因此，在循环系统的任何水平上，所受到的主要压力是由心脏产生的压力加或减去流体静压 ΔP。下肢的血压相对于头部的血压高很多。由于颅骨的刚性结构，头部的静脉并不塌陷。正常情况下，心脏泵血所产生的压力足以满足脑部的血液供应。然而，由于流体静压因素，人体进化过程中不断增强血流和氧流调节的敏感性，调节包括压力反射和化学反射。奇怪的是，这些反射的感受器

实质上位于颈总动脉的分岔处，自此将动脉血输送入脑。这是长时间生活在地球上的一种特殊的适应。

5.2 太空飞行的影响

5.2.1 飞行期间

大约在 45 年前，由于人类开始探测地球之外的空间，航天员也开始接触到一个全新的重力环境，称做微重力（0 m/s^2 或 0 *g*），虽然可通过浸在水中或仰卧模拟微重力的效应，但对此产生的影响他们并不适应。在心血管系统表现得很明显，航天员受到从下体向头胸部转移的血容量的影响，贯穿航天任务的整个期间。与之相关的是，细胞外液也沿着相同的方向转移。血液和体液的转移很明显会影响到心血管系统的调节，因为心血管系统承受了中心血容量和中心静脉压的突然升高，随后压力感受器存在长期的慢性刺激。在未达到包括机械和神经来源的整个调节系统的适应性变化时，这种状态不可能适应。

对体液转移的主要慢性反应有体液丢失增加、中心血容量和血浆容量减少（Nicogossian，等，1993）。静脉顺应性增加(Convertino，等，1988；Herault，等，2000)，促进了血液潴留于肢端。在这些情况下，已表明心血管系统的神经调节发生了变化。已有报道表明，静息状态时心率的动脉压力反射进行性受损（Fritsch-Yelle，等，1992，1994），飞行中体能锻炼时肌肉代谢反射增强(Iellamo，等，2006)。长期的卧床实验研究表明，在下体负压和立位试验期间，下肢血管收缩性降低（Abbeville，等，1988；Herault，等，2000)。另外观察到，锻炼期间心肌的收缩性降低，导致心脏每搏量减少（Shykoff，等，1997)。

虽然很大程度上这些适应途径还未认识清楚，其最终的结果是，在微重力的状况下，心血管调节发生了广泛的功能性重组，以上的研究可概括为：

1）飞行期间心血管和交感神经对握力和冷加压刺激的反应维持不变（Fu，等，2002）。

2）微重力条件下，稳定状态下锻炼时心输出量和氧耗量之间的关系并无实质性变化（Shykoff，等，1997）。

3）微重力时最大的氧摄取和按推测而来的最大心输出量没有减少（Levine，等，1996）。

因此，幸运的是在对微重力适应以后，心血管调节会达到新的平衡，航天员得以在飞行期间适当活动和工作，甚至于更长期的飞行任务中也如此，但肌肉质量会进一步丢失。

5.2.2　飞行后

航天员回到地球时，不再适应 1 *g* 的重力环境。心血管调节的新功能性组合在向上体液转移的状况下得以优化，出现血浆容量减少，静脉顺应性增加，而返回后的航天员突然急性处于重力作用下，这种作用力会将血液推至下肢顺应性增加的静脉血管。这是在压力反射敏感性降低、心血管反应变得迟钝的情况下发生的。站立时，中心血容量急剧减少，静脉回流亦如此，心脏的每搏量很大程度减少。随后的心率加快并不能代偿每搏量的减少，以致在稳定状态下锻炼时心输出量和氧耗量之间的关系曲线突然出现下移。由此而至，最大心输出量急剧减少，最大氧耗量也一样（Saltin，等，1968；Ferretti，等，1997，1998；Convertino，1997；Capelli，等，2006）。这些现象的综合症通常定义为心血管失调。在这些状况下通常出现立位耐力降低，这可能是长期航天返回后最关键的和有潜在性威胁的事件。

5.3　超重的影响

不足为怪，长期航天飞行后航天员的保健医生努力寻求阻止或减轻心血管失调的对抗措施。采用人工重力，通过训练期间在循环系统中产生静水压梯度，再现重力的本体感受，是唯一一种同时阻止心血管和肌肉骨骼系统功能减退的手段。

地球上，增加重力具有代表性的方法就是采用离心机。过去在人用离心机中处于高重力状态主要用于高性能战斗机飞行员行为进行的各种不同的研究（Glaister Prior，1999；Green，1999）。那些研究集中处于 4～9 *g* 的超重范围，只有有限研究在 3 *g* 或 3 *g* 以下的水平进行（Rosenhamer，1967，1968；Bjurstedt，等，1968；Linnarsson，Rosenhamer，1968；Nunneley，等，1975），而这一范围可能是将来人工重力起作用的范围（Lackner，DiZio，2000；Clément，Pavy-Le Traon，2004）。在以下的各节中，我们将分析 1～3 *g* 的重力加速度对肺和心血管的急性影响，综述在航天飞行中采用人工重力作为一种对抗措施以对抗心血管失调的实际应用。

5.3.1 超重对肺的急性影响

5.3.1.1 肺部气体的运输

罗森·哈默（Rosenhamer）（1967，1968）和比茱尔斯特（Bjurstedt）（1968）全面分析了在超重训练期间人体肺部气体的运输情况。受试者坐在人用离心机里进行腿部运动，头足向（或 $+G_z$）的超重值是 3 *g* 。通过动脉取样对动脉血气作持续检测，并在线分析了 PO_2、PCO_2、pH 和血氧饱和度。采用微量调控静脉注射吲哚花青绿、动脉血分析进行心输出量检测。采用微量的 Douglas 技术进行标准通气和气体交换测定。在静息、大约 50 W 和 100 W 强度（分别相当于 300 和 600 kpm/min[①]）的训练时，研究发现：在一定水平氧摄取量时，3 *g* 时与 1 *g* 时比，肺血流量减少 2.5～3 L/min（图 5-2）。

同时，肺通气显著增加（图 5-3）。作为肺部气体交换有效性指标的总通气—灌流比，在 3 *g* 的静息状态时约为正常值的 50%，运动时约为正常值的 60%。

---

①在生理学研究中，功通常以“千克力—米”（kpm）的单位来度量，1 kpm 是将 1 kg 质量物体在重力作用条件下竖直提升 1 m 所做的功，表征单位时间做功的物理量是功率，单位是 kpm/min，也用瓦特（W）表示（600 kpm/min=100 W）。例如，一个 70 kg 的人在转盘上以 3 mph 的速度行走，按 5%的效率计算，其产生的功率大约是 300 kmp/min 或50 W。

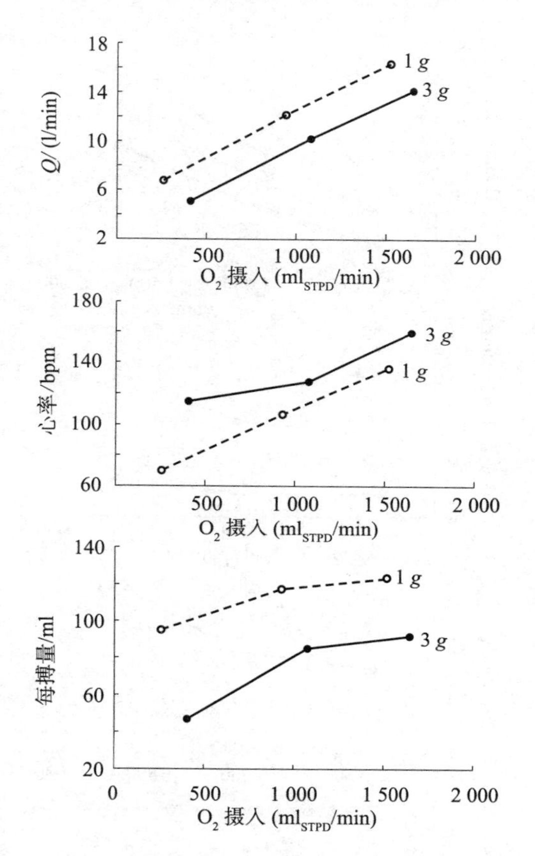

图 5-2　在 1 g 和 3 g 时，$+G_z$ 方向，静息和腿部运动时的心输出量（Q）、心率和每搏量与摄氧量的关系。$N=8$，改编自 Rosenhamer（1967，1968）

在处于高 g 值状态下，至少有三种机制一致作用使通气—灌流比增加：

1）呼吸动力增强；

2）肺泡通气—灌流比一致性减小；

3）总肺血流量减少。

这些机制稍后会进行介绍。

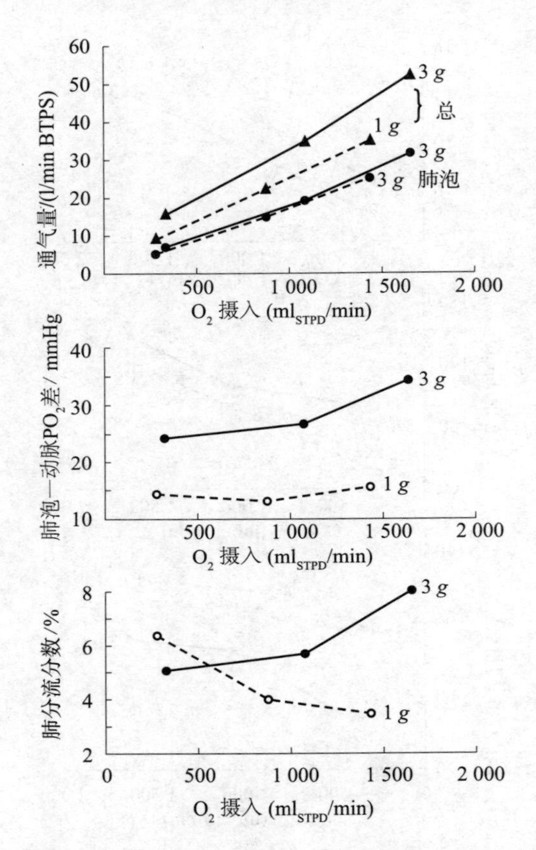

图 5-3　在 1 g 和 3 g 时，$+G_z$ 方向氧摄取量与总通气量、肺泡通气量、肺泡一动脉 PO_2 差和肺分流分数（Q_s/Q_{tot}）的关系，N=8。改编自 Rosenhamer（1967，1968）

5.3.1.2　呼吸动力

图 5-4 是在 1 g 和 3 g 时，$+G_z$ 方向不同运动强度下 $PaCO_2$ 与肺通气量的关系。与 1 g 比，3 g 时此参数显著升高。表明除 $PaCO_2$ 外，另外还存在其他强有力的呼吸刺激因素。罗森哈默（1967）的实验表明：随着重力水平的改变，动脉血的 pH 值是不变的，因此动脉血的 pH 值不是额外刺激因素。罗森哈默（1967）

提示可能与颈动脉窦水平相对的动脉低血压有关（Linnarsson，Rosenhamer，1968；Bjurstedt，等，1968），这会引起额外的通气刺激。然而，随着做功强度的增加，乳酸通过置换组织和血液贮备的 CO_2，随后增加肺内 CO_2 负荷（Wasserman，等，1967），远远超出训练时新陈代谢消费比例（见 5.3.3 节），因此乳酸可能成为在高 *g* 作用时的一种通气刺激（Bjursted，等，1968）。

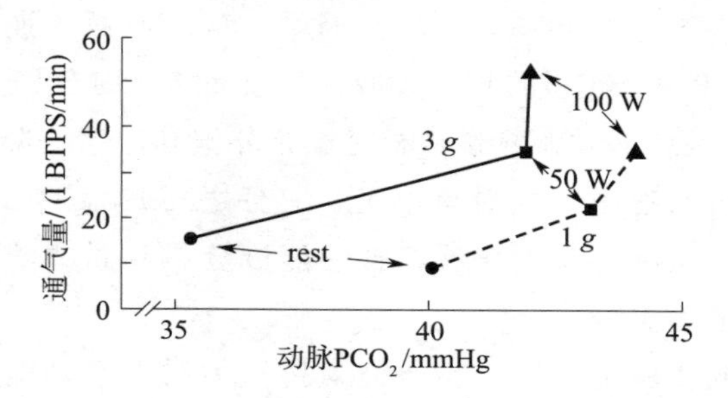

图 5-4　1 *g* 和 3 *g* 状态下，在静息、50 W 和 100 W 功率时，动脉 $PaCO_2$ 与总通气量的关系。改编自 Rosenhamer（1967，1968）

总之，保持一定量的 $PaCO_2$ 和代谢率水平，在 3 *g* 时，无论是在静息状态或训练时肺部通气量显著增加，表现为机械和化学感受器输入的联合效应所致，在静息状态下会导致呼吸性碱中毒，训练期间会出现实质性、代偿性的代谢性酸中毒。

5.3.1.3　肺通气与灌流的关系

图 5-3 显示的是有效的肺泡通气量（通过 CO_2 的输出量与 $PaCO_2$ 的比率计算出的）与静息状态下和训练时人体氧摄取量的关系(Rosenhamer，1967)。在 3 *g* 时与 1 *g* 时比较，额外的通气并不能代表肺泡通气量的增加。对于一定的氧摄取量，1 *g* 和 3 *g* 时肺泡通气量是对等的。无论是在静息状态还是锻炼期间，肺泡—动脉 PO_2 差 [$\Delta(A-a)$ PO_2]，3 *g* 时大约是 1 *g* 时的 2 倍。罗丁(Rohdin)的实验数据进一步支持了重力引起肺功能损伤的观点(Rohdin，等，2002)，实验表明：3 *g* 时，静息坐位状态下的人体肺扩散量和肺血

量减小。

由同时测得动脉血氧饱和度数据，分流分数可采用由两部分组成的理论性肺部模型计算出来。一部分是通过肺没有任何额外氧合的分流的混合静脉血，而另外一部分是提供充分氧合的肺末端毛细血管血。图 5－3 阐明了从静息状态到训练期间过渡时，分流分数减小的常规模式在 3 *g* 时被逆转。进行锻炼和锻炼强度增加时分流分数增大。在罗森哈默（1967）的数据中，100 W 锻炼期间混合静脉血 O_2 不足，相对 100％的 O_2 饱和度，1 *g* 和 3 *g* 时分别平均为 99 和 127 ml/L。从混合静脉血氧含量相对于充分饱和的这一降低来看，大约三分之一可归咎于动脉血氧不足，三分之二归咎于动静脉氧差增大。因此，从定量的观点来看，肺的灌流分布和总的灌流比率很重要，但后者最为关键。

来自相同实验室的进一步研究支持重力引发运动能力受限的观点。例如比茱尔斯特等（1968）的研究表明，8 名健康男性受试者中，在 3 *g* 时有 1 名在 150 W 功率时不能持续进行 6 min 的运动，另外 2 名从 100～150 W 过渡期间，随着外在工作负荷的增加，氧摄取量的增加趋于稳定。然而，这一研究设计不能得出氧转运限制的位点是肺还是循环。农尼利和辛德尔（1975）对坐位运动的人体进行了类似实验，并对内呼吸气体成分作了连续的质谱检测。虽然他们没有提供定量数据，但提供了呼出气体 PCO_2 的心源性振荡的定性分析。呼出气体的 CO_2 心源性同步振荡仅仅发生于这种情况，即在肺的区域之间存在 PCO_2 的差异、源于这些区域呼出气流的贡献与总的呼出气流的贡献存在随时间而变时联合作用的结果（Fowler，Reed，1961；Prisk，等，1994）。农尼利（Nunneley）和辛德尔（1975）报道：在从静息状态到锻炼过渡时，无论是在正常还是超重水平，PCO_2 心源性振荡幅度均会减小，但与 1 *g* 比，3 *g* 时总大一些。尽管运动引起肺血流量增加，在超重时锻炼期间这些观察结果表明：在肺整个区域内 PCO_2 差维持反常性增大。罗森哈默（1967）的研究结果表明，人在 3 *g* 坐位训练期间，肺气体和毛细血管血之间的气体交换减弱，这一研究给予了进一步的支持。

5.3.2　超重对体循环的急性影响

随着超重水平的增加，体循环中流体静压增加。静息状态下，人坐位或立位时，通过两种机制使体循环血容量减少（Blomqvist，等，1983；Rowell，1993）。

1）由于周边血管的潴留，心脏舒张期充盈减少。众所周知，人在 1 *g* 坐位或立位时的体循环血容量比平卧位时大约减少 0.7 L（Sjöstrand，1962）。罗森哈默（1967）采用染料稀释法记录的曲线参数来评估中心血容量，表明人在 3 *g* 时的中心血容量比 1 *g* 时进一步减少 0.7 L。

2）在流体静压参考点之上的动脉压降低，与有效的组织灌流压降低有关。流体静压参考点的定义是：在身体的长轴上血管内压不随姿势而变的那一点（Gauer，Thron，1965）。直立体位的人，重力所引起的灌流压降低在头部最为明显。在一定的限定范围内，由于头部被颅骨包绕，对抗了静脉流体静压的降低，脑受到保护（Henry，等，1951）。由于眼部的组织压抬高约 20 mmHg，所以眼部的灌流对动脉压的降低特别敏感。

由于肌肉有节奏收缩对腿部深静脉的泵血作用，腿部锻炼期间出现明显不同的状态。据推测，锻炼期间大约 30%的泵血工作是肌肉泵驱动血液通过血管系统而获得的（Stegall，1996）。在头足向，由于流体静压梯度，下体肌肉泵的效率极大提升（Folkow，等，1971）。也就是说，在有节奏的收缩间期，如果不出现下体负压，由于静脉瓣可阻止血液回流入肌肉，致静脉压力很低。因此，人在直立体位进行腿部体能训练时，下肢有效的灌流压源于由心泵和心脏与肌肉之间的流体静压所产生的动态压力的总和（Rowell，1993）。

罗森哈默（1968）的实验阐明了锻炼的抗重力效应，他对比了受试者在坐位静息和坐位运动两种情况下暴露到 3 *g* 13 min 期间的反应。静息状态时，8 名受试者中仅 3 名耐受了整个实验，另外 3 名受试者在实验开始后 5～6 min 时不得不终止实验。在开始 4～5 min，有 6 名受试者感到周边视野模糊。在 3 *g* 实验期间，5 名受试者很早、很快地出现视野模糊加重并接近意识丧失，被迫终止实验。但是，在 13 min 3 *g* 作用期间进行腿部运动的受试者，在 12 min 时的运动强度达到 100 W，其疲劳程度与静息时无明显差别，也没有出现眼部和脑部血液灌流受损的症状。

在静息和锻炼期间，重力所引起的血液灌流存在差异。因此，作为用染料稀释曲线评估的参数，在 1 *g* 和 3 *g* 水平，人体坐位锻炼期间没有差异（Rosenhamer，1967）。尽管锻炼时胸内血容量这一指数在3 *g*时处于正常状态，锻炼时每搏量减少 25%～30%（见图 5－2）。这可能部分归因于在 3 *g* 时心脏的后负荷增加，因为在心脏水平，平均动脉血压是升高的（Linnarsson，Rosenhamer，1968）。尽管从表观上看中心血容量处于正常，也可推测部分血量隔绝在相对封闭的肺循环中，以致在锻炼期间的中心血容量并没用真正反映心脏的前负荷。在超重的情况下人体锻炼期间，没有反映心室舒张末期心室容积和充盈压的数据。

然而，在从静息状态到锻炼期间过渡时，每搏量急剧升高某种程度上是一种锻炼引发的静脉回流增加的一种夸大表现。部分原因是在 3 *g* 静息状态时每搏量非常低，大约为 1 *g* 静息状态时的 50%，其结果是出现明显的心动过速，这在面临静脉回流减少时并不能维持有效的心输出量（Rowell，1993）。在 3 *g* 锻炼期间，相对的心动过速就不那么明显。心动过速很可能是由于颈动脉窦感受到了低血压刺激，此时归因于心脏和颈动脉窦之间的流体静压升高，尽管在心脏水平动脉压力升高，颈动脉窦区压力是降低的（Linnarsson，Rosenhamer，1968；Linnarsson，等，1996）。

应该注意的是，与身体长轴相垂直的重力加速度（G_x 或 G_y）不可能减轻超重对锻炼肌肉气体转运的负面影响。除了没有产生正常方向的重力外，在胸—背向超重时，肺中肺泡和血液之间氧的转运也会明显减弱（Rohdin，等，2003a，2003b，2004）。

5.3.3　超重对锻炼肌肉氧获取的急性影响

在进行坐位腿部运动时，随着 $+G_z$ 方向重力值的增加，一定运动负荷量下的氧耗量也增加（Linnarsson，1980）。而且，这种关系在不同重力水平时仍然存在，随着重力水平的增加，Y 轴的截距向上偏移（Girardist，等，1999）（图 5-2）。通过体内工作模型，也能很好地预测自行车运动时氧摄取量与重力变化的关系，其结果也是随重力水平的增加氧摄取量增加。作为对比，图 5-5 中的那些直线是平行的这一事实，意味着对于一定量的机械负荷时的氧消耗，或与之相反，对于一定量的氧消耗的机械功，自行车锻炼的机械效率不受重力影响。

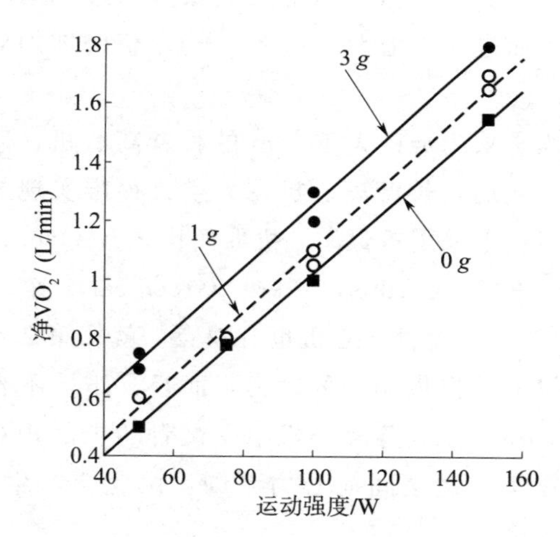

图 5-5　0 g、1 g 和 3 g 作用时，运动强度和净 VO_2 的关系（摘自 Girardis，等，1999）

假定最大心率不变，在重力水平升高时，在一定运动负荷时的心率要高一些，意味着受试者最大氧摄取量减少。在任何给定功率自行车锻炼时，氧消耗作为重力的函数，随重力增加而增加，意味着最大的有氧机械功的下降比最大的氧摄取量的下降程度更大。因此，在质量比地球大的行星上，最大工作能力应该是下降的，而在月球、火星和微重力时是增加的。太空飞行中，发现最大的氧消耗没有变化可能源于与之并存的肌肉质量的减少。

5.4 长臂和短臂离心机

超重研究结果表明重力的方向和重力作用力的大小对环境和人工作肌肉之间的气体转运有多种影响。对于一个给定的运动负荷，随$+G_z$方向重力水平的增加，通过呼吸和循环氧通量的需求也增加。同时，在重力增加时，由于静脉回流减少和颅脑组织的流体静压差增加，体循环对氧的转运减少。肺作为气体交换器的效率在高重力时显著降低，分流分数在从静息到锻炼的过渡期间增大，并随锻炼的强度增大而进一步增大。总之，$+G_z$值的增加对人运动有明显的负面影响。

上述实验均是采用半径大于 6 m 的长臂离心机，这是人工重力的最理想状况。然而，长臂离心机在太空是很难实现的。几位作者提议在太空舱甲板上采用短臂离心机取而代之（Burton，1994；Burton，Meeker，1997；Cardùs，1994；Greenleaf，等，1996；Vil - Vilams，等，1997）。短臂离心机也有缺点。就像第 2 章所描述的那样，短臂离心机需要提供额外的动力，而且其结构不容易与锻炼的受试者匹配。另外，在短臂离心机中受试者的头部相对更接近旋转中心。因此，在头与足之间向心力不同，由此会产生加速度梯度。所以得出以下推论：

1）在长臂离心机上所获得的数据不能类推而代表短臂离心机上所发生的状况；

2）必须开展短臂离心机对人体心血管影响的专项研究。

对有关的研究进行调查，发现短臂离心机主要用于评价运动病的病理生理关系（见 4.3 节）。然而，很少有人知道沿躯体方向存在加速度梯度的情况下旋转对人体心血管功能的影响，据我们所知，对这些条件下的心血管系统变化尚未进行系统的研究。

5.5　短臂离心作为一种对抗措施

除了天空实验室任务（Moor，等，2001）外，在太空飞行中用短臂离心所引起的人工重力效应没有其他实际数据。然而，在地面上，在头低位卧床和干性浸水期间采用间歇性的短臂离心进行过几项研究。在这些研究中，离心主要作为一种对抗卧床或干性浸水引起的心血管失调措施，或者作为一种评价心血管失调严重程度的手段（Clmént，Pavy - Le Traon，2004）。心血管失调严重程度的评价主要是比较受试者在卧床前后 G_z 方向 3 g 以上超重耐力的变化。

5.5.1　卧床研究

怀特（White）等（1965，1966）首次在卧床期间采用短臂离心机进行实验，采用的离心机半径为 1.25 m，在受试者的足部沿 $+G_z$ 方向产生 1～4 g 的重力加速度。在卧床期间，每日进行 4 次离心试验，每次持续 7.5 或 11.2 min。经历离心试验的受试者在卧床后立位试验时未发生晕厥。他们虽然也出现动脉压降低、心率升高、体重下降和血浆容量减少，但较对照组变化小。同一作者们也进行了 10 天卧床实验，在此实验中，受试者的心脏水平处于 2.5 g 重力，每日进行 4 次离心，1 次持续 20 min。由于此超重值超出了受试者的耐受水平，因此将其降低到 1.75 g（White，等，1966），结果证明可减轻头低位卧床引起的立位耐力降低。

日本的研究人员也采用离心机进行了 7 次 $-6°$ 头低位卧床实验。10 名男性受试者参加了为期 4 天的头低位卧床实验，这一研究中，离心机的半径为 1.8 m，受试者处于2 g离心环境，每日 1 次，每次 60 min。卧床末期采血，测血细胞比积，将其作为血浆容量的间接评估指标，结果与以前的头低位卧床实验相比，无明显差别（Yajima，等，1994，2000）。为了进一步评价离心对心血管功能的影响，12 名受试者参加了一次为期 4 天的头低位卧床实验。8 名受试者在处于

2 *g* 的环境中持续 30 min，每日 2 次。另外的 4 名受试者作为对照。在头低位卧床实验前后评价了心血管植物神经调节。结果是对照组的 R—R 间期、副交感神经活动（通过心率变异获得）和压力反射敏感性明显下降，而离心组的这些参数没有明显改变（Saaki，等，1999）。在另外的为期 4 天的头低位卧床实验中，对 20 名健康男性受试者作了检测。以 10 名受试者作为对照，另外 10 名受试者处于 2 *g* 环境 30 min，每日 2 次。观察到对照组副交感活动和压力反射增益明显降低，离心组无明显变化。两组受试者均出现最大氧耗量的显著减少（Iwasaki，等，1998，2001）。作者们推断，每日处于 2 *g* 环境 60 min 可对抗心血管调节的有关变化，部分逆转头低位卧床所引发的低血容量，但不能阻止运动能力的降低（Iwasaki，等，2001）。

也用猴进行了头低位卧床中离心效应评价的实验（Korolkov，等，2001）。12 只动物（macaca mulatta）限动及 −5°头低位倾斜 28 天。在研究期间，12 只动物中 6 只每日 30～40 min，处于 1.2～1.6 gG_z 方向的重力环境下，每周 4～5 次。结果是实验后离心组动物的总体液量、血浆容量的下降较轻，3 *g* 时加速度耐力提高。在处于 1.2 *g* 环境，30 min 一次，每周进行 2 次时也观察到了相同的趋势。

5.5.2　干性浸水

同时对干性浸水期间短臂离心的效应作了研究和评价。干浸是另一种模拟微重力心血管系统效应的方法（图 1 - 13）。舒尔真科（Shulzhenke）等（1992）进行了一系列的浸水实验，浸水期间单独采用了不同水平的离心（0.8 *g*，1.2 *g*，1.6 *g*）或同时应用水盐补给。每次离心的时间为 40～60 min，离心频率为每日 2～3 次。结果是单纯离心受试者的 3 *g* 耐受能力降低 7%，离心并用水盐补充的受试者仅下降 4%。

在 28 天浸水的第 9～19 天，单独采用了短臂离心，并在第 23～

27天在每日60 min的旋转期间，联合应用自行车功量计3次，每次持续10 min的体能训练。在浸水16～21天单独进行体能训练。结果是单独离心、离心加锻炼和单独锻炼，都有促使受试者3 *g*耐力恢复到浸水前水平的趋势（Vil-Viliams，等，1980）。

最近的回顾是过去20年基于俄罗斯的研究人员所进行的半径为2 m的3～28天的浸水实验。威尔·威廉姆斯（Vil-Viliams）等（2001）总结了处于0.8 *g*、1.2 *g*、1.6 *g*环境时，联合应用自行车功量计锻炼或联合应用水盐补充，结果表明对3 *g*耐力有明显的保护作用。

作者对短臂离心的应用提出了3项建议：

1）人工重力的水平应该接近于地面水平，范围在0.8～1.6 *g*之间。

2）离心的应用应该周期性进行，并随其他对抗措施的联合应用而变。

3）离心的应用应该联合体能锻炼和水盐补充。

5.6　航天和卧床中其他类似重力的对抗措施

5.6.1　下体负压

下体负压装置可引起上肢的体液向下肢转移，方法是将受试者在髂脊以下腿置于密闭的负压筒或负压裤内（图1-6）。采用－50～－40 mmHg负压的原因是考虑到这时出现的体液转移类似于受试者在立位时出现体液转移量。已经将下体负压作为一种评价立位应激时心血管反应的方法，普遍用于飞行和头低位卧床实验。下体负压也作为一种对抗措施，应用于防止再入和着陆后的立位低血压（Charles，等，1994；Kozlovskaya，等，1995）。

俄罗斯在航天任务中用一种叫做“气比斯”（chibis）的特殊裤子，积累了丰富的应用下体负压的经验。长期飞行任务中，大约隔一个月，就要采用下体负压对防护措施和立位耐力进行一次评价。下体负压也与其他对抗措施作联合使用作为一种防护方法，如液体负荷（在飞行的最后一天服用水和盐的片剂）及在飞行的整个期间进行规律性的肌肉锻炼。在着陆前 16～20 天，每 4 天进行一次 20 min 的下体负压锻炼，在着陆前的最后两天，每日进行两次，接近 1 h 的锻炼（Gazenko，等，1991）。这些下体负压与其他对抗措施联合使用对飞行后立位耐力有益（Kozlovskaya，等，1995）。下体负压联合液体负荷认为可增加血管内容量而促进一过性的正性液体平衡，以及血管外的液体平衡。下体负压通过恢复压力反射功能和/或下体静脉顺应性对立位耐力产生有益的效应（Fortney，等，1991）。

在地面，下体负压单独使用或联合其他对抗措施使用多见于头低位卧床实验期间。圭尔（Guell）等（1991）的研究表明，在 −30 mmHg 每日规律性应用 3～4 次，且在最后 3 天应用 6 次，对 −6° 头低位卧床 30 天受试者的立位耐力有益，主要通过维持血浆、细胞外容量（Gharib，等，1992）及血管紧张度而起作用（Arbelle，等，1992）。然而，对下肢静脉的扩张性和下肢肌肉丢失没有防护效应（Berry，等，1993）。在另外一个为期 28 天的头低位卧床实验中，在卧床的第 3 周和第 4 周，每日进行 15 min 的 −30 mmHg 下体负压锻炼联合肌肉锻炼。肌肉锻炼是由不同等级的体能和等张腿部锻炼联合应用组成，每次 15～20 min，每日 2 次。这些对抗措施也提高了立位耐力（Pavy - Le Tron，等，1995）。下体负压和肌肉锻炼的作用不易分开，可能对血浆容量有联合效应（Mailllet，等，1996）。

下体负压锻炼的程序需要考虑到其作用时间和压力两方面。从模拟立位引起的心血管反应来说，应该选用 −40～−50 mmHg 的下体负压，但从受试者的耐受来说，−30 mmHg 的下体负压更好。而且，受试者较长时间处于 −50 mmHg 的下体负压，可能由于头部血压下降而引起晕厥。由于心血管失调和肌肉萎缩，无论是卧床还是航天飞行均会导致运动能力降低。卧床实验时下体负压常与其他对抗措施联合使用，特别是肌肉锻炼。由于这一原因，在最近几年，美国的科学家，包括美国国家航空航天局的艾姆斯研究中心的研究者们，在卧床实验期间测试了肌肉锻炼与下体负压联合使用的效应。在卧床期间下体负压和跑台运动联合使用，对心血管和骨骼肌肉系统均提供了刺激。首先，莫蒂（Murthy）等（1994a，1994b）比较了－100 mmHg 下体负压联合 5 min 卧位运动与 5 min 立位运动的生理反应。作者得出的结论是两者对肌肉骨骼有相同的应激刺激，前者对心血管系统的刺激要大于后者。李（Lee）等（1997）的研究表明：卧床期间持续 30 min 强烈的直立姿态上的间歇性训练，或者是平卧－52 mmHg 下体负压，随后处于 5 min 的静态下体负压，足以维持卧床 5 天后竖姿时运动训练。在沃森波（Watenpaugh）等（2001 年）为期 15 天的头低位实验研究中，也报道了在－52 mmHg 的下体负压筒中，每日进行 40 min 的平卧锻炼对运动能力有益。然而，最近同一研究组报道了适度的运动加－52 mmHg 下体负压，在运动后没有静态下体负压，对 15 天头低位卧床后的立位耐力降低没有保护作用（Schneidier，等，2002）。这种下体负压联合锻炼和随后进行静态下体负压，最近在女性头低位卧床 60 天的实验中作了评价（Hargens，等，2006）。

5.6.2　卧床期间站立和散步的效应

研究模拟失重期间 $+G_z$ 方向重力作为对抗措施最简单的方法是在整个卧床期间使受试者短暂站立。弗尼科斯（Vernikos）（1996）进行了 5 次为期 4 天的实验，采用的是 9 名相同的男性志愿者，在 1 g 时沿 $+G_z$ 方向评价间歇性被动站立和主动散步的效应。指导受试者站立或散步，每日总计 2～4 h，每小时递增 15 min。在随后的一次头低位卧床期间，受试者保持卧床作为对照。在头低位卧床前后，采用持续 30 min 60°头高位倾斜实验评价了最大氧摄取量和立位耐力，主要的结论是：

1）站立可完全（4 h）或部分（2 h）阻止头低位卧床后的立位耐力降低。

2）散步（2 h 和 4 h）和站立（4 h）能缓解峰氧摄取量的降低。

3）散步（4 h）和站立（4 h）能缓解血浆容量的降低。

4）散步（2 h 和 4 h）能缓解尿钙排出增加。

这些研究者们按生理系统总结了被动或主动处于 1 g 所产生的不同益处。他们也指出，除了时间长短外，立位刺激的次数是一个重要因素（Vernikos，等，1996，1997）。

这里也值得提及的是哈斯特雷特（Hastreiter）和杨的研究，他们进行了重力梯度对人体心血管反应的影响研究。8 名受试者在半径为 2 m 的离心机上处于平卧位，旋转的中心位于头部，足部加速度水平在 0.5～1.5 g 的范围，持续 1 h。对心率、小腿阻抗、小腿容积和血压作了检测，表明在 1.5 g 时与站立时相似，而 0.5 g 时产生的效应不明显。

5.7 双人自行车系统

为了排除短臂离心机的弊病，特别是它需要额外的功耗、电机和电子设备质量相当大，建议采用一种人自己提供动力的装置，叫双人自行车系统（TBS）（图 5-6）。双人自车行系统是一种人力提供动力的短臂离心机，由 2 个配对的自行车组成，2 名航天员沿着圆柱体空心舱的内壁反向旋转（Antonutto，等，1991；Di Prampero，Antonutto，1996，1997；Di Prampero，2000）。当受试者进行这一运动时，航天员实质上进行了体能训练，并沿着 $+G_z$ 方向产生了人工重力，因为 2 名受试者沿着环形道移动，产生了一种沿身体轴方向的向心加速度（A_c），其公式为

$$A_c = v^2/r \tag{5-2}$$

其中 v 是边缘切向速度，r 是空心舱内径。

因此，对于一定量 r 值，A_c 值随 v 的变化而变。例如，$r=2$ m 的时候，在足部水平产生 1 g 的 v 值相当于 4.5 m/s（Antonutto，等，1991）。假定作用力与运动的方向相反，还有空气和旋转阻力，与在地球上压力 $P=760$ mmHg、$T=293$ K 的时候所作的观察是一样的，并

在混凝土表面进行粗胎自行车锻炼（Di Prampero，2000；Capelli，等，1993）。在这些情况下，相应的机械和代谢功率是可计算出来的。这些数量总计分别是75 W和1.2 L O_2/min。没有说明如果r从2 m增加至6 m时的情况，r为6 m这一特例时产生$A_c=1\ g$时的速度将升至7.7 m/s，而且其相应的机械和代谢功率分别会升至240 W和3.05 L O_2/min。

机械和代谢功率主要依赖于空心舱中空气的密度和轮子与轨道的摩擦力，自身为A_c的函数。作为一个主要的近似值，后者占机械和代谢功率的小部分，主要由空气阻力和外周速度决定。很可能两个锻炼的受试者的旋转也会使空心舱内的空气流动，因此致空气的阻力减小。

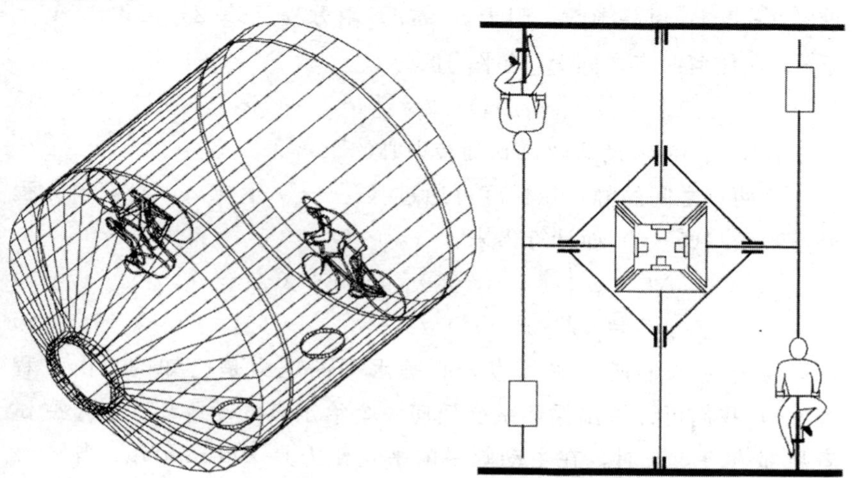

图5-6 双人自行车系统。两个机械配对、反方向旋转的自行车沿着空心舱的圆柱壁运行，自行车的角速度决定了骑自行车人身体的长轴（$+G_z$）人工重力的水平。为了避免空心舱的反向旋转，两个骑自行车人运动的速度应该相同，但方向相反。他们通过一个差速齿轮连接（右侧图是它的放大图），两个自行车质量可调，可阻止反复偏航，否则在自行车经过相同的位点时会发生这种情况。车轮在平行的轨道上运行，平行的轨道提供了初始摩擦力。粗线代表空心舱壁（Antonutto，等，1991；Di Prampero，2000）

而且，因为太空舱内径与踩踏板受试者身高的比例是相同的数量，再因为沿着身体长轴在身体的头足向产生了一种加速度梯度，当双人自行车系统运行时，他们的头与其足部相比更接近于旋转中心。其足部与头部 A_c 比值在 $r=2$ m 是 5，在 $r=6$ m 是 1.5。

和在地球上的情况类似，A_c 引起的血柱重量起作用，双人自行车系统在对抗心血管失调方面应该是有效的。在太空中，应用双人自行车系统时，流体静压 ΔP 会是

$$\Delta P=\rho A_c h \tag{5-3}$$

因此，对于一定的 v，A_c 从头部到足部是升高的，ΔP 依赖于在循环系统中所处的位置，或者说是离心脏的距离，这是因为它与 h 和 A_c 有关，而 A_c 值本身又与 r 有关。对于一定量的常数 v，其角速度 ω（rad/s）也是常数。因为 $v=\omega r$，由方程（5-2）可得出 $A_c=\omega^2 r$。在任何两点之间 A_c 的平均值为

$$A_c=(\omega^2 r_1+\omega^2 r_2)/2=[\omega^2(r_1+r_2)]/2 \tag{5-4}$$

其中 r_1 和 r_2 是这两点到旋转中心的距离。

这两点之间的静水压梯度可通过（r_2-r_1）替换 h，以获得方程（5-5）和（5-6）而计算出来。

$$\Delta P=\rho[\omega^2(r_1+r_2)]/[2\times(r_2-r_1)] \tag{5-5}$$

$$\Delta P=\rho\omega^2(r_1^2-r_2^2)/2 \tag{5-6}$$

将 r_2 定为心脏水平，假若心脏水平的压力是已知的，由方程（5-6）我们可计算出循环系统任何一个给定点的动脉压。对于受试者足部 $A_c=1\ g$ 时，在主动脉弓的平均压力是 100 mmHg，当 $r=2$ m 时，在头和足水平的平均动脉压分别为 95 和 150 mmHg；$r=6$ m 时分别为 80 和 170 mmHg。

由于双人自行车系统功效学设计要求，受试者机体上部质量所引起的离心力靠自行车的结构支撑。相反，下肢仅会支撑其自身质量与 A_c 乘积相等的作用力。因此，就像地球上一样，脊柱支撑机体的上部，而股骨和胫骨仅受其自身重量和源于踩自行车踏板肌肉活动所产生作用力的机械刺激，事实上某种程度减小了双人自行车系

统对抗骨矿物质丢失的效应。

在双人自行车系统上锻炼时，轻微的头部运动可导致前庭功能紊乱，这是头部运动超出了旋转平面而产生的科里奥利和交叉耦合角加速度引起的。根据本森（Benson）（1988）的报道，由此而产生的感觉冲突是急性运动病发生的主要原因。为了测试双人自行车系统诱导运动病的能力，在地面上建立了一个双人自行车系统模型，采用了斯德哥尔摩卡尔斯塔得（Karolinska）大学的人用离心机（Antonutto，等，1993），如图5-7所示。6名健康男性受试者踏自行车功量计，自行车功量计固定于与旋转中心相距2.2 m的臂上，倾斜45°，其半径实质上与空间站舱体相当。因为$A_c=\omega^2 r$，踏自行车的受试者在内耳水平产生$A_c=1\ g$的旋转速率是21 rpm。A_c加上地球重力的矢量总和是1.41 g，作用于受试者的内耳，沿受试者的轴向。

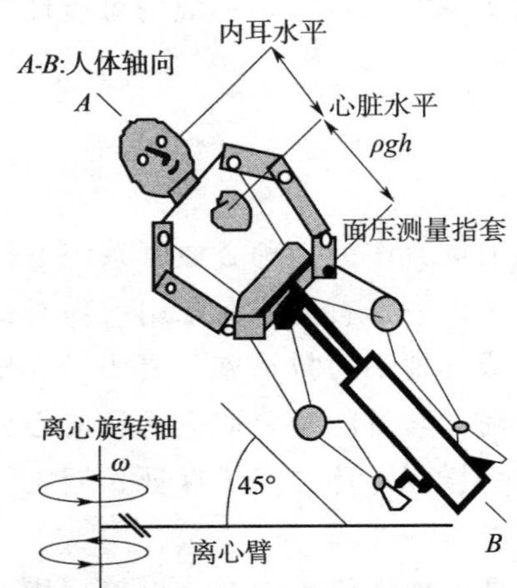

图5-7　地面上模拟的双人自行车系统。受试者在自行车功量计上锻炼的示意图，自行车功量计固定在斯德哥尔摩卡尔斯塔得大学的人用离心机臂上。自行车功量计倾斜45°，离心机的角加速度（ω，单位为rad/s）等于在双人自行车系统上受试者的足部按需要达到1 g时的速度，这会产生一个水平的矢量G，其模数为1.41 g［$G=(A_c{}^2+g^2)^{1/2}$］，作用于受试者的内耳水平，沿受试者的轴向。其进一步详情见安冬纳托（Antonutto）等（1993，1994）的报道

在离心机旋转期间，所有的受试者用 50 W 功率踏自行车至少 20 min，也就是说，其机械功率略小于双人自行车系统上在足部水平产生 1 g 所需的功率（$r=2$ m，见上文）。为了评价运动病的易感性，要求受试者按照一定的程序移动头部，其中包括不同角度的旋转、俯仰和偏航。在睁眼和闭眼时都进行同样的动作。6 名受试者中仅 1 名经受了一过性中等程度的运动病症状。按照雷克尔（Lacker）和格雷比尔于 1986 年提议的 3 级评分法，分值最高为 16 分。睁眼时出现的症状要重一些，但不管怎样，在旋转结束后很快消失。

这一研究确认了产生人工重力所必需的旋转环境所衍生的不适感出现率很低，这是合理的，并能较容易耐受。考虑到双人自行车系统不需要任何额外的功耗，并且在太空中可由航天员自行操作，需要的重力域值低，1 g 足以减少由于微重力所致的心血管反应，我们坚定认可在实际实现双人自行车系统的可能性方面应该作进一步研究。

5.8 结论

以上综述了人工重力作为一种心血管系统对抗措施的生理学及其应用，提出了几个问题。首先，在采用一项对抗措施时，无论它是人工重力、锻炼或其他的对抗措施，要明确其使用目的。对于心血管系统来说，要确定其目的是要使航天员的心血管功能维持到飞行前或模拟失重前一样呢？还是为了保证长期飞行航天员最低安全水平所需的生理功能呢？

另外一个问题是怎样评价离心对心血管功能的作用效率？就像文献综述中所表明的那样，可采用不同的测试方法在模拟失重实验后评价心血管功能。这些测试的标准化和主要的评价标准会增强实验数据的可比性，并对多个系统综合研究提出了要求。另外，也必须考虑认知和心理学问题。

最后，有一个基本的问题是：多大的人工重力，也就是说，什么样的人工重力水平、作用多长时间和什么样的使用频率可阻止心血管失调的发生？我们认为，为了符合实际，间歇性人工重力的时间应该短于长期飞行航天员的锻炼时间，也就是说，每日应该少于 2 h。现在还没有从 1 g 到 0 g 重力时的人体生理反应实验数据。然而，前面所述及的短臂离心机研究表明：在 0.8～4 g 水平的间歇性离心可防止卧床后的心血管失调。在大多数实验中，采用的重力水平是在 1.2～2 g 之间，作用时间 30～120 min 之间。

在这些研究中，进行离心的次数是每日 1～4 次，取决于人工重力的水平和每次作用的时间。每日作用 2 次更常见。实行离心时采用几次短时作用而不采用每一次持续较长时间，可能这样对于航天员来说，既可提高离心的效率，航天员也容易耐受。在单一的一次训练中，间歇性离心可提高效率。然而，归因于短臂离心机所产生的重力梯度的特殊生理学效应必须研究清楚。

自然而然的一个问题是，心血管对离心的耐受有一个限值。这一限值依赖于重力水平和作用时间。人工重力的水平是 2 g 或超过 2 g 时会产生一些耐受问题。如果采用的 g 值水平升高或离心的时间延长，应该使用其他的对抗措施。与离心同时进行锻炼可能会影响耐受水平，但这一问题还不清楚。对于离心及其耐受相关的大多数研究主要在健康男性受试者中进行的。性别对耐受性和离心效率也有影响，这可能与男女的身体不同适应性有关。

另一个更具操作性的问题是：如何根据飞行时间表和返回地球的时间来安排人工重力的锻炼时间？迄今尚没有收集到涉及这一方面的数据。关于心血管系统，在飞行的末期离心机暴露可能会更频繁，以备返回地球；在航天和卧床研究中已经按照此想法安排下体负压的锻炼。如果用离心的方法来防止其他长期性的生理改变，例如骨的变化，这与离心锻炼时间的安排关系不大。

有证据表明，离心与其他对抗措施联合使用可能起到更好的保护作用。在卧床和干性浸水时，采用离心与锻炼或水盐补给配合使用，短臂离心的这些研究表明具有潜在的更多的益处。毫无疑问，离心与锻炼相结合可减少肌肉萎缩和骨质变化。认识到人力驱动的离心机的潜在益处，如双人自行车系统或其他类似的系统在美国国家航空航天局艾姆斯中心（Greenleaf，2004）和加利福尼亚大学欧文分校（Callifornia - Irvine）大学（3.3.3 节）在进行开发。但明确地说还需进一步的研究。

受试者在离心装置上锻炼时，头与身体运动可引起运动病和定向改变，这是科氏加速度和角加速度交叉耦合所致。但是，如果限制受试者头部运动或受试者提前适应这一类型的冲突性刺激（Young，等，2001），运动病可能会减少。

然而，对于长期的太空飞行是否可以采用人工重力作为防护措施将需要通过太空飞行来证实，大部分的标准应该通过地面研究确定。离心与锻炼相结合或其他手段对心血管失调的效用在持续数天的模拟实验中作了评价。在第 7 章中提及到这些研究的步骤。然而，其他生理系统的评价，特别是肌肉萎缩和骨骼的完整性大概还需要长期的实验。

参考文献

[1] Antonutto G, Capelli C, Di Prampero PE (1991) Pedaling in space as a countermeasure to microgravity deconditioning. Microgravity Ouarerly 1: 93 - 101.

[2] Antonutto G, Linnarsson D, Di Prampero PE (1993) On - Earth evaluation of neurovestibular tolerance to centrifuge simulated artificial gravity in humans. Physiologist 36 (Suppl 1): S85 - S87.

[3] Arbeille P, Pavy - Le Traon A, Fomina G et al. (1995) Femoral flow response to lower body negative pressure: an orthostatic tolerance test. Aviat Space Environ Med 66: 131 - 136.

[4] Arbeille P, Sigaudo D, Pavy A, et al. (1998) Femoral to cerebral arterial blood flow redistribution and femoral vein distension during orthostatic tests after 4 days in the head - down title position or confinement. Eur J Appl Physiol 78: 208 - 218.

[5] Benson AJ (1998) Motion sickness. In: Aviation medicine. Ernsting J, King P (eds) Butterworths, London, pp 318 - 338.

[6] Bjurstedt H, Rosenhamer G, Wigertz O (1968) High - g environment and responses to graded exercise. J Appl Physiol 25: 713 - 719.

[7] Bimqvist CG, Stone HL (1983) . Cardiovascular adiustments to gravitational stress. In: Handbook of Physiology, Section 2: The Cardiovascular system. Shepherd JT, Abboud FM (eds) Vol Ⅲ, Part 2. Am Physiol Soc, Bethesda, Maryland, pp 1025 - 1063.

[8] Burton RR (1997) Artificial gravity in space flight. J Gravity Physiol 4: P17 - P20.

[9] Bueton RR, Meeker LJ (1994) Taking gravity to space. J Gravity Physiol 1: P15 - P18.

[10] Caiozzo VJ, Rose - Grotton C, Baldwin KM et al. (2004) Hemodynam-

ic and metabolic responses to hypergravity on a human - powered centrifuge. Aviat Space Environ Med 75：101 - 107.

[11] Capelli C，Antonutto G，Azabji Kenfack M et al. （2006） Factors determining the kinetics of VO2max decay during bed - rest：implications for VO2max limitation. Eur J Appl Physiol，in press.

[12] Capelli C，Rosa G，Butti F et al. （1993） Energy cost and efficiency of riding aerodynamic bicycles. Eur J Appl Physiol 67：144 - 149.

[13] Cardùs D，（1994） Artificial gravity in space and in medical research. J Gravity Physiol 1 ：P19 - P22.

[14] Clément G，Pavy - LeTraon A （2004） Centrifugation as untermeasure during actual and simulated microgravity：A review. Eur J Appl Physiol 92：235 - 248.

[15] Convertino V （2007） Cardiovascular consequences of bed rest：effects on maximal oxygen untake. Med Sci Sports Exerc 29：191 - 196.

[16] Convertino VA，Doerr DF，Flores JF et al. （1988） Leg size and muscle functions associated with leg compliance. J Appl Physiol 64：1017 - 1021.

[17] Di Prampero PE，Antonutto G （1996） Effects of Microgravity on Muscle Power：Some Possible Countermeasures. In：Proceeding of the ESA Symposium on Space Station Utilization，ESA Publication Division，Noordwijk，ESA - SP - 385，pp103 - 106.

[18] Di Prampero PE，Antonutto G （1997） Cycling in space to simulate gravity. Int J Sports Med 18：S324 - S326.

[19] Di Prampero PE （2000） Cycling on Earth，in space，on the Moon. Eur J Appl Physiol 82：345 - 360.

[20] Ferretti G，Antonutto G，Denis C et al. （1997） The interplay of central and peripheral factors in limiting maximal O2 consumption in man after prolonged bed rest. J Physiol （Lond） 501：667 - 686.

[21] Ferretti G，Girardis M，Moia C et al. （1998） The effects of prolonged bed rest on cardiovascular oxygen transport during submaximal exercise in humans. Eur J Appl Physiol 78：398 - 402.

[22] Folkow B，Haglund U，Jodal M et al. （1971） Blood flow in the calf

muscle of man during heavy rhythmic exercise. Acta Physiol Scand 81：157 - 163.

[23] Fowler KT，Read J（1961）Cardiac oscillations in expired gas tensions，and regional pulmonary blood flow. J Appl Physiol 16：863 - 868.

[24] Fritsch - Yelle JM，Charles JB，Bennett BS et al.（1992）Short duration space flight impairs human carotid baroreceptor - cardiac reflex responses. J Appl Physiol 73：664 - 671.

[25] Fritsch - Yelle JM，Charles JB，Jones MM et al.（1994）Space flight alters autonomic regulation of arterial pressure in humans. J Appl Physiol 77：1776 - 1783.

[26] Fu Q，Levine BD，Pawelczyk J A et al.（2002）Cardiovascular and sympathetic neural responses to handgrip and cold pressor stimuli in humans before，during and after spaceflight. J Physiol（Lond）544：653 - 664.

[27] Gauer OH，Thron HL（1965）Postural changes in the circulation. In：Handbook of Physiology，Section 2：Circulation. Hamilton WP（ed）Am Physiol Soc，Washington，DC，Vol 3，Chap 67，pp2409 - 2439.

[28] Girardis M，Linnarsson D，Moia C et al.（1999）Oxygen cost of dynamic leg exercise on a cycle ergometer：effects of gravity acceleration. Acta Physiol Scand 166：239 - 246.

[29] Glaister DH，Prior ARJ（2000）The effects of long duration acceleration. Aviation Medicine 5：129 - 147.

[30] Green NDC（2000）Protection against long duration acceleration. Aviation Medicine 5：148 - 156.

[31] Greenleaf JE，Gundo DP，Watenpaugh DE et al.（1996）Cycle - powered short radius（1. 9 m）centrifuge：Exercise vs passive acceleration. J Gravit Phvsiol 3：61 - 62.

[32] Greenleaf JE，Gundo DP，Watenpaugh DE et al.（1997）Cycle - powered short radius（1. 9 m）centrifuge：Effect of exercise versus passive acceleration on heart rate in humans. NASA Technical Memorandum 110433.

[33] Henry J，Gauer O，Kety S et al.（1951）Factors maintaining cerebral circulation during gravitational stress. J Clin Invest 30：292 - 301.

[34] Herault S, Fomina G, Alferova I et al. (2000) Cardiac, arterial and venous adaptation to weightlessness during 6 - month MIR spaceflights with and without thigh cuffs. Eur J Appl Physiol 81: 384 - 390.

[35] Iellamo F, Di Rienzo M, Lucini D et al. (2006) musule metaboreflex contribution to cardiovascular regulation during dynamic exercise in microgravity: Insights from the STS - 107 Columbia Shuttle Mission. J Physiol (Lond) 572: 829 - 838.

[36] Keller TS, Strauss AM, Szpalsky M (1992) Prevention of bone loss and muscle atrophy during manned space flight. Microgravity Quarterly 2: 89 - 102.

[37] Lackner JR, DiZio P (2000) Artificial gravity as a countermeasure in long - duration space flight. J Neurosci Res 52: 169 - 176.

[38] Lackner JR, Graybiel A (1986) The effective intensity of Coriolis cross - coupling stimulation is gravitoinertial force dependent: implication for space motion sickness. Aviat Space Environ Med 57: 229 - 235.

[39] Levine BD, Lane LD, Watenpaugh DE et al. (1996) Maximal exercise performance after adaptation to microgravity. J Appl Physiol 81: 686 - 694.

[40] Linnarsson D (1980) Metabolic responses to gravitational changes. In: Exercise Bioenergetics and Gas Exchange. Cerretelli P, Whipp BJ (eds) Elsevier/North - Holland Biomedical Press, Amsterdam, pp297 - 302 .

[41] Linnarsson D, Rosenhamer G (1968) Exercise and arterial pressure during simulated increase of gravity. Acta Physiol Scand 74: 50 - 57.

[42] Linnarsson D, Sundberg CJ, Tedner B et al. (1996) Blood pressure and heart rate responses to sudden changes of gravity during exercise. Am J Physiol 270: H2132 - H2142.

[43] Nicogossian AE (1994) Space Physiology and Medicine. Lea and Febiger, New York.

[44] Nunneley SA, Shindell DS (1975) Cardiopulmonary effects of combined exercise and + Gz acceleration. Aviat Space Environ Med 46: 878 - 882.

[45] Perhonen MA, Franco F, Lane LD et al. (2001) Cardiac atrophy after

bed rest and space flight. J Appl Physiol 91：645 - 653.

[46] Prisk GK，Guy HGB，Elliott AR et al. （1994） Inhomogeneity of pulmonary perfusion during sustain microgravity on SLS - 1. J Appl Physiol 76：1730 - 1738.

[47] Rohdin M，Linnarsson D （2002） Differential changes of lung diffusing capacity and tissue volume in hypergravity. J Appl Physiol 93：931 - 935.

[48] Rohdin M，Petersson J，Mure et al. （2003a） Protective effect of prone posture against hypergravity - induced arterial hypoxaemia in humans. J Physiol （Lond） 548：585 - 591.

[49] Rohdin M，Petersson J，Sundblad P et al. （2003b） Effects of gravity on lung diffusing capacity and cardiac output in prone and supine humans. J Appl Physiol 95：3 - 10.

[50] Rohdin M，Petersson J，Mure M et al. （2004） Distribution of lung ventilation and perfusion in prone and supine humans exposesd to hypergravity. J Appl Physiol 97：675 - 682.

[51] Rosenhamer G （1967） Influence of increased gravitational stress on the adaptation of cardiovascular and pulmonary function to exercise. Acta Physiol Scand Suppl 276：1 - 61.

[52] Rosenhamer G （1968） . Antigravity effects of leg exercise. Acta Physiol Scand 72：72 - 80.

[53] Rowell LB （1993） Human Cardiovascular Control. Oxford University Press，New York.

[54] Saltin B，Blomqvist CG，Mitchell RC et al. （1968） Response to exercise after bed rest and after training. Circulation 38：Suppl 7：1 - 78.

[55] Shykoff BE，Farhi LE，Olszowka AJ et al. （1997） Cardiovascular response to submaximal exercise in sustained microgravity. J Appl Physiol 81：26 - 32.

[56] Sjöstrand T （1962） The regulation of the blood volume distribution in man. Acta Physiol Scand 26：312 - 327.

[57] Stegall HF （1966） Muscle pumping in the dependent leg. Cire Res 19：180 - 190.

[58] Vil - Viliams IF，Kotovskaya AR，Shipov AA （1997） Biomedical as-

pects of artificial gravity. J Gravity Physiol 4：P27 - P28.

[59] Wasserman K，Van Kessel AL. Burton GG（1967）Interaction of physiological mechanisms during exercice. J Appl Physiol 22：71 - 85.

[60] Young LR，Hecht H，Lyne LE et al.（2001）Artifical gravity：Head movements during short - radius centrifugation. Acta Astronautica 49：215 - 226.

第6章 人工重力的生理学对象：神经肌肉系统

马里奥·纳里西（Mario Narici）[1]

乔琴·赞吉（Jochen Zange）[2]

皮特罗·迪·普拉姆佩罗（Pietro Di Prampero）[3]

[1] 曼彻斯特大学，英国柴郡（Manchester Metropolitan University，Cheshire，UK）

[2] 德国航天航空中心，德国科隆（DLR，Köln，Germany）

[3] 乌迪内大学，意大利（University of Udine，Italy）

骨骼肌对于施加于其上的压力能够做出高度适应性的反应，包括生长、姿势维持、极度运动行为和损伤修复。除了正常的生理反应外，骨骼肌的质量和功能可随着年龄、废用、饥饿和疾病而下降。本章节主要关注微重力对肌肉结构、功能和神经肌肉调控的影响，并对一些卧床和航天飞行中常用对抗措施的作用和效能进行讨论，这些对抗措施包括有氧训练、阻力训练、电肌肉刺激、下体负压和人工重力。

6.1 废用对肌肉单纤维的影响

6.1.1 结构

在地球和微重力条件下，废用可导致肌肉质量快速下降，这已被不同的例子所证明，如航天飞行、下肢悬吊、限动和卧床。在动物研究中发现，萎缩的幅度通常是纤维特异性的。姿势性肌肉如比目鱼肌、骨中间肌和内收长肌，一般含有更高比例的Ⅰ型慢纤维，

图 6－1　位于斯德哥尔摩（Stockholm）的卡罗林斯卡（Karolinska）研究所的人用离心机，用于研究角加速度和线性加速度耐力、肌肉和心血管对人工重力的响应以及运动病易感性，图片获得达格·林纳森（Dag Linnarsson）许可使用

它们比含有更高比例Ⅱ型快纤维的非姿势性肌肉如比目鱼肌、胫骨前肌和拇长伸肌更容易萎缩（Roy，等，1987；Ohira，等，1992；Tischler，等，1993）。在一项研究中发现，仅仅飞行一周，大鼠的肌肉质量即可下降37％（俄罗斯宇宙号火箭和美国航天飞机任务）。

短期航天飞行发现，人的Ⅱ型纤维较Ⅰ型纤维更易于萎缩（Fitts，等，2001）。比如，在11天航天飞行后，骨中间肌（vastus lateralis，VL）的Ⅱ型纤维萎缩程度要大于Ⅰ型纤维（Edgerton，等，1995）。与之类似的是，一项航天飞机的飞行实验表明（STS-78），航天飞行17天后，比目鱼肌（soleus，SOL）Ⅱ型纤维横截面积（cross-sectional area，CSA）下降了26%，而Ⅰ型纤维仅下降了15%（Widrick，等，1999）。

然而，当对长期卧床实验数据进行分析时，我们可以发现另一种不同的结果。在12周卧床后，骨中间肌Ⅰ型和Ⅱ型纤维的横截面积分别下降了35%和20%，比目鱼肌的Ⅰ型和Ⅱ型纤维横截面积分别下降了42%和25%（Rudnick，等，2004）。与之相似的是，84天卧床后，骨中间肌Ⅰ型纤维直径下降了15%，而Ⅱ型纤维直径下降了8%（Trappe，等，2004）。因此，似乎可以这样认为，像来自大鼠的结果一样，人类Ⅰ型纤维与Ⅱ型纤维相比，对废用性萎缩更加敏感。

6.1.2 肌球蛋白重链

航天飞行和尾吊大鼠可出现肌球蛋白重链（myosin heavy chain，MHC）由慢型向快型的转变（Baldwin，Haddad，2001）。这些适应性反应包括慢型Ⅰ肌球蛋白重链的下调，同时伴有快型ⅡX肌球蛋白重链的更新（de novo）表达。最近，从84天卧床实验中获得的数据显示这种向快型纤维表型的转变同样也可出现在人类身上，导致Ⅰ型/ⅡA型肌球蛋白重链比率升高2.8倍（Trappe，等，2004）。此外，像在大鼠研究中发现的一样，混合纤维共表达的比例要显著增加。卧床前，混合纤维的总比例为13%～14%，而在卧床后，混合纤维的数量增加到49%（Trappe，等，2004）。

这些在卧床和尾吊实验中观察到的肌球蛋白重链从慢型向快型的转变，从质量上看，与动物和人类髓鞘受损（Andersen，等，1996）或脊髓横切后（Talmadge，等，1999）的表现非常相似。这些结果也显示快型肌球蛋白重链是缺乏神经支配或长期废用后肌纤维的主要表现类型。然而，人类完成肌球蛋白重链表型转变的时间是动物所用时间的3倍多（10个月对3个月）（Baldwin，Haddad，2002）。

6.1.3 收缩特性

动物和人体数据显示，真实失重或模拟失重后，单一纤维的收缩特性发生显著改变。主要是以下收缩参数发生变化：峰值收缩力（P_o）、峰值收缩力/横截面积（P_o/CSA）、最大无负荷收缩速度（V_o）和力-能量特性。

6.1.3.1 最大等长收缩（P_o）和精细张力（P_o/CSA）

14 天（Cosmos 2044）和 18.5 天（Cosmos 936 和 1129）航天飞行后，大鼠比目鱼肌单纤维的峰值收缩力分别下降了 25%和 45%（Fitts，等，2000）。但这些实验中缺乏航天飞行对大鼠单纤维 P_o/CSA 影响的数据。然而，尾吊实验结果显示模拟失重可导致 P_o/CSA 显著下降。在 3 周的大鼠尾悬吊实验中发现，仅仅 7 天尾吊，P_o/CSA 下降了 17%（McDonald，Fitts，1995）。类似的，人类在采取了防护措施的 17 天航天飞行后，比目鱼肌纤维的 P_o/CSA 下降了 4%（Widrick，等，1999）。这些发现得到了人类长期卧床实验结果的支持：在 42 天和 84 天卧床后，肌球蛋白重链 Ⅰ 型纤维的 P_o/CSA 分别下降了 40%和 25%（Larsson，等，1996；Trappe，等，2004）。

单一纤维精细张力 P_o/CSA 下降的原因与肌纤维蛋白浓度下降有关，这提示是横桥的数量下降了，而不是每个横桥上产生的力下降了（D' Antona，等，2003）。精细张力的下降似乎不大可能与肌动蛋白的选择性丢失有关，因为 P_o/CSA 在肌动蛋白选择性丢失后仍能得以维持不变（Widrick，等，1999）。然而，我们尚不能排除其他机制如钙动力学改变或纤维受损等。

6.1.3.2 最大无负荷速度（V_o）

从肌球蛋白重链构成的转变可以判断 V_o 也将发生变化。事实上，人类和大鼠的实验结果已显示航天飞行后小腿肌肉的 V_o 增加了（Caiozzo，等，1996；Widrick，等，1999）。这种对 V_o 的效应非常显著。仅仅 6 天和 14 天的航天飞行，大鼠比目鱼肌的 V_o 分别增加了 14%和 20%。这些效应伴随着肌球蛋白重链ⅡX 型表达的增加和肌球蛋白重链Ⅰ型表达的下降。

对于人类，威德里克（Widrick）等人（1999）报道在 17 天航天飞行（航天飞机任务 STS－78）后，比目鱼肌纤维的 V_o 和 V_{max} 分别增加了 30%和 44%。这种 V_o 和 V_{max} 的增加说明脚部屈肌缩短速度的增加不仅仅是由于ⅡX 纤维表达的增加，而且是由于单一纤维的缩短速度发生了改变（Fitts，等，2001）。

V_o 和 V_{max} 增加的真实原因仍不清楚，可能与微重力暴露后大鼠肌动蛋白不成比例的丢失有关（Riley，等，2000）。有研究提示肌动蛋白选择性丢失可能导致格状结构的间距。结果，横桥将分离更快，由于内部拖拉的下降，V_o 因此增加（Riley，等，2000）。

然而，长期卧床实验结果与其不同。特拉皮（Trappe）等人（2004）报道 84 天卧床后，人的股外侧肌肌球蛋白重链（MHC）Ⅰ型纤维和ⅡA 型纤维分别下降了 21%和 6%。尽管与威德里克等人（1999）和亚马希塔·戈托（Yamashita－Goto）等人（2001）的结果存在差异，这些结果却与拉森（Larsson）等人（1996）和威德里克等人（2002）报道的结果一致。仔细审查这些研究时发现，似乎 V_o 的增加主要出现在采取了物理防护的受试者身上，而 V_o 的下降似乎出现在没有采取防护措施的受试者身上（Trappe，等，2004）。作者因此认为肌肉活动在调节肌肉缩短速度上具有重要作用。

6.1.3.3　峰能量

在人类和动物身上，真实和模拟失重后单一纤维的峰能量下降。6～14 天航天飞行后，大鼠比目鱼肌的峰能量下降 16%～20%（Caiozzo，等，1996）。这种下降在 V_{max} 增加 14%～20%时仍然出现，说明肌肉能量的丢失与力量的丢失有关。航天飞行对人类单纤维影响的详细数据不足。威德里克等人（1999）在 17 天航天飞机任务中获得的结果显示：在 2 名航天员身上比目鱼肌Ⅰ型纤维的峰能量下降了约 20%。在另两名航天员身上，V_{max} 增加比较高，足以补偿力量的丢失，因此峰能量与飞行前的数据相比没有差异。

从图卢兹（Toulouse）卧床实验（ESA LTBR 2000－1）结果我们得到了一张更清楚的图片。6名受试者在卧床期间没有采取任何防护措施，其比目鱼肌复合单肌纤维的能量下降了23%，而另6名受试者在卧床期间进行了规律性的飞轮阻力锻炼防护，其峰能量得到了维持。这一发现提示阻力锻炼在通过增加 V_o 维持肌肉能量上起着重要作用。

6.2 脱锻炼和废用对整个肌肉的影响

6.2.1 结构

大量研究结果表明，失重或模拟失重可导致人和动物的骨骼肌发生萎缩，这主要是由于肌纤维的大小下降，而肌纤维的数量却没有发生改变（Roy，等，1987；Templeton，等，1984；Thomason，Booth，1990）。这些研究结果也表明，在人身上，那些在地面支撑体重的姿势肌肉萎缩程度要高于非姿势肌肉。此外，在姿势肌肉的自身之间也存在差异。通常，踝部的脚底屈肌如腓肠肌内侧、外侧和比目鱼肌的容量下降最大，其次下降多的是脊屈肌、胫前肌、膝伸肌、膝屈肌和内下背肌（LeBlanc，等，1988；LeBlanc，等，1997）。

虽然大家对肌肉萎缩的这些特性能够达成一致认同，但对于肌肉萎缩的时间过程却报道不多。总的来说，将来自卧床实验的结果与其他去负荷模型如下肢悬吊的结果相结合（Convertino，等，1989；Berg，等，1991；Hather，等，1992；Adams，等，1994），我们可以知道萎缩与时间之间呈指数关系（图6－2），例如在120天模拟失重后，肌肉质量可以达到一个稳定的值，约为初始值的70%左右。事实上，来自图卢兹（ESA－LTBR2001－1）的90天卧床实验结果表明，卧床后小腿肌肉质量丢失了30%（图6－3）。因此，肌肉萎缩的过程要比从横截面积数据分析所预测的快得多。

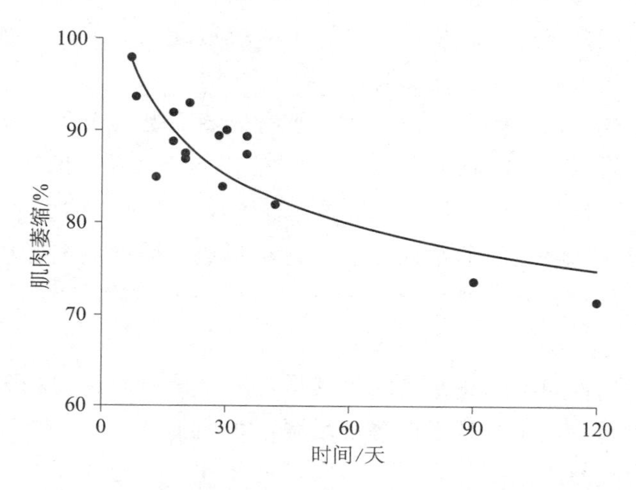

图 6-2　实际航天飞行及下肢悬吊或卧床等模拟失重情况下小腿肌肉因去负荷发生萎缩

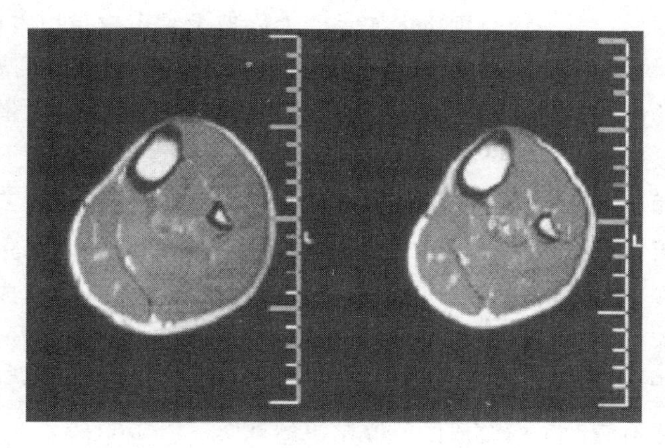

图 6-3　卧床前（左）和卧床 90 天后（右）小腿肌肉的 MRI 图像。比较两张图像可见伸肌萎缩最明显

这项研究结果得到了极大的关注，因为从临床观点来看，当瘦体重的质量丢失超过 40%，死亡的风险将随之增加（Roubenoff，2001）。这些考虑来自一项没采取任何对抗措施的 120 天卧床实验的

人类小腿姿势肌肉的结果，而采取了对抗措施或高强度体育锻炼的真实飞行实验数据却没有获得。

失重或模拟失重后，人和动物肌肉的萎缩是由于蛋白合成与分解速率之间失衡（Gamrin，等，1998）。事实上，在大鼠尾吊的前两个星期内，蛋白合成下降，而蛋白降解增加。在随后的两个星期内，蛋白合成与降解之间的平衡才能够再次形成，因此肌肉蛋白浓度得以稳定，虽然其水平要比尾吊前低（Loughna，等，1987；Thomason，等，1989）。

航天飞行和卧床实验的结果提示，人骨骼肌质量的丢失是由于蛋白合成减少，而不是蛋白降解增强。事实上，一项来自和平号空间站3个月的研究结果表明，与飞行前相比，人整体蛋白合成下降了45%（Stein，等，1999）。同时，通过血液中3-甲基组氨酸表观率间接推算的蛋白降解速率发现，飞行中蛋白降解速率实际上是下降的。因此，航天飞行中肌肉质量的丢失似乎是由于蛋白合成降低，而不是蛋白降解增加所导致的（Ferrando，等，2002）。即使膳食摄入下降的影响没有排除，也有证据表明微重力在本质上对蛋白合成具有直接影响。事实上，在航天飞行中培养的鸟类骨骼肌细胞实验结果表明微重力可直接抑制蛋白合成（Vandenburgh，等，1999）。

航天飞行中蛋白周转率改变的结果与地面短期卧床实验结果相一致。在14天严格的卧床后，年轻健康志愿者的总蛋白合成下降了14%，而骨骼肌蛋白合成下降了约50%（Ferrando，等，1996）。在14天的严格卧床实验中，这种废用所导致的蛋白合成下降，得到了氨基酸注射刺激蛋白合成的研究结果的证实（Biolo，等，2004）。在卧床期间，亮氨酸沉积入蛋白的净值比能够随意走动的志愿者低了8%，这提示卧床能够导致蛋白合成代谢下降。

6.2.2 肌肉构造

与老年肌肉缺乏症上观察到的结果类似（Narici，Maganaris，2006），人类骨骼肌的也伴随着肌束长度和羽状角度（肌纤维与肌腱长轴之间的角，pennation angle）的下降而发生废用性萎缩（Kawakami，等，2000；Bleakeny，Maffulli，2002；Narici，Cerretelli，1998；Reeves，等，2002）。在一项 90 天的严格卧床实验中，健康男性志愿者腓肠肌的肌束长度和羽状角度分别下降了 13％和 10％，这些志愿者均没有进行锻炼防护（Reeves，等，2002）。

在同样的研究中发现，每 3 天进行高强度阻力锻炼防护，可以使志愿者的肌肉萎缩得到部分缓解，而且肌肉构造的改变也小得多；相反，未采取阻力锻炼防护的志愿者，其肌束长度下降 7％，而羽状角度下降 13％，提示高强度锻炼能够阻止腓肠肌萎缩。

这些发现说明，废用导致的肌肉构造改变包括了肌小节横向（横截面积）和纵向（肌节长度）的丢失，这在长期废用后肌肉力量和能量的丢失中可能起着重要作用。

6.2.3　力量和能量

一些研究表明卧床或其他模型可导致人类的骨骼肌强度下降（LeBlanc，等，1988；Berg，等，1991；Berg，等，1993；Berg，Tesch，1996；Berg，等，1997）。42 天卧床后，下肢肌肉的最大强度下降了约 30％（Berg，Tesch，1996）。17 天卧床对张力到达峰值的时间或半数舒张时间没有影响（Narici，等，1997），而在相同条件下，强直收缩力对横截面积的比率却发生了显著下降（分别为 8％和 13％）。以前也有报道表明强直收缩力对横截面积的比率发生下降（LeBlanc，等，1988；Dudley，等，1989；Berg，Tesch，1996），这可能是因为：

1）肌纤维密度下降导致了纤维特异性张力的下降（Larsson，等，1996）；

2）肌肉的动力驱动作用下降（Duchateau，1995；Berg，Tesch，1996；Koryak，1998）；

3）电-机械耦合的效率下降（Milesi，等，2000）；

4）非收缩组织的数量增加（Riley，等，1992）。

天空实验室任务后，几个肌群（四头肌、躯干屈肌和伸肌）的最大力量与飞行前相比下降 6.5%～25%。由于在这些飞行任务中航天员采取了体育锻炼来防止肌肉萎缩，这些结果很难用于解释飞行对肌纤维功能的影响及机制。

航天飞行后肌肉力量的下降伴有最大肌肉能量更明显的下降。事实上，和平号（Euromir）- 94 和 95 飞行任务前后获取的数据表明，5 名航天员的下肢最大爆发能量在飞行 31 天下降到了飞行前的 67%，而在飞行 180 天后下降到了飞行前的 45%（Antonutto，等，1991；Antonutto，等，1998；Antonutto，等，1999）。

在数据的变异性方面，通过 6～7 s 内竭力脚踏功量计测得的最大肌肉能量下降程度稍有降低，与飞行的时间无关，通常能稳定于飞行前的 75%左右。由于在同一个志愿者身上，下肢肌肉质量仅下降了 9%～13%，不考虑飞行时间，这些数据提示最大能量可能出现很大程度的下降，至少在时间非常短的爆发性测试中也是如此，这可能是因为失重对原动力单位的募集模式、电—机械效率和肌肉损伤的易感性有影响（Antonutto，等，1998；Antonutto，等，1999；Di Prampero，Narici，2003）。

这一假设与其他学者提出的相似，他们将之称为“低重力共济失调”（Grigoriev，Egorov，1991）。这种最大爆发能量的大幅下降似乎是航天飞行的一个特性，它可能难以被卧床模拟失重研究所重现。事实上，42 天严格卧床后，最大爆发能量下降到之前的 76%（Ferretti，等，2001），而每天进行 2 小时锻炼的 31 天航天飞行后，最大爆发能量下降到飞行前的 67%。

这些结果支持这么一种假设：失重有利于平滑和精确平衡的肌肉活动，可导致运动调控系统的重建，而这可能在很大程度上与短时间竭力肌肉运动中最大能量的下降有关。这种重建在卧床时不起明显作用，因为重力没有消除，只是方向改变了 90°而已（Di Prampero，Narici，2003）。

6.2.4　肌肉能量代谢

骨骼肌纤维可以分为三种主要类型：Ⅰ型纤维或称为慢型—氧化型；ⅡA 型纤维或称为快型—有氧酵解型；ⅡX 型纤维（以前称为ⅡB 型）或称快型—无氧酵解型。不同的中间亚型常被发现，这可能显示为适应机械载荷的改变，骨骼肌纤维也可出现不同亚型的转变（Botinelli，Reggiani，2000；Bottinelli，2001）。以肌肉活检标本来分析不同代谢途径的典型酶活性，可用于研究不同类型肌肉纤维对训练或去负荷的特异性调节。检测肌肉能量代谢的另一种方法可采用非介入的 31P 核磁共振光谱法（31P - magnetic resonance spectroscopy，31P - MRS）。

在人类腿部肌肉卧床和尾吊研究中，没有进行锻炼防护，发现线粒体酶特性降低，糖分解酶变化很小、或者没有变化（Hikida，等，1989；Dudley，等，1992；Hather，等，1992；Berg，等，1993；Ferretti，等，1997）。不同纤维合成类型的肌肉反应的程度不同，但是反应的模式相同。

仅有一项研究在长期卧床前后采用 31P - MRS 对大腿肌肉功能进行了检测（Berry，等，1987）。在 1 个月的卧床模拟失重后，在固定的负荷条件下，锻炼中 PCr 的消耗明显增加，因为磷酸盐/磷酸肌酸的比值明显增加。卧床的这种影响能够被等速运动测量仪（LIDO）上的锻炼防护措施所避免。

关于航天飞行中人体肌肉能量代谢的生化和组织学研究较少。这主要是因为活检分析是一种有创的手段。研究表明，5 天和 11 天短期航天飞行时（Edgerton，等，1995），不采取物理防护措施不会导致线粒体酶活性的改变，然而却可导致慢型纤维糖酵解酶活性的增强。

在和平号空间站和国际空间站上，长期飞行时航天员要执行强制性的锻炼防护计划，包括每天 2 h 的跑台运动或自行车功量计运动（见 1.5.1 节）。在航天飞行 3.5 周（$N=1$）或 6 个月（$N=3$）

前后采用 31P－MRS 对航天员的小腿肌肉进行检查时，没有发现糖酵解或有氧锻炼能力下降（Zange，等，1996；Zange，等，1997）。在同一名受试者身上采用活检方法也没有发现肌肉纤维的百分比出现明显变化。然而，通过 31P－MRS 检测时发现，在给定的工作负荷下，收缩的初始相磷酸肌酸的累积显著增加。这提示航天飞行后肌肉收缩的代谢效率下降了。这些现象的最终解释将需要其他方面知识的支持，比如肌纤维募集模式的改变等。

然而，能量代谢的变化与航天飞行导致的肌力下降并没有直接关系。而且，和平号空间站上飞行 6 个月后锻炼能力下降具有这么一个特征，即通过自主收缩耗竭磷酸肌酸的能力下降（Zange，等，1996；Zange，等，1997）。在这一领域需要更多的工作，特别是要进行与实际工作输出相一致的不同锻炼水平下 ATP 代谢评价的研究。除了肌肉纤维浓度外，纤维类型募集方式的影响也值得进一步深入评估。

对于大鼠的骨骼肌，去负荷对能量代谢的影响在真实航天飞行和模拟失重下均进行了研究。在尾吊大鼠模型中可以观察到肌肉萎缩可发生在所有类型的肌纤维上。常可发现线粒体密度或线粒体酶活性的下降，以及糖原酶活性的增加，但这些发现并不是普遍的，其主要出现在慢型纤维上（Chi，等，1992；Musacchia，等，1992；Ohira，等，1992）。氧化及糖酵解能力的改变支持这么一种假设：即尾吊可导致大鼠腿部肌肉纤维类型向氧化能力更差的类型转变。这点最近被尾吊模拟失重后大鼠比目鱼肌的基因调控研究数据所证实（Stein，等，2002）。作为脂肪酸氧化代谢的标记物，肉毒碱棕榈酰转移酶Ⅰ和Ⅱ的表达下降了，而三种糖原酶的表达却增强了。

与限动相比，航天飞行中大鼠骨骼肌的氧化酶活性下降得较少，糖分解能力提高不显著（Desplanches，等，1991；Chi，等，1992；Musacchia，等，1992；Ohira，等，1992；Baldwin，等，1993；Jiang，等，1993）。这可能的解释是与尾吊相比，在太空中限动的程度较低。因此，或许限动要比微重力更加重要。

6.2.5　肌肉的易疲劳性

失重和尾吊可增强大鼠比目鱼肌的易疲劳性（McDonald，等，1992）。在真实和模拟失重条件下人体的肌肉易疲劳性研究数据较少。纳里西（Narici）等人（2003）在 17 天的航天飞行实验中采用电诱发收缩，评价了脚底屈肌的疲劳特性。航天飞行后易疲劳性明显增强（约 16%），并且在恢复期持续存在。有人认为有以下几个因素与这种现象有关：

1）由于快型肌球蛋白重链的表达更多，因此快型肌纤维的比率增加了（Widrick，等，1999）；

2）脂肪酸的氧化能力下降及碳水化合物的利用增加，提示能量底物发生了改变（Baldwin，等，1993），这点也可以从糖原和乳酸盐产物的利用增加得到反映（grichko，等，2000）；

3）锻炼中血流量下降（Jasperse，等，1999）。

6.2.6　肌腱机械特性

尽管人的肌腱在将力传递到骨骼从而产生运动方面，以及对动、静态收缩活动的影响方面具有重要作用，肌腱对长期废用的适应性研究却极少得到关注。然而，最近有学者就模拟失重长期卧床（long - term bed rest，LTBR）和髓鞘损伤（spinal cord injury，SCI）后肌腱的机械特性变化进行了研究（Reeves，等，2005；Maganaris，等，2006）。

在欧洲空间局（ESA LTBR 2001 - 2）组织的 90 天卧床研究中，研究者对 18 名年轻健康志愿者的肌腱硬度、长度和横截面积进行了测量，其中 9 名志愿者进行了阻力锻炼，而另 9 名志愿者仅仅进行了卧床。阻力锻炼组的志愿者每 3 天采用非重力依赖的飞轮装置进行举小腿和压大腿动作。等长脚弯曲和超声用于测量肌肉收缩过程中腓肠肌肌腱的拉伸变形。在卧床末期，单纯卧床组志愿者的肌腱硬度和杨氏模量（Young's modulus）分别下降了 58%和 57%

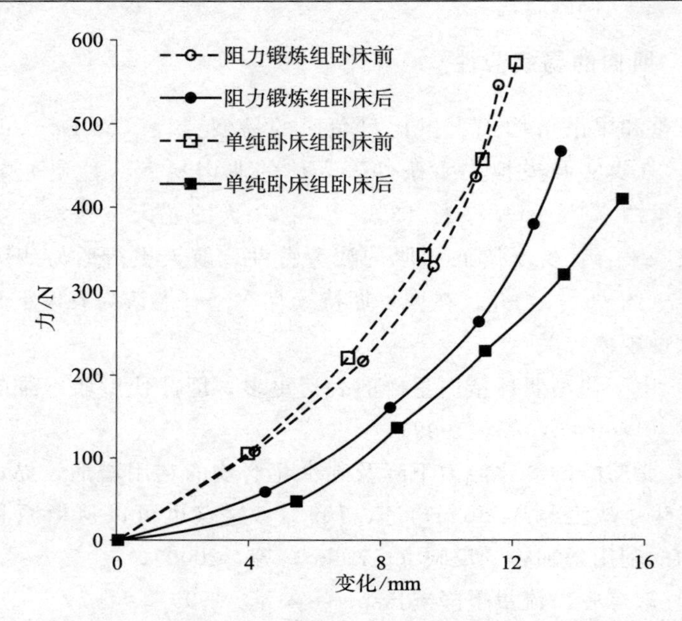

图 6-4 单纯卧床组和阻力锻炼组志愿者卧床前和 90 天卧床后肌腱的拉长，图片使用获得里夫斯（Reeves）等（2005）的许可

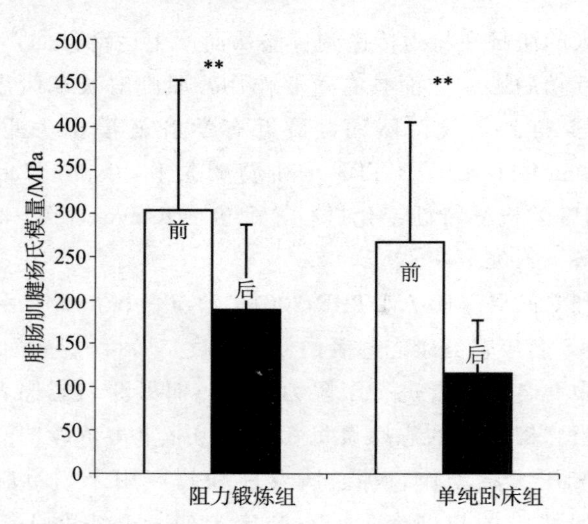

图 6-5 单纯卧床组和阻力锻炼组志愿者腓肠肌腱杨氏模量，图片使用获得里夫斯等（2005）的许可

（图 6－4和图 6－5）。而阻力锻炼组志愿者肌腱硬度和杨氏模量分别下降了 37％和 38％（Reeves，等，2005）。这些发现表明去负荷可导致肌腱硬度下降，这种下降是由于肌腱材料特性改变导致的，而与肌腱尺度无关，高强度的阻力锻炼能够保护肌腱的废用性变化。

在另一个废用性模型上，髓鞘损伤患者膝腱硬度和杨氏模量与正常人相比分别下降了 77％和 59％，肌腱的横截面积小了 17％，而肌腱的长度却没有显著变化（Maganaris，等，2006）。因此，这两项研究表明，长期废用可导致肌腱的机械特性发生显著变化。

6.2.7　肌肉损伤

许多证据表明失重或模拟失重可导致人和动物的骨骼肌在重新加负荷时更容易受到损伤（Hikida，等，1989；Hodgson，等，1991；D' Amelio，Daunton，1992；Kasper，1995；Riley，等，1995；Bigard，等，1997；Vijayan，等，1998；Vijayan，等，2001）。这种损伤有以下特性：离心收缩能力明显受损、Z 带密度下降、核有丝分裂能力下降。此外，指示蛋白合成代谢活跃的螺旋多核糖体的表达升高说明损伤修复的活动比较活跃。肌肉损伤还伴有微循环的改变和间质性水肿，这导致了整个肌肉的肿胀。然而，目前有关航天飞行后骨骼肌对损伤更敏感的证据仍比较少，因为很少有研究关注这个问题。虽然飞行后肌纤维损伤的确切原因并不清楚，但很可能肌肉纤维的萎缩状态，和结构蛋白或收缩蛋白如肌联蛋白、肌间线蛋白和抗肌萎缩蛋白的选择性丢失（Fitts，等，2001），导致了肌肉对损伤更加敏感。飞行后的恢复期，虽然肌肉萎缩能够得到进行性的恢复，但人的脚底强直性扭矩却不断下降，这点似乎与以上的假设相一致（Narici，等，2003）。

6.2.8　神经驱动和肌肉运动能力

在 1～4 周的尾吊模拟失重研究中，采用肌内电极记录大鼠肌肉的慢性 EMG，结果显示：在第 1 周内，抗重力肌的活性快速下降，而非抗重力肌由于有所伸长其活性轻微增加（Edgerton，Roy，

1994)。对于人类，长期卧床或飞行中少量的有关慢性 EMG 的数据表明胫前肌和比目鱼肌的总 EMG 活性显著增加，而 17 天航天飞行后腓肠肌内侧的 EMG 活性却没有改变（Edgerton，等，2001)。42 天卧床模拟失重后人的膝伸肌最大 EMG 活性下降了 44%，提示长期废用可导致肌肉的自主活动下降（Berg，等，1997)。同样，阿基马（Akima）等人（2005）在 20 天的卧床模拟失重中也观察到了膝伸肌最大 EMG 活性的下降。这些观测结果与杜查蒂尤（Duchateau）和海诺特（Hainaut，1987，1995）的观测相符，他们发现人类前臂 6 周不运动后，拇指肌肉 EMG 活性明显降低。因此，似乎很清楚，长期废用可导致肌肉的神经支配功能明显下降。在去负荷的初始相，这种效应似乎与传入神经活性的下降有关（De – Doncker，等，2005)。然而，其他机制，比如说激活能力的下降可能能够解释废用后 EMG 活性的长期下降。事实上，杜查蒂尤等人（1995）发现在 5 周卧床模拟失重后，人的中枢神经系统的活性下降了 33%。

在多数的失重或模拟失重研究中，一般都是测量单侧肌肉的活动功能，仅仅有很少一部分研究评价了双侧肌肉的功能。然而，当将双侧肌肉收缩产能的下降与单侧收缩的相比较时发现，事实上双侧肌肉的产能下降要大的多，究其原因，可能是失重对运动单元的募集模式、电—机械效率和肌肉易损伤性等因素产生了影响（Antonutto，等，1991；Antonutto，等，1998；Antonutto，等，1999；Di Prampero，Narici，2003)。双侧运动比单侧运动产能下降提示在双侧运动中运动单位的募集具有更大的下降。有时候在双侧肌肉的收缩运动单肢所产生的力量要比单侧肌肉收缩运动所产生的力小得多（Howard，Enoka，1991)。这种现象，我们称之为“双侧逆差”，可能被废用所恶化。

6.3 防护效应

一些方法可用来对抗太空飞行中由于重力负荷活动缺失而导致

的肌肉萎缩和功能恶化。客观地说，根据防止或缓解长期失重后人体肌肉废用和功能损伤的效率来评价，这些方法没有一项经受过彻底全面的评估。然而，虽然航天飞行对骨骼肌负面影响的机制并不十分清楚，但这种影响的防护是必须要做的，以维持长期航天飞行中乘员的健康和运动。

虽然很多航天员在飞行中采用了各种不同方式的锻炼（Convertino，等，1989；Greenleaf，等，1989；Convertino，1991；Tesch，Berg，1997；Convertino，2002；Di Prampero，Narici，2003），但他们在重返地球后仍然会有肌肉力量的下降。由于这些锻炼活动并不繁重，因此在过去的飞行中我们对锻炼防护措施的效果知道的相当少。然而，从已发表的研究数据来看，我们可以得到以下结论。

6.3.1　有氧锻炼

飞行中自行车功量计锻炼（图 1－4）主要用于维持心血管系统的功能（Chase，等，1966）。然而，这种锻炼在航天飞行中用来维持骨骼肌肉系统的功能是无效的，因为有氧锻炼所提供的机械载荷太小，不足以防止肌肉萎缩，也不足以在 0 *g* 和 1 *g* 环境下诱导肌肉肥大。例如，30 天卧床实验结果显示，与对照组相比，每周 5 次，每次 30 min 的自行车功量计锻炼没能防止肌肉的萎缩和肌力下降（Greenleaf，等，1989）。相似的，在 20 天的卧床实验中，每天平卧位进行 60 分钟的自行车功量计锻炼也没能防止肌肉质量和力量的丢失（Suzuki，等，1994）。

6.3.2　阻力锻炼

部分在航天飞行和废用性模型中观察到的肌肉质量下降是由于蛋白合成减少（Ferrando，等，2002）。参加 2 周卧床实验的健康志愿者以最大强度的 80％进行伸小腿和踝关节伸展阻力锻炼，每隔一天进行 5 组，每组重复 6～10 次，能够维持肌肉的蛋白合成速率。

而没有进行阻力锻炼的志愿者其肌肉强度、质量和蛋白合成速率均明显下降。这种方法虽然足以维持肌肉的动力强度，但等长收缩和支配神经的活性仍然下降（Bamman，等，1997；Ferrando，等，1997；Bamman，等，1998）。

阻力锻炼对蛋白合成的保护效应也见于大鼠的实验研究，进行了4周飞轮训练的大鼠，其比目鱼肌质量和蛋白合成的下降程度明显低于未进行训练的大鼠（Fluckey，等，2002）。这种训练模式是基于围绕飞轮的向心收缩，由来自斯德哥尔摩（Stockholm）的卡罗林斯卡（Karolinska）研究所的佩尔·特施（Per Tesch）教授发明（Berg，Tesch，1998），已经用于防护尾悬吊和卧床两种模拟失重模型导致的肌肉萎缩和肌无力。例如，采用飞轮进行4组7个最大强度的向心和偏心伸小腿运动，每周2～3次，能够防止5周尾悬吊导致的四头肌萎缩（Tesch，等，2004）。

然而，对于人类，比目鱼肌对于运动诱导的肌肉肥大却不是十分的敏感，特别是与四头肌相比时尤其如此。在90天卧床实验中，虽然每周两次的高强度飞轮锻炼完全防止了四头肌的萎缩，但却仅仅部分减轻了比目鱼肌的萎缩（Alkner，Tesch，2004b）。急性阻力锻炼后比目鱼肌的蛋白合成增加较少，这点也证实人类的比目鱼肌对肥大的敏感性有限（Trappe，等，2004）。

总的来说，这些结果提示：在目前，阻力锻炼是缓解或者说是防止去负荷对骨骼肌不良影响的一种可选择的方法。然而，不同肌肉对锻炼的反应还存在显著差异，而其原因值得进一步深入研究。

6.3.3 企鹅服

这是一种被动锻炼，由俄罗斯航天科学家发明，实际上是件缝入了弹性带的衣服，依靠这些弹力带可以维持对抗重力肌的牵拉负荷（图1-9）。很难判断这种方式的锻炼是否真的对航天或地球上由于废用导致的肌肉萎缩和肌力下降具有对抗效应。然而，4名卧床120天的志愿者，在使用企鹅服每天给予10 h约10 kg的中等负荷后，其比目鱼肌纤维的大小能够得以维持。相反，那些踝关节伸展肌没有施加载荷的志愿者，其比目鱼肌发生了萎缩（Ohira，等，1999）。虽然这些结果听起来很鼓舞人心，但从如此小的样本上得到的结果很难给出确定的结论，而且似乎也不可能以如此小的负荷就能证明能够有效地防止大的抗重力肌的萎缩和肌无力。

6.3.4 下体负压

下体负压在航天医学中是种常用的工具（见图1-6）。在微重力或1 *g* 环境的平卧位，下体负压可以模拟自然站立时的体液转移。安静状态下给予下体负压常被用于防护航天员重返地球后出现的立位耐力下降。

在下体负压环境下进行体育锻炼仍需要评估。这一领域内的大多数工作是由哈根斯（Hargens）及其课题组成员共同完成的（1991）。他们将下体负压加载在一种水平卧位的跑台上，通过腿部的重量补偿来模拟微重力效应。在5、15、30天的卧床模拟失重后，与未采取任何防护措施的对照组相比，下体负压下的跑台锻炼能够防止腿部肌肉功能的下降（Lee，等，1997；Schneider，等，2002；Macias，等，2005）。然而，只有先进行5 min的静息状态下体负压，再从事下体负压锻炼才能维持志愿者的立位耐力（Schneider，等，2002；Macias，等，2005）。在跑台上进行下体负压锻炼的时间通常为每天40 min。这与当前航天员在飞行中每天花费120 min的时间用于锻炼是个极大的进步。然而，最近的卧床实验表明，一些阻力训练，如飞轮训练、振动加阻力训练，在防止肌肉功能下降方面具有更好的效率（Alkner，Tesch，2004a；Tesch，等，2004；Rittweger，等，2005；Blottner，等，2006）。这些训练方式与下体负压结合肯定值得将来进一步深入研究。

下体负压可以改善训练措施中的供氧特性，其中包括加载的间隔或短时加载峰值期和卸载期后血液灌注的缺血状态。实验中，将下体负压应用于31P-MRS时发现，下体负压下水平卧位胫前肌收缩时肌肉内的磷酸肌酸累积明显增加。然而，下体负压同样也能明显地加快磷酸肌酸的恢复，提示线粒体的功能得到了提高（Baerwalde，等，1999）。

下体负压下腿部肌肉的锻炼与在离心机上人工重力环境下的锻炼相比具有很大优势，因为下体负压不会有科里奥利效应的影响。

6.3.5 电刺激

在一项30天的卧床实验中，经皮电刺激肌肉的使用能够对抗肌肉萎缩和肌力下降（Duvoisin，等，1989）。在这项研究中，3名志愿者每3天进行了两次单侧下肢肌肉电刺激（频率：60 Hz；脉冲持续时间：0.3 ms；训练时长：4 s）。与未施加电刺激的下肢相比，肌肉电刺激能够缓解肌肉强度和质量的下降程度。虽然这些结果表明肌肉电刺激能够缓解肌肉的萎缩和肌力下降，但它们并没有显示出防护效果，也没能对电刺激效应与肌肉的自主收缩效应进行比较。在最近的一项尾吊大鼠实验中发现，尾吊中每日进行肌肉电刺激与只进行尾吊相比，并未能对肌肉萎缩提供防护效果（Yoshida，等，2003）。虽然肌肉电刺激在稳定肌肉活性、收缩功能等方面很有益处，但与自主收缩的效率相比，它需要较高的刺激强度，而这点会让人很不舒服。

6.3.6 人工重力

这个防护概念可能是最具创意的，但同时也是最具挑战性的。考虑到肌肉的机械负荷似乎对维持肌肉的质量和强度是必须的，一些学者认为在短臂离心机上进行被动离心对于长期失重下骨骼肌质量的维持并不有效，他们建议开发主动离心，这样志愿者在离心的同时也能进行锻炼。当前，有两种在类似地球重力场下的锻炼方法被提出：短臂离心机和人力离心机（见3.3.3节）。

6.3.6.1 短臂离心机

在地面，一些研究采用短臂离心机来观察人工重力防护心血管和肌肉失调的效果。对于尾吊大鼠，每天给予 4 h 的 1 g 重力足以防止比目鱼肌的萎缩，而将重力水平增加到 2.6 g 则不会再有额外的益处（Zhang，等，2003）。对于人体，在 20 天的卧床实验中，将人工重力结合高强度有氧锻炼，能够维持肌纤维的大小（Akima，等，2005）。在这项研究中，5 名健康志愿者分在防护组，另 5 名志愿者为无锻炼对照组。防护组隔天在短臂离心机上进行锻炼，强度为达到最大心率的 90%。结果表明，防护组志愿者大腿肌肉的总容量没有发生变化，而无锻炼的对照组则下降了 9%。防护组志愿者蹬腿的最大收缩力下降了 7%，而对照组则下降了 23%。这些结果似乎非常让人振奋。然而，在航天飞行中能够防止肌肉萎缩和扭矩丢失的最小重力强度和持续时间尚需要进一步探索。

6.3.6.2　人力离心机

人力离心机，通常为脚踏离心装置，志愿者锻炼时人工重力和锻炼的效应得到了结合。美国国家航空航天局的人力离心机、天空自行车和双人自行车系统（见 3.3.3 节）均是基于这一原理建造的。这些装置无需额外的电源，能够被志愿者自己操控，并可结合锻炼和模拟重力来同时防止肌肉萎缩、骨质脱钙和心血管失调。

双人自行车系统在 5.7 节详细介绍过。它由两个能以相同速度但不同方向运动自行车组成，沿内臂呈对称状（Antonutto，等，1991；Di Prampero，2000）。圆形轨迹使人工重力方向沿着志愿者的 $+G_z$ 方向，而人工重力的强度可随着驾驶者的肌肉运动而改变。对于 2 m 的旋转半径，在脚水平产生 1 g 的切线速度为4.5 m/s（图 6-6），这通常即是传统的空间模型。地面试验表明，在旋转环境下脚踏操控离心机以产生人工重力的不舒适感很低而且极好耐受。因此，这些装置事实上在维持航天员的身体舒适度和心血管状态上是十分有用的工具。

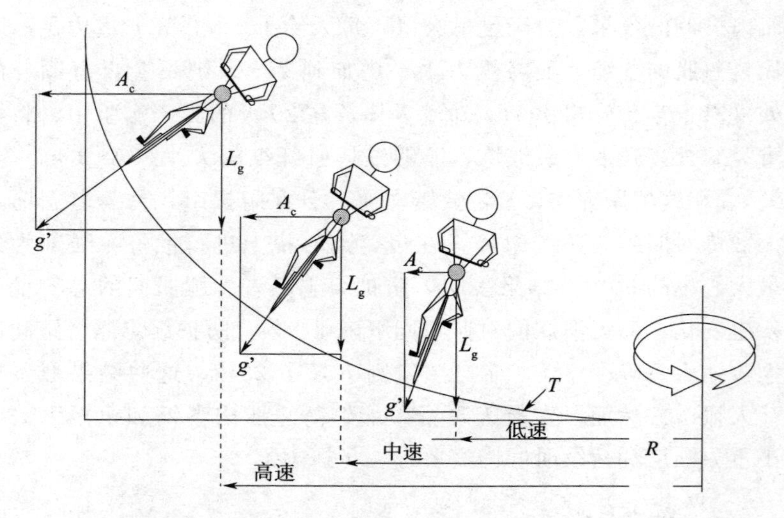

图 6-6　受试者沿“月球轨迹”型的曲线路径（T）进行脚踏自行车运动的前视图。离心加速度（A_c）会随着地面运动速度及回转半径发生变化，为了补偿 A_c，受试者向内倾斜，使 A_c 和月球重力（L_g）的矢量之和（g'），位于包括了质量中心（灰色圆圈）和轮子与地面接触点的平面上。这 3 个图显示了 A_c（g'）值进行性地增大。此外，g' 与局部垂线之间的角度随着 A_c 的增加而增大，因此轨道必须恰当地规划以避免打滑

6.4　结论

在真实或模拟失重时，人和动物均出现明显的肌肉萎缩和肌力下降。肌肉萎缩主要发生在抗重力肌上，肌肉强度和能量的丢失有超过肌纤维大小和容量丢失的趋势。这点无论是在整个肌肉还是在单根肌纤维上均是如此，细胞和神经支配调节机制变化似乎与这些现象有关。重返 1 g 环境时，肌肉的负荷可导致肌肉受损的情况也不能排除。目前已经提出了一些对抗肌肉萎缩和肌力下降的防护措施，这些措施包括药物干预、有氧锻炼、阻力锻炼或人工重力。在

对抗肌肉和心血管系统失调方面，这些防护措施大多数能获得一些积极的效果，但未来的挑战之一是如何发现一种防护措施能够同时缓解肌肉、心血管和前庭等系统的失调，在这点上，人工重力环境下的锻炼似乎更有希望。

对于其他生理系统，在研究人工重力对肌肉功能影响过程中常提到的问题是：为了维持最佳的功能，锻炼模式（强度、时间等）和人工重力参数（强度、时间和频率）之间应该是什么关系？回答这个问题需要将不同参数的人工重力负荷与不同水平的锻炼方案相结合，以寻找到能够较好的结合方式，确保肌肉质量、力量、能量和耐力，并维持肌腱功能完成性。

这方面研究的预期结果可以用图 6－7 中的假设曲线来归纳：中间的虚线代表了正常重力环境；下面的曲线指所有的锻炼和人工重力结合模式，包括强度、时间和频率，对于维持肌肉的整合功能没有提供充足的刺激；上面的曲线则指产生了有益效应的所有锻炼和人工重力结合模式。除了肌肉系统外，这些曲线也可能应用于其他生理系统，但是目前，这些曲线仅仅是假设，尚未得到实验数据的验证。

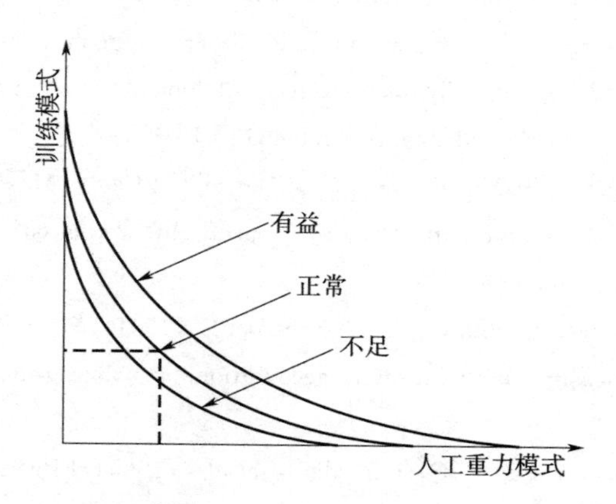

图 6－7　为防止肌肉脱锻炼，训练模式与人工重力模式之间关系的假设曲线，改自伯顿（Burton）和拉塞尔（Russel）（1994）

参考文献

[1] Adams GR, Hather BM. Dudley GA (1994) Effect of short-term unweighting on human skeletal muscle strength and size. Aviat Space Environ Med 65: 1116 - 1121.

[2] Akima H, Katayama K, Sato K et al. (2005) Intensive cycle training with artificial gravity maintains muscle size during bed rest. Aviat Space Environ Med 76: 923 - 929.

[3] Alkner BA, Tesch PA (2004a) Efficacy of a gravity - independent resistance exercise device as a countermeasure to muscle atrophy during 29-day bed rest. Acta Physiol Scand 181: 345 - 357.

[4] Alkner BA, Tesch PA (2004b) Knee extensor and plantar flexor muscle size and function following 90 days of bed rest with or without resistance exercise. Eur J Appl Physiol 93: 294 - 305.

[5] Andersen JL, Mohr T, Biering-Sorensen F et al. (1996) Myosin heavy chain isoform transformation in single fibers from m. vastus lateralis in spinal cord injured individuals: effects of long - term functional electrical stimulation (FES). Pflugers Arch 431: 513 - 518.

[6] Antonutto G, Bodcm F, Zamparo P et al. (1998) Maximal power and EMG of lower limbs after 21 days spaceflight in one astronaut. J Gravit Physiol 5: P63 - 66.

[7] Antonutto G, Capelli C, Di Prampero PE (1991) Pedaling in space as a countermeasure to microgravity deconditioning. Microgravity Quarterly 1: 93 - 101.

[8] Antonutto G, Capelli C, Girardis M et al. (1999) Effects of microgravity on maximal power of lower limbs during very short efforts in humans. J Appl Physiol 86: 85 - 92.

[9] Antonutto G, Di Prampero PE (2003) Cardiovascular deconditioning

in microgravity: some possible countermeasures. Eur J Appl Physiol 90: 283 -291.

[10] Antonutto G, Linnarsson D, Di Prampero PE (1993) On-Earth evaluation of neurovestibular tolerance to centrifuge simulated artificial gravity in humans. Pysiologist 36: S85 - S87.

[11] Baenvalde S, Zange J, Muller K et al. (1999) High - energy - phosphates measured by 31P-MRS during LBNP in exercising human leg muscle. J Gravit Physiol 6: P37 - 38.

[12] Baldwin KM, Haddad F (2001) Effects of different activity and inactivity paradigms on myosin heavy chain gene expression in striated muscle. J Appl Physiol 90: 345 - 357.

[13] Baldwin KM, Haddad F (2002) Skeletal muscle plasticity: cellular and molecular response to altered physical activity paradigms. Am J Phys Med Rehabil 81: S40 - 51.

[14] Baldwin KM, Herrick RE, McCue SA (1993) Substrate oxidation capacity in rodent skeletal muscle: effects of exposure to zero gravity. J Appl physiol 75: 2466 - 2470.

[15] Bamman MM, Clarke MS, Feeback DL et al. (1998) Impact of resistance exercise during bed rest on skeletal muscle sarcopenia and myosin isoform distribution. J Appl Physiol 84: 157 - 163.

[16] Barman MM, Hunter GR, Stevens BR et al. (1997) Resistance exercise prevents plantar flexor deconditioning during bed rest. Med Sci Sports Exerc 29: 1462 - 1468.

[17] Berg HE, Dudley GA, Haggmark T et al. (1991) Effects of lower limb unloading on skeletal muscle mass and function in humans. J Appl Physiol 70: 1882 - 1885.

[18] Berg HE, Dudley GA, Hather B et al. (1993) Work capacity and metabolic and morphologic characteristics of the human quadriceps muscle in response to unloading. Clin Physiol 13: 337 - 347.

[19] Berg HE, Larsson L, Tesch PA (1997) Lower limb skeletal muscle function after 6wk of bed rest. J Appl Physiol 82: 182 - 188.

[20] Berg HE, Tesch PA (1996) Changes in muscle function in response to

10 days of lower limb unloading in humans. Acta Physiol Scand 157: 63 - 70.

[21] Berg HE, Tesch PA (1998) Force and power characteristics of a resistive exercise device for use in space. Acta Astronautica 42: 219 - 230.

[22] Bigard AX, Merino D, Lienhard F et al. (1997) Muscle damage induced bv running training during recovery from hindlimb suspension: the effect of dantrolene sodium. Eur J Appl Physiol 76: 421 - 427.

[23] Biolo G, Ciocchi B, Lebenstedt M et al. (2004) Short-term bed rest impairs amino acid-induced protein anabolism in humans. J Physiol 558: 381 - 388.

[24] Bleakney R, Maffulli N (2002) Ultrasound changes to intramuscular architecture of the quadriceps following intramedullary nailing. J Sports Med Phys Fitness 42: 120 - 125.

[25] Blottner D, Salanova M, Puttmann B et al. (2006) Human skeletal muscle structure and function preserved by vibration muscle exercise following 55 days of bed rest. Eur J Appl Physiol 97: 261 - 271.

[26] Bottinelli R (2001) Functional heterogeneity of mammalian single muscle fibers: do myosin isoforms tell the whole story? Pflugers Arch 443: 6 - 17.

[27] Bottinelli R, Reggiani C (2000) Human skeletal muscle fibers: molecular and functional diversity. Prog Biophys Mol Biol 73: 195 - 262.

[28] Burton B, Russel R (1994) Artificial gravity in space flight. J Gravit Physiol 1: 15 - 18.

[29] Caiozzo VJ, Baker MJ, Herrick RE (1994) Effect of spaceflight on skeletal muscle: Mechanical properties and myosin isoform content of a slow muscle. J Appl Physiol 76: 1764 - 1773.

[30] Caiozzo VJ, Haddad F, Baker MJ et al. (1996) Microgravity-induced transformations of myosin isoforms and contractile properties of skeletal muscle. J Appl Physiol 81: 123 - 132.

[31] Chase GA, Grave C, Rowell LB (1966) Independence of changes in functional and performance capacities attending prolonged bed rest. Aerosp Med 37: 1232 - 1238.

[32]　Chi MM，Choksi R，Nemeth P et al. （1992）Effects of microgravity and tail suspension on enzymes of individual soleus and tibialis anterior fibers. J Appl Physiol 73：66S－73S.

[33]　Convertino VA（1991）Neuromuscular aspects in development of exercise countermeasures. Physiologist 34：S 125－128.

[34]　Convertino VA（2002）Planning strategies for development of effective exercise and nutrition countermeasures for long-duration space flight. Nutrition 18：880－888.

[35]　Convertino VA，Doerr DF，Stein SL（1989）Changes in size and compliance of the calf after 30 days of simulated microgravity. J Appl Physiol 66：1509－1512.

[36]　D'Amelio F，Daunton NG（1992）Effects of spaceflight in the adductor longus muscle of rats flown in the Soviet Biosatellite COSMOS 2044. A study employing neural cell adhesion molecule（N－CAM）immunocytochemistry and conventional morphological techniques（light and electron microscopy）J Neuropathol Exp Nenrol 51：415－431.

[37]　D'Antona G，Pellegrino MA，Adami R et al.（2003）The effect of ageing and immobilization on structure and function of human skeletal muscle fibers. J Physiol 552：499－511.

[38]　De-Doncker L，Kasri M，Picquet F et al. （2005）Physiologically adaptive changes of the L5 afferent neurogram and of the rat soleus EMG activity during 14 days of hindlimb unloading and recovery. J Exp Biol 208：4585－4592.

[39]　Desplanches D，Mayet MH，Iyina－Kakueva El et al.（1991）Structural and metabolic properties of rat muscle exposed to weightlessness aboard Cosmos 1887. Eur J Appl Physiol Occup Physiol 63：288－292.

[40]　Di Prampero PE（2000）Cycling on Earth，in space，on the Moon. Eur J Appl Physiol 82：345－360.

[41]　Di Prampero PE，Narici MV（2003）Muscles in microgravity：from fibers to human motion. J Biomech 36：403－412.

[42]　Duchateau J（1995）Bed rest induces neural and contractile adaptations in triceps surae. Med Sci Sports Exerc 27：1581－1589.

[43] Duchateau J, Hainaut K (1987) Electrical and mechanical changes in immobilized human muscle. J Appl Physiol 62: 2168-2173.

[44] Dudley GA, Gollnick PD, Convertino VA et al. (1989) Changes of muscle function and size with bedrest. Physiologist 32: S65-66.

[45] Dudley GA, Hather BM, Buchanan P (1992) Skeletal muscle responses to unloading with special reference to man. J Fla Med Assoc 79: 525-529.

[46] Duvoisin MR, Convertino VA, Buchanan P et al. (1989) Characteristics and preliminary observations of the influence of electromyostimulation on the size and function of human skeletal muscle during 30 days of simulated microgravity. Aviat Space Environ Med 60: 671-678.

[47] Edgerton VR, McCall GE, Hodgson JA. et al. (2001) Sensorimotor adaptations to microgravity in humans. J Exp Biol 204: 3217-3224.

[48] Edgerton VR, Roy RR (1994) Neuromuscular adaptation to actual and simulated weightlessness. Adv Space Biol Med 4: 33-67.

[49] Edgerton VR, Zhou MY, Ohira Y et al. (1995) Human fiber size and enzymatic properties after 5 and 11 days of spaceflight. J Appl Physiol 78: 1733-1739.

[50] Ferrando AA, Lane HW, Stuart CA et al. (1996) Prolong bed rest decreases skeletal muscle and whole body protein synthesis. Am J Physiol 270: E627-633.

[51] Ferrando AA, Paddon-Jones D, Wolfe RR (2002) Alterations in protein metabolism during space flight and inactivity. Nutrition 18: 837-841.

[52] Ferrando AA, Tipton KD, Bamman MM, et al. (1997) Resistance exercise maintains skeletal muscle protein synthesis during bed rest. J Appl Physiol 82: 807-810.

[53] Ferretti G, Antonutto G, Denis C et al. (1997) The interplay of central and peripheral factors in limiting maximal O2 consumption in man after prolonged bed rest. J Physiol 501: 677-686.

[54] Ferretti G, Berg HE, Minetti AE et al. (2001) Maximal instantaneous muscular power after prolonged bed rest in humans. J Appl Physiol 90: 431-435.

[55] Fitts RH, Riley DR, Widrick JJ (2000) Physiology of a microgravity environment invited review: microgravity and skeletal muscle. J Appl Physiol 89: 823 - 839.

[56] Fitts RH, Riley DR, Widrick JJ (2001) Functional and structural adaptations of skeletal muscle to microgravity. J Exp Biol 204: 3201 - 3208.

[57] Fluckey JD, Dupont - Versteegden EE, Montague DC et al. (2002) A rat resistance exercise regimen attenuates losses of musculoskeletal mass during hindlimb suspension. Acta Physiol Scand 176: 293 - 300.

[58] Gamrin L, Berg HE, Essen P et al. (1998) The effect of unloading on protein synthesis in human skeletal muscle. Acta Physiol Scand 163: 369 - 377.

[59] Greenleaf JE, Bernauer EM, Ertl AC et al (1989) Work capacity during 30 days of bed rest with isotonic and isokinetic exercise training. J Appl Physiol 67: 1820 - 1826.

[60] Grichko VP, Heywood-Cooksey A, Kidd KR et al. (2000) Substrate Profile in rat soleus muscle fibers after hindlimb unloading and fatigue. J Appl Physiol 88: 473 - 478.

[61] Grigoriev AI, Egorov AD (1991) The effects of prolonged spaceflights on the human body. Adv Space Biol Med 1: 1 - 35.

[62] Hargens AR, Whalen RT, Watenpaugh DE et al. (1991) Lower body negative pressure to provide load bearing in space. Aviat Space Environ Med 62: 934 - 937.

[63] Hather BM, Adams GR, Tesch PA et al. (1992) Skeletal muscle responses to lower limb suspension in humans. J Appl Physiol 72: 1493 -1498.

[64] Hikida RS, Gollnick PD, Dudley GA et al. (1989) Structural and metabolic characteristics of human skeletal muscle following 30 days of simulated microgravity. Aviat Space Environ Med 60: 664 - 670.

[65] Hodgson JA, Bodine-Fowler SC, Roy RR et al. (1991) Changes in recruitment of rhesus soleus and gastrocnemius muscles following a 14 day spaceflight. Physiologist 34: Sl02 - 103.

[66] Howard JD, Enoka RM (1991) Maximum bilateral contractions are modified by neurally mediated interlimb effects. JAppl Physiol 70: 306 - 316.

[67] Jasperse JL, Woodman CR, Price EM et al. (1999) Hindlimb un-

weighting decreases ecNOS gene expression and endothelium-dependent dilation in rat soleus feed arteries. J Appl Physiol 87：1476－1482.

[68] Jiang B，Roy RR，Navarro C et al. （1993）Absence of a growth hormone effect on rat soleus atrophy during a 4－day spaceflight. J Appl Physiol 74：527－531.

[69] Kasper CE（1995）Sarcolemmal disruption in reloaded atrophic skeletal muscle. J Appl Physiol 79：607－614.

[70] Kawakami Y，Muraoka Y，Kubo K et al. （2000）Changes in muscle size and architecture following 20 days of bed rest. J Gravit Physiol 7：53－59.

[71] Koryak Y（1998）Effect of 120 days of bed-rest with and without countermeasures on the mechanical properties of the triceps surae muscle in young women. Eur J Appl Physiol Occup Physiol 78：128－135.

[72] Lackner JR，Graybiel A（1986）Head movements in non-terrestrial force environments elicit motion sickness：implications for the etiology of space motion sickness. Aviat Space Environ Med 51：443－448.

[73] Larsson L，Li X，Berg HE，Frontera WR（1996）Effects of removal of weight-bearing function on contractility and myosin isoform composition in single human skeletal muscle cells. Pflugers Arch 432：320－328.

[74] LeBlanc A，Gogia P，Schneider V et al. （1988）Calf muscle area and strength changes after five weeks of horizontal bed rest. Am J Sports Med 16：624－629.

[75] LeBlanc A，Rowe R，Evans H et al. （1997）Muscle atrophy during long duration bed rest. Int J Sports Med 18 Suppl 4：S283－285.

[76] Lee SM，Bennett BS，Hargens AR et al. （1997）Upright exercise or supine lower body negative pressure exercise maintains exercise responses after bed rest. Med Sci Sports Exerc 29：892－900.

[77] Loughna PT，Goldspink DF，Goldspink G（1987）Effects of hypokinesia and hypodynamia upon protein turnover in hindlimb muscles of the rat. Aviat Space Environ Med 58：A 133－138.

[78] Macias BR，Groppo ER，Eastlack RK et al.（2005）Space exercise and Earth benefits. Curr Pharm Biotechnol 6：305－317.

[79] Maganaris CN，Reeves ND，Rittweger J et al. （2006）Adaptive re-

sponse of human tendon to paralysis. Muscle nerve 33：85 - 92.

[80] McDonald KS，Delp MD，Fitts RH（1992）Fatigability and blood flow in the rat gastrocnemius - plantaris - soleus after hindlimb suspension. J Appl Physiol 73：1135 - 1140.

[81] McDonald KS，Fitts RH（1995）Effect of hindlimb unloading on rat soleus fiber force，stiffness，and calcium sensitivity. J Appl Physiol 79：1796 - 1802.

[82] Milesi S，Capelli C，Denoth J et al. （2000）Effects of 17 days bedrest on the maximal voluntary isometric torque and neuromuscular activation of the plantar and dorsal flexors of the ankle. Eur J Appl Physiol 82：197 - 205.

[83] Musacchia XJ，Steffen JM，Fell RD et al.（1992）Skeletal muscle atrophy in response to 14 days of weightlessness：vastus medialis. J Appl Physiol 73：44S - 50S.

[84] Narici M，Cerretelli P（1998）Changes in human muscle architecture in disuse-atrophy evaluated by ultrasound imaging. J Gravit Physiol 5：P73 - 74.

[85] Narici M，Kayser B，Barattini P et al. （2003）Effects of 17-day spaceflight on electrically evoked torque and cross-sectional area of the human triceps surae. Eur J Appl Physiol 90：275 - 282.

[86] Narici MV，Kayser B，Barattini P et al.（1997）Changes in electrically evoked skeletal muscle contractions during 17-day spaceflight and bed rest. Int J Sports Med 18 Suppl 4：S290 - 292.

[87] Narici MV，Maganaris CN（2006）Adaptability of elderly human muscles and tendons to increased loading. J Anat 208：433 - 443.

[88] Ohira Y，Jiang B，Roy RR et al. （1992）Rat soleus muscle fiber responses to 14 days of spaceflight and hindlimb suspension. J Appl Physiol 73：51 S - 57S.

[89] Ohira Y，Yoshinaga T，Ohara M et al.（1999）Myonuclear domain and myosin phenotype in human soleus after bed rest with or without loading. J Appl Physiol 87：1776 - 1785.

[90] Reeves ND，Maganaris CN，Ferretti G et al. （2005）Influence of 90-day simulated microgravity on human tendon mechanical properties and the effect of resistive countermeasures. J Appl Physiol 98：2278 - 2286.

[91] Reeves NJ, Maganaris CN, Ferretti G et al. (2002) Influence of simulated microgravity on human skeletal muscle architecture and function. J Gravit Physiol 9: P153 - 154.

[92] Riley DA, Bain JL, Thompson JL et al. (2000) Decreased thin filament density and length in human atrophic soleus muscle fibers after spaceflight. J Appl Physiol 88: 567 - 572.

[93] Riley DA, Ellis S, Giometti CS et al. (1992) Muscle sarcomere lesions and thrombosis after spaceflight and suspension unloading. J Appl Physiol 73: 33S - 43S.

[94] Riley DA, Thompson JL, Krippendorf BB et al. (1995) Review of spaceflight and hindlimb suspension unloading induced sarcomere damage and repair. Basic Appl Myol 5: 139 - 145.

[95] Rittweger J, Frost HM, Schiessl H et al. (2005) Muscle atrophy and bone loss after 90 days' bed rest and the effects of flywheel resistive exercise and pamidronate: results from the LTBR study. Bone 36: 1019 - 1029.

[96] Roubenoff R (2001) Origins and clinical relevance of sarcopenia Can J Appl Physiol 26: 78 - 89.

[97] Roy RR, Bello MA, Bouissou P et al. (1987) Size and metabolic properties of fibers in rat fast-twitch muscles after hindlimb suspension. J Appl Physiol 62: 2348 - 2357.

[98] Rudnick J, Puttmann B, Tesch PA et al. (2004) Differential expression of nitric oxide synthases (NOS 1 - 3) in human skeletal muscle following exercise countermeasure during 12 weeks of bed rest. Faseb J 18: 1228 - 1230.

[99] Schneider SM, Watenpaugh DE, Lee SM et al. (2002) Lower - body negative-pressure exercise and bed-rest-mediated orthostatic intolerance. Med Sci Sports Exerc 34: 1446 - 1453.

[100] Stein T, Schluter M, Galante A et al. (2002) Energy metabolism pathways in rat muscle under conditions of simulated microgravity. J Nutr Biochem 13: 471.

[101] Stein TP, Leskiw MJ, Schluter MD et al. (1999) Protein kinetics during and after long-duration spaceflight on MIR. Am J Physiol 276:

E1014 - 1021.

[102] Suzuki Y，Kashihara H，Takenaka K et al. (1994) Effects of daily mild supine exercise on physical performance after 20 days bed rest in young persons. Acta Astronautica 33：101 - 111.

[103] Talmadge RJ (2000) Myosin heavy chain isoform expression following reduced neuromuscular activity：potential regulatory mechanisms. Muscle Nerve 23：661 - 679.

[104] Talmadge RJ，Roy RR，Edgerton VR (1999) Persistence of hybrid fibers in rat soleus after spinal cord transection. Anat Rec 255：188 - 201.

[105] Templeton GH，Padalino M，Manton J et al. (1984) Influence of suspension hypokinesia on rat soieus muscle. J Appl Physiol 56：278 - 286.

[106] Tesch PA，Berg HE (1997) Resistance training in space. Int J Sports Med 18 Suppl 4：S322 - 324.

[107] Tesch PA，Trieschmann JT，Ekberg A (2004) Hypertrophy of chronically unloaded muscle subjected to resistance exercise. J Appl Physiol 96：1451 - 1458.

[108] Thomason DB，Biggs RB，Booth FW (1989) Protein metabolism and beta-myosin heavy-chain mRNA in unweighted soleus muscle. Am J Physiol 257：R300 - 305.

[109] Thomason DB，Booth FW (1990) Atrophy of the soleus muscle by hindlimb unweighting. J Appl Physiol 68：1 - 12.

[110] Tischler ME，Henriksen EJ，Munoz KA et al. (1993) Spaceflight on STS-48 and earth-based unweighting produce similar effects on skeletal muscle of young rats. J Appl Physiol 74：2161 - 2165.

[111] Trappe S，Trappe T，Gallagher P et al. (2004) Human single muscle fiber function with 84 day bed-rest and resistance exercise. J Physiol 557：501 - 513.

[112] Vandenburgh H，Chromiak J，Shansky J et al. (1999) Space travel directly induces skeletal muscle atrophy. Faseb J 13：1031 - 1038.

[113] Vijayan K，Thompson JL，Norenberg KM et al. (2001) Fiber-type susceptibility to eccentric contraction-induced damage of hindlimb-unloa-

ded rat AL muscles. J Appl Physiol 90：770－776.

[114] Vijayan K，Thompson JL，Riley DA（1998）Sarcomere lesion damage occurs mainly in slow fibers of reloaded rat adductor longus muscles. J Appl Physiol 85：1017－1023.

[115] Widrick JJ，Knuth ST，Norenberg KM et al. （1999）Effect of a 17 day spaceflight on contractile properties of human soleus muscle fibers. J Physiol 516：915－930.

[116] Wicirick JJ，Trappe SW，Romatowski JG et al. （2002）Unilateral lower limb suspension does not mimic bed rest or spaceflight effects on human muscle fiber function. J Appl Physiol 93：354－360.

[117] Yamashita-Goto K，Okuyama R，Honda M et al.（2001）Maximal and submaximal forces of slow fibers in human soleus after bed rest. J Appl Physiol 91：417－424.

[118] Yoshida N，Sairyo K，Sasa T et al.（2003）Electrical stimulation prevents deterioration of the oxidative capacity of disuse-atrophied muscles in rats. Aviat Space Environ Med 74：207－211.

[119] Zange J，Muller K，Gerzer R et al. （1996）Nongenomic effects of aldosterone on phosphocreatine levels in human calf muscle during recovery from exercise. J Clin Endocrinol Metab 81：4296－4300.

[120] Zange J，Muller K，Schuber M et al. （1997）Changes in calf muscle performance，energy metabolism，and muscle volume caused by long-term stay on space station MIR. Int J Sports Med 18 Suppl 4：S308－309.

[121] Zhane LF，Sun B，Cao XS et al.（2003）Effectiveness of intermittent-Gx gravitation in preventing deconditioning due to simulated microgravity. J Appl Physiol 95：207－218.

第7章　人工重力的生理学目标：骨的适应过程

乔恩·里特韦格（Jörn Rittweger）

曼彻斯特都市大学，英国柴郡（Manchester Metropolitan University，Cheshire，UK）

本章首先讨论了维持骨完整的重要性，然后简要地概述已知的和假设的骨对环境改变产生的潜在适应性反应的基本生理过程。接下来，回顾了锻炼对骨的作用，以及它和其他因素如营养之间的相互影响。然后，讨论了人工重力防止骨丢失的基本原理，接着对已经知道的人工重力对骨的影响展开评论。最后，提出不远的将来需要研究的相关问题。关于废用和微重力对肌腱或其他结缔组织的影响知之甚少。因为在骨和其他结缔组织中相当多的生理过程是相似的，所以在本章的最后对这种相似性做简要的讨论。

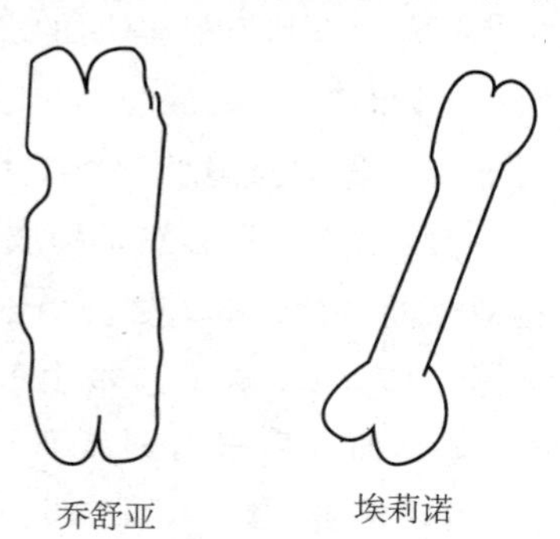

图7－1　乔舒亚（Joshua）（7岁）和埃莉诺（Elinor）（9岁）画的骨素描图

7.1 引言

虽然骨是人们死后永久的残留物，但它是有适应性的活器官。像其他有机体网络的要素一样，它们对环境的改变做出响应，并因此呈现表型适应。在许多方面，我们对骨生物学的认识似乎滞后于对其他领域的了解。这有两种原因：首先，骨是一种刚性材料，并且它的细胞不容易被研究者直接操作；其次，也是更重要的一点，骨的研究需要综合多学科方法。学科之间交流的贫乏导致语义上和概念上的瑕疵、混淆和误解。因此，在讲该相关主题前，我将回顾一下骨生物学的基本概念。

为什么骨的研究和微重力研究相关？

在老龄化社会中骨折倍受关注（Baron，等，1996；Gullberg，等，1997）。充分的证据表明，在老龄人口中骨折风险增加，至少部分地增加，这是由于骨材料量减少造成的后果（Kanis，等，2001），这对于骨强度有负面影响（Ebbesen，等，1997；Ebbesen，等，1999）。也有证据表明，除了骨质量、骨密度外，其他的一些因素对说明此问题有贡献（Cummings，2002）。这些附加因素包括：整骨几何学、骨小梁网络的构造、有机和矿物质的分子结构、微损伤的积累及由此引起的材料疲劳（Frost，1960，2004；Diab，等，2006）。后者很可能对老年人骨的易脆性起重要作用。然而，即使这些其他因素是重要的，骨质量的丢失必然是构成骨折最危险的因素。

早在1965年执行双子星4、5和7号任务时，已经认识到航天骨丢失问题（Mack，等，1967）。由于技术上的人为因素，那项研究中骨丢失被过高估计。然而，后来对阿波罗7和8号乘员组进行X光照相术测量，以及对阿波罗14、15和16号乘员组进行吸收仪测定，定性地证实了早期的发现（Rambaut，等，1975）。从此以后，骨丢失被记录在礼炮号空间站任务乘组（Stupakov，等，1984）、天空实验室任务乘组（Smith，等，1978；Tilton，等，

1980）及和平号空间站乘组的（Oganov，等，1992）文档中。非常重要的是，从航天员活检获得的骨材料表明骨的成份和材料特性均未被航天飞行所改变（Gazenko，等，1977；Prokhonchukov，等，1978；Prokhonchukov，等，1980）。

因此，在定性方面，我们知道微重力暴露导致骨丢失[①]，而不是现有骨材料的改变。然而，在定量方面我们的知识很有限。这是由于小样本且空间任务不同的持续时间，对微重力暴露响应的个体间差异（Tilton，等，1980；Vico，等，2000），以及在评价与骨丢失有关的微重力时选择不同的方法。

目前还不知道在太空飞行期间骨丢失持续多长时间以及最终会有多少骨材料被丢失。回答这一重要问题的间接证据来自于地面的研究，例如卧床实验研究（Vico，等，1987；LeBlanc，等，1990；Watanabe，等，2004）或者与限动有关的骨丢失临床病例，比如脊髓损伤（Biering - Sorensen，等，1990；Eser，等，2005）。卧床实验期间，胫骨端部骨似乎以每月2%的速率发生丢失（Rittweger，等，2005）。而个别的人每月骨丢失率高达6%。假定骨丢失持续发生很长一段时间的话，那么某些航天员的小梁骨质量在一年内丢失可能超过50%（相对应的他们的骨强度下降将超过75%，看下面的解释）。比较而言，很多文献资料表明在脊髓损伤之后因肢体瘫痪会引起大约三分之二的小梁骨质量丢失。对于这些病人，会在两年或两年以上时间内发生骨丢失。此后骨丢失似乎会停止发生，可能是因为骨从此适应了新环境的缘故（Rittweger，等，2006a）。重要地，患有脊髓损伤的病人腿骨骨折的风险增加两成（Vestergaard，等，1998）。这些骨折通常出现在非严重外伤或跌落的场合。它们的主要原因是由于骨强度的丧失引起的。

因此，假定航天员和脊髓损伤病人之间的骨丢失可以比较，则长期航天任务骨强度的恶化是可以预期的，并具有相当大的骨折风险。

---

①有必要明确骨几何形态和结构方面的变化。

很明显航天员在火星上或者在飞船上必须避免发生骨折。所以，目前骨丢失对人类航天构成强有力的限制。前后联系起来可以看出，寻找有效的对抗措施来维持骨骼的完整性被认为是宇航学发展的基石。

7.2 骨生物学基础

我们现有的许多生物学知识来自于哈罗德·M·弗罗斯特(Harold M. Frost)（Frost，1960；Takahashi，等，1964；Epker，Frost，1966a；Jett，等，1966；Frost，1987a，1990b，1990a；Schiessl，等，1998）。在回顾骨生物学的基本原理时，让我们首先从一幅图片开始，然后详细阐述细胞和分子机制，最终讨论骨对机械性使用和废用的适应。

骨这个术语有三种不同的理解：作为器官、作为组织或作为材料。区别这些水平是极其重要的，例如，对骨密度概念的理解。

7.2.1 作为器官的骨

骨作为器官，提供刚性并用来阻滞肌肉的牵拉，或者保护像大脑和心脏之类的软组织器官免受外力的伤害。在发育期间，骨发生要么来自间叶细胞，要么来自于软骨（分别膜内骨化和软骨内骨化）。人生稍后时期，并未发生其他组织转变成骨[①]。作为这一规则的罕见的例外，进行性骨化纤维发育异常是与基因在 BMP－4 信号链接有关，并且引起了像腱和韧带之类的结缔组织的骨化（Kaplan，等，2006）。

从解剖上来看，骨被骨膜覆盖，骨膜是一种富含血管和神经纤维的上皮组织。神经纤维是骨折挫伤疼痛感觉的解剖基础。骨膜下面是骨的表层或外壳。在所有的骨中，除了某些鸟的特殊的含气骨外，骨内间隙充满脂肪或者造血的骨髓（红色），其机械作用还不了

---

① 注：钙化的结缔组织不同于骨组织。

解（Currey，2003）。

骨可以被分为长骨（如胫骨、桡骨），短骨（如舟骨），扁平骨（如额骨），不规则骨（如髂骨），以及籽骨（如膝盖骨）。在长骨中，我们按照长骨体生长部（含生长板）定义区分为三个不同的区域：离开生长部的区域（接近关节）叫做骺；临近骺且指向骨中心的区域叫做干骺端；中心区域本身叫做骨干。当考虑到它传达力时，可以理解隐藏在长骨设计背后的原理思想（图 7－2）。明显地，当骨纵向受压缩时，整个骨的每个横截面上承受相同的力，包括关节的表面，而后者被软骨覆盖，其材料特性劣于骨，因此关节力需要被分散到大面积上。为了达到这个目的，在骨干处有厚的皮质壳，接缝表面像一个有小梁的网状物。正如我们看到的，这里需要不同类型的骨组织。

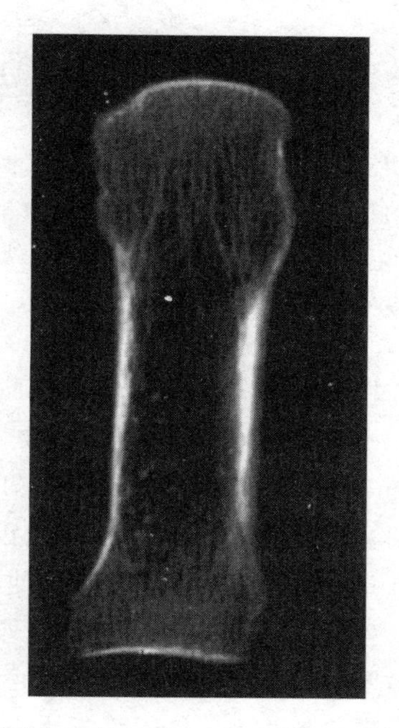

图 7－2　人跖骨的外表定量 CT 图，底部是近端关节表面，顶部是远端关节表面。注意到密实的皮质骨结构分散成精细的朝向端部的海绵骨网络。有趣的是，骨矿物质含量在每个水平层上大致相同

7.2.2 作为组织的骨

把骨作为组织来看，我们可以辨别密质骨和小梁骨（海绵骨）。小梁骨（图 7－3）也被称做松质骨，它是由相互连接的杆和板组成。它存在于长骨的骺脱离及干骺端，扁骨的夹心层，以及大多数不规则骨的中心处。像杆或板一样的小梁骨结构似乎在解剖上是特定的。

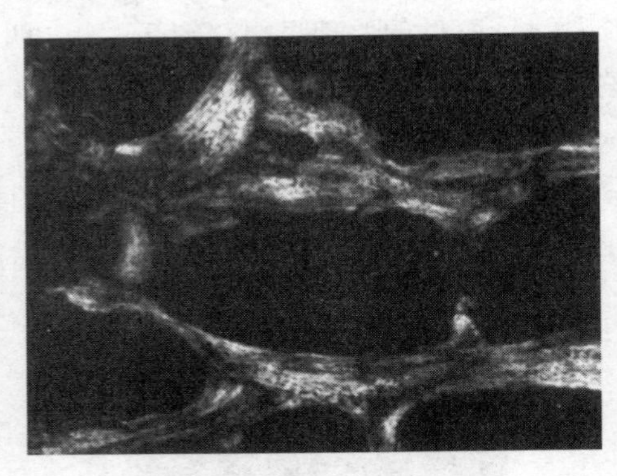

图 7－3 来自人体股骨颈的未脱钙多孔骨截面，用极性光学显微镜观察。极化使光按照骨基质中的颗粒方向传播，因此在图中看到的捕获线是暗黑色，其他骨组织是白到灰色，这取决于骨板的取向。注意到显著的各向异性，许多捕获线清楚地表明可见结构具有复杂的形成历程

例如，在鼠椎骨中，杆出现在接近终板部位，而板大部分出现在椎体的中心部位（图 7－4）。松质骨的相对骨分数（单位组织体积中的骨体积，bone volurne per tissue volume，BV/TV）典型值在 25％左右，它的变化范围宽，马的腿骨该值在 50％ 以上。

所有骨的骨干都是密质骨。许多作者交替使用术语密质和皮质，这是不完全正确的。按照定义，皮质只是骨的外壳，密质骨出现在骨干处，这里皮质最厚（蜥脚类动物的骨干厚度超过 30 cm），朝着骨端方向逐渐变薄。皮质骨并不比接近关节处的骺部小梁骨板厚。

密质骨可以是薄片状的、纤维片状的（丛状的）、哈弗斯的

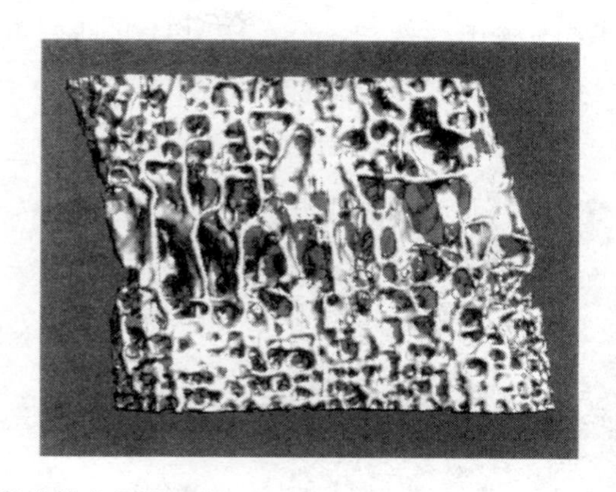

图7-4　鼠椎体小梁骨网络CT扫描，可看到杆存在于上下两端，而板存在于中心部位。图像经朱尔格·加瑟（Juerg Gasser）允许

（Haversian）或编织骨。纤维片状骨在正常情况下人体中看不到①，但是在快速生长的动物如羊、小牛中相当多见。编织骨在人体中确实会出现，但只是对过载的响应或者在骨折愈合期间（骨痂）。因此，在正常情况下，健康人的皮质骨中只有薄片状的哈弗斯骨。薄片骨是骨材料紧密的层状排列，而哈弗斯骨是由同心骨层组成，这些骨层埋在薄片骨中。这是皮质间重塑的结果（见下文）。

有密集的管道网络允许血管和神经贯穿密质骨组织，因为它们不同的起源，我们区分它们为沃尔克曼（Volkmann）管道（在薄片骨中）或哈弗斯管道（在哈弗斯骨中）。

骨组织像其他结缔组织一样，富含细胞外的基质而细胞贫乏。在骨组织中唯一发现的细胞是骨细胞。它们的细胞体存在于骨间隙中呈卵圆形。长轴（大约20 μm）在薄片骨平面内，两个短轴（大约4 μm）与其垂直。它们的数量大约50 000/mm^2，但是这个值随不同的种系、解剖位置、年龄而变化（Mullender，等，1996；Qiu，等，2002）。骨细胞体引起大约1%的骨材料孔隙率。

每个骨细胞维持60个树枝状的凸起（Boyde，1972），这些

① 一些罕见的病理状态除外，即肿瘤伴随综合征。

凸起埋在所谓的微管中（图 7－5）。通过这些凸起和它们的端部缝隙连接处，相邻的骨细胞彼此相连。大多数骨中的缝隙连接是由 C_{43} 组成的，它是一种隧道蛋白质，它允许像 Ca^{++} 之类的小离

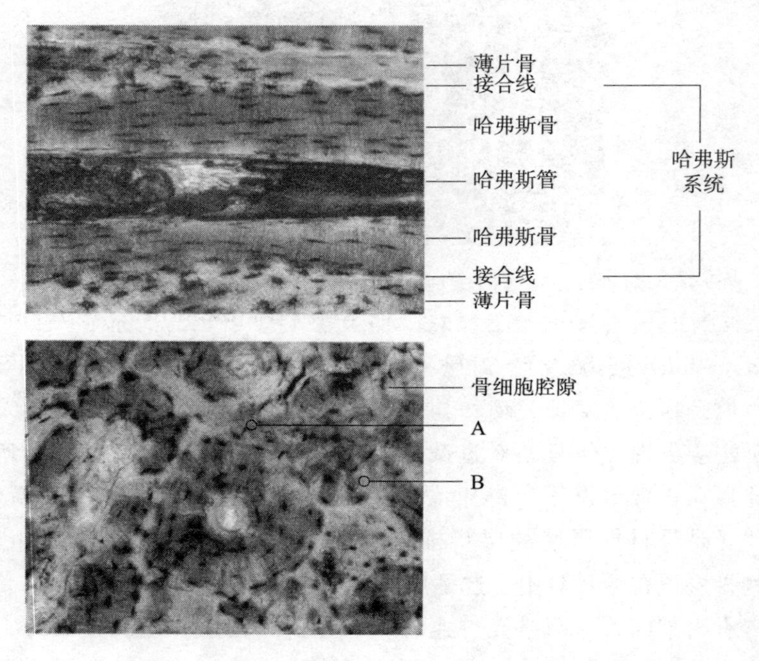

图 7－5　密质骨。上图，人体未脱钙的皮质骨纵剖面，气动去污，极性光学显微镜。哈弗斯系统水平贯穿图像，被薄片骨在两边卷入。在上端注意到在哈弗斯骨中骨细胞腔隙的规则层，以及出现在腔隙中的密集网络。由于骨薄片的不同取向，在薄片骨中细胞腔隙的形状和微管网络的形状是不同的。还注意到，哈弗斯和薄片骨之间的灰度不同，提示骨基质的不同取向（见图 7－3 的解释）

下图，人体皮质骨的横截面。其他的技术细节如上图。这里，哈弗斯系统形状为准圆形，具有中央管道且被接合线包围。注意到哈弗斯系统中密集的微管网络，但是连接系统外的微管却寥寥无几。可以看到例外：在接合线的每个边上，两个骨细胞非常紧密地接壤（看骨细胞腔隙标志）；还可看到，系统 B 已经侵蚀了系统 A 的轮廓，因此系统 A 比系统 B 生成早

子流动穿过相邻细胞（Schirrmacher，等，1996）。这种骨细胞间运输交通被造骨细胞培养基中机械伸长所加强（Ziambaras，等，1998），这导致了一种假设：这种交通在骨对机械刺激的适应中起到根本作用。

近来的研究支持这样的想法：骨对机械刺激的适应因缺乏 C_{43} 而减轻（Grimston，等，2006）。然而，由于它不能被完全废止，所以 C_{43} 门控可能不是唯一的参与骨适应性过程的通路。其他的研究者们认为，应变导致的液体在微管中的流动对力学转换过程起着至关重要的作用[①]（Owan，等，1997；Bacabac，等，2004）。这个理论与一些空间研究相关，因为骨髓中的腔隙流体压力被认为是强化了机械转换过程（Bergula，等，1999）。因此，已经进行推测，减少下肢中腔隙流体压力会对航天飞行期间的骨丢失有贡献（Turner，1999）。

此外，有证据表明微管间流体空间及含有非晶体离子的相邻骨小，基质在离子动态平衡中起重要作用。虽然微管在生理上具有重要性，但是应该牢记的是这些微管的直径是微小的（大约 0.2 μm）（Cooper，等，1996），以及被这些网络引起的多孔性估计小于密质骨体积的 2%（Frost，1960）。

成骨细胞（希腊语中指骨与微生物）是唯一有能力使骨材料生长的细胞。人们认为在骨形成过程中，七分之一成骨细胞分化为骨细胞。显然，成骨细胞只能在它所在的表面上工作，它们总是以一大批细胞在操作（图 7－10 和图 7－11）。成骨细胞区别于骨膜内衬细胞或者骨髓及其他器官中母细胞。在它们完成工作之后，成骨细胞分化成衬细胞。成骨细胞和衬细胞都覆盖在骨表面上，就像光滑的地毯一样，它们总是相互连接在一起，因此骨形成之后其表面是光滑的（图 7－10 和图 7－11）。

有两个步骤参与骨形成。首先，骨基质即蛋白质的混合物活化。

---

① 力学转换是指力学刺激的感知以及把它们翻译成生物学信息。

该过程类似于腱中纤维原细胞引起的细胞外基质蛋白的分泌。大部分的（约90%）骨基质是胶原。其他的有重要机械性能的蛋白质是弹性蛋白和粘多糖。然而，在骨中也存在许多其他蛋白质（例如TGF-β，骨钙蛋白）。据推测它们参与调节功能。

下一个步骤是骨基质的矿化。由于某些原因，为了矿化开始需要花费10天或更长时间[①]。作为这种“矿化滞后时间”的结果，骨基质接缝（图7-10和图7-11）可以在活检样品中识别。人们认为成骨细胞开始矿化是必要的。在这个步骤中碱性磷酸酶是一种关键的酶，骨钙素似乎是另外一种重要的蛋白质。一旦矿化启动，它或多或少地自动进行。因此，骨材料的矿物质密度随年龄稳定地增加。

骨形成可以被所谓的动态组织形态学的技术来定量（Parfitt，等，1987）。实质上，给定一种化合物（在人的情况下是四环素），它能够使正在矿化的骨基质染色（Epker，Frost，1966b）。这样产生了一个标签，之后能够在显微镜下被识别出来。骨在两个不同的时刻摄取该化合物，可产生两个这样的标签。之后活检样品，可显示出骨形成速率（根据骨基质接缝）和矿物质附着速率（根据标签之间的距离）。

第四种骨细胞是破骨细胞（来自于希腊语的骨和破），它是唯一的能够降解和重吸收骨材料的细胞。为了做到这些，破骨细胞首先用骨基质建造一个绷紧的密封。然后他们分泌一种“骨细胞溶解鸡尾酒”，即氢离子和分解蛋白酶（如胶原酶、组织蛋白酶K）经它们有皱褶的边界到达密封空间。这种“鸡尾酒”腐蚀表面，首先通过酸性溶解骨矿质，接下来消化蛋白质。然后溶解的残余物被重吸收和细胞间运输到破骨细胞后面的静脉。结果是产生空腔，传统上称做孔隙。许多这些腔隙构成贝壳状的表面，这是发生重吸收时骨表面的典型特征。

破骨细胞有一个核（单核）或者有许多核（多核）。多核细胞特

① 矿化滞后是指骨软化期延长，可能是由于血清中D激素和钙水平低的缘故。

征是有较强的新陈代谢活动以及在骨重塑的早期阶段是活化的（见下文）。平均来说，他们的寿命大约 12 天（Parfitt，等，1996），之后细胞通过凋亡衰退，并留下该区域给单核细胞。破骨细胞有受体，并且对甲状旁腺、降钙素、白细胞介素 6 有响应。不幸的是，为了直接地测量骨重吸收，没有一种技术可以比较骨形成和矿物质附着的作用。

7.2.3　作为材料的骨

如上所述，作为材料的骨由两相组成。有机相构成大约骨体积的三分之二，但是，只有三分之一的干燥骨质量。它的主要成分是 I 型胶原，总共占人体中蛋白质量的四分之一。胶原具有显著的抗拉强度，这是氨基束缚的缘故。每个肽段的第三氨基酸是甘氨酸，其他的一些是脯氨酸或羟基脯氨酸。作为氨基酸排列的结果，几乎没有旋转自由也没有 α 螺旋形成。更不用说，由三个 α 螺旋构成的三条绳子了。胶原由几个步骤合成：原胶原在成骨细胞内被合成并隐藏到细胞外基质中。这里，原胶原 I 多肽（一个在 C 端，一个在 N 端）被裂开，结果为原胶原蛋白，它通过交叉链接整合形成原纤维，原纤维依次聚集形成纤维。

无机相（或者矿质相）是由骨磷灰石（钙磷酸盐家族的一种晶体）组成的。然而，大约 5％的晶体磷酸盐被碳酸盐取代，且钙被钠、钾及其他阳离子代替。因此，骨磷灰石被认为是不纯的晶体。因为无机相富含高原子序数的矿物质，所以它产生信号使基于 X 射线方法能够和软组织区分开来①。在一项简单的实验中发现无机相能够被盐酸（EDTA）溶解，结果是组织的机械性能类似于腱或其他结缔组织。相反地，灰化，即有机相燃烧，产生一种材料，硬且很容易破裂。因此，好像骨的无机相提供硬度，有机相提供韧性。

在骨形成期间以及骨重吸收过程中，一些物质被释放到血液中

---

① 因此称为骨矿质含量或者骨矿质密度。

并且随后通过尿液排泄。这些现象有助于监控骨新陈代谢，所谓的骨标记。从历史观点上来说，首先是通过钙的排泄来研究骨新陈代谢的。这种方法的缺点是钙代谢还取决于肾、肠的吸收和分泌。通过使用稳定的钙同位素来监控所有的这些钙流动是可能的（Yergey，等，1987）。然而，这项技术的缺点是涉及面广和昂贵。因此，把焦点放在蛋白质相上是较直接了当的替代办法。起初，用脯氨酸或羟基脯氨酸来评价骨重吸收（Lockwood，等，1975）。但是，这些氨基酸丰富但不是骨特有的。因此，标定胶原Ⅰ交叉链接的退化成分——嘧啶和脱氧嘧啶，是朝着更特异性标记前进了一步（Robins，等，1986）。现在商业配套的对胶原交叉链接确定的抗原部位有特异性的试剂可以使用（C端的CTX，或者N端的NTX），它们能方便地对血清或尿液进行测量。

关于骨形成标记，碱性磷酸盐是理想的骨特异性（成骨细胞）异构产物，被广泛使用。原胶原Ⅰ多肽，即细胞间被裂开的胶原的尖端能够评价胶原Ⅰ型合成的速率。通常，骨钙素也被看做骨形成标记，假定它在矿化过程中起作用。但是，它是一种居留在骨中的蛋白质，在骨重吸收过程中它也被释放。因此，当骨钙素水平和其他骨标记测量结合使用时能提供更多信息。

生物化学骨标记的评价确实加强了我们对骨新陈代谢的了解。不幸的是，反映骨形成和骨重吸收的标记只是半定量的。对碱性磷酸盐来说，酶的活性将取决于局部抑制和刺激效应。而且，不同的标记有不同的药代动力学。因此仅根据这些标记推理出骨获得或者丢失是不可能的。骨标记的另一缺点是它们不能表达解剖学上的具体信息。但是，可以肯定地说，在探讨干预对骨形成的整体影响时是有意义的。然而，骨标记的主要作用是提供关于变化速率（相当于数学的微分）的信息，并且因此比其他技术响应较早。

7.3 骨的机械功能

骨特殊的材料性能使其成为我们身体中最硬的材料。这意味着什

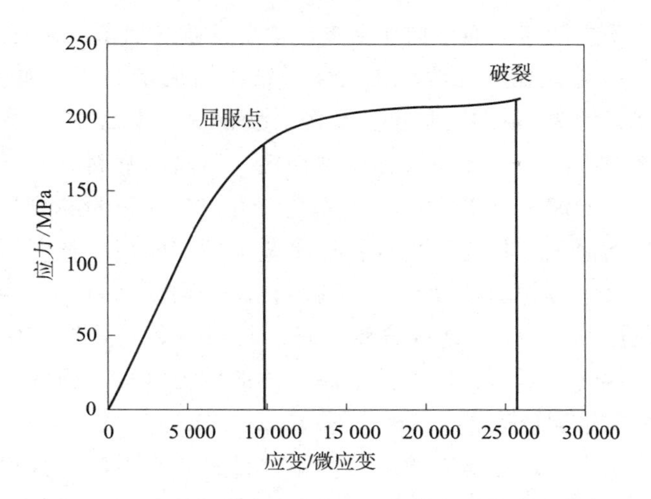

图 7－6　人骨压缩应力应变图。在到达屈服点之前变形是弹性的，这意味着机械能被储存。到达这个点之前的曲线下面积被称做弹性能，表明材料储存可恢复能量的能力。曲线下的总面积（到破裂点）可理解为能量吸收能力。在屈服点和破裂点之间，应力不再增加，但有相当大的能量储存，大量的微损伤存在于材料中，因此不可恢复。数据来自塞扎耶利奥格卢（Cezayirlioglu）等，柯里（Currey）(2002)

么？材料特性告诉我们在力的作用下材料如何变形。当谈论材料的时候，尺寸不应该起作用。材料的变形，以每单位原始长度下测量的长度变化量度量，被称做应变。由于材料的化学联结被张紧，所以在材料中产生阻力。这个力就是应力，它在材料的横截面积上均匀分布。

7.3.1　应变和应力

对于每种材料，应变和应力以特定方式彼此相互联系（图 7－6）。随着应变的增加，应力也增加。起初，这里出现线性关系，它的斜率定义为弹性模量（材料刚度）。显然，刚度越低，使材料变形越容易。然而，随着应变进一步增加，存在这样一个点，从该点开始应力不再随应变而增加那么多，这个点就是屈服点。超过该点，一些化学结合破坏。显然，在拉坏联结中的能量是不能被恢复的。然而，幸运的是，在达到屈服点之前变形是可恢复的。因此，应力—应变关系的第一部分被称做弹性区。不同的材料具有不同的储存弹性能量的能力（弹性能）。它的定量化方法是测量达到屈服点之前曲线下的面积。相反，当材料被实验至破坏时，储存的总能量是材料的能量吸收能力或韧性。很清楚，没有韧性的材料是硬的（即有大的刚度），这样的材料被称做脆性材料，大家熟知的例子是玻璃。材料最终破坏，工程师们把破坏时的应力（极限强度）作为材料特性的定量测量值。

因此，为了建造坚固的结构，要求材料具有大的弹性模量、极限强度和韧性。骨在这方面是杰出的[①]，它是一种能够抵抗肌肉骨骼系统中压缩力的理想材料。

显然，图 7-6 对骨材料特性在科学上只给出了不太完整的介绍。实际上，对相同的材料，压缩、拉伸、剪切特性是不同的。弹性模量和极限强度随应变率（即应变发生的速度）而增加，并且弹性模量随矿化程度而增加（Currey，1984；Rauch，2006）。更重要的是，骨是高度各向异性的，它的特性取决于骨薄片的取向，沿着薄片方向比垂直它的方向大 2～4 倍（Liu，等，1999；Liu，等，2000）。例如，在骨薄片方向上骨极限压缩应变大约 40 000 微应变（microstrain），但在垂直它的方向上只有 10 000 微应变。在密质骨中，骨薄片取向沿着皮质壳方向，因此它的正常的载荷轴线是沿着材料的最大刚度和强度方向。而松质骨是由带广泛分叉的柱状和片状骨组成（见图 7-3）。因此，要了解和模拟松质骨的机械性能相当困难。

值得一提的重要材料特性是它的对疲劳的抵抗力。如果一种材料在低于它的极限强度的某一应力下没有破坏，那么当我还是小孩时积

① 牙齿有相似的杰出的材料特性，但它不能够被修复（见下文，骨重建部分）。

累的经验告诉我第二次会折断这根棍子。更严格地说，载荷循环次数的增加会减少材料能够抵抗的应力。例如，格雷（Gray）和科巴彻（Korbacher）发现当载荷作用一次时破坏应力为 180 MPa，当载荷作用 1 000 次时降低到 140 MPa，当载荷作用 100 万次时降低到 100 MPa 以下（Gray，1974）。具有重复载荷作用的骨，不可恢复的应变将累积（Cotton，等，2005）。它们对骨造成微观损伤（图 7 - 7）并导致降低刚度、强度和韧性。如果不能够通过重塑修复（见下文），则通常在没有严重创伤的情况下，微观损伤趋向于扩大并将最终导致骨折。微观损伤积累对骨脆弱的重要性以及真正的骨质疏松的重要性（Frost，1998b）近年来有所认识（Li，等，2005；Diab，等，2006）。

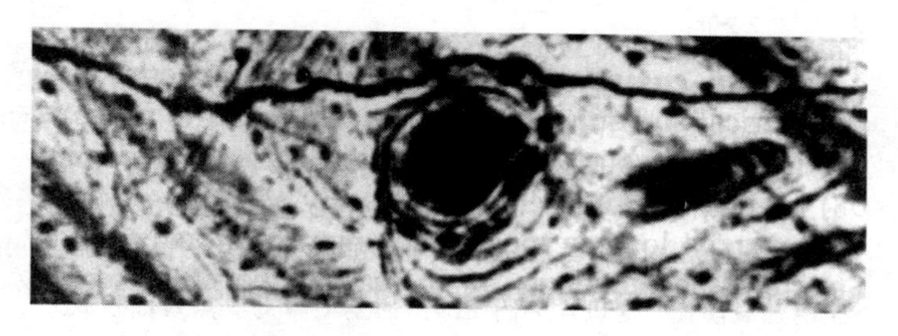

图 7 - 7　人体皮质骨微裂缝图片，经基思·温伍德（Keith Winwood）许可

7.3.2　老化

老化是对骨材料特性有重要影响的另一个因素。随着年龄的增加，骨中老的片段增加，使得具有较大弹性模量的高度矿化骨增加。而且，由于正在进行的重塑活动（见下文）的结果，骨材料的相邻支柱的生物学年龄变化越来越大。因此，在材料性能方面有较多的变化，而不是这些性能本身随年龄而改变（Zioupos，Currey，1998）。这可能有损害效应。假定不同年龄的这些支柱的弹性模量不同，那么在相同载荷下应变将变化，引入大剪切应变，它对于骨材料是特别有害的。最终是微损伤随年龄而增加，而且微损伤积累的速率也随年龄而加速（Zioupos，等，1996）。此外，微损伤对材料

的影响随年龄而越来越有害（Diab，等，2006）。

7.3.3 几何和结构特性

为了推断一座建筑物（或者像骨之类的器官）是否不合格，工程师们不仅要考虑材料特性，而且要考虑几何和结构特性。必须考虑不同的载荷条件（图 7-8），并且通过调整结构尺寸来满足载荷条

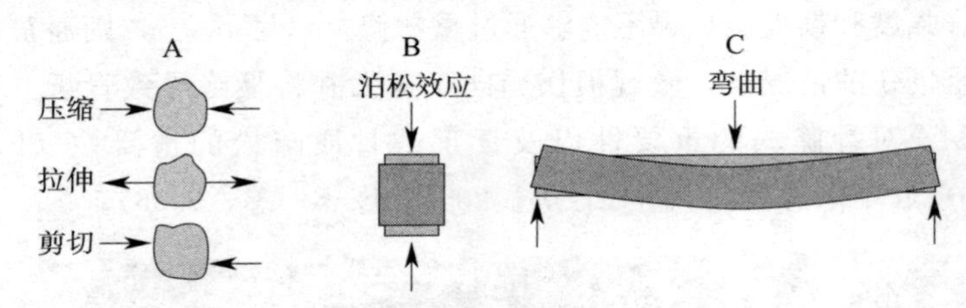

图 7-8 不同的载荷条件。A：单轴力矢量引起的压缩和拉伸，而在剪切加载中力矢量轴线平行。B：在压缩时与收缩有关的横截面膨胀（在拉伸时则相反）被称做泊松效应。它引入与主应力轴成 45°方向的最大的剪应变。C：弯曲是一种复杂的加载模式，这里作为例子给出的是简单的 3 点弯曲模式。加载导致梁的上半部分压缩，而下半部分拉伸。注意到中央纤维（虚线）的长度没有变化，因此应力和应变均等于零。可以看出弯曲使得结构绕旋转轴变形，在本例中旋转轴伸出纸平面

件。压缩和拉伸的单轴加载模式是沿同一方向的。可以通过增加横截面（和力矢量正交的）与力的幅值成正比使结构适应这种载荷。因此，骨材料容量（即单位长度上骨量）是骨压缩强度的预报器。类似地，对于剪切载荷，平行于力矢量的截面必须被加强，使其与剪切力幅值成比例。

然而，对于弯曲情况，问题有点复杂。如图 7-8 所述，在弯曲梁中央的中央纤维长度不变。因为应变引起应力，并且依次引起材料的反作用力，因此中央纤维对于梁的弯曲抵抗力没用任何贡献。另一方面，容易看出在逐渐远离中央纤维的材料内应变线性地增加。

进一步假定存在像图7-6那样的线性应力—应变关系，那么我们可以给出梁弯曲结构强度的数学描述，被称做阻力矩（W）[①]。

W受偏心的影响，即到材料中性轴距离的2次幂。因此，梁中的材料定位在远离中性轴的部位，是一种抵抗弯曲的有效方法。图7-9是个例证，这里讨论了具有相同横截面积（因而有相同的压缩强度或拉伸强度）的5个不同的梁。对于圆形截面的梁，空心截面的W比实心的大得多。这就是旗杆为什么设计成这种形式的原因[②]。然而，弯曲强度精密地依赖弯曲发生的平面。因此，W对于每个平面存在差别。这种效应也在图7-9中进行了说明。

尺寸	$R=1.13$	$r=0.65$ $R=1.30$	$S=2$	$h=2.42$ $b=1.65$	
A/cm^2	4	4	4	4	4
W_y/cm^3	1.13	1.62	1.33	1.10	1.39
W_x/cm^3	1.13	1.62	1.33	1.62	1.62

图7-9　四种不同的梁和人胫骨的比较。选择的所有结构都具有相同的横截面积。因此，具有相同材料特性的梁和人胫骨，具有相同的压缩和拉伸强度。但是，在弯曲时它们的强度是变化的，就像阻力矩W所表示的那样，沿x轴和y轴方向的弯曲分别给出。从结构的观点来看，胫骨可以被视作为空心圆柱（它的材料分布远离中性纤维）和矩形豆的结合体，它的W沿不同轴向而不同。编自里特韦格（Rittweger）等（2000）

日常的经验告诉我们，弯曲下的破坏比单轴载荷下的更常见。因此，按照压力完整性概念，自然和现代建筑师努力在可能情况下使加载模式恢复到压缩和拉伸。可是，在肌肉骨骼系统中弯曲确实发生（Biewener，等，1983；Hartman，等，1984），并且我们的骨

① 也称为截面模量。

② 记住：风可能来自任何方向。

骼出现对它们的适应（Rittweger，等，2000），变大增加了重量，以及在运动期间需要大的力来使它们加速和减速。因此，假定一些骨髓因素存在（Frost，1998a）的目的是为了使长骨更细长，以及解决骨强度和重量轻需求之间的矛盾。

这里应该提出的是，现在骨强度能够通过外表计算机扫描（peripheral quantitative computed tomography，pQCT）来间接评估（Braun，等，1998；Sievanen，等，1998）。骨几何学，包括 W 的评估，可以容易地获得并允许极好地估计骨强度（Ferretti，等，1996；Ebbesen，等，1997）和刚度（Martin，等，2004）。小梁骨密度，通过 pQCT 评估，来预测小梁骨压缩强度相当好（Ebbesen，等，1997；Ebbesen，等，1998）。然而，后者的关系是幂函数。埃布森（Ebbesen）发现人髂骨标本指数大约为 2.7（Sievanen，等，1996；Ebbesen，等，1997）。其他的作者，也许是为了方便，假定这个指数为 2。因此，例如小梁骨密度减少 50％会导致强度降低 75％。

7.4 骨的适应过程

长久以来，人们一直将骨作为“死”的材料。只是近年来才对骨有了重新认识，骨对地球上的生命是基本的，本身是活的结构。它们产生代谢变化和承受适应性过程，这是我们正在开始了解的。最重要的是，不同种系间材料特性存在明显的差异（Currey，2002）。自然界不能改变个体内在的这些特性①，但通过改变设计使骨更强壮或更脆弱。

7.4.1 骨建造

骨建造可以通过骨表面的缓慢变化来雕塑骨的形状（Frost，

① 这不像腱，强度训练提高腱的弹性模量，并且限制活动降低弹性模量。见尼尔·里夫斯（Neil Reeves）和康斯坦丁诺斯·马加纳里斯（Constantinos Maganaris）的杰出工作。

1990a)。这些变化包含在一个包膜上骨形成以及通常在相反的包膜上吸收。生长期间长骨骨干的变化就是一个例子。随着骨变长，它的外轴径（骨膜）和内轴径（皮质骨内层）也增加。后者是由同时在骨膜包膜上的形成及在皮质骨内层的骨吸收造成的。

微观上，建造意味着大批的成骨细胞（图 7－10）一起在包膜上工作。相反地，吸收是通过几个破骨细胞独立地动作。建造的骨平衡通常是积极的，即结果是骨结构变强壮。然而，应该注意到建造并不是形成的同义词[①]。确切地说，形成和吸收两者都帮助塑造骨，建造被认为是优化小梁骨网络的结构（Huiskes，等，2000)，并且它还帮助骨连接不正后伸直长骨[②]（Frost，2004)。

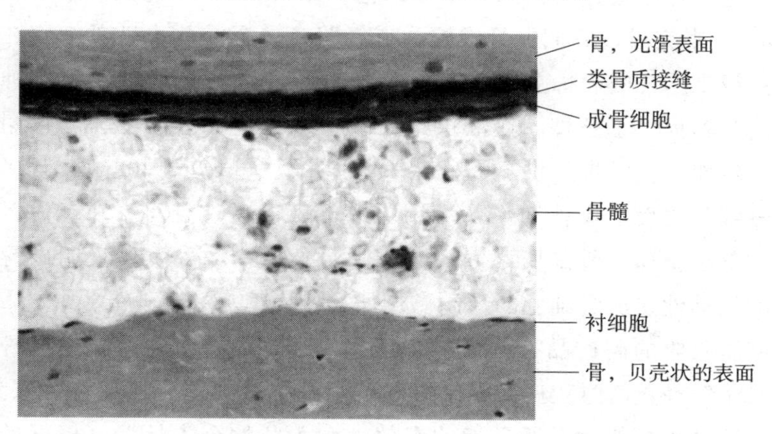

图 7－10　骨建造，8 岁男孩髂骨活检小梁骨着色。在上游的小梁骨，类骨质附着在光滑表面上。注意到类骨质本身是平滑的，所以在它矿化后也是平滑的。在本图像中，成骨细胞相当扁平，提示它们的分泌活动只是中等。在下游的小梁骨，贝壳状的表面表明早期通过破骨细胞的重吸收。上游的小梁骨的形成和下游的小梁骨的重吸收导致了向图像底部整体漂移。图像经罗斯·特拉弗斯（Rose Travers）和弗兰克·劳赫（Frank Rauch）许可。还可看彩色版

---

① 这两个概念经常被混淆。

② 带有“结”的骨折愈合。

7.4.2　骨重建

在骨骼生长期间，骨的建造旺盛。相反地，一旦我们的骨骼已经适应了它们的最终尺寸，骨转换主要是靠骨重建。骨重建是用新材料代替旧骨。因此，它的作用是修复组织、避免微损伤的积累、防止材料的疲劳（Frost，1960；Mori，Burr，1993）。骨重建遵循所谓的激活—吸收—形成（A—R—F）次序，它涉及破骨细胞的激活（activation），旧骨的吸收（resorption）以及新骨的形成(formation)（Takahashi，等，1964）。

这个过程通过所谓的基本多细胞单元（basic multicellular units，BMU）来完成，它们在骨中挖隧道开路。一个或几个破骨细胞在骨中穿越工作，吸收旧骨材料。一条动脉、通常两条静脉及一条神经末端为其提供了条件。血液供给反映了重建过程的高度新陈代谢需要。然而，关于神经供给的作用知之甚微（Chenu，2004）。紧接着破骨细胞之后，成骨细胞一层一层地再充填吸收空间。许多作者相信成骨细胞和破骨细胞之间有生理学的偶联。体外实验证明破骨细胞的活动性受成骨细胞的控制（例如，经由 RANK），反之亦然，破骨细胞吸收的副产品控制成骨细胞（例如，TGF-β)。虽然这种偶联对于解释重建过程中成骨细胞和破骨细胞之间的合作绝对有意义，但是这种耦合如此无所不能的有效性和关联性令人怀疑（极好的有挑战性的评论见加瑟，2006）。

微观上，重建的骨可通过它在贝壳表面上的沉积来识别（图 7-11)。在密质骨中，这种贝壳层被称做“粘合线”[1]，它限制在哈弗斯系统[2]范围内，此系统是 1691 年提出的（Havers，1691)。对人来说，哈弗斯系统是几毫米长，直径 50～100 μm 的系统。它是基本多细胞单元在密质骨中重建活动的结果。

---

① 也称谓逆转线。

② 也称谓次级骨单位。

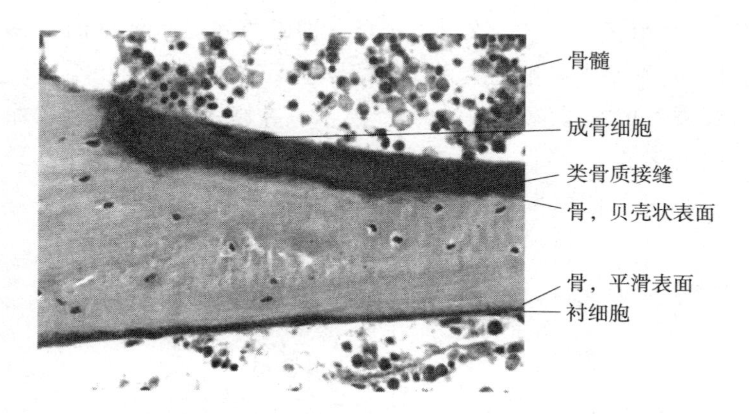

图7-11 骨重建。来自12岁女孩髂骨活检的小梁骨着色。小梁骨上部类骨质接缝已经在贝壳状骨表面形成。成骨细胞非常扁平，表明它们重分化成衬细胞，这个过程在本图右部分中已经发生。注意到本图的左端类骨质接缝处旧包膜的连续性，提示当早期骨被重吸收时已经有相同数量骨被形成。照片经罗斯·特拉弗斯和弗兰克·劳赫许可。也可看彩色版

在人体的任何时刻，大约有100万基本多细胞单元在活动，因为激活—吸收—形成序列需要90～120天来完成①，所以基本多细胞单元的活动频率，即每年整个骨骼中新基本多细胞单元的出现数目是3～4百万。如果激活的基本多细胞单元增加，则总体的吸收空间也增加。结果是暂时的骨丢失，直到激活的基本多细胞单元数量恢复到正常为止。同样的原因，短期的活动频率下降，将导致暂时的骨丢失。考虑到这种短暂的效应在解释研究结果方面是至关重要的。例如，大约1年之后骨矿质密度增加很可能是由于激活频率方面的变化，他们确实发现像二磷酸盐之类的药物具有抑制破骨细胞活性的作用（Liberman，等，1995）。

每个基本多细胞单元本身有骨平衡，用术语 ρ 表示。在正常的

---

① 注意到这比多核的破骨细胞的寿命长得多，因此在BMU的寿命期内破骨细胞必须被替代，完成替代的时间虽年龄而延长，这一点也很重要。

情况下，守恒区（图 7-12），ρ 稍负，即骨重建导致轻微的骨丢失。据估计，每个基本多细胞单元转换的 0.5 mm^3 中，有 0.003 mm^3 或 0.6%没有被填充（Frost，2004）。然而，在废用条件下该值增加，ρ 接近－100%。

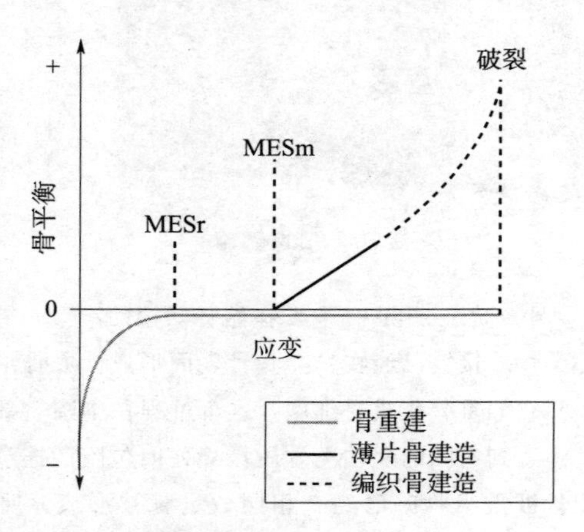

图 7-12　弗罗斯特的力调控理论（Frost，1987a，2003）。该理论认为日常载荷产生的应变可以引起骨建造和骨重建。当应变超过 MESr 阈值时，骨重建使得吸收的骨几乎整个复原。但是，当其小于 MESr 时，骨重建可以使负平衡越来越严重。当应变超过 MESm 阈值时，骨建造被打开，对人体来说一般通过薄片骨进行建造。然而，在某个确定的阈值之上有编织骨形成。因为正的骨平衡将导致更刚性的骨结构，这样会降低骨中的应变，所以力调控理论描述了一个负反馈环。在 MESr 和 MESm 之间的范围内也被称做“守恒”模式或区间，进一步解释见正文

7.4.3　力调控理论

自从 20 世纪 60～70 年代提出骨转换的建造和骨重建机制后，人们就提出了是什么支配这些机制的问题。许多观察提示，力的影响是至关重要的。加利莱奥·加利莱（Galileo Galilei）是第一个认识到骨可以适应其承受载荷的人（Galilei，1638）。朱利叶斯·沃尔

夫（Julius Wolf）和达西·汤普森（D'Arcy Thompson）对这种适应进行了较多的数学描述（Wolff，1870，1899；Thompson，1917）。然而，直到1987年，第一个正式的骨适应理论——力调控理论才被提出（Frost，1987b）。从本质上讲，该理论认为当骨内应变超过一定阈值（建造的最小有效应变或刺激或MESm）时，才能保证骨的建造（图7-12）。

相反地，如果应变在一定阈值（重建的最小有效应变或MESr）以下，则基本多细胞单元的骨形成是不完整的，因此导致负的骨平衡。换言之，该理论认为，极其大的应变导致骨结构强化，而低应变水平导致局部骨丢失。因此，力调控被理解为具有负反馈环的控制系统，这种负反馈保持应变在一定限度内。该理论提示，骨适应最大的日常载荷，这从工程师的观点讲得通。

关于MESr和MESm的实际值已经有相当一些讨论。对于MESr，其值大约为50～100微应变（Frost，2004），MESm值大约是1 000微应变（Schiessl，等，1998；Frost，2004）。虽然很难获得MESr的实验证据，但是在活的有机体内的应变测量能给我们一些关于MESm的启示。人在强体育活动期间，胫骨处的应变峰值达到2 000微应变（Burr，等，1996）。而且，从鼠到马这些动物的长骨中，即体重相差40倍，发现在运动期间应变峰值范围在1 000～2 000微应变之间，即它们不依赖于体重（Biewener，1990）。假定10 000～40 000微应变可引起骨折（见上文），这意味着似乎不同品种之间广泛被发现的安全因子是10左右。重要的是据推测激素可以调节MESr和MESm（Schiessl，等，1998；Frost，2004），而且它们可能有自己特定的解剖部位（Skerry，2006）。

7.4.4　纵向生长

在哺乳动物和鸟类中，到目前为止认为最大部分的纵向生长是发生在骨骺处的软骨内骨化（因此命名生长板）。人类只有小部分的纵向生长是通过这种方式的，但两栖类和爬行类骨的纵向生长全部是通过关节软骨正下方骺分离的软骨内骨化实现的。

骺是层状结构，原始细胞分化为成软骨细胞，它们增生扩散并逐渐分化为有增生性的软骨细胞。它们被软骨细胞吸收。接着，编织骨在残留的竖直圆柱上形成。这种结果是初级骨松质，它的骨分数大约 50%左右并且迅速被重塑为次级骨松质。次级骨松质的骨分数通常是初级骨松质的一半。

骺内的软骨层水平地穿过长骨，像关节软骨一样担负起同样的力传递（见上文）。因此，实际上所有的多孔骺在骺和关节表面之间的横截面中是常数。只有朝着骨干方向较瘦长。所以，纵向生长包括在干骺端处的生长。这通过在骨膜上及内皮质侧面上相反的建造流动来完成，在骨膜包膜上出现骨重吸收的同时在内皮质上出现骨形成。没有立即的需要来重建这种骨，但是随着纵向生长的进展，弯曲杠杆以及肌力增大，为了增加它的强度建造漂移使得干骨的横截面扩大。

考虑生长板处的复杂过程（确实不很了解），识别它们作用到干骺端和骨干的二次重建需要查明是很重要的。事实上，在微重力和其他领域的研究中，标准动物模型是成长期的鼠。然而，令人吃惊的是这些研究通常没有真正考虑纵向生长的复杂性。例如，初级和次级骨松质之间的区别是个常见的错误，当研究某些药剂或者干预对骨矿质密度影响时，它导致极大的误解。

7.4.5 肌肉收缩对骨的重要作用

在肌肉骨骼系统内，我们的肌肉是依靠杠杆来做功，其机械效益[①]范围是 1∶2 到 1∶10（Martin，等，1988；Özkaya，Nordin，1998）。以胫骨的结果作为例证见图 7-13。一名优秀跳远运动员，一次单腿落跳可引起地面 5 000 N 的反作用力。相应地，他小腿肌肉受到的压缩力是 15 000 N（相当于 1.5 t），胫骨是 20 000 N（相当于 2 t）。

① 从肌肉的观点来看，它是相当费力的。

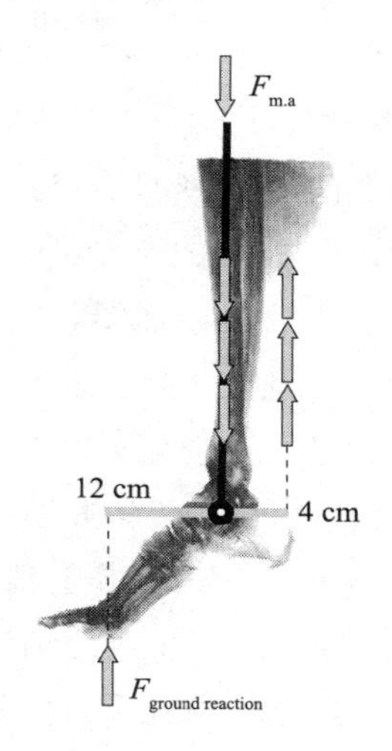

图7－13　人胫骨受力特性。当胫骨垂直时，地面的反作用力（$F_{ground\ reaction}$）将在胫骨内产生相反的力，它传导身体质量的加速度（$F_{m.a}$）。如果我们忽略下肢的质量，那么这两个力具有相同的幅值。由于踝关节的机械效率（4∶12＝1∶3），所以当我们的后脚跟离开地面时小腿肌肉必须产生力，其大小是地面反作用力的3倍

因此，在我们肌肉骨骼系统内，力的幅值大得令人吃惊。更吃惊的是肌肉收缩对载荷的贡献，在图7－13中占胫骨压缩力的75％。例如，在前臂中，这里通常没有身体质量乘以加速度的贡献，肌肉收缩甚至将占骨载荷力的100％。

许多作者不加区分，甚至当作同义词使用术语“承重”和“承载”。正如我们现在能够了解的，这两个术语有较好的区分界线。骨的承载应该被理解为任何种类原始力的应用；而承重包括身体质量乘以加速度成分的力。因此，即使航天员的胫骨在微重力条件下由于某些肌肉收缩而承受载荷，那也没有承重。这导致胫骨中的力减少，即使小腿肌肉收缩和地球上一样有力[①]。当设计措施对抗微重力

①　很可能不一样。

条件下的肌萎缩和骨丢失时，这一点是相关的。对于下肢，为了完全有效，锻炼模式需要包括图 7 - 13 中的力成分 $F_{m.a}$。

然而，承重和承载之间的差别只有 25% 左右，考虑把肌肉收缩作为骨适应的主要来源是重要的。希斯尔（Schiessl）等（1998）给出了骨骼对肌肉组织适应的美妙插图，其主要结果在图 7 - 14 中进行说明。观察到的第一个显著的特征是在成长的男生中骨矿质容量和瘦肉（它的大部分是肌肉质量）之间很好的匹配性。对于 2～15 岁的男生，两个变量之间是直线关系。注意到的第二个重要点是青春期的影响，对大于 16 岁的男生稍微向上偏转表示增值。更清楚、更重要的是女生的线在 12 岁之前和男生的线是不可区分的，当她们一旦到达青春期产生比男生每单位瘦肉质量下更多的骨。

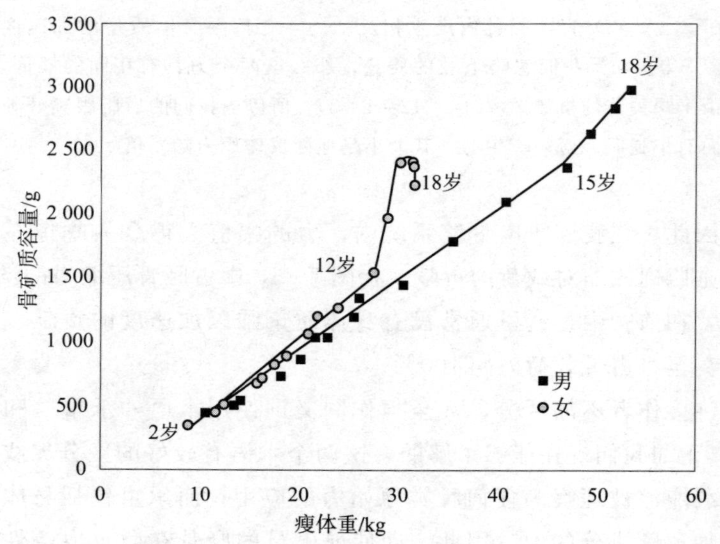

图 7 - 14　希斯尔（Schiessl）等（1998）展示的肌肉和骨骼关系。总的骨矿质容量与总的瘦肉质量关系图，后者和肌肉质量密切相关。二者的数值是通过双 X 线吸收仪对 345 名男生和 433 名女生进行测量获得的（Zanchetta，等，1995）。显然，在男生 15 岁和女生 12 岁时该关系发生改变

推测妇女骨矿质自然增长更强的原因是构成一个钙库，以便在哺乳期间使用（Kalkwarf，Specker，1995；Kalkwarf，等，1996），使骨强度不会出现低于肌肉组织施加力的要求（Ferretti，等，1998）。在临床上，利用更加先进的方法（Schonau，等，1996；Ferretti，等，2000；Schonau，等，2002）和更多的生物力学细节（Rittweger，等，2000）来识别“肌肉—骨骼单位”，这将助于区别原发性的骨疾病和由于肌肉组织萎缩引起的继发性骨疾病（Schonau，等，2002）。

7.4.6　锻炼对骨的影响

如上所述，当日常载荷减少时，在活动受限的情况下容易出现骨丢失。那么，反过来增加人的载荷会发生怎样的结果呢？据说通过某些形式的抗阻锻炼可以增加骨强度。然而，现实比这更复杂。

毫无疑问，青春期以及青春期之前进行锻炼可以增加骨质量（Bass，等，1994；Kannus，等，1994；Bass，等，1998；Specker，Binkley，2003；Specker，等，2004）。锻炼的效果是有明确部位的（Kannus，等，1994；Kontulainen，等，1999；Bass，等，2002），高强度的肌力锻炼似乎更有效（Tsuzuku，等，1998；Dickerman，等，2000）。如果坚持锻炼的话，似乎到非常大的年龄还可以保持骨质量为常数（Wilks，等，2006）。

然而，所有的想通过锻炼增加成年人骨质量的尝试要么是结果较差（Maddalozzo，Snow，2000；Vincent，Braith，2002），要么毫无结果（Rhodes，等，2000；Milliken，等，2003）。对于绝经后的妇女，通过锻炼最好结果是减轻或者等于骨丢失（Heinonen，等，1998；Hawkins，等，1999；Verschueren，等，2004）。可是，这并不意味着人不可以获得成年的骨。作为一个相反的例子，卧床期间丢失的骨量被重新获得几乎达到毫克（Rittwager，未发表数据）。成年人能不能增加骨质量还是个迷。然而，现在很多文献报道适当类型的锻炼能防止像卧床之类限制活动引起的骨丢失（Rittweger，

Felsenberg，2004；Shackelford，等，2004；Rittweger，等，2005)，提示锻炼对于骨来说确实有效。因此，可能除了骨或者肌肉外的其他因素，例如，腱或者关节对增加的载荷不适应是引起锻炼无效的原因。

虽然锻炼的效果总体上被很好地证明，但是对于在锻炼干预期间哪种类型的锻炼产生出最优的响应了解较少。对于年轻的老鼠，每天跳 5 次和每天跳 100 次有大致相同的效果（Umemura，等，1998)，表明需要相对少的载荷循环来产生最大的建造响应。但是，骨的守恒可能是一个问题，它不同于成长期骨的自然生长。在图卢兹进行的长期卧床研究中，2～3 个回合的抗阻锻炼能够维持大腿肌肉组织（Alkner，Tesch，2004)，但不能维持股骨、胫骨和脊柱的骨质量（Watanabe，等，2004；Rittweger，等，2005)。另一方面，在两个独立的研究中日常的锻炼成功地维持了骨（Rittweger，Felsenberg，2004；Shackelford，等，2004)。

过去大多进行的是骨矿质密度和骨质量的研究，这是由于当时的技术（如双 X 线吸收仪）不能详细了解骨的解剖学变化。随着 CT 技术的发展，我们现在首次认识了锻炼和废用对骨几何形态的影响。实验表明锻炼和卸载对骨骺皮层区域的影响比中央部分更大(Nikander，等，2006；Rittweger，等，2006b)。动物实验表明在一定条件下可以使骨轴的横截面更圆（Allison，Brooks，1921；Carey，1929；Vigliani，1955b，1955a)，人的实验也获得相同结果(Rittweger，未发表数据)。其原因可能是由于肌肉拉力下降所致。锻炼可以使胫骨小腿肌肉收缩一段时间（图 7-9)，这时胫骨的阻力矩是最大的。

7.5 体内平衡

除了骨的机械功能外，骨连接着提供我们内环境稳定的内分泌网络。骨构成我们体内重要的钙、磷库。骨中大约 1 kg 的钙，对应的细胞外和细胞间的钙仅1 g左右。降钙素、甲状旁腺素（PTH）以及D激素[①]是参与钙代谢的激素。降钙素刺激骨形成，有助于储存钙。D激素刺激肠和肾中钙的吸收，它也能促使骨矿化及增强骨骼肌肉的功能和增殖力（Boland，等，2005）。甲状旁腺素是降钙素的唯一对抗激素。虽然基础水平的甲状旁腺素确实可以刺激骨吸收，但是甲状旁腺素的波动能够重新促使成年期的骨形成（Reeve，等，1980）。正在累积的证据表明这是由于建造引起的。最近，重组甲状旁腺素已经被认可用来治疗骨质疏松症（Reeve，1996；Neer，等，2001）。

一般认为钙的体内平衡是通过这些激素调节的，以及交换时独自地通过骨吸收和骨形成来进行（Heaney，2003）。可是，矿化滞后时间是10天左右，破骨细胞的补充需要8天时间（Eriksen，等，1994），激素能够在几分钟到几小时内调节现存破骨细胞的活性。因此，专门通过骨吸收和骨形成维持的钙平衡可能会行动迟缓，并且有潜在的高钙血症的风险。钙磷溶解性的物理化学原因（Talmage，2004）及平衡的钙流动（Parfitt，2003）必须期望有一种快速的不依赖吸收和形成的离子交换机制。现在已经提出了这个系统的证据（Marenzana，等，2005）。

骨也可以被看作是一种蛋白质库。有证据表明，缺乏蛋白质的饮食妨碍骨骼生长（见第9章）。对于成年鼠，低蛋白等热量的饮食减少骨形成，使得基本多细胞单元的骨平衡 p 为负。这将导致继发性骨丢失和骨强度降低（Bourrin，等，2000b）。促生长轴的抑制以及IGF－1水平的抑制作为相关的机制已经被提出（Bourrin，等，2000a）。对于雌性鼠，无月经恶化了摄取蛋白能力，也促进骨吸收（Ammann，等，2000）。必要的氨基酸能抵消对骨的这种影响（Ammann，等，2002），也可以用氨羟二磷酸二钠进行抗吸收治疗（Mekraidi，等，2005）。似乎有一个生理上的“饥饿”程序，它节省骨重建中的蛋白质。

---

① 活性维生素D（1，25OH D）。

7.6 超重骨研究

建立了离体的鼠胎儿长骨模型，这个模型已经被应用在低重力、正常重力、超重研究中[①]（Van Loon，等，1995；Vico，等，1999）。结果表明与正常重力相比，超重加强了骨矿化，低重力降低了骨矿化。乍一看，它提示超重具有防止或者甚至逆转微重力对骨骼的有害影响，好像存在一个连续统一体：微重力—正常重力—超重力。不幸的是，动物研究不支持这种简单化的观点。超重，依赖于旋转加速度的幅度，对骨产生相当微妙的影响。使发表的文献有意义是件困难的事情，并且需要牢固的背景知识。

首先，与人工重力有关的两个效应必须被考虑。第一是离心加速度 A_c，由下式给出

$$A_c = \omega^2 r \tag{7-1}$$

式中 r——离心半径；

ω——角速度。

让我们称这为离心的重力效应。它和第二个称做科里奥利加速度相比较大[②]。

当一个质量沿旋转半径移动时科里奥利加速度出现，它由下式给出

$$A_r = -2\omega v \tag{7-2}$$

式中 v——沿半径方向移动的速度。

这种效应被称做离心的旋转效应。它引起眩晕恶心，许多人经历过这种不利影响。

容易看出，重力的效应依赖于离心半径 r，旋转效应则不然（见第 2 章）。为了在科学实验中分离两种效应，这种情况被利用

---

① 因为我们无法在真正的超重场中进行研究，所以本章中的超重是指离心产生的大于 1g 的总加速度。

② 由于能量守恒。

(Smith，1975；Vico，等，1999)。在原则上，两组动物在相同的角速度下进行研究，因此具有相同的旋转效应。但是，一组受短半径离心作用（低重力水平）；另一组受长半径离心作用（高重力水平）。虽然乍一看该方法好像很优雅，但是它要求动物或者人在高重力水平下仍能够以不变的速度 v 沿径向移动。过去的研究未能确定这些。全面估计与旋转相关的恶心是重要的，其原因是它对营养有很大的影响。如上详述，营养反过来对骨的代谢有明显作用，特别是对于纵向骨生长。

必须考虑动物或者人在超重作用时的实际行为。根据数学比例定律，典型长度（L）增加与典型的横截面增加相平行，且横截面增加与 L^2 成比例；与典型质量增加相平衡，且质量增加与 L^3 成比例。肌力与肌肉横截面积有关（这里与 L^2 有关）。维持姿态和产生运动的静态和动态力须要克服身体质量（因此与 L^3 有关）。从这个意义上讲，小动物是有优势的，因为身体质量对它们不重要。因此，它们被自然地设计成蹲踞姿势，这里长骨严重地偏离了垂直轴。与此对照，大的陆生动物预先设计成直立姿势，长骨很好地沿垂直方向(McMahon，1975；Biewener，1983)。然而，在超重条件下，直立姿势比蹲卧姿势容易维持（由于他们的设计，小动物可能不能忍受）。因此，我们必须准备遭遇不同种系间对超重响应的差别，它是与行为约束有关的。

7.6.1　过去的研究

在超重动物模型中最一致的观察或许是身体质量的丧失(Smith，等，1959；Wunder，1960；Oyama，Zeitman，1967；Riggins，Chacko，1977)。在离心的开始几天似乎存在食物摄取减少(Feller，Neville，1965；Oyama，Platt，1965)，在此期间体重降低特别明显。同时，行为模式被改变（Oyama，Platt，1965)。这些短时间的变化很可能是由于运动病，由旋转响应的结果而产生的。人们期望激素的变化伴随着短时间的适应状态。然而，即使当鼠受到慢性的或终生的（810 天）离心时，它们的体重也出现显著地减少（Smith，1975），表明食物摄取减少或者能量支出可能超过短时间的现象。对于身体成分来说，超重似乎降低与整个身体质量成比例的肌肉骨骼质量。

在许多研究中发现的第二个效应是纵向生长减少（Wunder，等，1960；Smith，Kelly，1963；Jankovich，1971；Smith，1975；Jaekel 等，1977；Smith，1977；Doden，等，1978）。据报道在 2 g 离心作用后大鼠的长度/直径比降低（Smith，1975）。作者解释他的发现时说，超重导致骨的粗壮度增加，相应地骨变得较短。然而，骨长度和它们的直径之间的关系没有被建立，因此任何结论都无法被证实。

一项更确定的研究是采用了重量和年龄匹配控制方法，比较超重组和重力控制组动物大腿骨长度及其骨干的横截面（Amtmann，1973）。但是，当考虑基本的数学缩放比例法则时（见上文），结果是离心动物大腿骨长度和横截面的减少与从它们体重减少推测出来的结果一致。结果说明骨尺寸的变化只是生物学缩放比例的一种效应，即离心动物的纵向生长减少。而且，离心引起大腿骨几何形态对称性的改变，导致更圆的横截面，证实了旺德（Wunder）早期鼠实验中的发现（Wunder，1960）。如上所述，更圆的横截面是载荷降低的标志。这不符合超重情况下的骨变化，如果动物不处于正常姿势及使用它们常用的肌肉，那么肌肉产生的力会大幅度减少。作为选择，更圆形的横截面可能构成了对增加的压缩载荷（由于身体质量）的一种适应，要么具有不变的弯曲力矩（由肌肉拉力引起），要么具有减少的弯曲力矩。

因此，离心作用下身体质量减少和肌肉骨骼质量的减少，以及骨尺寸变小可以被解释为生长板的初级影响。已经知道在微重力条件下出现生长板的负性改变（Jee，等，1983）。相反地，由于离心的结果生长板变得较厚，且股骨在较小年龄出现骨化（Smith，1975）。而且，维科（Vico）等报道年轻大鼠的生长板发生明显的变化（Vico，等，1999）。他们的研究是为数不多的研究中的一个，包括重力组（2 *g*）和旋转组（1.03 *g*）。相当重要的发现是在重力组的10 只动物中有 2 只在胫骨生长板的过度生长区域中出现微创伤。此外，重力组骨骺的宽度减少了 25%，旋转组没有减少。结果提示 2 *g* 超重可造成成长期大鼠胫骨生长板的直接机械损伤。而且，作者们发现初级骨松质[①]的宽度在重力组和旋转组中均被减少（图 7－15）。这种减少的幅度在重力组稍大些，表明纵向生长减少，至少实验前 4 天内的变化主要与旋转效应有关，而不是与重力效应有关。

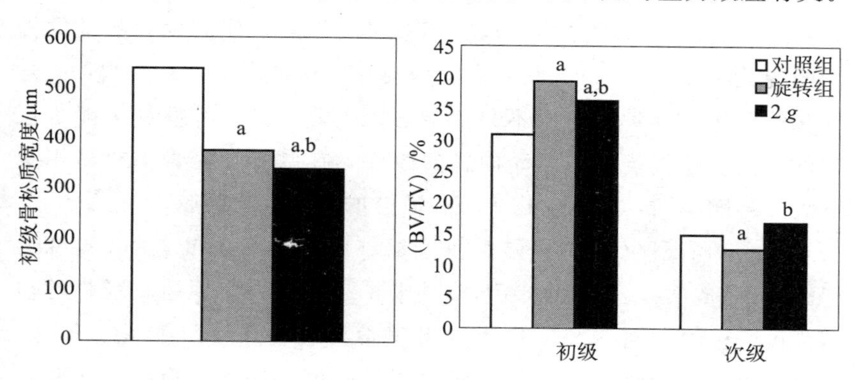

图 7－15　年轻大鼠 4 天旋转（1.03 *g*）、离心（2 *g*）、对照组的初级骨松质宽度和骨体积分数（BV/TV）。数据是胫骨近端骺部位的，改编自维科（Vico）等（1999）。a ＝不同于对照组，b ＝不同于旋转组。初级骨松质宽度，可作为纵向生长率的替代测量，它由于旋转和 2 *g* 离心作用的阻碍而有相当大的减少。相反地，初级骨松质中的骨体积分数（近似于骨密度）由于旋转而增加，超过由于 2 *g* 引起的增加。然而，更重要的是由于旋转引起次级骨松质的 BV/TV 减少，但 2 *g* 则没有影响

研究超重对骨的影响最好能够测量骨强度，或者当骨强度难以测量时测量骨质量。旺德等早期研究证明外径明显增加（Wunder，等，1960）。可是，最初骨质量测量结果相反，即出现降低（Smith，

① 假设初级骨松质的转化速率恒定，它的宽度能够评估其纵向生长速率。

Kelly，1963），虽然减少似乎不是与身体质量成比例（Oyama，Zeitman，1967）。

测量整骨重量是个粗略的方法。更能提供信息的数据又一次来自于维科对暴露在 2 *g* 环境 4 天的大鼠的研究（Vico，等，1999）。对胫骨干骨骺端次级骨松质的分析表明由于旋转使小梁骨密度降低，但是在 2 *g* 暴露环境下没有变化。这提示由旋转引起的骨丢失能够通过 2 *g* 的离心来抵消。但是，肱骨的结果和胫骨的结果有分歧，这里组间没有观察到变化。正如维科等争辩的那样，其原因是在于相对胫骨而言，肱骨的生长板关闭较早。然而，他们发表的证据提示骺的关闭并未发生①。此外，虽然没有达到统计学意义，肱骨干骨骺端的变化与胫骨相反而不只是减轻。因此，另一种解释可能是正确的。由于超重条件下运动模式的改变，在肱骨和胫骨中机械用量受到的影响不同，而且动物施加在后肢的载荷大于前肢。

另一项有意义的研究是由里金斯（Riggins）和查科（Chacko）（1977）完成的。公鸡在经历 18 周达 3 *g* 的离心作用后，胫骨的扭转强度、它的相对灰重、比重、组织学检查均未受到影响。但是，实验动物的胫骨轴外径减少，而皮质骨厚度却增加。换言之，胫骨获得了质量，而且变得更苗条，但维持了它的整体强度。这些结果再次提示超重的影响不是“全身性”的，但为了弄清骨骼的效应需要更详细的分析，包括生物力学方法。

虽然上面提出的一些证据提示超重的骨骼效应是微妙的甚至是有害的。奥亚马（Oyama）的研究提示对于小猎犬起清晰的积极作用（Oyama，1975）。通过分析生理节律，作者识别出在 2.5 *g* 离心作用下 2 周的适应阶段。与较小的哺乳动物的研究相符合，离心作用下的狗身体质量减少。但是，它们的长骨的长度和骨干横截面与对照组相当，并且前腿和后腿骨的去脂干重对离心作用的狗甚至是增加的。光子吸收测量表明这种在重量上的增加是由于 X 光衰减的

---

① 正如骺和初级骨松质的宽度所证实的那样。

增加，因此很可能是由骨矿质容量增加引起的。这种效应在骺中没有意义，但在干骨骺端和骨干中有意义。

除了其他的可能解释外，本研究中积极的骨骼响应很可能与种系有关。如上述讨论，有理由假定对于大的种类的肌肉骨骼系统能够忍受较高重力水平。有一点令人怀疑，为了给对抗措施的研究提出信息，啮齿类动物的研究相差很远。对人体来说，到此为止只有一项研究，伊瓦斯（Iwase）等（2004）对青年健康男性进行了研究，在 14 天 6°头低位期间，被试者每 1～2 天在 2 *g* 作用下进行和不进行自行车锻炼。在他们的文章中没有描述很多细节，但报道了“对抗组的尿脱氧嘧啶被抑制，对照组则无此变化”。该报道骨重吸收标记物的抑制是一种鼓舞性的暗示，但是它决不证明作为人体肌肉骨骼脱锻炼对抗措施的超重的功效。

7.6.2　研究问题

从上面的叙述可以清楚地看出，关于骨和人工重力问题我们能够了解的和我们确实了解的之间存在很大差距。这方面的科学文献是不足的。一方面是由于把关注焦点集中在潜在性的棘手的动物模型上（成长的啮齿动物）；另一方面是由于对当时进行研究的技术缺乏理解。到目前为止，维科（Vico）等（1999）的研究是唯一的一个，应用方法允许了解某些基本的相关机制。

即使如此，从过去的研究可得出一些结论：

1）超重对骨骼的影响并不只是与微重力对骨骼的影响相反。

2）超重导致身体质量减少。

3）对于啮齿类动物，这种减少与纵向生长的抑制有关。证据表示生长板的重要作用，它可能受到机械损伤（Vico，等，1999）。这可能暗示出一种应对超重的失败。

4）观察到关于骨质量相互矛盾的结果。对啮齿动物它似乎随超重下降，但是对于狗它却增加（Oyama，1975）。

5）非常有意义的是在长骨几何形态方面似乎有一致性的改变。

作为对超重暴露的响应，骨轴呈现更圆的横截面。

从骨生物学家的观点来看，最关心的问题当然是超重是否可以使骨更强壮。事实上，从开始进行超重研究时这个问题就是科学家们最关注的问题。

然而，正如我们从现在的相关研究所看到的，没有简单的办法来回答这个问题。如果我们仍然希望解决它，那么必要的相关步骤是什么呢?

1）首先，未来的研究应该评估超重的耐限。不要过多地期望通过动物离心后腿骨增强来解决此问题。因此，问题是 G 值达到哪个水平可以使肌肉骨骼系统的工作更有目的性。进行实验的简单方法可能包括爬、跳及平衡任务。

2）相似的论点适用于腱、关节和其他结缔组织。如上述讨论，它们可能限制了我们对骨锻炼效应的认识，在超重研究中也应该认真考虑这个问题。据我所知，迄今为止还没有研究关注这些组织。

3）未来的研究必须清楚地从重力效应中辨别旋转效应。实验的设计在某种程度上应使旋转效应最小，以及营养需要被控制或监视。

4）需要进行不同种类的动物实验，采用不同的设计和不同体重的动物进行实验。使用骨纵向生长已经接近尾声的动物进行实验更容易一些，因为它可以防止骨建造对纵向生长的影响。

5）最后，应该把有价值的力控制理论应用到骨骼适应过程中。我们没有关于超重条件下骨形成速率和骨几何形态的任何信息，这实际上是科学的丑闻。

考虑到这些预先条件，超重骨研究可以很好地发展成为一个有利于扩大我们视野的极其有回报的领域。例如，超重将影响到肌肉—骨骼关系吗?最大耐受重力水平随年龄变化吗?增加的重力将影响松质骨结构和各向异性吗?微损伤的积累（因此骨材料的老化）在超重条件下会加速吗?骨的有些部分对超重载荷的响应不同吗?通过比较短臂和长臂离心的效应，我们将能够评估腔隙流体压力对骨力转换以及骨代谢的影响吗?

在把人工重力作为一种对抗工具使用的征途上，这些以及其他研究问题可能存在。毫无疑问，如果每天 24 h 提供的话，正常重力（如在离心机上 1 *g* 水平）将会有效地维持肌肉—骨骼的完整性。但是，12 h 也能做到吗？更少些会怎样？沿着这条路走下去，人工重力联合（模拟）微重力将开辟超重研究领域。如果我们将来生活在 0.16 *g*（月球）或者 0.38 *g*（火星）条件下，骨骼的适应会像什么样子呢？

如果没有重力生理学的信息，骨生物学教科书将是不完整的。

参 考 文 献

[1] Alkner BA, Tesch PA (2004) Knee extensor and plantar flexor muscle size and function in response to 90 d bed rest with or without resistance exercise. Eur J Appl Physiol 93: 294.

[2] Allison N, Brooks B (1921) An experimental study of the changes in bone which result frorn non-use. Surg Gynec Obstet 33: 250 - 260.

[3] Ammann P, Bourrin S, Bonjour JP el al. (2000) Protein undernutrition-induced bone loss is associated with decreased IGF - I levels and estrogen deficiency. J Bone Miner Rex 15: 683 - 690.

[4] Ammann P, Laib A, Bonjour JP et al. (2002) Dietary essential amino acid supplements increase bone strength by influencing bone mass and bone microarchitecture in ovariectomized adult rats ted an isocaloric low-protein diet. J Bone Miner Res 17: 1264 - 1272.

[5] Amunann EO (1973) Changes in functional construction of bone in rats under conditions of simulated increased gravity. Z Anat Entiwickl - Gesch 139: 307 - 318.

[6] Bacabac RG, Smit TH, Mullender MG et al. (2004) Nitric oxide production by bone cells is fluid shear stress rate dependent. Biochem Biophys Res Commun 315: 823.

[7] Baron JA, Karagas M, Barrett J et al. (1996) Basic epidemiology of fractures of the upper and lower limb among Americans over 65 years of age. Epidemiology 7: 612.

[8] Bass S, Pearce G, Bradney M et al. (1998) Exercise before puberty may confer residual benefits in bone density in adulthood: studies in active prepubertal and retired female gymnasts. J Bone Miner Res 13: 500.

[9] Bass S, Pcarce G, Young N et al. (1994) Bone mass during growth: the effects of exercise. Exercise and mineral accrual. Acta Univ Carol (pra-

ha) 40：3.

[10] Bass SL, Saxon L, Daly RM et al. (2002) The effect of mechanical loading on the size and shape of bone in pre-, peri-, and postpubertal girls: a study in tennis players. J Bone Miner Res 17: 2274.

[11] Bergula AP, Huang W, Frangos JA (1999) Femoral vein ligation increases bone mass in the hindlimb suspended rat. Bone 24: 171.

[12] Biering - Sorensen F, Bohr HH, Schaadt OP (1990) Longitudinal study of bone mineral content in the lumbar spine, the forearm and the lower extremities after spinal cord injury. Eur J Clin Invest 20: 330.

[13] Biewener AA (1983) Allometry of quadrupedal locomotion: the scaling of duty factor, bone curvature and limb orientation to body size. J Exp Biol 105: 147.

[14] Biewener AA (1990) Biomechanics of mammalian terrestrial locomotion. Science 250: 1097.

[15] Biewener AA, Thomason J, Goodship A et al. (1983) Bone stress in the horse forelimb during locomotion at different gaits: a comparison of two experimental methods, J Biomech 16: 565.

[16] Boland RL, Feldman D, Pike JW et al. (2005) Vitamin D and muscle. In: Vitamin D. Elsevier Academic Press, San Diego, pp 883.

[17] Bourrin S, Ammann P, Bonjour JP et al. (2000a) Dietary protein restriction lowers plasma insulin-like growth factor I (IGF - I). impairs cortical bone formation, and induces osteoblastic resistance to IGF-I in adult female rats. Endocrinoloy 141: 3149 - 3155.

[18] Bourrin S, Toromanoff A, Ammann P et al. (2000b) Dietary protein deficiency induces osteoporosis in aged male rats. J Bone Miner Res 15: 1555 - 1563.

[19] Boyde A (1972) Scanning electron microscope studies of bone. In: The Biochemistry and Physiology of Bone. Bourne GH (ed) Academic Press, New York. pp 259 - 310.

[20] Braun MJ, Meta MD, Schneider P et al. (1998) Clinical evaluation of a high resolution new peripheral quantitative computerized tomography (pQCT) scanner for the bone densitometry at the lower limbs. Phys

Med Biol 43：2279.

[21] Burr DB，Milgrom C，Fyhrie D et al. （1996）In vivo measurement of human tibial strains during vigorous activity. Bone 18：405.

[22] Carey E（1929）Studies in the dynamics of histogenesis. Radiology 3：127－168.

[23] Chenu C（2004）Role of innervation in the control of bone remodeling. J Musculo-skelet Neuronal lnteract 4：132－134.

[24] Cooper PR，Milgram JW，Robinson RA（1966）Morphology of the osteon：an electron microscopic study. J Bone Joint Surgery 48：1239－1271.

[25] Cotton JR，Winwood K，Zioupos P et al. （2005）Damage rate is a predictor of fatigue life and creep strain rate in tensile fatigue of human cortical bone samples. J Biomcch Eng 127：213.

[26] Cummings SR（2002）How drugs decrease fracture risk：lessons from trials. J Musculoskelet Neuronal Interact 2：198－200.

[27] Currey JD（1984）Effects of differences in mineralization on tile mechanical properties of bone. Philos Tans R Soc Lond B Biol Sci 304：509.

[28] Currey JD（2002）Bones：Structure and Mechanics. Princeton University Press，Princeton.

[29] Currey JD（2003）The many adaptations of bone. J Biomechanics 36：1487.

[30] Diab T，Condon KW，Burr DB et al.（2006）Age-related change in the damage morphology of human cortical bone and its role in bone fragility. Bone 38：427.

[31] Dickerman RD，Pertusi R，Smith GH（2000）The upper range of lumbar spine bone mineral density? An examination of the current world record holder in the squat lift. lnt J Sports Med 21：469.

[32] Doden E，Oyama J，Amtmann E（1978）Effect of chronic centrifugation on bone density in the dog. Anat Embryol 153：321－329.

[33] Ebbesen EN，Thomsen JS，Beck-Nielsen H et al. （1998）Vertebral bone density evaluated by dual-energy X－ray absorptiometry and quantitative computed tomography in vitro. Bone 23：283.

[34] Ebbesen EN，Thomsen JS，Beck-Nielsen H et al.（1999）Lumbar vertebral body compressive strength evaluated by dual-energy X－ray absorptiometry,

quantitative computed tomography, and ashing. Bone 25: 713.

[35] Ebbesen EN, Thomsen JS, Mosekilde L (1997) Nondestructive determination of iliac crest cancellous bone strength by pQCT. Bone 21: 535.

[36] Epker BN, Frost HM (1966a) Biomechanical control of bone growth and development: a histologic and tetracycline study. J Dent Res 45: 364.

[37] Epker BN, Frost HM (1966b) Periosteal appositional bone growth from age two to age seventy in man. A tetracycline evaluation. Anat Rec 154: 573.

[38] Eriksen EF, Axelrod DW, Melsen F (1994) Bone histology and bone histo-morphometry. In: Bone Histomorphomeny. Eriksen EF, Melsen F (eds) Raven Press, New York, pp 13 - 20.

[39] Eser P, Frotzler A, Zehnder Y et al. (2005) Assessment of anthropometric, systemic, and lifestyle factors influencing bone status in tlne legs of spinal cord injured individuals. Osteoporos Int 16: 26.

[40] Feller DD, Neville ED (1965) Conversion of acetate to lipids and CO2 by liver of rats exposed to acceleration stress. Am J Physiol 208: 892 - 895.

[41] Ferretti JL, Capozza RF, Cointry GR et al. (2000) Densitometric and tomographic analyses of musculoskeletal interactions in humans. J Musculoskelet Neuronal interact 1: 31 - 34.

[42] Ferretti JL, Capozza RF, Cointry GR et al (1998) Bone mass is higher in women than in men per unit of muscle mass but bone mechanostat would compensate for the difference in the species. Bone 23: S471.

[43] Ferretti JL, Capozza RF, Zanchetta JR (1996) Mechanical validation of a tomographic (pQCT) index tbr noninvasive estimation of rat femur bending strength. Bone 18: 97.

[44] Frost HM (1960) Presence of microscopic cracks 'in vivo' in bone. Henry Ford Hospital Medical Bulletin 8: 25.

[45] Frost HM (1987a) Bone "mass" and the "mechanostat": a proposal. Anat Rec 219: 1.

[46] Frost HM (1987b) The mechanostat: a proposed pathogenic mechanism of osteo-poroses and the bone mass effects of mechanical and nonmechani-

cal agents. Bone Miner 2：73.

[47] Frost HM (1990a) skeletal structural adaptations to mechanical usage (SATMU)：1. Redefining Wolff's law：the bone modeling problem. Anat Rec 226：403.

[48] Forst HM (1990b) Skeletal structural adaptations to meclnanical usage (SATMU)：2. Redefining Wolff's law：the remodeling problem. Anat Rec 226：414.

[49] Frost HM (1998a) On rho，a marrow mediator，and estrogen：Their roles in bone strength and 'mass' in human females，osteopenias，and osteoporoses-insights from a new paradigm. J Bone Mineral metabolism 16：113.

[50] Frost HM (1998b) Osteoporoses：New Concepts and Some Implications for Future Diagnosis，Treatment and Research (based on insights from the Utah paradigm). Ernst Schering Research Foundation，Berlin.

[51] Frost HM (2003) Bone's mechanostat：A 2003 update. The Anatomical Record Part A 275A：1081.

[52] Forst HM (2004) The Utah Paradigm of Skeletal physiology. ISMNI，Athens.

[53] Galilei G (1638) Discorsi e dimonstrazioni matematiche，intorno a due nuove scienze attentanti alla meccanica ed a movimenti locali. University of Wisconsin Press，Madison.

[54] Gazenko OG，Prokhonchukov AA，Panikarovskii VV et al. (1977) State of the microscopic and crystalline structures，the microhardness and mineral saturation of human bone tissue after prolonged space flight. Kosm Biol Aviakosm Med 11：11-20.

[55] Gray RJK (1974) Compressive fatigue behavior of bovine compact bone. J Biomech 7：292.

[56] Grimston SK，Screen J，Haskell JH et al. (2006) Role of connexin43 in osteoblast response to physical load. Ann N Y Acad Sci 1068：214-224.

[57] Gullberg B，Johnell O，Kanis JA (1997) World-wide projections for hip fracture. Osteoporos Int 7：407.

[58] Hartman W，Schamhardt HC，Lammertink JL et al. (1984) Bone

strain in the equine tibia：an in vivo strain gauge analysis. Am J Vet Res 45：880－884.

[59] Havers C（1691 ）Osteologia Nova. Samuel Smith，London.

[60] Hawkins SA，Wiswell RA，Jaque SV et al. （1999）The inability of hormone replacement therapy or chronic running to maintain bone mass in master athletes. J Gerontol A Biol Sci Med Sci 54：M451.

[61] Heaney RP（2003）How does bone support calium homeostasis. Bone 33：264 .

[62] Heinonen A，Qia P，Sievanen H et al（1998）Effect of two training regimens on bone mineral density in healthy perimenopausal women：a randomized controlled trial. J Bone Miner Res 13：483.

[63] Huiskes R，Ruimemlan R，van Lenthe GH et al.（2000）Effects of mechanical forces on maintenance and adaptation of form in trabecular bone. Nature 405：704.

[64] Iwase S，Takada H，Watanabe Y et al.（2004）Effect of centrifuge-induced artificial gravity and ergometric exercise on cardiovascular deconditioning，myatrophy，and osteoporosis induced by a-6 degrees head-down bedrest. J Gravit Phsiol 11：243－244.

[65] Jaekel E，Amtmann E，Oyama J（1977）Effect of claronic centrifugation on bone density of the rat. Anat Embryol 155：223－232.

[66] Jankovich JP（1971）Structural development of bonein the rat under earth gravity，simulated weightlessness，hypergravity and mechanical vibration. In：NASA Contractor Report 1823. National Technical Information Service，Springfield，Viruinia.

[67] Jee WS，Wronski TJ，Morey ER et al.（1983）Effects of spaceflight on trabecular bone in rats. Am J physiol 244：R310.

[68] Jett S，Ramser JR，Frost HM et al. （1966）Bone turnover and osteogenesis imperfecta. Arch Pathol 81：112.

[69] Kalkwarf HJ，Specker BL（1995）Bone mineral loss during lactation and recovery after weaning. Obstet Gynecol 86：26.

[70] Kalkwarf HJ，Specker BL，Heubi JE et al. （1996）Intestinal calcium absorption of women during lactation and after weaning. Am J Clin Nutr

63：526.

[71] Kanis JA，Johnell O，Oden A et al. （2001）Ten year probabilities of osteoporotic fractures according to BMD and diagnostic thresholds. Osteoporos Int 12：989.

[72] Kannus P，Haapasalo H，Sievanen H et al. （1994）The site-specific effects of long-term unilateral activity on bone mineral density and content. Bone 15：279.

[73] Kaplan FS，Fiori J，LS DLP et al. （2006）Dysregulation of the BMP-4 signaling pathway in fibrodysplasia ossificans progressiva. Ann N Y Acad Sci 1068：54－65.

[74] Kontulainen S，Kannus P，Haapasalo H et al. （1999）Changes in bone mineral content with decreased training in competitive young adult tennis players and controls：a prospective 4-yr follow-up. Med Sci Sports Exerc 31：646.

[75] LeBlanc AD，Schneider VS，Evans HJ et al. （1990）Bone mineral loss and recovery after 17 weeks of bed rest. J Bone Miner Res 5：843.

[76] Li J，Miller MA，Hutchins GD，Burr DB（2005）Imaging bone microdamage in vivo with positron emission tomography. Bone 37：819.

[77] Liberman UA，Weiss SR，Broll J et al. （1995）Effect of oral alendronate on bone mineral density and the incidence of fractures in postmenopausal osteo-porosis. The Alendronate Phase III Osteoporosis Treatment Study Group. N Engl J Med 333：1437.

[78] Liu D，Wagner HD，Weiner S（2000）Bending and fracture of compact circumferential and osteonal lamellar bone of the baboon tibia. J Mater Sci Mater Med 11：49－60.

[79] Liu D，Weiner S，Wagner HD（1999）Anisotropic mechanical properties of lamellar bone using miniature cantilever bending specimens. J Biomech 32：647－654.

[80] Lockwood DR，Vogel JM，Schneider VS et al. （1975）Effect of the diphosphonate EHDP on bone mineral metabolism during prolonged bed rest. J Clin Endocrinol Metab 41：533.

[81] Mack PB，LaChange PA，Vose GP et al. （1967）Bone demineralization

of foot and hand of Gemini - Titan IV, V and VII astronauts during orbital space flight. Amer J Roentgenology, Radium Therapy, and Nucl Med 100: 503 - 511.

[82] Maddalozzo GF, Snow CM (2000) High intensity resistance training: effects on bone in older men and women. Calcif Tissue Int 66: 399.

[83] Marenzana M, Shipley AM, Squitiero P et al. (2005) Bone as an ion exchange organ: evidence for instantaneous cell-dependent calcium efflux from bone not due to resorption. Bone 37: 545.

[84] Martin DE, Severns AE, Kabo JM (2004) Determination of mechanical stiffness of bone by pQCT measurements: correlation with non-destructive mechanical four-point bending test data. J Biomech 37: 1289.

[85] Martin RB, Burr DB, Sharkey NA (1998) Skeletal Tissue Mechanics. Springer - Verlag, New York.

[86] McMahon TA (1975) Using body size to understand the structural design of animals: quadrupedal locomotion. J Appl Physiol 39: 619.

[87] Mekraldi S, Toromanoff A, Rizzoli R et al. (2005) Pamidronate prevents bone loss and decreased bone strength in adult female and male rats fed an isocaloric low - protein diet. J Bone Miner Res 20: 1365 - 1371.

[88] Milliken LA, Going SB, Houtkooper LB et al. (2003) Effects of exercise training on bone remodeling, insulin - like growth factors, and bone mineral density in postmenopausal women with and without hormone replacement therapy. Calcif Tissue Int 72: 478.

[89] Mori S, Burr DB (1993) Increased intracortical remodeling following fatigue damage. Bone 14: 103.

[90] Mullender MG, Huiskes R, Versleyen H et al. (1996) Osteocyte density and histomorphometric parameters in cancellous bone of the proximal femur in five mammalian species. J Orthop Res 14: 972 - 979.

[91] Neer RM, Amaud CD, Zanchetta JR et al. (2001) Effect of parathyroid hormone (1 - 34) on fractures and bone mineral density in postmenopausal women with osteoporosis. N Engl J Med 344: 1434.

[92] Nikander R, Sievanen H, Uusi-Rasi K et al. (2006) Loading modalities and bone structures at nonweight - bearing upper extremity and weight -

bearing lower extremity: A pQCT study of adult female athletes. Bone, in press.

[93] Oganov VS, Grigor'ev Al, Voronin LI et al. (1992) [Bone mineral density in cosmonauts after flights lasting 4. 5 - 6 months on the Mir orbital station]. Aviakosm Ekolog Med 26: 20.

[94] Owan I, Burr DB, Turner CH et al. (1997) Mechanotransduction in bone: osteoblasts are more responsive to fluid forces than mechanical strain. Am J Physiol 273: C810.

[95] Oyama J (1975) Response and adaptation of beagle dogs to hypergravity. Life Sci and Space Res 13: 10 - 17.

[96] Oyama J, Platt WY (1965) Effects of prolonged centrifugation on growth and organ development of rats. Am J Physiol 209: 611 - 615.

[97] Oyama J, Zeitman B (1967) Tissue composition of rats exposed to chronic centri-fugation. Am J Physiol 213: 1305 - 1310.

[98] Özkaya N, Nordin M (1998) Fundamentals of Biomechanics. Springer, New York.

[99] Parfitt AM (2003) Misconceptions (3): calcium leaves bone only by resorption and enters only by formation. Bone 33: 259.

[100] Parfitt AM, Drezner MK, Glorieux FH et al. (1987) Bone histomorphometry: standardization of nomenclature, symbols, and units. Report of the ASBMR Histomorphometry Nomenclature Committee. J Bone Miner Res 2: 595.

[101] Parfitt AM, Mundy GR, Roodman GD et al. (1996) A new model for the regulation of bone resorption, with particular reference to the eftbcts of bisphosphonates. J Bone Miner Res 11: 150.

[102] Prokhonchukov AA, Leont'ev VK, Zhizhina NA et al. (1980) State of the protein fraction of human bone tissue following space fight. Kosm Biol Aviakosm Med 14: 14 - 18.

[103] Prokhonchukov AA, Zaitsex VP, Shakhunov BA et al. (1978) Effect of space flight on the concentration of sodium, copper, manganese and magnesium in the bones of the skeleton. Patol Fiziol Eksp Ter 65 - 70.

[104] Qiu S, Rao DS, Palnitkar S et al. (2002) Age and distance from the

surface but not menopause reduce osteocyte density in human cancellots bone. Bone 31：313－318.

[105] Rambaut PC，Smith MC，Mack PB et al. (1975) Skeletal Response. In：Biomedical Results of Apollo. Johnston RS，Dietlein LF，Berry CA (eds) NASA Washington DC，pp303－322.

[106] Rauch F (2006) Material matters：a mechanostat-based perspective on bone development in osteogenesis imperfecta and hypophosphatemic rickets. J Musculoskelet Neuronal Interact 6：142－146.

[107] Reeve J (1996) PTH：a future role in the management of osteoporosis? J Bone Miner Res 11：440－445.

[108] Reeve J，Meunier PJ，Parsons JA et al. (1980) Anabolic effect of human parathyroid hormone fragment on trabecular bone in involutional osteoporosis：multicentre trial. Br Med J 280：1340－1344.

[109] Rhodes EC，Martin AD，Taunton JE et al. (2000) Effects of one year of resistance training on the relation between muscular strength and bone density in elderly women. Br J Sports Med 34：18.

[110] Riggins RS. Chacko KA (1977) The effect of increased gravitational stress on bone. Life Sci Space Res 15：263－265.

[111] Rittweger J，Beller G，Ehrig J et al. (2000) Bone-muscle strength indices for the human lower leg. Bone 27：319.

[112] Rittweger J，Felsenberg D (2004) Resistive vibration exercise prevents bone loss during 8 weeks of strict bed rest in healthy male subjects：Results from the Berlin BedRest (BBR) study. J Bone Miner Res 19：1145.

[113] Rittweger J，Frost HM，Schiessl H et al. (2005) Muscle atrophy and bone loss after 90 days of bed rest and the effects of Flywheel resistive exercise and Pamidronate：Results from the LTBR study. Bone 36：1019.

[114] Rittweger J，Gerrits K，Altenburg T el al. (2006a) Epiphyseal bone adaptation to altered loading after spinal cord injury：A study of bone and muscle strength. J Musculoskel Neuron Interact 6.

[115] Rittweger J，Winwood K，Seynnes O et al. (2006b) Bone loss fromt

the human distal tibia epiphysis during 24 days of unilateral limb suspension. J Physiol, in press.

[116] Robins SP, Stewart P, Astbury C et al. (1986) Measurement of the cross linking compound, pyridinoline, in urine as an index of collagen degradation in joint disease. Ann Rheum Dis 45: 969 - 973.

[117] Schiessl H, Frost HM, Jee WS (1998) Estrogen and bone-muscle strength and mass relationships. Bone 22: 1.

[118] Schirrmacher K, Nonhoff D, Wiemann M et al. (1996) Effects of calcium on gap junctions between osteoblast-like cells in culture. Calcif Tissue Int 59: 259.

[119] Schonau E, Schwahn B, Rauch F (2002) The muscle - bone relationship: Lmethods and management - perspectives in glycogen storage disease. Eur J Pediatr 161 Suppl l: S50.

[120] Schonau E, Werhahn E, Schiedermaier U et al. (1996) Influence of muscle strength on bone strength during childhood and adolescence. Horm Res 45 Suppl 1: 63.

[121] Smackelford LC, LeBlane AD, Driscoll TB et al. (2004) Resistance exercise as a countermeasure to disuse - induced bone loss. J Appl Physiol 97: 119.

[122] Sievanen H, Kannus P, Nieminen V et al. (1996) Estimation of various mechanical characteristics of human bones using dual energy X - ray absorptiometry: methodology and precision. Bone 18: 17S.

[123] Sievanen H, Koskue V, Rauhio A et al. (1998) Peripheral quantitative computed tomography in human long bones: evaluation of in vitro and in vivo precision. J Bone Miner Res 13: 871.

[124] Skerry TM (2006) One mechanostat or many? Modifications of the site-specific response of bone to mechanical loading by nature and nurture. J Musculoskelet Neuronal Interact 6: 122 - 127.

[125] Smith AH, Kelly CF (1963) Influence of chronic acceleration upon growth and body composition. Ann NY Acad Sci 110: 410 - 424.

[126] Smith AH, Winget CM, Kelly CF (1959) Physiological effects of artificial alterations in weight. Nav Res Rev 16 - 24.

[127]　Smith MC，Rambaut PC，Vogel JM et al.（1978）Bone Mineral Measurement Experiment M078. In：Biomedical Results from Skylab. NASA Washington DC，pp 183.

[128]　Smith S（1975）Effets of long-term rotation and hypergravity on developing rat femurs. Aviat Space Environ Med 46：248－253.

[129]　Smith S（1977）Femoral development in chronically centrifuged rats. Aviat Space Environ Med 48：828－835.

[130]　Specker B，Binkley T（2003）Randomized trial of physical activity and calcium supplementation on bone mineral content in 3－to 5－year－old children. J Bone Miner Res 18：885.

[131]　Specker B，Binkley T，Fahrenwald N（2004）Increased periosteal circumference remains present 12 months after an exercise intervention in preschool children. Bone 35：1383.

[132]　Stupakov GP，Kazeikin VS，Kozlovskii AP et al.（1984）Evaluation of the changes in the bone structures of the human axial skeleton in prolonged space flight. Kosm Biol Aviakosm Med 18：33.

[133]　Takahashi H，Epker B，Frost HM（1964）Resorption precedes formative activity. Surg Forum 15：437.

[134]　Talmage RV（2004）Perspectives on calcium homeostasis. Bone 35：577.

[135]　Thompson DA（1917）On Growth and Form. Cambridge University Press，Cambridge.

[136]　Tilton FE，Degioanni JJC，Schneider VS（1980）Long-term follow-up of Skylab bone demineralization. Aviat Space Environ Med 51：1209.

[137]　Tsuzuku S，Ikegami Y，Yabe K（1998）Effects of high-intensity resistance training on bone mineral density in young male powerlifters. Calcif Tissue Int 63：283.

[138]　Turner CH（1999）Site－specific skeletal effects of Exercise：Importance of interstitial fluid pressure. Bone 24：161.

[139]　Urnemura Y，Ishiko T，Yamauchi T et al.（1998）Five jumps per day increase bone mass and breaking force in rats. J Bone Mineral Res 12：1480.

[140]　Van Loon JJ，Bervoets DJ，Burger EH et al.（1995）Decreased miner-

alization and increased calcium release in isolated fetal mouse long bones under near weightlessness. J Bone miner Res 10：550.

[141] Verschueren SM，Roelants M，Delecluse C et al. (2004) Effect of 6 - month whole body vibration training on hip density，muscle strength，and postural control in postmenopausal women：a randomized controlled pilot study. J Bone Miner Res 19：352.

[142] Vestergaard P，Krogh K，Rejnmark L et al. (1998) Fracture rates and risk factors for fractures in patients with spinal cord injury. Spinal Cord 36：790.

[143] Vico L，Barou O，Laroche N et al. (1999) Effects of centrifuging at 2g on rat long bone metaphyses. Eur J Appl Physiol 80：360 - 366.

[144] Vico L，Chappard D，Alexandre C et al. (1987) Effects of a 120 day period of bed - rest on bone mass and bone cell activities in man：attempts at countermeasure. Bone Miner 2：383.

[145] Vico L，Collet P，Guignandon A et al. (2000) Effects of long - term microgravity exposure on cancellous and cortical weight-bearing bones of cosmonauts. Lancet 355：1607.

[146] Vigliani F (1955a) Accreschimento e rinnovamento strutturale della compatta in ossa sottratte alle sollecitazioni meccaniche. Nota I. Ricerche sperimentali nel cane. Z Zellforsch 43：59 - 76.

[147] Vigliani F (1955b) Accreschimento e rinnovamento strutturale della compatta in ossa sottratte alle sollecitazioni meccaniche. Nota I. Ricerche sperimentali nel cane. Z Zellforsch 43：17 - 47.

[148] Vincent KR，Braith RW (2002) Resistance exercise and bone turnover in elderly men and women. Med Sci Sports Exerc 34：17.

[149] Watanabe Y，Ohshima H，Mizuno K et al. (2004) Intravenous pamidronate prevents femoral bone loss and renal stone formation during 90-day bed rest. J Bone Miner Res 19：1771.

[150] Wilks DC，Winwood K，Kwiet A et al. (2006) Bone mass and strength in Master runners：interim analysis. In：XXI Paulo Symposium：Preventing Bone Fragility，Fractures，UKK Institute，Tampere，Finland.

[151] Wolff J (1870) Über die innere Architectur und ihre Bedeutung für die

Frage vom Knochenwachstum. Archiv für Pathologische Anatomie und Physiologie 50：389.

[152] Wolff J（1899）Die Lehre von der functionellen Knochengestalt. Archiv für Pathologische Anatomie and Physiologie 155：256.

[153] Wunder CC（I960）Altered growth of animals after continual centrifugation. Proc Iowa Acad Sci 67：488 - 494.

[154] Wunder CC，Briney SR，Kral M et al.（1960）Growth of mouse femurs during continual centrifugation. Nature 188：151 - 152.

[155] Yergey AL，Vieira NE，Covell DG（1987）Direct measurement of dietary fractional absorption using calcium isotopic tracers. Biomed Environ Mass Spectrom 14：603.

[156] Zanchetta JR，Plotkin H，Alvarez Filgueira ML（1995）Bone mass in children：normative values for the 2 - 20 - year - old population. Bone 16：393S - 399S.

[157] Ziambaras K，Lecamta F，Steinberg TH et al（1998）Cyclic stretch enhances gap junctional communication between osteoblastic cells. J Bone Miner Res 13：218.

[158] Zioupos P，Currey JD（1998）Changes in the stiffness，strength，and toughness of human cortical bone with age. Bone 22：57 - 66.

[159] Zioupos P，X TW，Currey JD（1996）The accumulation of fatigue microdamage in human cortical bone of two different ages in vitro. Clin Biomech（Bristol，Avon）11：365 - 375.

第8章　人工重力中前庭、自主神经和骨骼系统的交互作用

皮埃尔·丹尼丝（Pierre Denise）[1]
赫维·诺曼德（Hervé Normand）[1]
斯科特·伍德（Scott Wood）[2]
[1] 卡昂大学，法国（University of Caen，France）
[2] 美国国家航空航天局约翰逊航天中心，美国得克萨斯州休斯敦（NASA Johnson Space Center，Houston，Texas，USA）

8.1　引言

由于重力直接永久作用于体液、肌肉和骨骼，因此认为失重对心血管和骨骼肌肉系统具有非常重要影响是很正常的。然而，这些不利影响——在本书其他章节详细进行了介绍（见第5、6、7章），并不全部是由于作用在这些器官上的重力去除引起的，部分是由前庭系统间接调节的。另外，众所周知，前庭系统在空间定向和姿态平衡控制中起着非常重要的作用，现在已经明确前庭系统也参与其他重要生理系统的调节，这些系统包括呼吸和心血管系统、昼夜节律调节、饮食甚至骨矿化作用。关于前庭调节的神经解剖学认识还很少，但是很多证据表明前庭系统不仅在脑干自主神经中枢，在下丘脑核也有很强的影响。这些知识早已很清楚，只是最近才得出对骨骼调节的影响，即自主神经系统控制大部分身体器官，因此微重力下前庭系统事实上影响所有主要的生理功能。

本章回顾了我们所知的前庭—自主神经交互作用，特别是，前庭系统对心血管调节和骨矿化的影响。中枢神经通路整合前庭和自主神经信息。前庭神经刺激，或通过自然刺激或通过选择刺激前庭

传入，据认为对交感神经系统和血压有非常大的影响。最近的研究发现大鼠前庭神经双侧缺失可代偿躯体姿势变化过程中血压的维持，以及诱导承重骨的去除矿化。在本章最后讨论了采用人工重力作为对抗措施的前庭自主神经交互作用。

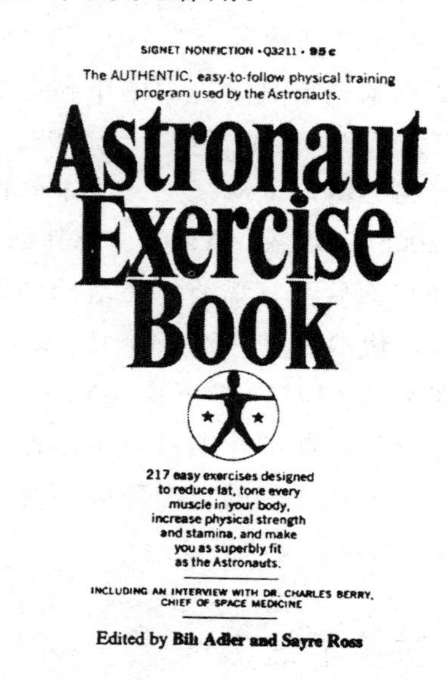

图 8-1 阿德勒（Adler）和罗斯（Ross）在 1967 年发表的这本书中推荐采用整合的方法进行锻炼

8.2 中枢前庭-自主神经通路

脑干前庭-自主神经通路可广泛的分为两部分：直接通路，即从前庭核到前庭自主神经反射的脑干自主神经输出通路（Yates，Miller，1998），以及双方向通过臂旁核的间接通路（Balanban，Porter，1998）。下面的第 3 部分中论述了在姿态变化过程中直接通路对血压和呼吸活动的影响。另外在下面第 4 和第 5 部分讲述了间接通路通过髓质自主神经区域、下丘脑、杏仁核和新皮层影响内分泌和情感反应（Balanban，1996；Balaban，2004）。

前庭-自主神经的直接反应基本上是从前庭尾内侧核和前庭下核起始，直接下行投射到达孤束核（nucleus tractus solitarius，NTS）、疑核、大缝核、运动迷走背核、外侧髓质盖和腹外侧髓质网状结构到胸椎的节前神经元（Yates，1992）。孤束核起着整合作用（Onai，等，1987），也接受来自内脏输入（Barron，Chokroverty，1993）。前庭自主神经反射的小脑调节是通过内侧小脑皮层来介导的，包括内侧悬雍垂和后叶区域（Balaban，Porter，1998；Ito，2006）。

前庭传出神经的突触输入可从视觉、本体觉和自主神经通路来描述（Metts，等，2006）。耶茨（Yates）及其同事 2000 年观察了双侧迷路和前庭神经切除后恢复猫前庭核活动的调节。外周前庭损伤自主神经功能相对较快的恢复（Yates，Bronstein，2005）与空间飞行后立位耐力降低恢复的时程相一致（Yates，Kerman，1998）。所以，除前庭对自主神经功能的影响外，中枢神经通路也使我们深入地了解了内脏输入如何在改变的重力环境中对空间定向错觉发生作用（Mittelstaedt，Glasauer，1993）。

8.3 前庭对心肺调节的影响

8.3.1 心血管调节

姿势的简单变化，如从仰卧变为站立（直立体位），使血管内压发生巨大变化，造成下肢血液潴留。静脉回心血量的降低使心脏充盈压、心输出和脑灌流降低。这种情况引起的低血压可在没有校正活动时造成晕厥。防止立位低血压的机制包括下肢肌肉收缩，从而提高静脉阻力，降低胸内压，腹部肌肉收缩使血液向心脏回流。然而直立体位最重要的短期反应是由 α-肾上腺素刺激引起的普遍血管收缩，这起始于心肺感受器去活化和当动脉血压降低时的动脉压力感受器活动降低（Blomqvist，等，1980），内脏血管床、下肢以及通常不太必需的器官的交感输出升高，以在中央循环维持血压，恢复血压。

心脏对于迷走起源的颈动脉压力感受器刺激的反应时间不超过 0.5 s（Eckberg，等，1976），而血管对交感神经反应更慢。压迫颈动脉产生的肌肉交感神经反应峰值是在刺激后 2～3 s 产生（Rea，Eckberg，1987）。交感激活与动脉压变化的时间延迟大约是 5～6 s（Wallin，Nerherd，1982）。因此反馈机制似乎不适合对抗姿态快速变化引发的即时反应。对于反馈机制，源于动脉压力感受器的代偿只在血压下降后出现。而开环机制在动脉压力下降之前检测姿态的变化是比较合适的。

8.3.1.1　动物研究

大量的动物实验表明在运动和姿态变化过程中，前庭系统可能是心血管系统变化的主要调节者。电刺激猫前庭神经可以诱发交感神经向内脏器官输出的升高（Kerman，等，2000）。头部运动引起的前庭刺激可以调节交感神经活动，同时当动物鼻向上运动时内脏神经活动和血压增加（Yates，Miller，1996；Woodring，等，1997）。正弦翻转的动态反应与前庭耳石传入相似，表明前庭交感反应是耳石器官作用引起的。到腹外侧髓质吻侧的前庭输入是交感节前神经元的主要兴奋性输入，主要来自于耳石感受器（Yates，等，1993）。横切麻醉和瘫痪猫双侧的前庭神经，使心血管系统对头或全身向上倾斜所引起的低血压代偿能力降低（Doba，Reis，1974；Wilson，等，2006）。在我们实验室，埃塔尔德（Etard）等（2004）发现在抛物线飞行中进行过双侧迷路切除的束缚鼠与对照鼠相比，与重力水平有关的心率和平均动脉压调节没有变化。

迷路切除的第一周，清醒猫头抬位倾斜可引起血压的短暂下降。几周后，在前庭神经核内的四分之一神经受到头抬位倾斜的调节，表明非迷路信号，可能起源于肌肉、皮肤或内脏，能够代替前庭输入（Yates，等，2000）。相反，中枢前庭系统损伤（前庭内侧核和下核）可产生与姿态有关的心血管反应的长期损伤（Mori，等，2005）。这种长期的损伤在有无视觉线索时均存在，表明在前庭核内发生了视觉信息的整合。其他结构也在整合前庭信号中起着作用：在迷路切除前切除小脑悬雍垂，造成60°头抬位倾斜（向后倾）时自主神经代偿的持续损伤（Holmes，等，2002）。

这些结果耶茨（Yates）和布朗斯坦（Bronstein）2005年提出姿态输入信号和交感激活之间关系的功能代表区，中枢在前庭内侧核和下核的“自主神经响应”部分。然而，即使前庭核损伤后，大多数动物在几周后可恢复对抬位倾斜（向后倾）的正常反应响应（Mori，等，2005），这表明可能还有其他通路可以代偿前庭信号。

最近在超重下取得的大鼠数据使上述情形更为复杂。戈托赫（Gotoh）等（2004）发现前庭去神经支配后，超重引起的动脉压增加反应消失，但前庭系统正常的动物和主动脉窦去神经支配的动物却不出现此反应。而且，两种传入均没有的动物，超重过程中动脉压没有变化。作者认为，前庭—交感反射对血压的调节是通过预测模式来进行的，这一反射造成的超调由压力反射来代偿。另一种解释就是超重可以引起来自于前庭传入的“恐惧和搏斗”反应。需要进一步研究前庭交感反应和重力应激之间的关系。

以猫为模型对介导前庭—交感反射的通路进行了广泛的研究（Yates，Miller，1996）。翻转信号的耳石感受器响应源自部分前庭内侧（尾部）核和前庭下核。脑干到交感节前神经元的下行通路起源于腹外侧髓质吻侧。

8.3.1.2　人体研究

对人前庭交感反射的证明要比动物复杂很多。耶茨等（1999）观察到坐在线性滑车面向运动方向的受试者，在加速度作用后立即出现心率和血压的升高。这种反应在迷路缺陷的受试者身上则要小得多。

另外一些研究人员采用了“垂头颈屈曲”的方法进行研究（Normand，等，1997；Shortt，Ray，1999）。受试者侧卧，头从颈舒张到颈屈曲时，因为没有相对于重力的迷路重定向，只有颈部机械感受器受到刺激；反之，受试者平卧位时，耳石和颈感受器都受到刺激。低头颈屈曲引起了腓肠肌和前臂血流降低。这种方法也使肌肉交感神经活动（muscle nerve sympathetic activity，MNSA）增加。血流变化得以维持，表明这种影响起源于耳石。

但是，解释垂头颈屈曲是很困难的。这种动作不是研究前庭对交感神经系统影响的最好方法，因为颈运动改变压力感受器反应。当动脉压调节有效时，这一动作不能准确提高对刺激反应。

赫劳尔特（Herault）等人（2002）研究了抛物线飞行中，仰卧的受试者在颈部被动随身体长轴进行直或屈运动时的股血流。比较 0*g* 和 1*g* 的反应比较困难，因为即使是仰卧，微重力也诱发下肢血流的转移，从而刺激心肺感受器。然而，可以比较微重力下不同的颈部屈曲位置时的反应，结果显示在无耳石刺激条件下颈屈曲可以引起股血流降低及骨血管阻力增加。这些结果表明颈部屈曲本身是能够改变心血管活动的。

拉德特基（Radtke）等（2000）采用“头下垂”方法，让受试者的头突然下垂，研究前庭刺激对人心血管系统的影响。头部加速度（大约 0.8*g* 持续 140 ms），同时刺激耳石器和半规管，R 波触发。发现头部加速度降低了正常受试者触发和下一个 R 波之间的延迟时间，但对于迷路缺陷受试者则不出现这种现象。通过变化 R 峰值和加速度之间的延迟时间，计算得出前庭—心血管反射的潜伏期大约是 500～600 ms（Radtke，等，2000）。考夫曼（Kaufmann）等人（2002）采用偏离垂直轴旋转（off - vertical axis rotation，OVAR）刺激耳石器，而不刺激颈部感受器。他们发现当受试者在 ±45°鼻向上位置时，肌肉交感神经活动与重力加速度密切相关，潜伏期在 0.4 s。但是这种响应来自非前庭重力感受器。耶茨和布朗斯坦（2005）认为应该研究迷路缺陷病人偏离垂直轴旋转效应，以确定这一反射的前庭起源是否有效。

8.3.1.3　人工重力下前庭-交感神经反应的启示

从以上研究来看，可以推测多感觉输入是整合的，可能发生在前庭神经核，以在姿态变化过程中产生稳定的血压。为确定身体的空间定向，中枢神经系统采用几种感觉输入（视觉、前庭觉、本体觉）详细地表达重力的内部表象（见4.2节）。可以想象采用相同的方式，用血管内压的变化来表达直立位时交感神经的激活状态，以前的方法是基于重力内部表现所采用的相同信息建立的。根据这一模型，给定感觉输入变化或突然消失，并不影响交感活动或血压调节控制，直至建立了新的内部表象。

返回地面后，飞行后的立位耐力不良表现为心率增加、脉压变小、血压不稳，经常出现晕厥前或晕厥症状，这些反应大约发生在30%～40%的航天员身上（Blomqvist，Stone，1979，Bungo，等，1985）。正如第5章所讨论的，飞行后立位耐力不良是由多种因素诱发的，包括血容量过少。事实上，血量降低的影响可通过下肢低压静脉系统变化以及受损的压力反射功能而增强，正如卧床实验结果所显示的（Convertino，等，1992）。耳石信号的变化或重定义也参与其中。正常头到足方向重力的去除不仅对体液有作用（静水压分量缺失），也对耳石系统产生影响（见4.1节）。耳石信号的中枢重新定义在重新适应地面重力的过程中已经发生（Parker，等，1985）。但是目前没有数据证明在飞行中或飞行后非心血管输入调节交感神经系统活动。

由于心血管系统的耳石控制可代偿头部倾斜以及在适应微重力过程中耳石倾斜反射的消失（见第4章），可以推测，心血管系统的耳石控制在飞行后发生变化，而且这种变化可能与心血管系统失调有关。如果这一假说被证实，将可制订防止心血管系统失调的防护措施。由此推论，对仰卧位受试者采用离心旋转，令头部偏离中心，由此产生人工重力，可以有效地维持耳石敏感性和保持前庭交感神经反射。

8.3.2 呼吸系统

当考虑到航天员飞行后无法站立时心血管失调是非常明显的，呼吸系统适应性变化不能完全满足他们的日常活动。这是因为微重力对呼吸系统的影响决定于其机械特性以及它们与腹腔壁和胸内血容量的关系，而不是决定于中枢指令。但是，姿态变化可以影响呼吸肌肉的静息长度，需要中枢命令的调整来产生合适的通气量。

电刺激猫前庭神经可改变呼吸肌神经活动，包括膈、肋间、腹腔神经和上呼吸道肌肉神经（Yates，等，1993）。头部翻转平面旋转过程中的耳石刺激可改变呼吸神经活动，而在偏转平面的半规管刺激对呼吸神经活动似乎没有影响（Rossiter，Yates，1996）。双侧迷路切除后，出现横膈和腹部肌肉活动的增强（Cotter，等，2001），鼻抬起倾斜时腹肌的反应下降。但是，迷路切除后几天内呼吸反应的下降，表明前庭系统有明显的可塑性。与对呼吸肌肉短暂的影响相比，迷路输入去除造成姿态改变时颏舌肌反应改变，持续约1个月（Cotter，等，2004）。

对人类耳石器官和呼吸系统之间关系的功能性特征和生理重要性知之甚少。自然或冷热刺激半规管可诱发正常受试者呼吸变化（Thurrel，等，2003），而对迷路缺陷病人则无影响。莫纳汉（Monahan）等人（2002）发现刺激半规管使人通气量增加，但通过头下垂颈部屈曲刺激耳石器官则没有影响。

考夫曼（Kauffman）等人（2002）偶然报告了在人体偏离垂直轴旋转过程中呼吸和线性刺激频率之间的同步化。然而，偏离垂直轴旋转刺激迷路和非迷路重力感受器，因此偏离垂直轴旋转过程中通气的改变可能是由于一或两种感受器激活引起的。在最近的偏离垂直轴旋转研究中（Normand，等，2006），测量了21名健康受试者在头部向左或向右旋转60°时的通气量。相关分析表明呼吸和线性刺激频率的最大相关出现在相移20°～40°，是纯耳石对呼吸时间影响（头部位置夹角120°）的四分之一。这一发现表明采用线性刺激频率造成的呼吸周期同步化是通过迷路和非迷路重力感受器激活介导的。

8.4　前庭对骨矿化作用的影响

最近研究表明交感神经系统调节骨重建（Bjurholm，等，1988；Takeda，等，2002；Togari，2002）。在成骨细胞附近，特别是在长骨的干骺端和骨干发现了神经纤维。另外，在破骨细胞和成骨细胞中可见β肾上腺素能受体。最后，β肾上腺素能受体激动剂可激活小鼠和人成骨细胞。

由于交感神经系统调节骨重建，同时动物和人体实验结果表明前庭系统影响交感神经系统（见第 8.2 节，及耶茨 1992 年综述）。利瓦休尔（Levasseur）等人（2004）假设前庭系统也参与骨重建。事实上，他们发现大鼠双侧前庭损伤后 30 天，承重骨出现骨密度（bone mineral density，BMD）降低，特别是股骨干骺端。这一位置是在引起骨重建情况下（如卵巢切除术）骨丢失最多的区域。

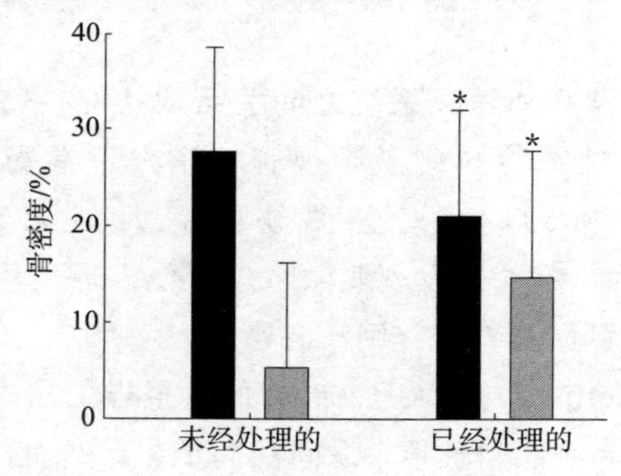

图 8-2　前庭损伤和β阻断剂处理对股骨干骺端骨密度的影响。直方图比较了损伤 30 天后（黑色柱）和损伤前（灰色柱）的骨密度值。未处理动物，前庭损伤显著降低骨密度，而进行过β阻断剂处理的动物则没有显著变化

为证实前庭系统调节骨密度至少部分是由交感神经系统调节的这一假说，丹尼丝等人（2006）研究了前庭损伤和心得安，即交感神经系统拮抗剂，对骨密度的交互作用。结果重新证实了双侧前庭损伤可以引起股骨干骺端骨丢失，在未进行处理的动物中，损伤后 30 天，与对照的完整大鼠相比，股骨远端干骺端骨密度显著降低（图8-2 左图）。在心得安处理的大鼠中，对照的动物和前庭缺陷的动物没有显著区别（图 8-2 右图）。另外，在前庭缺陷大鼠中，处理动物的骨密度高于未处理动物，而在对照大鼠中，心得安与骨丢失有关。β阻断剂可预防由前庭损伤诱发的骨丢失，表明前庭系统对

骨矿化作用的控制，部分是通过交感神经系统产生的。

由于在未进行处理的大鼠中，对照的和迷路切除的大鼠体重没有显著差别，因此骨丢失不是体重降低引起的。由于肌肉活动调节骨体积，在这些研究中观察到的结果可能是由于前庭损伤后诱发的运动行为非特异变化引起的。波特（Porter）等人（1990），证明了行为活动在前庭损伤后增加。同样双侧前庭损伤后发现肌肉特性以及步态参数只有中度或短暂改变（Inglis，Macpherson，1995；Kasri 等，2004）。因此，运动系统的变化可能不是双侧前庭损伤后骨密度变化的显著影响因素。

已知骨丢失引起血流量降低，因此交感神经系统可能通过破骨和成骨细胞的 β 肾上腺素能受体直接影响骨代谢，或间接通过调节血管分布或两者同时影响骨代谢。前庭系统调节骨密度的通路至今未知，除了直接激活脑干自主神经中枢外，也通过下丘脑进行中继信息传输（见 8.4 节）。

有趣的是发现双侧前庭损伤诱发的骨丢失与飞行后骨丢失具有相同的分布。因此，可以确定前庭系统参与了失重时的骨丢失。如果这一假说正确，可提出长期飞行对抗措施的两条建议。第一，为最有效地保证骨密度，人工重力需要刺激耳石系统（见 8.5 节）。第二，β 阻断剂如心得安或 β2 受体选择阻断剂，可有效地预防骨丢失。地面上的流行病调查表明使用 β 阻断剂与骨折的危险降低有关（Schlienger，等，2004）。然而，邦尼特（Bonnet）等（2006）发现心得安对卵巢切除大鼠骨丢失的预防作用是有剂量依赖的，高剂量没有低剂量有效。因此在考虑 β 阻断剂作为空间飞行骨丢失对抗措施之前，需要找出人体所需的正确剂量。

8.5　前庭对下丘脑调节的影响

大量的动物和人体研究表明在空间飞行以及超重过程中昼夜节律和体内平衡调节遭到显著破坏（Alpatov，等，2000；Fuller，等，

2000；Hoban - higgins，等，2003；Monk，等，2001；Muraki，Fuller，2000；Samel，Gander，1995；Fuller，Fuller，2006）。同样，人类的神经内分泌在飞行（Strollo，2000）和超重过程中也发生了改变，引起了骨质丢失以及短暂的厌食反应（Smith，1973）。

最近，认为前庭系统是调节超重作用时生理节律和体内平衡的主要系统（Fuller，等，2002）。超重引发了体温降低、体温的昼夜节律幅度降低以及饮食摄入降低。这些变化在没有功能性囊斑重力感受器的动物上更显著（图 8-3）。前庭耳石系统的输入通过神经系统，以及更特定的神经区域，包括温度调节（后下丘脑和视前核）、

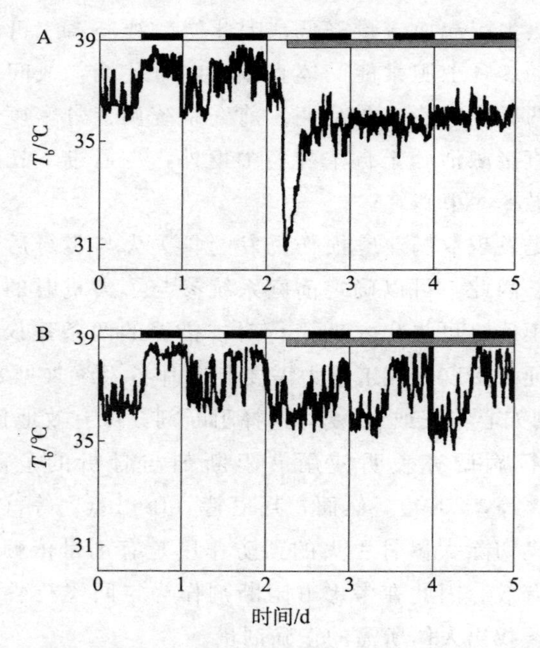

图 8-3　超重对小鼠体温的影响。最初 2 天为 $1g$。暴露在 $2g$ 的时间通过图上端的水平灰色柱图表示。正常小鼠（A），在 $2g$ 离心开始时体温降低，昼夜节律缺失。平均体温很快恢复，而昼夜涨落在几天内持续变化。前庭缺陷小鼠（B），体温只出现微小变化。摘自富勒（Fuller）等（2002）

昼夜节律调节（视神经交叉上核）、饮食行为（背内侧核和其他下丘

脑核团）和自主神经调节（脑干自主神经中枢），调节神经网络（Fuller，等，2004）。因此前庭对昼夜节律以及体内动态平衡调节的影响可能是通过下丘脑和自主神经中继的。据研究表明分子钟参与瘦素介导的交感神经对骨形成的调节（Fu，等，2005）。因此前庭系统通过视神经交叉核中继调节骨矿化。

但是这些在超重实验中获取的数据，即使证实前庭系统在超重的生理效应中起着重要作用，但还不清楚前庭系统在什么程度上参与微重力对昼夜节律和体内平衡的调节。

8.6 采用人工重力作为对抗措施的启示

一些微重力对生物系统影响是通过前庭系统的事实，对于采用人工重力作为对抗措施有着非常重要的启示。人工重力不仅能对骨胳和心血管系统产生负荷，对前庭系统同样可以产生负荷。在短臂离心机中，头部的重力非常低，因为头就在旋转轴附近。如果前庭系统在微重力过程中对心血管失调和骨丢失存在潜在作用，刺激前庭系统将更有效，因此可以将头部偏离轴心。尤其是调整受试者以使椭圆囊受到刺激，优先选择在旋转平面内以减少运动病的影响，正如本章所描述的将可以促进前庭—交感神经通路的状态（Previc，1993）以及其他耳石眼动反射（Moore，等，2003）。

参 考 文 献

[1] Alpatov AM, Hoban-Higgins TM, Klimovisky VY et al. (2000) Cirvadian rhythm in Macaca mulatta monkeys dring Bion 11 flight. J Gravit Physiol 7: S119 - 123.

[2] Balaban CD (1996) Vestibular nucleus projections to the parabrachial nucleus in rabbits: implications for vestibular influences on the autonomic nervous system. Exp Brain Res 108: 367 - 381.

[3] Balaban CD (2004) Projections from the parabrachial nucleus to the vestibular nuclei: potential substrates for autonomic and limbic influences on vestibular responses. Brain Res 996: 126 - 137.

[4] Balaban CD, Porter JD (1998) Neuroanatomic substrates for vestibulo-autonomic interactions. J Vestib Res 8: 7 - 16.

[5] Barron KD, Chokroverty S (1993) Anatomy of the autonomic nervous system: brain and brainstem. In: Clinical Autonomic Disorders, Evaluation and Management. Low PA (ed) Little, Brown and Co, Boston, pp 3 - 15.

[6] Bjurholm A, Kreicbergs A, Terenius L et al (1988) Neuropeptide Y-, tyrosine hydroxylase - and vasoactive intestinal polypeptide - immunoreative nerves in bone and surrounding tissues. J Auton Nerv Syst 25: 119 - 125.

[7] Blomqvist CG, Stone HL (1979) Cardiovascular adjustments to gravitational stress. In: Handbook of Physiology. The Cardiovascular system Ⅲ. Berne RM, Sperelakis N (eds) American physiological Society, Baltimore, MD, pp1025 - 1063.

[8] Bonnet N, Laroche N, Vico L et al. (2006) Dose effects of propranolol on cancellous and cortical bone in ovariectomized adult rats. J Pharmacol Exp Ther 318: 1118 - 1127.

[9] Bungo MW, Charles JB, Johnson PC (1985) Cardiovascular decondition-

ing during space flight and the use of saline as a countermeasure to orthostatic intolerance. Aviat Space Environ Med 56：985－990.

[10] Convertino VA，Doerr DF，Guell A et al.（1992）Effects of acute exercise on attenuated vagal baroreflex function during bed rest. Aviat Space Environ Med 63：999－1003.

[11] Cotter LA，Arendt HE，Cass SP et al.（2004）Effects of postural changes and vestibular lesions on genioglossal muscle activity in conscious cats. J Appl Physiol 96：923－930.

[12] Cotter LA，Arendt HE，Jasko JG et al.（2001）Effects of postural changes and vestibular lesions on diaphragm and rectus abdominis activity in awake cats. J Appl Physiol 91：137－144.

[13] Denise P，Sabatier JP，Corvisier J et al.（2006）Sympathetic beta antagonist prevents bone mineral density decrease induced by labyrinthectomy. J Grav Physiol，in press.

[14] Doba N，Reis DJ（1974）Role of the cerebellum and the vestiublar apparatus in regulation of orthostatic reflexes in cat. Circulation Res 34：9－18.

[15] Eckberg DL，Abboud FM，Mark AL（1976）Modulation of carotid baroreflex responsiveness in man：effects of posture and proparnolol. J Appl Physiol 41：383－387.

[16] Etard O，Reber A，Quarck G et al.（2004）Vestibular control on blood pressure during parabolic flights in awake rats. Neuro Report 15：2357－2360.

[17] Fu L，Patel MS，Bradley A et al.（2005）The molecular clock mediates leptin-regulated bone formation. Cell 122：803－815.

[18] Fuller PM，Warder CH，Barry SJ et al.（2000）Effects of 2-G exposure on temperature regulation，circadian rhythems，and adiposity in UCP2/3 transgenic mice. J Appl Physiol 89：1491－1498.

[19] Fuller PM，Jones TA，Jones SM et al.（2002）Neurovestibular modulation of circadian and homeostatic regulation：vestibulohypothalamic connection? Proc Natl Acad Sci USA 99：15723－15728.

[20] Fuller PM，Jones SM et al.（2004）Evidence for macular gravity receptor modulation of hypothalamic，limbic and autonomic nuclei. Neuroscience 129：

461 - 471.

[21] Fuller PM, Fuller CA (2006) Genetic evidence for a neurovestibular influence on the mammalian circadian pacemaker. J Biol Rhythms 21: 177 - 184.

[22] Gotoh TM, Fujiki N, Matsuda T et al. (2004) Roles of baroreflex and vestibulosympathetic reflex in controlling arterial blood pressure during gravitational stress in conscious rats. Am J Physiol Regul Integr Comp Physiol Behav 286: R25 - R30.

[23] Herault S, Tobal N, Normand H et al. (2002) Effect of human head flexion on the control of peripheral blood flow in microgravity and in 1g. Eur J Appl Physiol 87: 296 - 303.

[24] Hoban - Higgins TM, Alpatov AM, Wassmer GT et al. (2003) Gravity and light effects on the circadian clock of a desert beetle. Trigonoscelis gigas. J Insect Physiol 49: 671 - 675.

[25] Holmes MJ, Cotter LA, Arendt HE. (2002) Effects of lesions of the caudal cerebellar vermis on cardiovascular regulation in awake cats. Brain Res 938: 62 - 72.

[26] Inglis JT, Macpherson JM. (1995) Bilateral labyrinthectomy in the cat: effects on the postural response to translation. J Neurophysiol 73: 1181 - 1191.

[27] Ito M (2006) Cerebellar circuitry as a neuronal machine. Prog Neurobiol 78: 272 - 303.

[28] Kasri M, Picquet F, Falempin M (2004) Effects of unilateral and bilateral labyrinthectomy on rat postural muscle properties: the soleus. Exp Neurol 185: 143 - 153.

[29] Kaufmann H, Biaggioni I, Voustianiouk A et al. (2002) Vestibular control of sympathetic activity. An otolith - sympathetic reflex in humans. Exp Brain Res 143: 463 - 469.

[30] Kerman IA, McAllern RM, Yates BJ (2000) Patterning of sympathetic nerve activity in response to vestibular stimulation. Brain Res Bull 53: 11-16, 2000.

[31] Levasseur R, Sabatier JP, Etard O et al. (2004) Labyrinthectomy decrease bone mineral density in the femoral metaphysis in rats. J Vestib Res 14: 361 - 365.

[32]　Metts BA，Kaufman GD，Perachio AA（2006）Polysynaptic inputs to vestibular efferent neurons as revealed by viral transneruonal tracing. Exp Brain Res 172：261 - 274.

[33]　Mittelstaedt H，Glasauer S（1993）Illusions of verticality in weightlessness. Clin investig 71：732 - 739.

[34]　Monahan KD，Sharpe MK，Drury D et al.（2002）Influence of vestibular activation on respiration in humans. Am J Physiol Regul Intergr Comp Physiol 282：R689 - 694.

[35]　Monk TH，Kennedy KS，Rose LR et al.（2001）Decreased human circadian pacemaker influence after 100 days in space：a case study. Psychosom Med 63：881 - 885.

[36]　Moore ST，Clement G，Dai M et al.（2003）Ocular and perceptual responses to linear acceleration in microgravity：alterations in otolity function on the COSMOS and Neurolab flights. J Vestib Res 13：377 - 393.

[37]　Mori RL，Cotter LA，Arendt HE et al.（2005）Effects of bilateral vestibular nucleus lesions on cardiovascular regulation in conscious cats. J Appl Physiol 98：526 - 533.

[38]　Murakami DM，Fuller CA（2000）The effcts of 2G on mouse circadian rhythms. J Grav Physiol 7：79 - 85.

[39]　Normand H，Etard O，Denise P（1997）Otolithic and tonic neck receptors control of limb blood flow in humans. J Appl Physiol 82：1734 - 1738.

[40]　Normand H，Marie S，Denise P.（2006）Off Verical Axis Rotation modulates respiratory timing in Humans. Fundam Clinical Pharmacol 20：215.

[41]　Onai T，Takayama K，Miura M（1987）Projections to areas of the nucleus tractus solitarii related to circulatory and respiratory responses in cats. J Auton Nerv Syst 18：163 - 175.

[42]　Parker DE，Reschke MF，Arrott AP et al.（1985）Otolith tilt - translation reinterpretation following prolonged weightlessness：implications for preflight training . Aviat Space Environ Med 56：601 - 606.

[43]　Porter JD，Pellis SM，Meyer ME（1990）An open - field activity analysis of labyrinthectomized rats. Physiol Behav 48：27 - 30.

[44] Previc FH (1993) Do the organs of the labyrinth differentially influence the sympathetic and parasympathetic systems? Neurosci Biobehav Rev 17：397 - 404.

[45] Radtke A，Popov K，Bronstein AM (2000) Evidence for a vestibulo-cardiac reflex in man . Lancet 356：736 - 737.

[46] Rea RF，Eckberg DL (1987) Carotid barorecepetor - muscle sympathetic relation in humans. Am J Physiol 253：R929 - 934.

[47] Rossiter CD，Yates BJ (1996) Vestibular influences on hypoglossal nerve activity in the cat. Neurosci Lett 211：25-28，1996.

[48] Samel A，Gander P (1995) Bright light as a chronobiological countermeasure for shiftwork in space. Acta Astronautica 36：669 - 683.

[49] Schlienger RG，Kraenzlin ME，Jick SS et al. (2004) Use of beta-blockers and risk of fractures. Jama 292：1326 - 1332.

[50] Shortt TL，Ray CA (1997) Sympathtic and vascular responses to head-down neck flexion in humans. Am J Physiol 272：H1780 - 1784.

[51] Smith A (1973) Effects of chronic acceleration in animals. In：COSPAR：Life Sciences and Space Research XI. Proceedings of the Open Meeting of the Working Group on Space Biology，pp201 - 206.

[52] Strollo F (2000) Adaptation of the human endocrine system to microgravity in the context of integrative physiology and ageing. Pflugers Arch 441：R85 - 90.

[53] Takeda S，Elefteriou F，Levasseur R et al. (2002) Leptin regulates bone formation via the sympathetic nervous system. Cell 111：305 - 317.

[54] Thurrell A，Jauregui-Renaud K，Gresty MA，Bronsterin AM (2003) Vestibular influence on the cardiorespiratory responses to whole - body oscillation after standing. Exp Brain Res 150：325 - 331.

[55] Togari A. (2002) Adrenergic regulation of bone metabolism：possible involvement of sympathetic innervation of osteoblastic and osteoclastic cells. Mirosc Res Tech 58：77 - 84.

[56] Wallin B，Nerhed C (1982) Relationship between spontaneous variations of muscle sympathetic activity and succeeding changes of blood pressure in man. J Autonom Nerv Syst 6：293 - 302.

[57] Wilson TD, Cotter LA, Draper JA et al. (2006) Vestibular inputs elicit patterned changes in limb blood flow in conscious cats. J Physiol 575: 671 - 684.

[58] Woodring SF, Rossiter DC, Yates BJ (1997) Pressor response elicited by nose - up vestibular stimulation in cats. Exp Brain Res 113: 165 - 168.

[59] Yates BJ (1992) Vestibular influences on the sympathetic nervous system. Brain Res Rev 17: 51 - 59.

[60] Yates BJ, Bronstein AM (2005) The effects of vestibular system lesions on autonomic regulation : observations, mechanisms, and clinical implications. J Vestib Res 15: 119 - 129.

[61] Yates BJ, Goto T, Bolton PS (1993) Responses of neurons in the rostral ventrolateral medulla of the cat natural vestibular stimulation. Brain Res 601: 255 - 264.

[62] Yates BJ, Jakus J, Miller AD (1993) Vestibular effects on respiratory outflow in the decerebrate cat. Brain Res 629: 209 - 217.

[63] Yates BJ, Jian BJ, Cotter LA et al. (2000) Responses of vestibular nucleus neurons to tilt following chronic bilateral removal of vestibular inputs. Exp Brain Res 130: 151 - 158.

[64] Yates BJ, Kerman IA (1998) Post - spaceflight orthostatic intolerance: possible relationship to microgravity - induced plasticity in the vestibular system. Brain Res Rev 28: 73 - 82.

[65] Yates BJ, Miller AD (1996) Vestibular Autonomic Regulation. CRC Press, Boca Raton, FL.

[66] Yates BJ, Miller AD (1998) Physiological evidence that the vestibular system participates in autonomic and respiratory control. J Vestib Res 8: 17 - 25.

[67] Yates BJ, Aoki M, Burchill P et al. (1999) Cardiovascular responses elicited by linear acceleration in humans. Exp Brain Res 125: 476 - 484.

第9章 人工重力、生理系统和营养代谢之间的相互影响

马丁纳·希尔（Martina Heer）[1]

纳萨莉·比克（Nathalie Baecker）[1]

萨拉·兹瓦尔特（Sara Zwart）[2]

斯科特·史密斯（Scott Smith）[2]

[1] 德国航空航天中心，德国科隆（German Aerospace Center DLR. Köln，Germany）

[2] 美国国家航空航天局约翰逊航天中心，美国得克萨斯州休斯敦（NASA Johnson Space Center，Houston，Texas，USA）

9.1 引言

营养不良，某些营养素摄入不足或者过量都对机体健康产生深刻的影响。因此，对人体而言，无论是在自然重力状态下，还是在微重力和人工重力状态下，保持最佳营养是非常必要的。

图9-1 一名航天员在国际空间站Zvezda服务舱中，其身边是航天食品。本照片由NASA提供

在微重力和头低位卧床条件下，体力活动的减少对许多机体生理系统，如心血管系统、肌肉骨骼系统、免疫系统和体液调节系统，产生影响。目前仍没有有效的措施去干预短期内心血管功能和肌肉骨骼系统的失调（见第1章）。因此人工重力似乎是保持这些生理功能正常的最简单的物理学方法。有关专家建议，对航天飞行过程中造成的生理功能失调，运用离心机每日间歇地施加人工重力可以作为潜在的对抗措施。

然而，要有效地运用人工重力还必须在重力最佳作用强度和时间上做出大量深入的研究。在前面的章节已经讨论过，对于由体力活动减少所导致的各种生理状态的变化，人工重力起到了潜在的干预效果。另外，营养素供给量也和生理状态的变化相互影响，理想状态下应与实际需要相匹配，因此必须考虑在内。本章论述了营养素（诸如能量、维生素、矿物质）与其他受到船载小半径离心机产生的重力影响的生理系统之间的相互作用。

9.2 能量摄入和宏量营养素的供给

众所周知，可能除了在执行天空实验室任务期间，航天员在航天飞行过程中，过去和现在都不能达到最佳的营养状态（Bourland，等，2000；Heer，等，1995；Heer，等，2000b；Smith，等，1997；Smith，Lane，1999；Smith，等，2001；Smith，等，2005）。关于航天员在航天飞行任务期间食欲降低一直被当成趣闻来记述，对此有解释说是航天员的味觉和嗅觉可能发生了变化。虽然以前的一些观察表明并非如此（Heidelbaugh，等，1968；Watt，等，1985），但是从近来的头低位卧床实验获得的研究资料来看，受试者在实验过程中嗅觉功能确实发生了明显下降（Enck，等，数据未发表）。研究提示体液转移对机体嗅觉的降低产生了影响，如果这一发现能在航天飞行期间得到证实，那么嗅觉降低可能是摄食量减少以及由此引起的机体能量和矿物质摄入不足的原因。

不过其他的一些营养素摄入过量，如钠就是其中一例。多数人尤其是那些生产包装食品的厂家认为食盐含量高的食品比食盐含量低的食品更加美味可口。另外，由于太空飞船上食品保存装置如冷冻冷藏空间非常有限，食盐作为食品的防腐剂则扮演着很重要的角色，而且在微重力条件下，航天员味觉和嗅觉的改变也可能促使其更偏向于食用盐含量高的食物。

9.2.1 能量摄入

在以往大多数的航天任务中，发现航天员能量摄入不足。平均能量摄入量比能量消耗量低约25%，所以直接导致了体重下降（Bourland，等，2000），包括脂肪体重和肌肉体重的下降。在近来的国际空间站（ISS）航天任务中，虽然航天员的热能摄入有所改善，但仍不理想（Smith，等，2005）。

能量消耗包括：个体静息状态下的能量消耗（resting energy expenditure，REE），从事某项活动（如锻炼，步行等）的能量消耗，以及机体代谢蛋白质、脂肪和碳水化合物的生热作用。前面已提到，微重力条件下的航天员自愿摄入的能量常常并不能满足其能量需要（Bourland，等，2000；Smith，等，2005）。以往的头低位卧床实验也表明志愿者很不愿意食用所规定的全部食物以满足他们的能量需求。

处于人工重力条件下的动物，其能量消耗量明显增高。2002年韦德（Wade）等人发现，用2.3g或4g大小的离心力每天24小时持续作用于大鼠，两周后发现大鼠的REE增加了40%，不受重力水平的影响。在进行的另外一项大鼠实验中，用1.25g、1.5g和2g离心力分别处理14天，实验组大鼠的平均身体质量比对照组显著降低，但两组大鼠的食物摄入量（单位用“克每天每100克体重”表示）无显著差异。实验组雄性大鼠的附睾脂肪质量比对照组低14%～21%。高重力组大鼠血浆胰岛素水平比对照组明显降低（约35%），这也说明对胰岛素的敏感度提高（Warren，等，2000；Warren，等，2001；Moran，等，2001）。

能量摄入量的减少对机体的心血管功能有着深刻的影响（Mattson，Wan，2005）。这种情况主要出现在半饥饿状态下的肥胖者（Hafidh，等，2005；Brook，2006；Sharma，2006；Poirier，等，2006）、斋月期间的飞行员（Bigard，等，1998）和在代谢室研究头低位卧床期间的体重正常的受试者中（Florian，等，2004）。适度地减少能量摄入量的25%可导致后者立位耐力的显著降低，这甚至比卧床实验的影响更大。将离心力导致体液往下肢转移的影响考虑在内，能量摄入不足以及由此伴随产生的心血管反应可以抵消人工重力所起的补偿效果。这是因为晕厥前症状的出现可能一方面迫使离心实验计划提前终止，另一方面也可能影响了心血管功能干预措施的效果。

当能量摄入量小于能量消耗量，体内贮存的生能物质如糖原、蛋白质和脂肪将会被充分动员起来。为了给机体提供足够的能量，这些体内能量储备会被利用，肌肉蛋白将会被分解为氨基酸成为能量来源之一，因此导致了肌肉质量的下降并且伴随着废用性肌萎缩。在微重力和卧床条件下，蛋白质合成下降而分解保持不变时，这直接导致肌肉质量的减少（Biolo，等，2004；Ferrando，等，1996）。在这些情况下，由于肌肉蛋白作为一种能量来源，低水平甚至是中等水平的能量摄入也会加速肌肉萎缩（Lorenzon，等，2005）。在神经性厌食的患者中（Heer，等，2002；Heer，等，2004c）和参加体育锻炼的妇女人群中（Ihle，Loucks，2004），能量摄入的大量减少增加了骨质吸收，不过对于卧床实验的男性受试者，适当限制能量摄入似乎没有任何影响（Heer，等，2004b）。

运用人工重力会加强骨形成，增加骨骼构建（见第7章）。如果被动离心所产生的机械负荷没有激活成骨细胞活动，那么严重的能量摄入不足会抑制成骨细胞的活性（Heer，等，2002；

Heer，等，2004c)。因此充足的能量摄入是缺乏运动的受试者运用人工重力预防骨丢失的前提条件。

如果在施加人工重力过程中，机体静息状态下能量消耗也得到增加，那么人工重力结合体育锻炼会对代偿心血管功能失调，保持肌肉质量和力量以及骨质量更加有效，并且保证最佳的能量摄入量将是保证人工重力作为干预措施成功的关键协同因素。

9.2.2 蛋白质补充

航天飞行期间，航天员的蛋白质日摄入量大约为(102±29) g (Smith，等，2005) 或者每千克体重 (1.4±0.4) g。因此在微重力环境下，蛋白质摄入更关注的是摄入过量而非摄入不足。前面已提及，体力活动的减少导致了蛋白质合成下降和蛋白质分解持续并且伴随着肌肉组织的萎缩。2004 年帕登·约翰斯 (Paddon-Johns) 等人通过研究发现通过应用支链氨基酸和碳水化合物补充剂，使蛋白质日摄入量增加到每日每千克体重 1.5 g，可以有效地维持肌肉的质量和力量。比奥洛 (Biolo) 等 (1995b，1997) 研究发现增加蛋白质摄入结合抗阻力锻炼可以增加机体肌蛋白的含量。受试者躺在短半径装置上被动离心与其效果大致相当。因此，被动离心期间蛋白质的供给可能是保持肌肉质量和力量的潜在措施。然而，提供蛋白质的时间是很重要的。比奥洛 (Biolo) 等 (1997) 建议为了促使蛋白质合成，抗阻力锻炼前或者之后必须及时供给蛋白质。

然而，蛋白质供给量的增加对骨代谢有一些不利的影响。第 7 章已述及，缺乏运动本质上会导致下肢骨质量和强度的下降。不过增加蛋白质摄入可能也有骨吸收的效果，这种作用高度依赖于较高蛋白质摄入时所提供的营养素 (Massey，2003)。在下面会提到钾的摄入似乎也非常重要。低钾高蛋白摄入增加骨吸收的作用，大于缺乏运动引起的骨转换增加。我们已经观察到健康受试者卧床期间动物蛋白和钾摄入的正相关性 (Zwart，等，2004)。作者前面提到，这种效果似乎被酸碱平衡的变化调节，高动物蛋白质伴随着低钾的摄入会导致较高的肾脏负担，引起轻度代谢性酸中毒。而轻度代谢性酸中毒是增加骨吸收的重要原因（Meghji，等，2001；Riond，2001；Bushinsky，1994；Bushinsky，等，1999）。因此高蛋白摄入结合人工重力会对骨质量和骨强度起到积极的作用，不过由此可能引发的轻度代谢性酸中毒，其使骨重吸收增加，必须用其他干预措施予以消除。

9.2.3　胰岛素抵抗

大量实验证明卧床可引起机体对胰岛素敏感性降低（Mikines，等，1989；Mikines，等，1991；Shangraw，等，1988；Smorawinski，等，1996，Stuart，等，1990；Yanagibori，等，1994；Yanagibori，等，1997；Blanc，等，2000；Smorawinski，等，2000；Stuart，等，1988）。根据训练组和非训练组的对照研究，受试者身体健康和训练状态可能影响对胰岛素的敏感性（Wegmann，等，1984；Smorawinski，等，1996；Smorawinski，等，2000）。而且研究证实非训练组的胰岛素抵抗与其不活动肌肉对胰岛素敏感度降低有关（Mikines，等，1991；Stuart，等，1988；Blanc，等，2000）。关于阻抗运动对胰岛素敏感性的作用，1999年塔巴塔（Tabata）等人进行过前瞻性的研究，他们的研究资料表明肌组织利用葡萄糖的情况得到改善，卧床期间的阻抗运动能克服缺乏运动所带来的影响（Tabata，等，1999）。

胰岛素除了对葡萄糖代谢有影响外，还能调节蛋白质代谢。肌原纤维蛋白质的合成需要生理水平的胰岛素。在对自由活动的志愿者实验中，在保持血浆氨基酸浓度正常的条件下，注射胰岛素引起的高胰岛素血症导致了蛋白质合成速度的增加，而没有改变肌肉蛋白质的分解（Biolo，等，1995a；Biolo，等，1999）。但是，如果出现胰岛素敏感性降低，这种蛋白质合成增加的现象就不会发生。就像Ⅱ型糖尿病（Tessari，等，1986）患者，胰岛素抵抗可能是卧床实验者蛋白质合成率下降的起因。

短臂离心机产生的人工重力在一定程度上可模拟等量的阻抗运动，推测可能是人工重力对胰岛素敏感性具有积极作用。胰岛素敏感性的提高对保持肌肉质量和力量有利。为了区别胰岛素敏感性改变与对肌质量和力量的潜在影响，还必须进行更深入的研究来证明阻抗运动以及人工重力的作用。

9.3 维生素与人工重力

9.3.1 维生素 A

维生素 A 属于脂溶性维生素，其化学结构和生物活性与视黄醇相同，包括视黄醇、β胡萝卜素和视黄醇棕榈酸酯。反式视黄醇是维生素 A 主要的生物活性形式。许多类胡萝卜素诸如β胡萝卜素能转化为反式视黄醇，从而发挥维生素 A 的生物活性，这些类胡萝卜素共同被称为维生素 A 原，可以用视黄醇当量加以测定。

虽然维生素 A 可以间接地对绝大多数机体器官发挥作用 (Ross，1999)，但是它直接参与了机体视觉功能、骨骼生成、细胞分裂、繁殖和免疫功能的调节。维生素 A 可以作为生物抗氧化剂，大量研究表明维生素 A 可以减小患肿瘤和冠心病的风险 (Kohlmeier，Hastings，1995；van Poppel，Goldbohm，1995)。

缺乏维生素 A 会导致眼球干燥症、食欲下降、细胞膜干燥和角质化或者感染。同样大量摄入维生素 A 通常对骨骼有不利影响 (Dickson，Walls，1985；Hough，等，1988；Scheven，Hamilton，1990)，据认为作用机制包括抑制成骨细胞的活动，刺激破骨细胞活性以及削弱维生素 D 的功能 (Jackson，Sheehan，2005)。

在长期航天飞行后，血清视黄醇和视黄醇结合蛋白水平会下降。动物实验发现血清视黄醇和视黄醇结合蛋白水平在长时间的不运动状态下也会降低 (Takase，等，1992)，而且这种变化被认为是应激反应所致。

人工重力可引起体内应激激素的变化（见第10章），而应激激素反过来会影响维生素A的代谢。而且由于维生素A对骨骼系统的毒性作用，所以必须注意在卧床或者人工重力实验研究中避免摄入过量的维生素A。

9.3.2 维生素K

维生素K可作为部分蛋白质羧化作用的辅助因子。依赖维生素K的羧化酶是谷氨酸转变为γ羧基化谷氨酸（Gla）残基可逆反应中的一种酶。骨钙素、基质γ羧基化谷氨酸蛋白质、S蛋白质等三种羧基化蛋白质已经在骨组织中发现（Hauschka，等，1989；Vermeer，等，1995）。骨钙素由成骨细胞合成和分泌，羧基化形式的骨钙素表现出强大的钙结合特点并且参与了骨矿化过程（Shearer，1995）。而一旦维生素K缺乏，机体就会合成低羧基化骨钙蛋白，这种蛋白质带有部分或者不带有谷氨酸残基。因此血液中这种羧化不全的蛋白质水平就是机体维生素K营养状况的敏感标志物（Knapen，等，1989；Sokoll，等，1997；Vermeer，Hamulyak，1991）。在骨组织里，这些依赖维生素K蛋白质的发现，引发了人们对维生素K在维护骨骼健康作用领域的研究。流行病学研究证明骨质疏松高骨折风险与低维生素K摄入有关（Hart，等，1985；Booth，等，2000）。从高发病率的股骨颈（Vergnaud，等，1997）和髋骨骨折（Szulc，等，1996）的患者中观察到，其体内低羧基化骨钙蛋白处于高水平，而且对急性钙丢失者补充维生素K可使尿钙排出量减少30%（Knapen，等，1989；Knapen，等，1993）。

虽然骨吸收可以被干预（例如用双膦酸盐），但是还没有可以对抗骨形成减少的有效方法。弗米尔（Vermeer）等人（1998）和凯洛特·奥古休（Caillot-Augusseau）等人（2000）均观察到微重力条件下维生素K对骨形成有深刻的影响。在长达179天的欧洲和平号-95太空任务期间，一名航天员在任务第二阶段的6周时间每天服用 10 mg 维生素 K_1（叶绿醌）作为干预太空环境条件所引起的骨丢失的措施。这名航天员此时期骨形成标志物表现出非常有希望的变化，在任务第一阶段（没有摄入维生素 K）Ⅰ型前胶原 C 端肽（PICP）和血清骨特异性碱性磷酸酶（bone alkaline phosphatase，bAP）的水平降低了，而服用维生素 K 后，这些指标达到飞行前水平（Vermeer，等，1998）。另外两名航天员在飞行的头五天内血清低羧基化骨钙素水平由飞行前的 12%～15%增加到了 25%。其中一名航天员每天补充 10 mg 维生素 K_1 能使血清低羧基化骨钙素水平降低到飞行前的范围。此外，1986 年弗米尔和乌尔里克（Ulrich）指出飞行后样本的 γ 羧基化谷氨酸（Gla）残基水平降低了 50%以上。

航天员体内良好的维生素 K 营养状况可以优化人工重力的潜在的干预作用。抗阻运动导致体内骨形成标志物增加（Shackelford，等，2004；Maimoun，等，2005），同时骨钙素水平增加。假如骨钙素羧化缺少底物，比如像维生素 K，这种羧化不全的骨钙素不能和羟基磷灰石结合，因此不能发挥其在矿化过程中的作用。补充维生素 K 似乎具有非常高的降低羧化不全骨钙素含量的潜力，进而对抗骨形成减少。

9.3.3 维生素 B_6

维生素 B_6 包括三种化合物及它们的 5’-磷酸盐形式：吡哆醛（pyridoxal，PL）和磷酸吡哆醛（PLP）、吡哆醇（pyridoxine，PN）和磷酸吡哆醇（PNP）以及吡哆胺（pyridoxamine，PM）和磷酸吡哆胺（PMP）。这些吡哆类化合物作为转氨作用、脱羧作用以及转硫和脱硫反应的辅酶参与免疫功能和一些神经递质的合成（Institute of Medicine，1998；McCormick，2001）。

大约 70%的维生素 B_6 贮存在肌肉组织中，与糖原磷酸化酶相互联系（Coburn，等，1988），这种糖原磷酸化酶 10%贮存在肝组织里，而 60%贮存在血浆池中（Institute of Medicine，1998）。由于维生素 B_6 主要存在于肌肉组织，所以肌肉质量的减少必然会导致其贮存量的下降，甚至影响到维生素 B_6 的代谢。可以佐证这一点的是：卧床17周以后肌肉质量减少的同时尿液排出的吡哆酸（4－PA）确实增加了（Coburn，等，1995）。从获得的4～6个月的太空飞行的研究资料来看，红细胞转氨酶活性没有改变（Smith，等，2005）。然而长期飞行后血浆磷酸吡哆醛的变化尚未加以测定。

鉴于维生素 B_6 在同型半胱氨酸、半胱氨酸和谷胱甘肽代谢中的作用，它也可能涉及体内的氧化应激反应（Kannan，Jain，2004；Mahfouz，Kummerow，2004）。缺乏维生素 B_6 会增加氧化应激，削弱抗氧化防御系统（Taysi，2005；Voziyan，Hudson，2005）。此外，动物实验和人体实验均证明补充吡哆胺能够减小氧化损伤（Anand，2005；Voziyan，Hudson，2005）。

在航天飞行和头低位卧床实验期间均观察到氧化应激和肌肉质量的下降（Ferrando，等，2006；LeBlanc，等，2000；Zwart，Oliver，2006；Smith，等，2005）。在这些条件下，应该对维生素 B_6 的代谢进行监测。我们期望用人工重力的方法保持肌肉质量，从而维持维生素 B_6 的营养状况。

9.4　矿物质与人工重力

9.4.1　钙和维生素D

在大多数航天飞行任务中，航天员钙摄入量和维生素D的供给量都低于推荐值（Bourland，等，2000）。虽然最近钙摄入量有所改善，但是国际空间站头8次增加摄入量期间的每天钙摄入量只有约1 000 mg（Smith，等，2005；Heer，等，1999；Smith，Heer，2002）。适宜的钙摄入量是骨矿化的前提条件。确凿的证据已经证实在各年龄阶段膳食钙的摄入对骨健康的影响。大量的研究报告一致认为钙结合维生素D的摄入对绝经后妇女骨质疏松的防治非常有效（Chee，等，2003；Lau，Woo，1998；Cumming，Nevitt，1997；Ilich，

Kerstetter，2000；Prentice，2004）。对老年妇女而言，高钙的摄入并不能防止骨丢失，不过却能延缓骨丢失的速度。道森·休斯（Dawson - Hughes）等人于1997年通过研究证明钙与维生素D结合使用3年，可以显著减少老年男性和女性（平均年龄71岁）非脊椎骨骨折的比率。

航天员在太空由于骨吸收增加，血清钙水平也随之增加（Smith，等，2001）。在卧床实验中也观察到高浓度的血清钙和低浓度的25-羟基维生素D（Van der Wiel，等，1991）。有人可能认为高于推荐量的钙摄入量结合补充维生素D可能对抗微重力和卧床所诱导的骨丢失。不过，从和平号-97任务和卧床实验获得的研究资料表明钙吸收下降（Smith，等，1999；Zittermann等，2000），而且二羟基胆骨化醇浓度降低（Heer，等，1999；Rettberg，等，1999），所以摄入高于推荐量的钙将不被机体吸收。

短期（6～14天）的头低位卧床实验证明每日钙摄入量从1 000 mg增加到2 000 mg后，骨更新率并未发生改变（Heer，等，2004a）。作为营养干预措施，高于推荐量的钙和维生素D的摄入量看来对没有任何机械负荷的卧床实验者保持骨质量起不到效果。如果人工重力作为等量运动的一种形式，可以激活成骨细胞。当骨形成加强和骨重建的时候，为了防止营养失衡、不限制骨形成，包括钙和维生素D在内所有的必需营养素都应足量摄入。在卧床结合离心力的条件下，即使高于推荐水平的钙摄入量对保持骨质量和骨强度是必需的，这些问题也仍然存在。

维生素D除了影响着钙的动态平衡，还影响着骨骼肌（Bischoff - Ferrari，等，2006）。维生素D与骨骼肌上特异受体结合生成1，25-二羟基维生素D（Bischoff - Ferrari，等，2006）。对老年人群的调查证实维生素D的营养状况与肌肉耐力有关。血清低水平的25-羟基维生素D与肌肉耐力的降低（Bischoff，等，1999；Zamboni，等，2002）和肌肉萎缩（Visser，等，2003）相关。2006年，斯内德（Snijder）等人研究发现身体素质差与血清低水平的25-羟基维生素D有关。关于人工重力，提供足量的维生素D也会对增强肌肉力量起到预防性效果。

9.4.2 磷和镁

磷和镁是维护机体健康的重要矿物质。磷是许多酶、细胞信息转导以及碳水化合物供能的关键元素。骨软化症即骨矿化不足，常常是长期缺乏磷的一种表现。磷摄入不足可以导致骨钙丢失，损害粒细胞功能和引发心肌病（Knochel，1999）。

镁是300多种酶系的辅助因子，并作为细胞磷酸化反应的底物。适量摄入镁可以预防低钙血症，抵抗维生素D以及甲状旁腺激素（Shils，2006）。另外，镁在保护心血管健康方面也发挥着至关重要的作用。

有证据表明长期航天飞行后钙和磷水平发生了变化。11名国际空间站乘员返回后，尿镁和尿磷水平比发射前下降了约45%（Smith，等，2005）。以前的研究结果也一致证明尿镁水平大幅度降低（Leach，Rambaut，1977；Leach，1992），这可能与镁摄入减少有关。由于镁可以抑制草酸钙肾结石的形成，尿镁的减少将会成为长期飞行的关注点之一（Su，等，1991；Grases，等，1992）。

目前还不能很好地解释航天飞行期间镁和磷动态平衡变化的起因、程度以及影响。然而，人工重力对骨骼肌肉系统健康的影响很可能有助于逆转这些变化，不过这也有待进一步证明。

9.4.3 钠

钠是细胞外液的主要阳离子，并且在保持膜势能、营养素的吸收以及血容量和血压的维持方面发挥着重要作用。然而，因大多数西方人饮食习惯，其航天员航天飞行中钠的摄入量远远高于推荐摄入量。已经发现在最近的国际空间站任务中，平均每天每人的钠摄入量为（4 556±1 492）mg（Smith，等，2005）。

高氯化钠的摄入影响着大多数生理系统，比如体液调节系统、心血管系统以及骨骼肌肉系统。近来发现在航天飞行期间，钠主要是氯化钠的摄入导致了无体液潴留情况下的钠潴留（Drummer，等，2000）。一些代谢平衡研究已经证明在地面上高氯化钠摄入也导致了无体液潴留时的钠潴留（Heer，等，2000a），并且可能引发轻度代谢性酸中毒（Frings，等，2005）。轻度代谢性酸中毒对一些激素的释放及其功能有非常重要的影响，比如：生长激素、胰岛素样生长因子-1、胰岛素、糖皮质激素、甲状腺素、甲状旁腺素以及维生素D等（Mitch，2006）。在蛋白质代谢部分已经介绍过它对肌肉骨骼系统的影响。对肌肉组织来说，pH的降低可能抑制蛋白质合成和导致胰岛素抵抗（如前述，它已经是缺乏运动所带来的一种危险），而且可能伴随着激活分解机制从而导致蛋白质分解。人工重力可以作为抗阻运动，可能导致无氧生化过程，从而通过增加乳酸产物降低pH值（McCartney，等，1983；Kowalchuk，等，1984；Putman，等，2003；Lindinger，等，1995）。如果高盐摄入引发轻度代谢性酸中毒，那么旨在运用人工重力所产生的合成代谢效应可能是危险的，因此应该考虑到机体代谢变化的影响才能实施人工重力。

对绝经前后的妇女（Nordin，等，1993）和钙结石病人（Martini，等，2000）的研究表明钠摄入增加对骨代谢有着深远的影响，比如增加了钙的排泄（Nordin，等，1993），伴随着区域骨密度的降低（Martini，等，2000）。诺丁（Nordin）等人1993年推断钠促进了尿钙排泄的增加，钠摄入量每增加100 mmol（2 300 mg），尿钙排出量就升高1 mmol（40 mg）。鉴于正常人每天尿钙排出量平均约为120～160 mg，因此高盐摄入造成钙的排泄量的增加是非常大的。2000年阿诺（Arnaud）等人通过7天的卧床实验证实了上述观点。

目前还没有完全了解高钠摄入加剧尿钙排泄的机制。上面提到高盐摄入降低了血液中pH、碳酸氢盐和碱过量水平（Frings，等，2005）。同时，骨吸收标志物水平显著增加，这就支持了阿内特（Arnett）2003年提出的观点，其主张在自由活动的条件下，即使是轻度代谢性酸中毒（pH 变化范围小于 0.05）也可激活破骨细胞，并且可能引起可察觉的骨丢失，在卧床条件下可能恶化骨丢失的状况。体育训练过程中高盐摄入应该谨慎。前面已经提及，体育训练可增加血液乳酸盐水平从而降低 pH 值。为了不危害由机械负重所引起的骨形成过程，当运用人工重力作为耐力训练的一种方式时，血液中乳酸盐水平不应该导致重度代谢性酸中毒。

9.4.4 钾

钾是细胞内主要的阳离子，它在许多生理过程中发挥着重要作用（Preuss，2001）。钾在机体的酸碱平衡、能量代谢、血压、跨膜转运和体液分布的调节上扮演着关键角色。另外，钾也参与了神经冲动的传导和心脏功能的调节（Kleinman，Lorenz，1984）。体内钾过量或者不足所导致的钾代谢紊乱对心脏、肌肉和神经功能具有负面影响。

每天摄入低于 10～20 mmol 的钾不能维持体内钾的正常水平（Perez，Delargy，1988）。人体中度钾损耗与心血管疾病的风险性在临床意义上显著相关（Srivastava，Young，1995）。长期航天飞行期间的血清钾水平降低以及钾代谢处于负平衡状态，表明了体内钾丢失（Johnston，Dietlein，1975，1977；Leach - Huntoon，Schneider，1987）。目前主要关注点之一是在航天飞行期间钾水平的降低，增加了患心血管疾病的风险。

在暴露于微重力或者人工重力作用后，钾代谢状况与个体易患立位不耐有关系。在一项研究中，用短臂离心机对受试者作用 60 分钟，观察到中途退出者的唾液钾水平高于成功完成者（Igarashi，等，1994），研究者提出这种钾水平的变化与自主神经功能的变化和离心诱导的应激反应有关。其他一些研究证实卧床期间立位耐力降低的个体有较高的本底尿钾水平（Grenon，等，2004）。这些情况中钾代谢的差异是起因还是结果还不明确。

适龄人群钾的摄入量保持在推荐摄入水平是非常重要的（Institute of Medicine，2004)，同样重要的是在人工重力实验中监控钾的代谢状况，从而可以减小伴随于由应激反应所诱导的钾代谢变化的心血管疾病风险。虽然目前关注的是航天飞行期间的钾损耗，其部分原因可能与肌萎缩有关，人工重力可能会有助于问题的解决。

9.4.5 铁

铁在体内有着多种功能，尤其对红细胞（red blood cell，RBC）的生成及功能的发挥起着关键作用。出于对“太空贫血症”的考虑，在航天飞行初期血容量和红细胞的维持受到人们的关注，航天飞行期间体内红细胞质量减少，损失速度每天略大于1%，航天飞行10～14天后红细胞容积净损失达到10%～15%，延长飞行后不再进一步发生损失。

在航天飞机上开展的一项实验发现，在进入失重状态后，新幼红细胞的释放将被阻止，而且生成的新幼红细胞将选择性的进入循环系统（Alfrey，等，1996b；Alfrey，等，1996a；Udden，等，1995)。长期飞行的研究资料证明，红细胞质量似乎发生了适应性变化，并且在飞行1周后达到一个新的水平（Alfrey，等，1996a；Leach，Rambaut，1975)。

红细胞数变化的一种结果就是体内贮存铁的增加。体内贮存铁主要形式——血清运铁蛋白在短期或者长期飞行后得到了增加。其他指标也说明体内贮存铁和可利用铁的水平在飞行期间和飞行后都增加了，血清铁的浓度也处于正常或者增高水平。在着陆当天循环系统中转铁蛋白受体的浓度减少，其在铁超负荷的条件下水平是降低的。在长期航天飞行期间除了关注铁超负荷外，贮存铁增加的原因尚未明确（Smith，2002)。

人工重力会对铁代谢和红细胞代谢产生影响。飞行期间红细胞质量的减少据认为与下肢红细胞因重力而减少有一定的关系。当处于失重状态时，这些细胞便成为循环系统中红细胞的一部分，使机体的携氧能力增加。人工重力引起聚集效应的暂时性（取决于人工重力的持续时间）恢复，接着会刺激促红细胞生成素和红细胞的生成，这种情况出现的利弊还需深入研究。积极的一面是，这有助于减少飞行中贮存铁带来的影响，还会增加血浆和红细胞容积，从而改善肌肉和心血管的功能。不利的一面是，在应用人工重力后接着重新适应微重力过程中会刺激促红细胞生成素的生成。

9.5　人工重力对胃肠功能的影响

失重状态下胃肠功能可能会发生改变。但是还没有作系统的研究，只是在一些报道中进行过讨论（Da Silva，等，2002；Lane，等，1993；Smirnov，Ugolev，1996）。胃肠运动能力的降低被认为是体液转移、水摄入不足以及血液动力学改变引起的。人体卧床实验已证明了这一点，实验观察到头低位卧床期间与自由活动期间相比较，口到盲肠的传输时间增加了。在前面已经提到（见9.3.2节），维生素K是航天员健康的关注点，它可能是航天飞行所诱导的骨丢失发生机制之一，虽然进行研究有些困难，不过可能的是在失重条件下，胃肠功能的改变影响了胃肠道菌群，从而由微生物产生和吸收的维生素K的环节受到了破坏。

间歇的运用人工重力会促进胃肠运动。人工重力有益于胃肠功能的恢复，也有助于缓解传闻中的便秘问题。有关人工重力对营养素和药物吸收的影响还有待确定，但是正确掌握人工重力的频率和持续时间，也许人工重力会是一种有效的干预措施。为了达到食物和药物的最佳吸收，应当或者必须协调好施加人工重力和进食或服药的时间。

参考文献

［1］ Alfrey CP，Udden MM，Huntoon CL et al.（1996a）Destruction of newly released red blood cells in space fight. Med Sci Sports Exerc 28：S42 - S44.

［2］ Alfrey CP，Udden MM，Leach - Huntoon C et al.（1996b）Control of red blood cell mass in spaceflight. J Appl physiol 81：98 - 104.

［3］ Anand SS（2005）Protective effect of vitamin B6 in chromium - induced oxidative stess in liver. J Appl Toxicol 25：440 - 443.

［4］ Arnaud SB，Wolinsky I，Fung P et al.（2000）Dietary salt and urinary calcium excretion in a human bed rest spaceflight model. Aviat Space Environ Med 71：1115 - 1119.

［5］ Arnett T（2003）Regulation of bone cell function by acid - based balance. Proc Nutr Soc 62：511 - 520.

［6］ Bigard AX，Boussif M，Chalabi H et al.（1998）Alterations in muscular performance and orthostatic tolerance during Ramadan. Aviat Space Environ Med 69：341 - 346.

［7］ Biolo G，Ciocchi B，Lebenstedt M et al.（2004）Short - term bed rest impairs amino acid - induced protein anabolism in humans. J Physiol 558：381 - 388.

［8］ Biolo G，Declan Fleming RY et al.（1995a）Physiologic hyper insulinemia stimulates protein synthesis and enhances transport of selected amino acids in human skeletal muscle. J Clin Invest 95：811 - 819.

［9］ Biolo G，Maggi SP，William BD et al.（1995b）Increased rates of muscle protein turnover and amino acid transport after resistance exercise in humans. Am J Physiol 268：E514 - E520.

［10］ Biolo G，Tipton KD，Klein S et al.（1997）An abundant supply of amino acids enhances the metabolic effect of exercise on muscle protein. Am J Physiol 273：E122 - E129.

[11]　Biolo G，Williams BD，Fleming R et al.（1999）Insulin action on muscle protein kinetics and amino acid transport during recovery after resisitance exercise. Diabetes 48：949 - 957.

[12]　Bischoff H，Stahelin HB，Vogt P et al.（1999）Immobility as a major cause of bone remodeling in residents of a long - stay geriatric ward. Calcif Tissue Int 64：485 - 489.

[13]　Bischoff - Ferrari HA，Giovannucci E，Willett WC et al.（2006）Estimation of optimal serum concentrations of 25 - hydroxyvitamin D for multiple health outcomes. Am J Clin. Nutr 84：18 - 28.

[14]　Blanc S，Normand S，Pachiaudi C et al.（2000）Fuel homeostasis during physical inactivity induced by bed rest. J Clin Endocrinol Metab 85：2223 - 2233.

[15]　Booth SL，Tucker K L，Chen H et al.（2000）Dietary vitamin K intakes are associated with hip fracture but not with bone mineral density in elderly men and women. Am J Clin Nutr 71：1201 - 1208.

[16]　Bourland CT，Kloeris V，Rice BL et al.（2000）Food systems for space and planetary flights. In：Nutrition in Spaceflight and Weightlessness Models Lane HW，Schoeller DA（eds）CRC Press，Boca Raton，pp. 19 - 40.

[17]　Brook RD（2006）Obesity，weight loss，and vascular function. Endocrine. 29：21 - 25.

[18]　Bushinsky DA（1994）Acidosis and bone. Miner. Electrolyte Metab 20：40 - 52.

[19]　Bushinsky DA. Chabala JM，Gavrilov KL et al.（1999）Effects of in vivo metabolic acidosis on midcortical bone ion composition. Am J Physiol 277：F813 - F819.

[20]　Caillot - Augusseau A，Vico L，Heer M et al.（2000）Space Flight In Associated with Rapid Decreases of Undercarboxylated Osteocalcin and Increases of Markers of Bone Resorption without Changes in Their Circadian Variation：Observations in Two Cosmonauts. Clin Chem 46：1136 - 1143.

[21]　Chee WS，Suriah AR. Chan SP et al.（2003）The effect of milk supplementation on bone mineral density in postmenopausal Chinese women in Malaysia. Osteoporos Int 14：828 - 834.

[22] Coburn SP，Lewis DL，Fink WJ et al. (1988) Human vitamin B - 6 pools estimated through muscle biopsies. Am J Clin Nutr 48：291 - 294.

[23] Cobum SP，Thampy KG，Lane HW et al. (1995) Pyridoxic acid excretion during low vitamin B - 6 intake，total fasting，and bed rest. Am J Clin Nutr 62：979 - 983.

[24] Cumming RG，Nevitt M. (1997) Calcium for prevention of osteoporotic fractures in postmenopausal women. J Bone Miner Res 12：1321 - 1329.

[25] Da Silva MS，Zimmerman PM，Meguid MM et al. (2002) Anorexia in space and possible etiologies：an overview. Nutrition 18：805 - 813.

[26] Dawson - Hughes B，Harris SS，Krall EA etal. (1997) Effect of calcium and vitamin D supplementation on bone density in men and women 65 years of age or older. N Engl J Med 337：670 - 676.

[27] Dickson I，Walls J (1985) Vitamin A and bone formation. Effect of an excess of a retinol on bone collagen synthesis in vitro. Biochem J 226：789 - 795.

[28] Drummer C，Hesse C，Baisch F et al. (2000) Water and sodium balances and their relation to body mass changes in microgravity. Eur J Clin Invest 30：1066 - 1075.

[29] Ferrando AA，Lane HW，Stuart CA et al. (1996) Prolonged bed rest decreases skeletal muscle and whole body protein synthesis. Am J Physiol 270：E627 - E633.

[30] Ferrando AA，Paddon - Jones D，Wolfe RR (2006) Bed rest and myopathies. Curr Opin Clin Nutr Metab Care 9：410 - 415.

[31] Florian J，Curren M，Baisch F et al. (2004) Caloric restriction decreases orthostatic intolerance. FASEB J 18：4786.

[32] Frings P，Baecker N，Boese A et al. (2005) High sodium chloride intake causes mild metabolic acidosis：Is this the reason for increased bone resorption? FASEB J19：A1345.

[33] Grases F，Conte A，Genestar C et al. (1992) Inhibitors of calcium oxalate crystallization and urolithiasis. Urol Int 48：409 - 414.

[34] Grenon SM，Hurwitz S，Sheynberg N et al. (2004) Role of individual predisposition in orthostatic intolerance before and after simulated micro-

gravity. J Appl physiol 96：1714 - 1722.

[35] Hafidh S. Senkottaiyan N，Villarreal D et al.（2005）Management of the metabolic syndrome. Am J Med Sci 330：343 - 351.

[36] Hart JP，Shearer MJ，Klenerman L et al.（1985）Electrochemical detection of depressed circulating levels of vitamin Kl in osteoporosis. J Clin Endocrinol Metab 60：1268 - 1269.

[37] Hauschka PV，Lian JB，Cole DE et al.（1989）Osteocalcin and matrix Gla protein：vitamin K - dependent proteins in bone. Physiol Rev 69：990 - 1047.

[38] Heer M. Baisch F，K - ropp J et al.（2000a）High dietary sodium chloride consumption may not induce body fluid retention in humans. Am J Pliysiol Renal Physiol 278：F585 - F595.

[39] Heer M，Boerger A，Kamps N et al.（2000b）Nutrient supply during recent European missions. Pflugers Arch 441：R8 - R14.

[40] Heer M，Boese A，Baecker N et al.（2004a）High calcium intake during bed rest does not counteract disuse - induced bone loss. FASEB J 18：5736.

[41] Heer M，Boese A，Baecker N et al.（2004b）Moderate hypocaloric nutrition does not exacerbate bone resorption during bed rest. FASEB J 18：4784.

[42] Heer M，Kamps N，Biener C el al.（1999）Calcium metabolism in microgravity. Eur J Med Res 4：357 - 360.

[43] Heer M，Mika C，Grzella I et al.（2002）Changes in bone turnover in patients with anorexia nervosa during eleven weeks of inpatient dietary treatment. Clin Chem 48：754 - 760.

[44] Heer M，Mika C，Grzella I et al.（2004c）Bone turnover during inpatient nutritional therapy and outpatient follow - up in patients with anorexia nervosa compared with that in healthy control subjects. Am J Clin Nutr 80：774 - 781.

[45] Heer M，Zittermann A，Hoetzel D（1995）Role of nutrition during long — term spaceflight. Acta Astronautica 35：297 - 311.

[46] Heidelbaugh ND，Vanderveen JE，Iger HG（1968）Development and evaluation of a simplified formula food for aerospace feeding sys-

tems. Aerosp Med 39：38 – 43.

[47] Hough S，Avioli LV，Muir H et al. （1988） Effects of hypervitaminosis A on the bone and mineral metabolism of the rat. Endocrinology 122：2933 – 2939.

[48] Igarashi M，Nakazato T，Yajima N et al. （1994） Artificial G – load and chemical changes of saliva. Acta Astronautica 33：253 – 257.

[49] Ihle R，Loucks AB （2004） Dose – response relationships between energy availability and bone turnover in young exercising women. J Bone Miner Res 19：1231 – 1240.

[50] Ilich JZ，Kerstetter JE （2000） Nutrition in bone health revisited：a story beyond calcium. J Am Coll Nutr 19：715 – 737.

[51] Institute of Medicine （1998） Dietary Reference Intakes for Thiamin，Riboflavin，Niacin，Vitamin B6，Folate，Vitamin B12，Pantothenic acid，Biotin，and Cholin. National Academies Press，Washington DC.

[52] Institute of Medicine （2004） Dietray Reference Intakes for Water，potassium，Sodium，Chloride，and Sulfate. National Academies Press，Washington DC.

[53] Jackson HA，Sheehan AH （2005） Effect of vitamin A on fracture risk. Ann Pharmacother 39：2086 – 2090.

[54] Johnston RS，Dietlein LF （eds） （1975） Biomedical Results of Apollo. NASA，Washington DC，NASA SP – 368.

[55] Johnston RS，Dietlein LF （eds） （1977） Biomedical Results from Sky lab. NASA，Washington DC，NASA SP – 377.

[56] Kannan K，Jain SK （2004） Effect of vitamin B6 on oxygen radicals，mitochondrial membrane potential，and lipid peroxidation in H2O2 – treated U937 monocytes. Free Radic Biol Med 36：423 – 428.

[57] Kleinman LI，Lorenz JM （1984） Physiology and pathophysioloay of body water and electrolytes. In：Clinical Chemistry：Theory，Analysis，and Correlation. Kaplan LA，Pesce AJ （eds） CV Mosby Company，St. Louis，pp 363 – 386.

[58] Knapen MH，Hamulyak K，Vermeer C （1989） The effect of vitamin K supplementation on circulating osteocalcin （bone Gla protein） and urinary

calcium excretion. Ann Intern Med 111：1001 - 1005.

[59] Knapen MH，Jie KS，Hamulyak K et al.（1993）Vitamin K - induced changes in markers for osteoblast activity and urinary calcium loss. Calcif Tissue Int 53：81 - 85.

[60] Knochel JP（1999）Phosphorus. In：Modem Nutrition in Health and Disease. Shils ME，Oslon JA，Shike M，Ross AC（eds）Lippincott Williams & Wilkins，Baltimore，MD，pp 157 - 167.

[61] Kohlmeier L，Hastings SB（1995）Epidemiologic evidence of a role of carotenoids in cardiovascular disease prevention. Am J Clin Nutr 62：1370S - 1376S.

[62] Kowalchuk JM，Heigenhauser GJ，Jones NL（1984）Effect of pH on metabolic and cardiorespiratory responses during progressive exercise. J Appl Physiol 57：1558 - 1563.

[63] Lane HW，Leblanc AD，Putcha L et al.（1993）Nutrition and human physiological adaptations to space flight. Am J Clin Nutr 58：583 - 588.

[64] Lau EM，Woo J（1998）Nutrition and osteoporosis. Curr Opin Rhumatol 10：368 - 372.

[65] Leach CS（1992）Biochemical and hematologic changes after short - term space flight. Microgravity Quarterly 2：69 - 75.

[66] Leach CS，Rambaut PC（1975）Biochemical observations of long duration manned orbital spaceflight. J Am Med Womens Assoc 30：153 - 172.

[67] Leach CS，Rambaut PC（1977）Biochemical responses of the Skylab crewmen：an overview. In：Biomedical Results from Skylab. Johnston RS，Dietlein LF（eds）US Government Printing Office，Washington DC，NASA SP—377，pp204 - 216.

[68] Leach - Huntoon CS，Schneider H（1987）Combined blood investigations. In：Results of the Life Sciences DSOs Conducted Aboard the Space Shuttle 1981 - 1986. Bungo MW，Bagian TM，Bowman MA，Levitan BM（eds）Space Biomedical Research Institute，NASA Johnson Space Center，Houston，pp 7 - 11.

[69] LeBlanc A，Schneider V，Shakelford L et al.（2000）Bone mineral and lean tissue loss after long duration space flight. J Muscul Neuron Inter 1：

157 - 160.

[70] Lindinger MI, McKelvie RS, Heigenhauser GJ (1995) K+ and Lac - distribution in humans during and after high - intensity exercise: role in muscle fatigue attenuation? J Appl Physiol 78: 765 - 777.

[71] Lorenzon S. Ciocchi B, Stulle M et al. (2005) Calorie restriction enhances the catabolic response to bed rest with different kinetic mechanisms. ESPEN Proceedings: OP088.

[72] Mahfouz MM, Kummerow FA (2004) Vitamin C or Vitamin B6 supplementation prevent the oxidative stress and decrease of prostacyclin generation in homocysteinemic rats. Int J Biochem Cell Biol 36: 1919 - 1932.

[73] Maimoun L, Couret I, Mariano - Goulart D et al. (2005) Changes in osteoprotegerin/RANKL system, bone mineral density, and bone biochemicals markers in patients with recent spinal cord injury. Calcif Tissue Int 76: 404 - 411.

[74] Martini LA, Cuppari L, Colugnati FA et al. (2000) High sodium chloride intake is associated with low bone density in calcium stone - forming patients. Clin Nephrol 54: 85 - 93.

[75] Massey LK (2003) Dietary animal and plant protein and human bone health: a whole foods approach. J Nutr 133: 862S - 865S.

[76] Mattson MP, Wan R (2005) Beneficial effects of intermittent fasting and caloric restriction on the cardiovascular and cerebrovascular systems. J Nutr Biochem 16: 129 - 137.

[77] McCartney N, Heigenhauser GJ, Jones NL (1983) Effects of pH on maximal power output and fatigue during short - term dynamic exercise. J Appl Physiol 55: 225 - 229.

[78] McCormick DB (2001) Vitamin B - 6. Present Knowledge in Nutrition. 8th Edition. ILSI Press, Washington DC.

[79] Meghji S, Morrison MS, Henderson B el al. (2001) pH dependence of bone resorption: mouse calvarial osteoclasts are activated by acidosis. Am J Physiol Endocrinol Metab 280: E112 - E119.

[80] Mikines KJ, Dela F, Tronier B el al. (1989) Effect of 7 days of bed rest on dose - response relation between plasma glucose and insulin secre-

tion. Am J Physiol 257：E43 - E48.

[81] Mikines KJ，Richter EA，Dela F et al. （1991） Seven days of bed rest decrease insulin action on glucose uptake in leg and whole body. J Appl Physiol 70：1245 - 1254.

[82] Mitch WE （2006） Metabolic and clinical consequences of metabolic acidosis. J Nephrol 19 Suppl 9：S70 - S75.

[83] Moran MM，Stein TP，Wade CE （2001） Hormonal modulation of food intake in response to low leptin levels induced by hypergravity. Exp Biol Med 226：740 - 745.

[84] Nordin BE，Need AG，Morris HA et al. （1993） The nature and significance of the relationship between urinary sodium and urinary calcium in women. J Nutr 123：1615 - 1622.

[85] Padon - Jones D，Sheffield - Moore M，Urban RJ et al. （2004） Essential amino acid and carbohydrate supplementation ameliorates muscle protein loss in humans during 28 days bedrest. J Clin Endocrinol Metab 89：4351 - 4358.

[86] Perez G，Delargy VB （1988） Hypo - and hypekalemia. In：Management of Common Problems in Renal Disease. Preuss HG （ed） Field and Wood Inc，Philadelphia，PA，pp. 109 - 117.

[87] Poirier P，Giles TD，Bray GA et al. （2006） Obesity and cardiovascular disease：pathophysiology，evaluation，and effect of weight loss. Arterioscler Thromb Vasc Biol 26：968 - 976.

[88] Prentice A （2004） Diet，nutrition and the prevention of osteoporosis. Public Health Nutr 7：227 - 243.

[89] Preuss HG （2001） Sodium，Chloride and Potassium. In：Present Knowledge in Nutrition. Bowman BA，Russel RM （eds） ILSI Press，Washington，DC，pp 302 - 310.

[90] Putman CT，Jones NL，Heigenhauser GJ （2003） Effects of short － term training on plasma acid - base balance during incremental exercise in man. J Physiol 550：585 - 603.

[91] Rettberg P，Horneck G，Zittermann A et al. （1999） Biological dosimetry to determine the UV radiation climate inside the MIR station and its

role in vitamin D biosynthesis. Adv Space Res 22：1643－1652.

[92] Riond JL（2001）Animal nutrition and acid—base balance. Eur J Nutr 40：245－254.

[93] Ross AC（1999）Vitamin A and retinoids. In：Modem Nutrition in Health and Disease Shils ME，Olson JA，Shike M，Ross AC（eds）Lippincott Williams & Wilkins，Baltimore，MD，pp 305－327.

[94] Sheven BA，Hamilton NJ（1990）Retinoic acid and 1，25－dihydroxyvitamin D3 stimulate osteoclast formation by different mechanisms. Bone 11：53－59.

[95] Shackelford LC，Leblanc AD，Driscoll TB et al.（2004）Resistance exercise as a countermeasure to disuse－induced bone loss. J Appl Physiol 97：119－129.

[96] Shangraw RE，Stuart CA，Prince MJ et al.（1988）Insulin responsiveness of protein metabolism in vivo following bedrest in humans. Am J Physiol 255：E548－E558.

[97] Sharma AM（2006）The obese patient with diabetes mellitus：from research targets to treatment options. Am J Med 119：S17－S23.

[98] Shearer MJ（1995）Vitamin K. Lancet 345：229－234.

[99] Shils ME（2006）Magnesium. In：Modern Nutrition in Health and Disease. Shils ME，Olson JA，Shike M，Ross AC（eds）Lippincott Williams & Wilkins Baltimore，MD，pp169－192.

[100] Smirnov KV，Ugolev AM（1996）Digestion and Absorption. In：Space Biology and Medicine，Humans in Spaceflight. Leach－Huntoon C，Antipov VV，Grigoriev AI（eds）American Institute for Aeronautics and Astronautics，Reston，VA，pp211－230.

[101] Smith SM（2002）Red blood cell and iron metabolism during space flight. Nutrition 18：864－866.

[102] Smith SM，Davis－Street J，Rice BL et al.（1997）Nutrition in space. Nutr Today 32：6－12.

[103] Smith SM，Davis－Street JE，Rice BL el al.（2001）Nutritional status assessment in semiclosed enviroments：ground－based and space flight studies in humans. J Nutr 131：2053－2061.

[104]　Smith SM, Heer M (2002) Calcium and bone metabolism during space flight Nutrition 18: 849 - 852.

[105]　Smith SM, Lane HW (1999) Gravity and space flight: effects on nutritional status. Curr Opin Clin Nutr Metab Care 2: 335 - 338.

[106]　Smith SM, Wastney ME, Morukov BV et al. (1999) Calcium metabolism before, during, and after a 3 - mo space flight: kinetic and biochemical changes. Am J Physiol 277: R1 - 10.

[107]　Smith SM, Zwart SR, Block G et al. (2005) The nutritional status of astronauts is altered after long - term space flight aboard the International Space Station. J Nutr 135: 437 - 443.

[108]　Smorawinski J, Kaciuba - UscIlko H, Nazar K et al. (2000) Effects of three - day bed rest on metabolic, hormonal and circulatory responses to an oral glucose load in endurance or strength trained athletes and untrained subjects. J Physiol Pharmacol 51: 279 - 289.

[109]　Smorawinski J, Kubala P, Kaciuba - Uociako H et al (1996) Effects of three day bed - rest on circulatory metabolic and hormonal responses to oral glucose load in endurance trained athlete and untrained subjects. J Gravit Physiol 3: 44 - 45.

[110]　Snijder MB, van Schoor NM, Pluijm SM et al. (2006) Vitamin D status in relation to one - year risk of recurrent falling in older men and women. J clin Endocrinol Metab 91: 2980 - 2985.

[111]　Sokoll LJ, Booth SL, O'Brien ME el al. (1997) Changes in serum osteocalcin, Plasma phylloquinone, and urinary gamma - carboxyglutamic acid in response to altered intakes of dietary phylloquinone in human subjects. Am J Clin Nutr 65: 779 - 784.

[112]　Srivastava TN, Young DB (1995) Impairment of cardiac function by moderate potassium depletion. J Card Fail 1: 195 - 200.

[113]　Stuart CA, Shangraw RE, Peters EJ el al. (1990) Effect of dietary protein on bed - rest - related changes in whole - body - protein synthesis. Am J Clin Nutr 52: 509 - 514.

[114]　Stuan CA, Shangraw RE, Prince MJ et al. (1988) Bed-rest-induced insulin resistance occurs primarily in muscle. Metabolism 37: 802 - 806.

[115] Su CJ, Shevock PN, Khan SR et al. (1991) Elect of magnesium on calcium oxalate urolithiasis. J Urol 145: 1092 - 1095.

[116] Szulc P, Chapuy MC, Meunier PJ et al. (1996) Serum undercarboxylated osteocalcin is a marker of the risk of hip fracture: a three year follow - up study. Bone 18: 487—488.

[117] Tabata I, Suzuki Y, Fukunaga T et al. (1999) Resistance training affects GLUT - 4 content in skeletal muscle of humans after 19 days of head - down bed rest. J Appl Physiol 86: 909 - 914.

[118] Takase S, Goda T, Yokogoshi H et al. (1992) Changes in vitamin A status following prolonged immobilization (simulated weightlessness). Life Sci 51: 1459 - 1466.

[119] Taysi S (2005) Oxidant/antioxidant status in liver tissue of vitamin B6 deficient rats. Clin Nutr 24: 385 - 389.

[120] Tessari P, Nosadini R, Trevisan R et al. (1986) Defective suppression by insulin of leucine - carbon appearance and oxidation in type 1, insulin - dependent diabetes mellitus. Evidence for insulin resistance involving glucose and amino acid metabolism. J Clin Invest 77: 1797 - 1804.

[121] Udden MM, Driscoll TB, Pickett MH et al. (1995) Decreased production of red blood cells in human subjects exposed to microaravity. J Lab Clin Med 125: 442 - 449.

[122] Van der Wiel HE, Lips P el al. (1991) Biochemical parameters of bone turnover during ten days of bed rest and subsequent mobilization. Bone Miner 13: 123 - 129.

[123] Van Poppel G, Goldbohm RA (1995) Epidemiologic evidence for beta - carotene and cancer prevention. Am J Clin Nutr 62: 1393S - 1402S.

[124] Vergnaud P, Garnero P, Meunier PJ et al. (1997) Undercarboxylated osteocalcin measured with a specific immunoassay predicts hip fracture in elderly women: the EPIDOS Study [see comments]. J Clin Endocrinol Metab 82: 719 - 724.

[125] Vermeer C, Hamulyak K (1991) Pathophysiology of vitamin K - deficiency and oral anticoagulants. Thromb Haemost 66: 153 - 159.

[126] Vermeer C, Jie KS, Knapen MH (1995) Role of vitamin K in bone

metabolism. Ann Rev Nutr 15：1 - 22.

[127] Vermeer C，Ulrich MM（1986）The effect of microgravity on plasma-osteocalcin. Adv Space Res 6：139 - 142.

[128] Vermeer C，Wolf J，Craciun AM et al.（1998）Bone markers during a 6-month space flight：Effects of vitamin K supplementation. J Gravit Physiol 5：66 - 69.

[129] Visser M，Deeg DJ，Lips P（2003）Low vitamin D and high parathyroid hormone levels as determinants of loss of muscle strength and muscle mass (sarcopenia)：the Longitudinal Aging Study Amsterdam. J Clin Endocrinol Metab 88：5766 - 5772.

[130] Voziyan PA，Hudson BG（2005）Pyridoxamine：the many virtues of a maillard reaction inhibitor. Ann NY Acad Sci 1043：807 - 816.

[131] Wade CE，Moran MM，Oyama J（2002）Resting energy expenditure of rats acclimated to hypergravity. Aviat Space Environ Med 73：859 - 864.

[132] Warren LE，Hoban-Higgins TM，Hamilton JS et al.（2000）Effects of 2G exposure on lean and genetically obese Zucker rats. J Gravit Physiol 7：61 - 69.

[133] Warren LE，Horwitz BA，Hamilton JS el al.（2001）Effects of 2 G on adiposity，leptin，lipoprotein lipase，and uncoupling protein - 1 in lean and obese Zucker rats. J Appl Physiol 90：606 - 614.

[134] Watt DG，Money KE，Bondar RL et al.（1985）Canadian medical experiments on Shuttle flight 41 - G. Can Aeronaut Space J 31：215 - 226.

[135] Wegmann HM，Baisch F，Schaefer G（1984）Effect of 7 days antiorthostatic bedrest（6° HDT）on insulin responses to oral glucose load. Aviat Space Environ Med 55：443.

[136] Yanagibori R，Suzuki Y，Kawakubo K et al.（1997）The effects of 20 days bed rest on serum lipids and lipoprotein concentrations in healthy young subjects. J Gravit Physiol 4：S82 - S90.

[137] Yanagibori R，Suzuki Y，Kawakubo K et al.（1994）Carbohydrate and lipid metabolism after 20 days of bed rest. Acta Physiol Scand Suppl 616：51 - 57.

[138]　Zamboni M，Zoico E，Tosoni P et al.（2002）Relation between vitamin D，physical performance，and disability in elderly persons. J Gerontol A Biol Sci Med Sci 57：M7－11.

[139]　Zittermann A，Heer M，Caillot－Augusso A et al.（2000）Microgravity inhibits intestinal calcium absorption as shown by a stable strontium test. Eur J Clin Invest 30：1036－1043.

[140]　Zwart SR，Hargens AR，Smith SM（2004）The ratio of animal protein intake to potassium intake is a predictor of bone resorption in space flight analogues and in ambulatory subjects. Am J Clin Nutr 80 ：1058－1065.

[141]　Zwart SR，Oliver SM（2006）Nutritional status assessmnent before，during，and after 60 to 90 days of bed rest. Acta Astronautica，in submission.

第10章　人工重力和免疫系统功能

萨蒂什·梅塔（Satish Mehta）[1]
布赖恩·克鲁辛（Brian Crucian）[1]
杜安·皮尔逊（Duane Pierson）[1]
克拉伦斯·萨姆斯（Clarence Sams）[1]
雷蒙德·斯托（Raymond Stowe）[2]

[1] 美国国家航空航天局约翰逊航天中心，美国得克萨斯州休斯敦（NASA Johnson Space Center，Houston，Texas，USA）

[2] 迈克罗根实验室，美国得克萨斯州拉马克（Microgen Laboratories，La Marque，Texas，USA）

空间旅行中，人类经历一个独特的环境，影响体内平衡和生理适应。据报道，太空飞行引起的变化有肌肉—骨骼、前庭神经、心血管、内分泌和免疫系统等。鉴于人类准备进行月球、火星及更远距离的星际任务，针对这些人体反应，必须研究、确认并执行有效的对抗措施，确保完成航天任务。

各种应激因素包括隔离、限制、焦虑、睡眠剥夺、心理社会互动和身体劳累等，它们对空间旅行者都有明显的副作用。空间旅行者还要忍受空间环境中噪声、化学和微生物污染、辐射增加和变重力因素（超重和低重力）。这些应激因素中许多是间断的，但也有一些是相对持续的，如长期任务中的微重力。

由于暴露于以上及其他不可控因素，所以研究航天员在太空中的生理学十分复杂；此外，由于进入太空机会有限，而且能够适用于微重力的在轨分析技术有限，因此相关研究进展缓慢。因而，有必要利用具有高逼真的、经证实的基于地面的太空飞行模拟方法，研究太空飞行对人体生理的效应，研究对抗措施以及验证对抗措施的有效性。已经研究出多种地基模拟方法用于模拟太空飞行的特殊影响，如卧床实验已成功地用于模拟微重力对肌肉一骨骼和心血管系统的效应。

免疫系统受到与太空飞行相关的多重因素影响。已利用一些地面模拟方法开展细胞水平免疫功能的研究，用特殊的动物模型也获得一定成功。南极科学站和其他孤立的环境有助于研究应激对人体免疫的影响。可惜，还不能证明卧床实验是很有用的研究免疫功能的太空飞行模拟模型。然而，免疫系统与大多数其他生理系统存在相互作用，物理对抗措施如人工重力，越来越多地验证了其在卧床引起人体失调中的作用，它也可能影响免疫的某些方面。着眼长远，在卧床实验和太空飞行实验中选择性地测定代表免疫状态的指标，可能对理解人工重力对抗措施的整体效能至关重要。

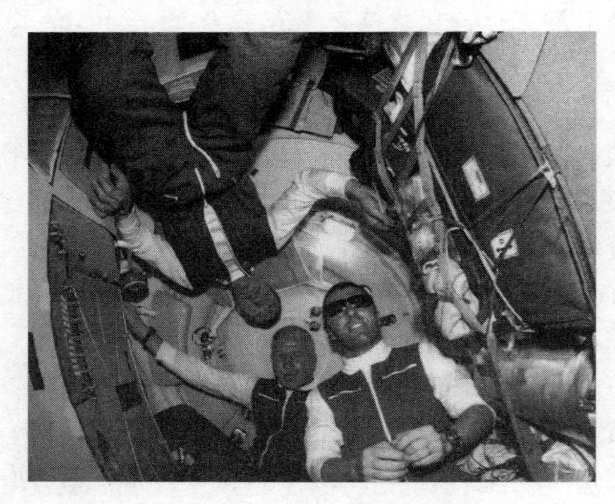

图 10-1　这张照片中可看到 3 名航天员在联盟号飞船的狭小空间里，活动受限。照片使用获得 NASA 许可

本章描述了太空飞行和应激对免疫系统的影响，应激引起临床重要的潜伏病毒再激活的机制，并且建议了在人工重力研究中用于监测免疫功能的方法。

10.1　太空飞行的效应

许多研究表明在太空飞行中或太空飞行后免疫系统发生失调。特定的研究结果包括着陆后白细胞分布和细胞因子分泌改变（Crucian，2000；Stowe，等，1999）以及飞行中潜伏病毒再激活（Mehta，等，2000；Mehta，等，2004；Pierson，等，2005；Stowe，等，2000；Pierson，2005；Stowe，等，2001）。有文章论述了人体免疫系统对太空飞行的反应（Borchers，等，2002；Sonnenfeld，2002）。虽然引起这种失调的原因尚不清楚，多种飞行因素，如辐射、生理应激、心理应激和昼夜节律的破坏可能都是诱发因素，并且，微重力本身对免疫细胞功能也有直接作用。

作为一些棘手的太空飞行效应的多系统对抗措施，人工重力的作用正在得到研究。人工重力可能影响免疫系统，可能是通过重力水平的直接作用（重力转变），或者是通过受人工重力作用对其他系统的间接作用。在人工重力研究中有必要对免疫系统功能进行监测。

10.2　人工重力研究中免疫方面的设计

在人工重力研究中，需要验证的关于免疫系统的假设与超重和应激的复合作用有关。如果用卧床模型，要验证的是免疫的适度变化和潜伏病毒再激活是否与此模型有关。免疫系统研究的特定目的应该是通过合适的测定心理和生理应激的方法来评价应激水平，确定免疫系统的状态和病毒特异性 T 淋巴细胞的功能，并定量潜伏疱疹病毒的再激活。

10.2.1　样本采集

研究期间，在适当的时间点，要采集每个受试者的血样、唾液和尿样（表 10-1）。血样用于测定应激激素的水平、病毒抗体的滴度以及进行免疫状态的检测包括带状疱疹病毒特异性 T 细胞水平和功能测定，唾液和尿样用于测定病毒 DNA 和应激激素的分泌。

表 10-1 在一项人工重力作为卧床去适应的多重系统对抗措施的研究中，为免疫评定进行血样（B）、唾液（S）和 24 小时尿样采集（U）设定的时间表。此项目卧床时间为 21 天。每隔 1 天收集 1 次唾液，在卧床前 9 天、卧床第 8 天和 15 天、卧床后第 1 天和第 8 天收集血样和尿样

卧床前					卧床期间														卧床后				
B									B				B						B				B
S	S	S	S	S	S	S	S	S	S	S	S	S	S	S	S	S	S	S	S	S	S	S	S
U									U				U						U				U

10.2.2 心理应激测量

心理应激可用问卷评定，如感知应激量表（Perceived Stress Scale，PSS）和正面情感与负面情感量表（Positive Affect and Negative Affect Scale，PANAS）。这些问卷必须在上午最先完成，同时收集唾液用于检测应激相关激素。10 项感知应激量表（Cohen，1983）一直用于评定参与者感知到的最近周遭生活环境中的应激事件，也就是说，那些不可预见的、不可控制的和过负荷的事件。等级评定量表与之一致，表明与其他评价应激的方法有中等的关联（Watson，1988）。

在 14 天海下隔离研究中，用这些问卷（Mehta，等，2004），可以看到正面情感增加的模式，但负面情感评分和感知应激量表子量表也提示任务的某些负面心理效应。在 90 天卧床实验中也观察到正面情绪减少，负面情绪增加（Crucian，等，即将出版）。一般而言，太空飞行中航天员执行任务时会感到兴奋、强壮、狂热和骄傲，这种感情会增加他们在任务中的正面情绪得分。目前尚不知人工重力作为对抗措施对这些心理效应的影响。

10.2.3 生理应激

生理应激反应的主要组成部分包括下丘脑一垂体一肾上腺（hypothalamic-pituitary-adrenal，HPA）轴和交感神经系统（sympathetic nervous system，SNS）的活性增高。先前研究监测了航天员血浆和尿液中这些系统激素的水平（Huntoon，等，1994；Meehan，等，1993）。可能代表应激反应的最好指标就是在控制了下丘脑一垂体一肾上腺轴情况下可的松的释放（Cohen，等，2001；Vanitallie，2002；Yehuda 2002）。对于太空飞行，血浆可的松浓度并没有明显的变化，实际上在着陆时可能还低于飞行前（Huntoon，等，1994）。相反，着陆时尿可的松浓度高于飞行前（Huntoon，等，1994）。

血浆和尿可的松的检测提供了下丘脑一垂体一肾上腺轴调节的不同认识，即通过检测尿可的松的分泌，并比较血样采集得到的对于急性应激的反应，可以得出释放可的松的总量。血浆总可的松包括结合和非结合两部分，尿可的松一般指的是非结合可的松，非结合可的松是其生理活性形式，急性应激源可抑制可的松与皮质类固醇结合球蛋白（corticosteroid-binding globulin，CBG）的结合（Fleshner，等，1995），抑制可的松与皮质类固醇结合球蛋白结合在太空飞行后可能提高尿可的松，而血浆总可的松不变。只有可的松的非结合形式具有生物活性。在两次卧床研究中，通过测定可的松浓度评价生理应激（Crucian，等，即将出版），血浆可的松水平因人而异，没有发现与卧床相关的特异性变化。

由于可的松影响免疫系统和潜伏病毒的再激活，在人工重力研究中，受对抗措施的影响，受试者可的松浓度可能发生变化，因此，应考虑检测参与人工重力研究的受试者的血和尿的可的松。

10.2.4　免疫系统状态

要了解人工重力对免疫系统功能的全面影响，有必要完成对受试个体免疫状态的综合评价。可用下列方法进行检测。

10.2.4.1　外周免疫表型分析

用流式细胞测量技术确定不同外周血免疫细胞亚群分布或者说

是免疫表型，能很好地表示整体健康和免疫系统状态。医生通常用免疫表型分析来监测特定临床状态下免疫系统的情况。对于人工重力研究，用四色流式细胞测量技术抗体就能分析常在临床医学中应用的主要免疫细胞亚群：白细胞分类（粒细胞、单核细胞和淋巴细胞），淋巴细胞亚群（T 细胞、B 细胞、NK 细胞），T 细胞亚群（CD4/CD8），记忆/纯真 T 细胞和组成性激活 T 细胞亚群。在各种病理情况下，如免疫缺陷、感染、造血系统疾病和生理应激，特异免疫细胞亚群相对百分比或免疫细胞激活标志物的表达会发生变化，因此认为它们是免疫状态的可靠诊断手段。表 10－2 列出了特异细胞表面抗原和相关免疫细胞亚群。

表 10－2　特异结合的细胞表面抗原和根据这些结合抗原设定的免疫细胞亚群

表面抗原	细胞类型
CD45，CD14	白细胞分类
CD3，CD16，CD19，CD45	T 细胞、B 细胞、NK 细胞
CD4，CD8，CD3	T 细胞亚群
CD45RA，CD45RO，CD8，CD4，CD3	记忆/纯真 T 细胞亚群
HLA－DR，CD69，CD8，CD3	早期和中期激活 T 细胞亚群

10.2.4.2　T 细胞功能评价

免疫抑制包括特定淋巴细胞群对刺激的反应能力降低，虽然免疫细胞在外周血中的分布尚未改变。在人工重力研究中，T 细胞功能反应可用下面方法测定：将全血培养加入 T 细胞分裂原激活，检测 T 细胞亚群表面的激活标记物。T 细胞可加葡萄球菌肠毒素 A 和 B 或加抗 CD3 和 CD28 抗体激活，这些分子通过触发 T 细胞表面分子表达，并需要所用的胞内信号的全面配合来激活细胞。通过药物刺激如用佛波脂和离子霉素就不需要了。监测一个完整的 T 细胞激活周期进程，要将细胞培养 24 h，测定 T 细胞表面标志物的表达，CD69 是早期激活标志物，CD25 是 IL－2 的受体，是中期激活标志物，需要新基因的合成。在全血培养条件下，由于可溶血浆因子仍存在，所有相关的细胞—细胞间作用仍可发生，因此最能接近反映体内细胞群的反应能力，而用纯化的单个核细胞培养，只含有人造纯化的细胞群，这种情况不会发生。

10.2.4.3　胞内细胞因子谱评价

免疫反应以及反应程度的特定指向或偏倚可由细胞因子谱来确认，细胞因子平衡的变化可能反映了与特定临床状况相关联的免疫失调。基于 T 细胞的免疫反应有两种主要类型，Th1 和 Th2，它们是独立的、分化的，通过单个 T 细胞分泌的细胞因子谱来区分。一般来说，Th1 免疫反应（IFN－γ、IL－2 和其他因子）包括细胞介导的炎症反应，主要负责控制胞内病原体，如病毒和分枝杆菌。而 Th2 反应（IL－4、IL－10 和其他因子）有助于抗体产生，与强烈的抗体反应和过敏反应相关。免疫系统的这两大分支通常协同作用保护机体，但如其反应降低或平衡发生改变则对健康非常危险。这引起空间医学机构的研究兴趣，因为推论在太空飞行中发生 Th1→Th2 转换，存在可能的严重健康隐患。

10.2.4.4　病毒特异 T 细胞水平和功能

最近，通过新的基于流式细胞术的技术，已有可能同时检测和定量抗原特异的 $CD8^+$ T 细胞。有两大流行方法：一是基于 $CD8^+$ T 细胞中肽特异性诱导细胞因子合成，然后用荧光标记的抗体进行胞内细胞因子染色（如 IFN－γ），再用四色流式细胞术检测。在人工重力实验中用于诱导细胞因子合成的肽，一个由巨细胞病毒编码，另一个由 EB 病毒编码。第二种方法是直接用主要组织相容复合物（major histocompatibility complex，MHC）在体外进行 $CD8^+$ T 细胞染色，用流式细胞术测定。由于不需要功能反应（即细胞因子合成），四聚体更能提供最完全的抗原特异反应，另外，主要组织相容复合物四聚体也可以结合其他表型标志物，更好地表现抗原特异 T 细胞的特性（Altman，Safrit 1998）。

这些方法可用于研究人工重力对病毒特异 $CD8^+$ T 细胞数量和功

能的作用。这是一个重要的方法，使这些信息与潜伏病毒再活化联系起来（见10.3节）。这些方法目前正用于评价那些短期（航天飞机）或长期（国际空间站）任务中航天员的病毒免疫功能。

10.3 潜伏病毒再激活

太空飞行引起应激，并使细胞免疫功能下降。在短期飞行航天员体中已发现水痘－带状疱疹病毒（varicella - zoster herpes virus，VZV）、EB病毒（Epstein - Barr virus，EBV）和巨细胞病毒（cytomegalovirus，CMV）的再激活（Mehta，等，2000；Mehta，等，2004；Pierson，等，2005）。疱疹病毒再激活增加了短期太空飞行和野心勃勃的长期飞行任务（如国际空间站任务和计划的行星探测任务）中航天员的健康风险。

应激和免疫功能下降有利于潜伏疱疹病毒再激活，卧床和人工重力也可能导致应激和免疫功能下降，因此应在人工重力研究中定量下列病毒的再激活。

10.3.1 EB病毒

潜伏病毒感染普遍存在，EB病毒是DNA病毒，90%以上的人群都受过感染（Lennette，1991；Oxman，1986）。EB病毒具有高

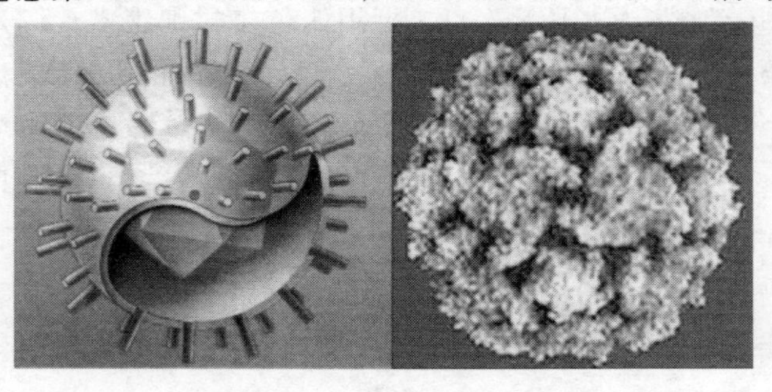

图10－2 EB病毒的示意图和电镜照片。照片使用获得ESA许可

度传染性，可通过微滴或直接的唾液接触传播。当急性感染期结束，EB 病毒可潜伏于 B 淋巴细胞内。EB 病毒能引起传染性单核细胞增多症，并与数种恶性肿瘤相关，包括伯基特（Burkitt）氏淋巴瘤，鼻咽癌和扩散型寡克隆 B 淋巴细胞瘤（Brandwein，等，1996；Henle，Henle，1974；Jordan，1986；Lennette，1991；Niedobitek，等，1997；Simon，1997）。潜伏的 EB 病毒可能受一系列身体和心理社会应激因素而再激活，一般从唾液中脱落（Glaser，等，1985；Glaser，等，1995）

在对太空飞行中潜伏病毒再激活的首次研究中（Payne，等，1999），发现在航天飞机飞行前较飞行中和飞行后 EB 病毒 DNA 脱落频率更高。在随后的一项研究中，观察了 32 名航天员和 18 名年龄相匹配的健康对照个体 EB 病毒再激活的特性（Pierson，等，2005）。从 10 次航天飞机飞行中的样本提取的 EB 病毒 DNA 平均拷贝数较飞行前、后及对照组增加了 10 倍。病毒脱落频率与 EB 病毒 DNA 的量没有相关性。虽然唾液中 EB 病毒脱落频率在飞行前最高，但唾液中 EB 病毒拷贝数在飞行中最高，是飞行前或飞行后的 10 倍（Payne，等，1999；Pierson，等，2005）。

EB 病毒 DNA 定量数据（病毒拷贝数）表明在太空飞行中航天员唾液中脱落的 EB 病毒 DNA 数量随飞行时间延长而增加。与相对短的、少于 14 天的航天飞机任务相比，2 名俄罗斯航天员在和平号空间站飞行较长时间近 3 个月的任务，他们的数据表明：唾液中一直有 EB 病毒的脱落。然而，与航天飞机观察到的不同，在和平号上航天员脱落的 EB 病毒拷贝数并不随着飞行天数线性增加，在和平号上航天员唾液中脱落的 EB 病毒拷贝数最多为 1 130/ml，而较短的航天飞机飞行航天员唾液中脱落的 EB 病毒拷贝数最多为 738/ml。

除了病毒 DNA，在年度医学检查（基线）、发射前 10 天（L－10）、着陆后数小时内（R＋0）、着陆后 3 天（R＋3）还测定了航天员血样中 EB 病毒包括病毒壳抗原（virus capsid antigen，VCA）、早期抗原（early antigen，EA）抗体滴度。32 个受检航天员均为血清阳性。

在L-10，抗VCA抗体滴度较基线增高（Pierson，等，2005；Stowe，等，2000；Stowe，等，2001），但L-10与着陆后，抗EB病毒核抗原（EBNA）抗体滴度低于其基线滴度（Stowe，等，2001）。

EB病毒DNA拷贝数和抗病毒壳抗原抗体滴度增加与飞行前、中、后EB病毒的再激活相一致。病毒壳抗原是病毒复制过程中产生的结构抗原复合物，病毒壳抗原抗体量升高和抗EB病毒核抗原抗体的下降或缺失反映了抗EB病毒细胞免疫功能的降低（McDade等，2000；Preiksaitis等，1992）。库苏诺基（Kusunoki）等（1993）研究表明抗EB病毒核抗原抗体水平与EB病毒特异细胞毒性T细胞前体的频率存在正相关。在飞行前（L-10）抗病毒壳抗原抗体的升高可能是由应激导致对EB病毒免疫的降低所致。

10.3.2 巨细胞病毒

在太空飞行中对航天员健康造成同样威胁的还有另外一种潜伏疱疹病毒，人类巨细胞病毒（cytomegalovirus，CMV）(Mehta，等，2000)。巨细胞病毒通常在幼年时无症状感染，然而，当个体免疫系统发育不全或缺乏免疫力时，如HIV感染，巨细胞病毒能导致多种严重疾病发生，如脑炎、胃肠炎、肺炎和脉络膜视网膜炎（Fiala，1975)。另外，几项研究表明巨细胞病毒感染可直接感染白细胞和造血细胞，促成先期存在的免疫抑制（Carney，1981；Rice，等，1984；Simmons等，1990)。

从12次不同的短期太空飞行中采集71名航天员飞行前后的尿样，测定巨细胞病毒再激活和脱落（Mehta，等，2000)。在71名航天员中有55名（77%）巨细胞病毒血清阳性，航天员飞行前后的尿样中，巨细胞病毒DNA脱落频率均显著高于对照人群。在27%的受检航天员中测到巨细胞病毒DNA，而对照个体61人中仅有1人在采样期间有巨细胞病毒脱落。在随后的一次飞行中采集了2名航天员的血尿样本，与先前研究相一致（Mehta，等，2000)，其中1名航天员在飞行前中后尿中均有巨细胞病毒脱落，另1名航天员只在飞行中测到（第2天）（Stowe，等，2001）。

以55名血清阳性的航天员为一组，其抗巨细胞病毒抗体滴度在飞前和飞后均无显著变化，然而，把这些航天员分为40人的无脱落组和15人的巨细胞病毒脱落组，就出现了不同结果。与基线值相比，无脱落组的巨细胞病毒IgG抗体滴度在任何时间点均无明显变化，而15人脱落组的各时间点巨细胞病毒抗体滴度均显著升高，另外，飞行后较飞行前抗体滴度也明显升高（Mehta，等，2000）。在随后的研究中（Stowe，等，2001），2名航天员飞行中的抗巨细胞病毒抗体滴度较飞行前显著升高，而抗麻疹病毒抗体没有变化，进一步证实了巨细胞病毒激活的特异性。

10.3.3　水痘-带状疱疹病毒

水痘-带状疱疹病毒（varicella-zoster virus，VZV）是一种只侵犯人的亲神经疱疹病毒，每年引起大约400万水痘发病，以不适、发热和全身水痘疹为表现特征（Abendroth，Arvin，2000；Gilden，等，2000）。它并不总是病情轻微，1994年，一次水痘的流行造成了

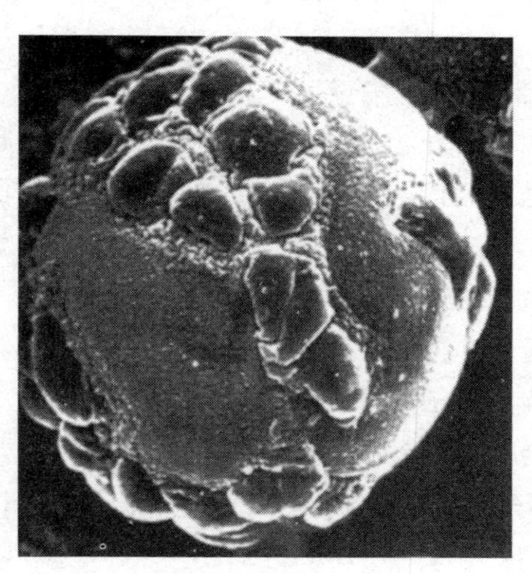

图10-3　水痘-带状疱疹病毒的电镜图像

292 例发病和 3 例死亡（Balraj，John，1994）。在英国，没有强制接种水痘-带状疱疹病毒疫苗的地区，每年有 25 例死于水痘（Rawson，等，2001）。虽然水痘-带状疱疹病毒疫苗可以有效地防止水痘发生（Arvin，Gershon，1996；Gershon，等，1988；Gershon，Steinberg，1990；Gershon，等，1992；Weibel，等，1984），降低病毒再激活的严重程度（Trannoy，等，2000），但水痘（Takayama，等，1997）和水痘病毒再激活仍会发生（Krause，Klinman，2000；LaRussa，等，2000）。水痘的症状消退后，水痘-带状疱疹病毒在颅神经、背神经和沿整个中枢神经系统中的自主神经节中潜伏下来，多在老年人和免疫低下个体中发病，形成带状疱疹，表现为剧烈针刺般的根部痛疼，局限在 1－3 皮区的发疹。在涉及的皮区，皮肤感觉功能下降，但对触摸非常敏感。

美国每年有超过 50 万例的带状疱疹发病，水痘多在春天发病，但带状疱疹可在一年中任何时间发病。具有免疫能力的个体再发带状疱疹的机率低于 5%。胸部带状疱疹最为常见，面部次之，常在三叉神经眼神经分支，伴有疱疹性角膜炎，如不及时诊治有可能致盲。

近来，在 3 231 例脑炎、脑膜炎、脊髓炎病例中，已证明其中 29%是由水痘-带状疱疹病毒引起的（Koskiniemi，等，2001）。另一项研究中，在 322 例急性脑炎的病例中，水痘-带状疱疹病毒是 65 岁以上病人的主要病因（Rantalaiho 等，2001）。水痘-带状疱疹病毒普遍存在，在 1 201 名美国军人血清学调查中，发现 95.8%的人曾感染过水痘-带状疱疹病毒（Jerant，等，1998）。对未接种过疫苗的日本人调查显示 100%的人有二次发病（Asano，等，1977）。水痘-带状疱疹病毒再激活导致感染病毒的脱落，保证了其不断传播。

牙科处理和口面手术时，身体发生急性应激，导致水痘-带状疱疹病毒和单纯疱疹病毒－1（herpes simplex virus－1，HSV－1）再激活（Furuta，等，2000；Kameyama，等，1988），这通常表现为对神经末稍的局部损害。在口面手术后，发生延迟面瘫的病人唾液中可能有水痘-带状疱疹病毒 DNA，而血液中针对水痘-带状疱疹病毒抗原的抗体滴度可能升高。

在飞行前 2 天，1 名航天员出乎意料地发生了胸部带状疱疹，这促使在飞行前、中、后在航天员中寻找水痘-带状疱疹病毒再激活的证据。用 Taqman 7700 进行巢式聚合酶链反应（PCR）和实时聚合酶链反应，检测了 8 名航天员在飞行前、中、后的 312 份唾液样本，在飞行前 1%、飞行中 28%、飞行后 31%的样本中，检测到了水痘-带状疱疹病毒 DNA，水痘-带状疱疹病毒基因型 63A 的拷贝数在阳性样本中为 10～4 000，在 10 名健康对照受试者的 88 份唾液样中均未测到水痘-带状疱疹病毒 DNA。这些结果提示在急性非手术应激条件下，如与太空飞行有关的应激和环境因素作用下，健康航天员的水痘-带状疱疹病毒，与巨细胞病毒和 EB 病毒一样，能够发生再激活（Mehta，等，2004）。

航天员循环系统中抗水痘-带状疱疹病毒 IgG 水平与对照受试者相比有 2～3 倍升高，然而，没有得到能表明水痘-带状疱疹病毒抗体显著变化的样本。水痘-带状疱疹病毒抗体水平 4 倍升高和降低是免疫受损和有免疫能力机体水痘-带状疱疹病毒亚临床再激活的证据（Arvin，等，1983；Gershon，等，1984；Schunemann，等，1998）。结合航天员唾液水痘-带状疱疹病毒 DNA 和与对照受试者相比较高的特异性抗体反应，也可以提示水痘-带状疱疹病毒亚临床再激活，并将水痘-带状疱疹病毒列为在急性非手术应激下能够再激活的人类疱疹病毒之一。

10.3.4　在人工重力研究中定量病毒再激活

用聚合酶链反应（polymerase chain reaction，PCR）法能检测血中、唾液中和尿中的病毒量（Mehta，等，2000；Stowe，等，2001；Tingate，等，1997）。DNA 或 RNA 可从唾液、外周血单核细胞、特异血细胞亚群（用磁珠分选）和尿（用改良的 quanidine - thiocyanate 法）（Tingate，等，1997）中提取。扩增 EB 病毒 DNA 的引物，针对 EB 病毒基因组的 BamHIW 重复区域设计（Tingate，等，1997)，扩增巨细胞病毒的高灵敏度引物（申请专利 09/105，400)，能扩增病毒多聚酶基因区（Stowe 等，2001)，用基于荧光同时扩增和产物检测的实时定量聚合酶链反应测定水痘—带状疱疹病毒，针对水痘—带状疱疹病毒基因 63 和磷酸甘油醛脱氢酶（glyceraldehyde 6-phosphate dehydrogenase，GAPdH）DNA 序列的引物和探针如前描述（Cohrs，等，2000；Mehta，等，2004)。聚合酶链反应产物可从琼脂糖凝胶中纯化并直接测序，确认每个病毒序列，随后，如前所述，对病毒阳性样本进一步进行定量聚合酶链反应，确认病毒 DNA 的拷贝数（Mehta，等，2000)。

用标准技术（免疫荧光检测）测定血清或血浆样本中 EB 病毒抗原病毒壳抗原、早期抗原、EB 病毒壳抗原，巨细胞病毒抗原（同时检测极早期、早期和晚期抗原)(Mehta，等，2000；Stowe，等，2001；Stowe，等，2001)，水痘—带状疱疹病毒基因 63 产物和 GAPdH 的抗体滴度（免疫球蛋白 G 和 M)。对急性病毒感染还应检测一个无关抗体（如抗麻疹病毒）来证实抗 EB 病毒抗体滴度变化的特异性。估计在卧床和超重后，针对这些病毒抗原的抗体滴度将升高，表明对溶原性病毒抗原有显著的体液免疫反应。

致谢：感谢简·克劳赫斯（Jane Krauhs）对手稿进行校对。

参考文献

[1] Abendroth A, Arvin AM (2000) Host Response to Primary Infection. Cambridge University Press, New York.

[2] Altman JD, Safrit JT (1998) MHC tetramer analyses of $CD8^+$ T-cell responses to HIV and SIV. In: HIV Molecular Immunology Database 1998. Korber B, Brander C, Haynes B, Koup R, Moore J, Walker B (eds) Theoretical Biology and Biophysics Group, Los Alamos National Laboratory, Los Alamos, N M, pp Ⅳ-36-45.

[3] Arivin AM, Koropchak CM, Wittek AE (1983) Immunologic evidence of reinfection with varicella-zoster virus. J Infect Dis 148: 200-205.

[4] Arivin AM, Gershon AA (1996) Live attenuated varicella vaccine. Annu Rev Microbiol 50: 59-100.

[5] Asano Y, Nakayama H, Yazaki T et al. (1977) Protection against varicella in family contacts by immediate inoculation with live varicella vaccine. Pediatrics 59: 3-7.

[6] Balraj V, John TJ (1994) An epidemic of varicella in rural southern India. J Tropical Med Hyg 97: 113-116.

[7] Borchers AT, Keen CL, Gershwin ME (2002) Microgravity and immune responsiveness: implications for space travel. Nutrition 18: 889-898.

[8] Brandwein M, Nuovo G, Ramer M et al (1996) Epstein-Barr virus reactivation in hairy leukoplakia. Mod Pathol 9: 298-303.

[9] Carney WP (1981) Mechanisms of immunosuppression in cytomegalovirus mononucleosis. J Infect Dis 144: 47-54.

[10] Cohen S, Miller GE, Rabin BS (2001) Psychological stress and antibody response to immunization: a critical review of the human literature. Psychosomatic Med 63: 7-18.

[11] Cohen S, Kamarck T, Mermelstein R (1983) A global measure of per-

ceived stress. J Health Soc Behav 24：385 - 396.

[12] Cohrs RJ，Randall J，Smith J et al. （2000） Analysis of individual human trigeminal ganglia for latent herpes simplex virus type Ⅰand varicella - zoster virus nucleic acids using real - time PCR. J Virol 74：11464 - 11471.

[13] Crucian BE （2000） Altered cytokine production by specific human peripheral blood cell subsets immediately following space flight. J Interferon Cytokine Res 20：547 - 556.

[14] Crucian BE，Stowe RP，Mehta SK et al （2006） Assessment of immune status，latent viral reactivation and stress during long duration bed rest as an analog for spaceflight. Aviat Space Environ Med，in press.

[15] Fiala M （1975） Epidemiology of cytomegalovirus infection after transplantation and immunosuppresion. J Infect Dis 132：421 - 433.

[16] Fleshner M，Deak T，Spencer RL et al （1995） A long term increase in basal levels of corticosterone and a decrease in corticotrophin - binding globulin following acute stressor exposure. Endocrinology 136：5336 - 5342.

[17] Furuta Y，Ohtani F，Fukuda S et al. （2000） Reactivation of varicella - zoster virus in delayed facial palsy after dental treatment and oro - facial surgery. J Med Virol 62：42 - 45.

[18] Gershon AA，Steinberg SP，Gelb L （1984） Clinical reinfection with varicella - zoster virus. J Infect Dis 149：137 - 142.

[19] Gershon AA，Steinberg SP，LaRussa P et al. （1988） Immunization of healthy adults with live attenuated varicella vaccine. J Infect Dis 158：132 - 137.

[20] Gershon AA，Steinberg SP （1990） Live attenuated varicella vaccine：Protection in healthy adults compared with leukemic children. National Institute of Allergy and Infectious Diseases Varicella Vaccine Collaborative Study Group. J Infect Dis 161：661 - 666.

[21] Gershon AA，LaRussa P，Hardy I，Steinberg S，Sliverstein S （1992） Varicella vaccine：The American experience. J Infect Dis 161 Suppl 1：S63 - S68.

[22] Gilden DH，Kleinschmidt - DeMasters BK，LaGuardia JJ et al. （2000） Neurologic complications of the reactivation of varicella - zoster virus. N

Engl J Med 342：635 - 645.

[23] Glaser R，Kiecolt - Glaser JK，Stout JC et al.（1985）Stress - related impairments in cellular immunity. Psychiatry Res 16：233 - 239.

[24] Glaser R，Kutz LA. MacCallum RC，et al.（1995）Hormonal modulation of Epstein - Barr virus replication. Neuroendocrinology 62：356 - 361.

[25] Henle W，Henle G（1974）Epstein—Barr virus and human malignancies. Cancer 43：1368 - 1374.

[26] Huntoon CL，Clintron NM，Whistson PA（1994）Endocrine and biochemical functions. In：Space Physiology and Medcine. Third edition. Nicogossian AE，Huntoon CL，Pool SL（eds）Lea & Febiger. Philadelphia，pp 334 - 350.

[27] Jerant AF，DeGaetano JS，Epperly TD et al.（1998）Varicella susceptibility and vaccination strategies in young adults. J Am Board Fam Practice 11：296 - 306.

[28] Jordan MC（1986）Infectious mononucleosis due to Epstein - Barr virus and cytomegalovirus. In：Infectious Diseases and Medical Microbiology. Braude AI，Davis CE，Fierer J（eds）WB Saunders Company，Philadelphia，pp 1311.

[29] Kameyama T，Sujaku C，Yamamoto S et al.（1988）Shedding of herpes simplex virus type 1 into saliva. J Oral Pathol 17：478 - 481.

[30] Koskiniemi M，Rantalaiho T，Piiparinen H et al.（2001）Infections of the central nervous system of suspected viral origin：A collaborative study from Finland. J Neurovirol 7：400 - 408.

[31] Krause PR，Klinman DM（2000）Varicella vaccination：Evidence for frequent reactivation of the vaccine strain in healthy children. Nature Medicine 6：451 - 454.

[32] Kusunoki Y，Huang H，Fukuda Y et al.（1993）A positive correlation between the precursor frequency of cytotoxic lymphocytes to autologous Epstein - Barr virus - transformed B - cells and antibody titer level against Epstein—Barr virus—associated nuclear antigen in healthy seropositive individuals. Microbiol Immunol 37：461 - 469.

[33] LaRussa P，Steinberg SP，Shapiro E et al.（2000）Viral strain identifi-

cation in varicella vaccinees with disseminated rashes. Pediatric Infect Dis J 19：1037 - 1039.

[34] Lennette ET (1991) Epstein - Barr virus. In：Manual of Clinical Microbiology. Balows A，Hausler WJ，Herrmann KL，Isenberg HD，Shadomy HJ (eds) American Society for Microbiology，Washington，DC，pp847 - 852.

[35] McDade TW，Stallings JF，Angold A et al. (2000) Epstein - Barr virus antibodies in whole blood spots：A minimally invasive method for assessing an aspect of cell - mediated immunity. Psychosom Med 62：560 - 567.

[36] Meehan R，Whitson P，Sams C (1993) The role of psychoneuroendocrine factors on space flight - induced immunological alterations. J Leukocyte Biol 54：236 - 244.

[37] Mehta SK，Pierson DL，Cooley H et al. (2000) Epstein - Barr virus reactivation associated with diminished cell - mediated immunity in antarctic expeditioners. J Med Virol 61：235 - 240.

[38] Mehta SK，Stowe RP，Feiveson AH et al. (2000) Reactivation and shedding of cytomegalovirus in astronauts during space flight. J Infect Dis 182：1761 - 1764.

[39] Mehta SK，Cohrs RJ，Forghani B et al. (2004) Stress - induced subclinical reactivation of varicella zoster rivus in astronauts. J Med Virol 72：174 - 179.

[40] Mehta SK，Laudenslager ML，Robinson - Whelen S et al. (2004) Latent herpes virus reactivation and changes in cortisol during the NASA training program. Paper presented at：Space Habitation Research and Technology Development，7 January 2004，Orlando，FL.

[41] Niedobitek G，Agathanggelou A，Herbst H et al. (1997) Epstein - Barr virus (EBV) infection in infectious mononucleosis：Virus latency，replication and phenotype of EBV - infected cells. J Pathol 182：151 -159.

[42] Oxman MN (1986) Herpes stomatitis. In：Infectious Diseases and Medical Microbiology. Braude AI，Davis CE，Fierer J (eds) WB Saunders Company，Philadelphia，pp 752 - 769.

[43] Payne DA，Mehta SK，Tyring SK，et al. (1999) Incidence of Epsten - Barr

virus in astronaut saliva during space flight. Aviat Space Environ Med 70: 1211 - 1213.

[44] Pierson DL, Stowe RP, Phillips TM et al. (2005) Epstein - Barr virus shedding by astronauts during space flight. Brain Behav Immun 19: 235 - 242.

[45] Preiksaitis JK, Diaz - Mitoma F, Mirzayans F et al. (1992) Quantitative oropharyngeal Epstein - Barr virus shedding in renal and cardiac transplant recipients: Relationship to immunosuppressive therapy, serologic responses, and the risk of posttransplant lymphoproliferative disorder. J Infect Dis 166: 986 - 994.

[46] Rantalaiho T, Farkkila M, Vaheri A et al. (2001) Acute encephalitis from 1967 to 1991. J Neurolog Sci 184: 169 - 177.

[47] Rawson H, Crampin A, Noah N (2001) Deaths from chickenpox in England and Wales 1995 - 7: Analysis of routine mortality data. Br Med J 323: 1091 - 1093.

[48] Rice GPA, Schrier RD, Oldstone MB (1984) Cytomegalovirus infects human lymphocytes and monocytes: Virus expression is restricted to immediate - early gene products. Proc Natl Acad Sci USA 81: 6134 - 6138.

[49] Schunemann S, Mainka C, Wolff MH (1998) Subclinical reactivation of varicella - zoster virus in immunocompromised and immunocompetent individuals. Intervirology 41: 98 - 102.

[50] Simmons P, Kaushansky K, Torok - Storb B (1990) Mechanisms of cytomegalovirus - mediated myelosuppression: Perturbation of stromal cell function versus direct infection of myeloid cells. Proc Natl Acad Sci USA 87: 1386 - 1390.

[51] Simon MW (1997) Manifestations of relapsing Epstein - Barr virus illness. J Kentucky Med Ass 95: 240 - 243.

[52] Stowe RP, Sams CF, Mehta SK et al. (1999) Leukocyte subsets and neutrophil function after short - term space flight. J Leuk Biol 65: 179 - 186.

[53] Stowe RP, Pierson DL, Feeback DL et al. (2000) Stress - induced reactivation of Epstein - Barr virus in astronauts. Neuro Immnuo Modulation 8: 51 - 58.

[54] Stowe RP，Mehta SK，Ferrando AA et al. （2001） Immune responses and latent herpesvirus reactivation in space flight. Aviat Space Environ Med 72：884 - 891.

[55] Stowe RP，Pierson DL，Barrett ADT （2001） Elevated stress hormone levels relate to Epstein - Barr virus reactivation in astronauts. Psychosomatic Med 63：891 - 895.

[56] Takayama N，Minamitani M，Takayama M （1997） High incidence of breakthrough varicella observed in healthy Japenese children immunized with live attenuated varicella vaccine （Oka strain） . Acta Paediatrica Japonica 39：663 - 668.

[57] Tingate TR，Lugg DJ，Muller HK et al. （1997） Antarctic isolation：Immune and viral studies. Immunology Cell Biol 75：275 - 283.

[58] Trannoy E，Berger R，Hollander G et al. （2000） Vaccination of immunocompetent elderly subjects with a live attenuated Oka strain of varicella zoster virus：A randomized，controlled，dose - response trial. Vaccine 18：1700 - 1706.

[59] Vanitallie TB （2002） Stress：A risk factor for serious illness. Metabolism：Clinical and Experimental 51，Suppl 5.

[60] Waston D，Clark LA，Tellegen A （1988） Development and validation of brief measures of positive and negative affect：The PANAS scales. J Personality Social Psych 54：1063 - 1070.

[61] Weibel RE，Neff BJ，Kuter BJ，Guess HA et al. （1984） Live attenuated varicella virus vaccine. Efficacy trial in healthy children. N Engl J Med 310：1409 - 1415.

[62] Yehuda R （2002） Current status of cortisol findings in post - traumatic stress disorder. Psych Clin North Am 25：341 - 368.

第11章　人工重力的医学、心理学和环境问题

杰弗里·琼斯（Jeffery Jones）
兰德尔·赖纳特森（Randal Reinertson）
威廉·帕洛斯基（William Paloski）
美国国家航空航天局约翰逊航天中心，美国得克萨斯州休斯敦（NASA Johnson Space Center，Houston，Texas，USA）

美国航天员和俄罗斯航天员遨游太空近40年。大多数航天员在太空生活了数周的时间，甚至有些航天员在空间逗留了一年多。在长期飞行经验的基础上，航天医生总结了微重力和返回地球后再适应过程造成的生理和心理适应性的影响，以及医学和精神非适应性的影响。尽管已经采取了许多对抗措施，但这些措施仅能延缓微重力造成的影响，尚未有切实有效的对抗措施。本章就人工重力有益于航天医学发展的方面进行了概述，并探讨了在开展人工重力研究时实施医学监测和应急防护措施的必要性。

11.1　引言

在人类将第一个生物送到距离地球表面100 km高空之前，医学和心理学问题就长期受到太空探索者的关注①。当空间飞行超过了距地面120 km高度，尤其是达到轨道飞行速度时，再入大气层过程中

① 100 km即所谓的卡门（Karman）线，由国际航空协会（Fédération Aéronautique Internationale，FAI）于1905年确立的大气层和太空之间的分水岭，是航空和航天领域公认的、能保持机体形态的极限高度。在美国，太空的定义为80 km，接近大气层的中间层末端；超过80 km高度的旅行者即可称为航天员。

与飞船减速一同发生的热效应使得上述问题更加倍受关注。甚至到20世纪50年代，许多“航空医学专家”仍然认为人类难以适应空间环境；空间飞行会导致疾病，造成永久损害，甚至死亡。由此航天医学应运而生。

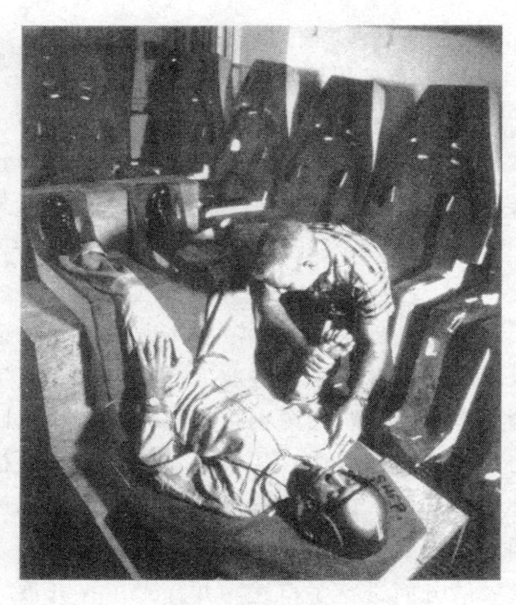

图11-1 水星号飞船航天员在长臂离心机的赋形座椅上进行生理功能试验。该型座椅曾在空间飞行中用来提高发射和再入阶段加速度耐力。照片得到NASA授权

什么是航天医学？美国国家航空航天局航天医学主管认为：航天医学是预防医学全方位的医疗实践活动，包括医学选拔，健康保健，维持人在极端的空间环境中工作能力，保持太空旅行者长期的健康。航天医学必须设法解决空间飞行带来的大量健康方面的挑战，比如环境的极端性、失重生理效应和心理忧虑等（Pool，Davis，2006）。

美国医学研究所在一项美国国家航空航天局授权的研究中对航天医学作出了这样的定义：航天医学是一个新兴的健康保健领域，它植

根于航空航天医学，但关注的焦点是机体的健康，确保人们在飞行距离日益增加的极端空间环境中能顺利完成飞行任务，并健康返回，例如：短期的空间飞行、长期的空间站飞行、探月工程，和下一步脱离地球轨道开拓性的包括星际移民的探索任务（Ball，Evans，2001）。

苏联和俄罗斯著名航天医学先驱包括奥莱格·G·加津科（Oleg G. Gazenko）、艾布拉姆·M·吉宁（Abram M. Genin）、安德烈·利比丁斯基（Andre Lebedinsky）、瓦西利·帕林（Vasily Parin）和V·I·亚兹多夫斯基（V.I. Yazdovsky）等。在美国，P·马巴杰（P. Marbarger）、P·A·坎贝尔（P. A. Campbell）、阿什顿·格雷比尔（Ashton Graybiel）、W·伦道夫·洛夫莱斯（W. Randolph Lovelace）、哈里·G·阿姆斯特朗（Harry G. Armstrong）和查尔斯·A·贝里（Charles A. Berry）等都是航空航天医学领域的领军人物和先驱者（Pool，Davis，2006）。早期的航天医学实践者在20世纪五六十年代所面临的问题同样摆在当前的航天医学工作者面前。然而，自20世纪50年代以来，我们获得了大量的在太空极端环境中人体耐受能力的知识。因此，现在我们有更坚实的基础来建立一个通用的对抗微重力的措施，例如人工重力。

第11.2节叙述了空间环境的危害因素和航天医学实践。第3节论述了作为空间飞行对抗措施的人工重力的基本原理和对其进行研究及应用时的医监要求。

11.2 航天医学

本节概述了生理、医学和心理的因素对航天员健康、状态、行为和能力的影响。这些知识有助于评估持续或间断的人工重力施加在不适应受试者身上时产生的危害。

11.2.1 太空飞行的环境危害因素

太空极端环境造成的特殊的危害因素包括：缺氧、供氧不足、高碳酸血症以及由于生命保障系统故障导致的座舱或航天服内二氧化碳浓度升高（表 11 - 1）。由于太空和其他星球不能提供人类生存必须的气压和氧气，因此生命保障系统是人类在太空和其他星球得以生存的必须装备。

表 11 - 1　太空飞行环境的危害和风险

危害因素	急性风险	慢性风险
辐射	急性辐射病	白内障、癌症
真空	体液沸腾、减压病	死亡
微重力	空间适应综合征	肌肉萎缩、骨丢失、前庭功能障碍
微流星体/轨道碎片	外伤	血浆
毒性暴露	急性呼吸障碍综合征、意识错乱、燃烧、感觉丧失（视觉、嗅觉）	纤维化、痴呆
表面风化层（尘埃）	过敏反应	肺纤维化
缺氧	嗜睡、意识错乱	急性运动病、意识丧失、死亡
高碳酸血症	头痛、呼吸困难	意识错乱、昏迷、死亡
温度	冻伤（早期，手指脚趾红肿）、冻疮①、热虚脱	冻伤（晚期）、意识丧失、热中风

11.2.1.1　低气压病

如果航天员暴露于太空相对真空的环境，则面临体液沸腾的风险。因此，当执行出舱活动任务时，航天员必须穿上航天服。然而，为保障航天员在着航天服后的工作效率，服内压力应维持尽可能低的水平；同时为避免缺氧，航天服内又要维持足够的氧分压。当机体过渡到低压力环境时，会面临发生减压病或曲肢症的风险。在富含氮气的空气中若压差越大，则发生减压病的风险越大，除非通过

① 冻伤和冻疮，即低温暴露后的皮肤炎症反应。

足够长时间呼吸 100%的氧气排出体内氮气。在微重力环境下发生减压病的风险比 1*g* 重力条件下的风险低。其原因可能是在微重力条件下大肌肉群的切应力发生了改变，亦或是气泡动力学方面出现了差异。最起码的是在轨道飞行中发生的减压病例数比地面试验模型预计的少（Balldin，Webb，2001；Phimanis，等，2004；Webb，等，2005）。

11.2.1.2　毒性复合物

为使生活舱和运输舱具备各种不同的功能，使用了大量的有潜在毒性的复合材料。设计师应该选用那些有过飞行记录的具有一定毒性的复合物，而不是选用那些可能发生潜在问题的毒性较小的复合物，尤其在推进剂、制冷系统和内燃设备等部位。例如：反推发动机的燃料通常使用是在真空条件下混合后能自行反应或燃烧的物质，如甲基肼和四氧化二氮。当吸入或接触甲基肼和四氧化二氮后，均会导致很强的黏膜毒性。再比如氨和乙二醇，两者都有效地利用在制冷回路中，但如果这些物质泄漏到空间站的舱室中，当通过呼吸道或消化道摄入过多时则产生严重的影响。

阿波罗号飞船、礼炮号空间站和和平号空间站上的运输舱和生活舱均曾发生过火灾，火灾产生了如氰化氢、氯化氢和一氧化碳等有毒物质。大剂量的暴露在月球和火星尘埃下造成的急性和慢性的影响还没有被完全阐明，但这些风险处在美国国家航空航天局毒理学家和医生的评估之中。

毒性暴露导致的急性和慢性的疾病取决于暴露的时间和毒性强度。毒性暴露诱发的症状轻者仅表现为眼睛或呼吸道的刺激，重者则出现意识丧失甚至死亡。微重力对毒性物质导致的细胞和免疫系统反应所造成的影响仍未完全阐明，但是许多证据表明长期空间飞行时航天员的免疫功能下降，并且导致受毒性物质损害的组织发生继发性微生物感染的风险增加（Kaur，等，2004，2005；Stowe，Pierson，2003）。如果无重力暴露导致白细胞基因表达发生改变得到证实，则间断或持续的人工重力将在维持免疫功能方面起到重要的作用（见 10.1 节）。

发生火灾或快速减压时的防毒措施包括保护航天员黏膜和呼吸系统的快捷而便携式呼吸面罩等个人防护装备。医疗药箱中配备与毒素相匹配的解毒剂，包括肼苯哒嗪的解毒剂维生素 B6、氰化物的解毒剂硫代硫酸酯和亚硝酸盐。药箱内也要配置眼睛冲洗剂，以便冲洗眼睛内残存的碎屑和化学物质。

11.2.1.3 辐射

对航天员造成危害的辐射有两种，即电离辐射和非电离辐射。而且辐射危害在出舱活动期间尤其突出。

电离辐射可以通过直接的分子间相互作用或通过产生自由基和活性氧化物对机体造成损伤。辐射损伤取决于细胞内受辐射的程度和部位，尤其是当辐射造成了核酸的改变时，则会导致细胞死亡或基因突变。如果短时间内电离辐射的剂量足够大，则会产生急性辐射综合征（acute radiation syndrome，ARS）。急性辐射综合征分为三种类型：血液型、胃肠型和中枢神经型。能导致急性辐射综合征的强大剂量电离辐射可能来源于强太阳风暴（图 11-2），特别是当航天员没有得到航天器或栖息处所屏蔽层的有效保护时。较低剂量辐射或更长期的暴露对机体造成的长期潜在影响包括白内障、癌症、微血管纤维化和痴呆（Prasad，1995）。

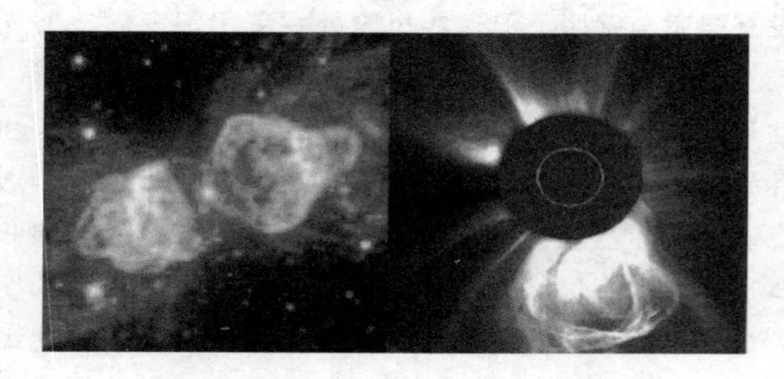

图 11-2 左：太阳喷发的物质，太阳质子；右：星系碰撞喷发银河宇宙射线

航天员防护电离辐射危害将主要依赖于屏蔽层的构造。屏蔽层

对于防护由高能太阳粒子事件（solar particule event，SPE）导致的密集的高剂量辐射尤其重要（图 11－2，左图）。太阳质子比银河宇宙射线（galactic cosmic radiation，GCR）更容易屏蔽（图 11－2，右图）。运输舱和生活舱的屏蔽层能为太阳粒子事件提供“避风港”将是其基本的设计要点（Wilson，1997；Simonsen，1997）。屏蔽银河宇宙射线可以利用行星的土被或自然地形，还可以得助于微流星体的防护。

口服或注射用的辐射防护剂和具有减少氧化损伤作用药物的发展可以促进航天员对某些电离辐射的抵抗能力（Stanford，Jones，1999；Lupton，2001；Taylor，1992）。最近的研究表明微重力能影响细胞的基因表达，进而使细胞自身的辐射抵抗力和修复系统发生改变（Boonyaratanakornkit，等，2005；Purevdorj－Gage，Hyman，2006）。这些影响极有可能形成一个负向的协同作用，即与单纯的电离辐射作用相比较，电离辐射和微重力的联合作用将会产生更加严重的生物学损害。如果这些研究观察到的现象得到证实，那么人工重力将通过抑制基因表达的改变而在减少辐射生物学影响方面起到重要的作用。

非电离辐射主要来源于太阳系，但也有人造设备产生的，比如激光器和通信天线，能产生多种形式的电磁辐射。如果航天员没有使用能吸收或反射电磁辐射的有害波长的特殊护目镜，太阳光、紫外线和红外线辐射将对航天员的视网膜产生瞬时的危害。如同进行外部探测一样，空间飞行器的交会对接时船载激光装置可以在一定程度上辅助定位的作用。激光束的能量密度很大程度上影响到激光生物效应的潜伏期和危害程度。

如果辐射达到足够的强度，并且航天员置身于射线的传播路径上，其他形式的电磁辐射，比如微波，也能造成局部组织发热和热损伤。

11.2.1.4　碰撞

无论是在执行出舱活动任务还是在行星表面上，微流星体和轨道碎片对航天员构成的危险除了发生低气压病（减压病和体液沸腾）外，还会导致航天员的创伤。这些微流星体的动能非常强大，特别是速度高达 20 km/s 的微流星体，因此它们能造成非常大的危害。飞船和航天服设计应包含吸收能量的强度层，该强度层能阻止微流星体的穿透。并且在舱外服压力气囊的内部应该有能自动密合的材料，以防范非致死性的微流星体的撞击（Jones，等，2004）。

11.2.2 生活舱内部的环境危害

11.2.2.1 大气成分

氧分压必须能防止航天员发生低压综合征；必须降低二氧化碳分压以便达到预防发生高碳酸血症的目的。发展“原位资源利用”生命支持技术将是太空探索的一大挑战，甚至发展生物再生的方法来控制大气。带有分子筛的摇床技术较早以前就得到利用，以便将代谢的二氧化碳维持在可接受的水平，这种方法不会消耗吸附材料，正如在阿波罗号飞船和航天飞机的环境控制系统中使用的氢氧化锂。

为保护呼吸道，必须虑除大气中的微尘和微量污染物。为将污染物控制在较低水平防止发生生物学危害，制定了“空间飞行最大允许浓度”。

行星尘埃是月球和火星表面的唯一潜在的空气污染物。这些尘埃与地球上的灰尘在大小分布、形状和化学反应等方面有很大的不同。而且能造成的危害比地球上车船和生活空间中常见的危害更大。有人推测，月球和火星尘埃具有的特点同新粉碎的硅石或煤炭一样，不仅能沉积在支气管和肺泡内造成急性呼吸道反应，而且长期接触后还会导致慢性肺纤维化。

11.2.2.2 水的化学污染

水的化学污染物应控制在水质标准范围内，从而防止摄入有潜在危害的成分。在空间站中已经发生了好几起因有害物质浓度增加而导致水污染的事故。例如，镉从水泵中析出来、制冷系统渗出的乙二醇在水再生系统中富集。

11.2.2.3　微生物含量

细菌会造成传染病，因此飞船和生活舱的空气、水和物体表面的微生物含量必须控制在标准以下。可以通过使用杀菌剂和过滤等措施降低细菌的危害程度。

11.2.2.4　热应激

由于月球和火星昼夜温差非常大，因此运输舱和生活舱的温度控制非常重要。出舱活动舱外服内的温度控制尤其关键，如果没有得到适当控制，很小的热负荷就会迅速造成航天员热应急。舱外服绝热和液冷内衣设计会大大降低航天员热损伤的风险和工作的不利影响（Waligora，1975）。一个有效的、连接了散热器的温度控制系统将有助于保持舱室的温度和露点。

11.2.2.5　噪声

由舱载设备发出的高水平的噪声，通常会对航天员的听力和心理健康产生危害。降低噪声危害最有效的方法是通过工程技术途径来解决，即降低噪声。但当工程途径不能达到满意的效果时，可以使用主动或被动的消声设备。

11.2.2.6　振动和加速度

振动和加速度通常只在飞行的动力阶段很明显，如发射、轨道控制、变轨点火、再入大气层和着陆。振动和加速度的设计限值，尤其是加载在航天员轴向上的振动和加速度限值，应该能降低航天员完成重要操作时出差错的风险。但是，在重力转换期，对抗前庭神经和体位性适应的重要措施是人工重力。

11.2.3　心理危害

11.2.3.1　时间生物学

由于低地球轨道明暗循环交替非常快，当轨道飞行周期为

90 min 时则明暗周期每45 min 转换一次，航天员的正常生物节律被扰乱。在月球表面驻留时，尤其是将月球的南极极昼区选为居住基地时，正常时间生物节律同样会被扰乱。由于没有自然黑夜诱导褪黑素释放，飞船应该提供黑暗周期，满足长期飞行的航天员正常睡眠的需要。另外，飞船的停靠、调姿和定期的轨道控制经常迫使航天员在时间生物节律的最低点醒来，这样就增加了航天员出现疲劳性差错的风险。飞行程序的制定应该尽量减少航天员出现这种差错的风险，但驾驶员经常没能按照飞行程序去执行。苯二氮啤类褪黑素补偿剂在航天飞机和国际空间站飞行过程中得到应用，其不仅能诱导睡眠还能恢复良好的睡眠状态。光疗，尤其是蓝光，已经在进行睡眠调整时得到应用，可以减轻疲劳感，并有助于建立新的觉醒睡眠周期。

11.2.3.2 隔离

长期的太空飞行使得航天员与他们的家人、朋友和所有的同事在长达数月时间里处于隔离状态，在将来还可能长达数年。这种隔离就如同没有休息和放松的重体力劳动一样，对航天员的人格和健康造成非常坏的影响（Nicogossian，等，1994；Kanas，Manzey，2003）。抑郁症、人际间交流以及人与任务控制交互困难的风险随任务持续时间的延长而增加，应激水平也是如此。对长期飞行的航天员而言行之有效的措施包括：每周安排一次与家庭成员进行私密交流，每两周安排一次与资深的航天心理学家或精神病学家单独进行心理学会晤，或提供娱乐性的和个人的设施，如音乐设备、DVD 播放器以及家人和朋友的相册等。人工重力对太空飞行期间的心理学问题不太可能有明显的影响。

11.2.4 微重力

本书的很多章节均谈到许多与微重力环境有关的人体生理系统的改变。这些改变均是失重时的生理适应性反应，而不是自身的病理过程。一些适应性改变的症状，如空间运动病，需要进行药物干预以便减小不适症状对任务的不良影响，特别对首次飞行人员更为重要（见 4.3 节）。异丙嗪注射是太空飞行中前 48 小时防治空间运动病的常规措施，特别是当恶心、呕吐等运动病典型症状非常严重的时候。其他的症状如头痛和鼻塞则根据需要进行辅助的药物干预。

但是，微重力适应性生理改变并不是疾病，并且通常不需要进行医学治疗（Nicogossian，等，1994；Clément，2005），而是运用一些对抗措施设法来保持 1*g* 条件反射，以便在返回到 1*g* 环境后遇到的挑战将会更少。无论短期飞行还是长期飞行，航天医生都制定了针对肌肉、骨骼、前庭神经功能的不同形式的对抗措施，包括：体能锻炼（保护心血管功能的有氧锻炼、保护肌肉—骨骼系统的阻抗运动）、下体负压、饮用盐水、抗荷服和压力内衣（防护立位性低血压）。

人工重力在保护长期失重后重返重力场的航天员的生理功能方面可以起到最大的效果。人工重力在一定程度上可以有效地保护航天员非正常着陆的反应能力，无论是在着陆阶段，还是在需要作出应急反应时，或是在着陆后出舱时。另外，飞行中采用人工重力也可以减少飞行后肌肉骨骼损害引起的危险性，尤其是恢复期出现的危险。

11.2.5　飞行医生的作用

飞行医生是航天任务期间空间医疗活动的执行者。在医学方面，航天任务通常被划分为三个主要的阶段：飞行前、飞行中和飞行后。我们只有搞清楚医生在每个阶段的职责，才能明白医生制定的人工重力处方如何可以对航天员整个任务期间的健康造成影响。

在太空任务开始准备之前，作为航天医学医师委员会成员的飞行医生，要对航天员申请人的健康状况进行评估，并依据医学标准选拔航天员乘组。在随后的每年都要对每名航天员的健康状况进行评估，并形成医疗记录。该医疗记录还包括为训练和训练飞行所出具的医疗证明。在被指定进行太空飞行之前，要对每名航天员进行医学确认。国际空间站的航天员将由国际空间站计划的主要成员国代表组成的“多边航天医学委员会”的确认。

11.2.5.1 飞行前

在飞行前的认证过程中，航天员要进行生物化学和微生物学的检测，并且进行适当的预防措施，包括免疫接种和各种传染性疾病的治疗。航天员力量、训练和康复小组将在飞行前的6～12个月时间内同航天员一起工作，使航天员的身体状态达到最佳，并对在类似出舱活动的飞行任务中容易疲劳的肌肉群进行锻炼。

在飞行前的训练期间，航天医师要进行医学监督，并对所有的生理应急训练活动进行医疗支持。包括为出舱活动而进行的中性浮力水槽和水下实验室的训练、低压舱训练、水中和冬季生存训练。如果人工重力被用于飞行期间的对抗措施，飞行前的训练和熟悉过程也必须有航天医师的支持。

任务指派的航天员医师也负责训练“乘组医疗官员”掌握医疗方面的内容和操作方法。这些训练包括医疗清单的检查程序，如何在飞行中完成私密的医疗会晤，发生医疗意外时如何处理。

飞行前的健康稳定和维持阶段大约需要10天至2周的时间。让航天员远离传染性疾病的带菌者，也保证航天员的时间集中到飞行前的特别准备活动中。

如果发射窗口和飞行操作正好处在航天员习惯的睡眠周期中，那么航天员睡眠时间的调整必须提前进行，在发射前建立一个新的固定睡眠周期，确保航天员在轨工作能力能保持在一个良好的水平。如果睡眠转换的跨度很大的话，这个过程则需要更加超前安排。根据睡眠转换的目标要求，可以应用睡眠转换促进剂，如光疗和褪黑素。

医疗飞行确认程序还包括和工程师一起检查并保证医疗设备和药箱已经准备好。

11.2.5.2 太空飞行健康维持

航天员和飞行医生代表、生物医学工程师均坐在发射控制和任务控制中心的操纵台前，通过由美国国家航空航天局和国防部提供的通信网络与搜救部队进行联系，以防发射失败或发生意外事故。航天医生坐在控制间靠前的位置，在发射、着陆和不同飞行阶段为飞行指挥做出“行”或“不行”的建议。

在飞行期间，医生有责任坚持关乎航天员健康和安全的医学原则，包括对异常的空间环境作出反应，如舱内大气和水的异常等。医生也坚决执行地面原则和限制，特别是与航天员程序有关的问题，首先防止危及航天员安全和任务过重。

短期飞行时，航天医生每天与航天员进行一次私密的医学会晤，长期飞行期间则每周一次。当进行出舱活动和以航天员为试验对象进行在轨医学和生命科学研究活动时，医生和生物医学工程师将通过医学监测系统监视航天员的活动。在出舱活动时，医疗小组接收液冷服内衣里面的传感器发出的生物医学遥测信号。据此，医生不仅能跟踪航天员二氧化碳代谢水平和热负荷水平，还能监视心率和节律，根据氧耗量、二氧化碳排出量或产热量计算代谢率。在使用俄罗斯舱外服时，航天员的呼吸频率和体温也能被监测。未来的出舱活动装置可以将传感器安装在液冷服内，甚至可以用皮下芯片就能毫不费力地获得这些医学监测数据。也许在火星计划期间，这些生物医学信息能通过软件进行部分的处理，能预测消耗品的剩余量，如氧气或水，并能反馈给航天员，使操作或移动速度得到优化；或当危及到生命安全的状况出现时提醒航天员。

在低地球轨道内长期飞行期间，按照程序进行定期健康评估。定期的健康评估包括每月或每两个月进行一次体格检查，并对尿液和血液进行试验检测。便携式临床血液分析仪和尿样分析测试设备随船飞行，提供临床诊断和生化状况信息。通过每月定期的健康评估来评价空间对抗措施执行的有效性。乘员医生和航天员力量、训练和康复小组一道制定航天员飞行期间的体能锻炼和其他对抗措施的方案（图 11－3）。并根据肺功能仪等飞行评估设备对方案进行调整，而将来则可以通过血液测试和影像结果来调整。如果当前的研究证明是有效的，那么未来的火星计划对抗措施方案可能包含药物的和物理的，如二碳磷酸盐化合物和人工重力。

飞行医生和营养学家、食品专家一起核查航天员食谱的成分，同飞行前的营养测试一样，确保供给的营养成分充足，能保证航天员健康并抵御疾病（Lane，2000；Watson，1996）。由于诸多原因，如缺少阳光照射，飞行后测试发现航天员长期任务早期出现了维生素 D 水平降低，所以必须补充这种营养素（见 9.4.1 节）。

医疗小组也要同环控小组以及毒理、辐射和水质的专家一起担负起环境监视责任。要定期或不间断地对飞行器的环境参数进行评估。如果发现环境参数超出了可接收的范围，那么医生就要援引飞行手册中相关的在轨修正措施的规定。

图 11－3　国际空间站第 13 长期考察组航天员杰弗里 · N · 威廉斯（Jeffrey N. Williams）在国际空间站的星辰号服务舱的跑台和振动隔离系统上进行锻炼时竖起大拇指，照片获得 NASA 授权

11.2.5.3 飞行医疗事件

尽管对太空飞行进行了严格的选拔和医疗防护措施，医疗事件的发生仍然非常普遍。正如一篇航天飞机的飞行报告总结中提到，1981 年到 1998 年期间共进行了 89 次飞行任务，共有 508 人次航天员（439 人次为男性、69 人次为女性），其中 98%的航天员报告在飞行中有医学症状。影响短期飞行任务的症状和发生率为：头痛占 67%，呼吸不适占 64%，颜面部、鼻和眼睛不适占 58%，胃肠不适占 32%，肌肉骨骼不适占 26%，外伤占 12%，外阴和泌尿系症状占 10%。另外，79%的航天员在失重后的头几天内患有空间运动病（Jones，等，2004）。

长期飞行航天员的飞行体验和短期飞行者类似。但是，皮疹和皮肤擦伤、眼睛内异物、睡眠紊乱和人际关系问题等发生率较高。在长期飞行期间，肌肉骨骼症状和因使用对抗设备而出现的装置不舒适等问题的发生率也较高。在几次长期飞行任务中还出现了牙科症状，特别是在飞行前就存在牙科疾病的。

预期发生率高于 50% 的疾病包括：皮疹、刺激、异物、眼睛刺激、角膜损伤、头痛、背痛、充血、胃肠不适、切伤、刮伤、擦伤、肌肉骨骼损伤、扭伤、疲劳、睡眠紊乱、空间运动病、着陆后立位耐力下降、着陆后神经性前庭综合征（Davis，1998；Jones，等，2004）。

在俄罗斯空间站上，有 3 次因医疗事件而导致任务中止：

1）1976 年的礼炮-5 号空间站，因为航天员难以忍受的头痛，使原计划 54 天飞行任务在 49 天提前中止；

2）1985 年的礼炮-7 号空间站原计划飞行 216 天，有一名航天员由于前列腺炎导致败血症，在任务的第 56 天中止；

3）1987 年的和平号空间站任务中，一名航天员因心脏节律紊乱在第 6 个月时提前退出了原定 11 个月的飞行计划。

在美国和俄罗斯的飞行计划中，也曾多次发生几乎退出或中止任务的事件。例如发生了多次火灾，在 1967 年（美国阿波罗-1 号飞船上3名美国航天员丧生）、1971年、1977年、1988年和1997年（发生在和平号空间站上氧气发生器着火）。1982年礼炮-7号空间站航天员尿路结石，仅在中止任务前才排出；1985年出舱活动期间出现航天员体温过高；20世纪90年代中期的心理应急反应；1997年由于进步号飞船与和平号空间站的光谱号舱碰撞导致的飞船泄压；1997年的两次有毒气体污染事故，一次因为着火，另一次因为制冷系统的乙二醇泄漏（Jones，等，2004）。

飞行期间尚没有发生过放射病。然而在1972年8月4日，也就是在阿波罗16号飞船从月球返回后的4个月内，阿波罗17号飞船发射前的3个月，发生了有记录的最强的太阳粒子事件。如果此次太阳粒子事件爆发时航天员在进行星际飞行，在阿波罗指挥舱有限的屏蔽条件下，航天员将会经受急性放射病，很有可能是非常严重的放射病（Townsend，2003）。制定航天员暴露到高剂量和高能级辐射下的治疗要求是非常重要的。除非采取新的防护策略，否则这些要求则可能超出了航天医学治疗的能力。

史密斯·约翰斯顿（Smith Johnston）博士和其他学者查阅了针对航天员应急飞行器如乘员返回飞行器（CRV-X38）和太空轨道飞行器的医学要求，总结了在地面和飞行期间需要进行紧急医疗干预的医学问题的发生率。这些紧急医疗救护事件发生在太空探索和地面模拟的空间环境试验期间，或发生在经过严格医学选拔和医学维持的美国航天员队伍中。分析表明：每人每年严重医疗事故发生率为7%（5%～10%：90%CI）。更多的航天员和更长的任务会累积性地增加这种可能性（Jones，等，2004）。

探险活动（尤其是在小的行星上进行的探险活动）最基本的特点表明：即使做了最好的预防措施和安全预测，探险过程中外伤事故的发生几率还是非常高的。我们不能低估发生钝伤、贯穿伤、撞击伤、减速伤、低气压损伤和烧伤的风险性。治疗措施和能力需要进一步得到提升，应该超过目前国际空间站上的先进的心脏生命支持水平，发展到执行月球基地和火星任务时的先进的外伤生命支持水平。

为了保持应对医疗事件的能力，飞行器内应该配备基于电脑的医疗技能训练工具。比如，对操作做出形象逼真反馈的医疗和外科程序模拟器。

表 11－2　月球和火星探险医疗事件可能性

潜在的疾病和问题
1）肌肉骨骼问题
2）感染、血液学的疾病、条件性免疫缺陷
3）皮肤病、眼科疾病、耳鼻喉疾病
4）牙科病
5）精神性疾病一应激反应、人际冲突
急性医疗危机
1）伤口、撕裂伤、烧伤
2）减压病
3）外科急症，如阑尾炎
4）急性辐射病
5）毒性暴露和急性过敏反应
慢性疾病
1）辐射后遗症
2）微尘暴露反应、肺炎
3）慢性皮肤超敏性反应，可能是真菌性的
4）尿结石，可急性发作
5）潜伏期的病毒反应

总之，在医疗事件方面，每一名乘员都有发生较轻的医学抱怨的可能性，这些抱怨均必须引起我们的注意，设法使不适感减轻，从而增强工作能力。发生需要紧急干预避免导致不良后果的重大医疗事件的可能性非常大，包括致残甚至死亡。为探险任务设置的医学支持措施应该为健康维持、急性疾病诊断以及在医疗状态、外伤和环境暴露等较广范围内的医学处置做好策划。

11.2.5.4 飞行中的医疗设备和保障

探险医疗设备可以分为两类：移动的和应急的。移动的医疗设备包括数据管理和分析计算机，记录所有的健康信息，包括供计算机分析和比较的所有飞行前的测试数据和基础图像。辅助诊断软件将诊断和症状的管理程序化，它将在医学和心理学问题的评估方面协助航天员医生，即承担虚拟顾问的角色。该计算机还可通过通信包将实时的医学信息传给行星栖息地和地球，并向地基专家进行远程医疗咨询。

图 11－4 在北极霍顿（Haughton）陨石坑模拟的医疗事故

诊断组合设备应包含能处理所有检查的关键信息和相关解剖图片的遥医学设备单元。其他的检查硬件可以存储诸如听诊器和血压袖带上的电子数据文件。这将便于计算机辅助诊断系统查阅，以及与基础信息进行比较。医学成像包括便携式超声单元，将来也许会有更先进的微型化的成像设备以便减少功耗和质量，并能放置在居住舱。所有常见的而非紧急的疾病将能进行移动式的治疗，包括空间运动病的治疗。

具备所有复苏程序的应急治疗设备能在轨进行除颤、人工呼吸、快速输液或输血和其他关键功能。在机器人的协助下，在运输飞船或登陆飞船上简易的重力手术操作区能提供基本的外科手术。因为减压病的潜在风险仍然存在，特别是月球和火星表面能进行重力状态的移动，高压治疗能力将会取得进展，尽管治疗的标准不能像在地球上一样。遥医学评估功能将会安置在表面漫游车上，这样远行的出舱活动航天员的医学数据将传给基地航天员医生。图 11－5 显示了一个概念性的机器人化的扫描和可视化设备的遥医学评估站。

除了所有的为医疗事件而设置的医疗技能和训练外，航天员必须进行身体和心理的准备，应对可能发生的一个乃至几个同事的死亡事件。死亡航天员的遗体应该与空气和水隔离，能够保存并运输。然而考虑到后勤上的原因，太空葬礼的可能性应该认真对待。

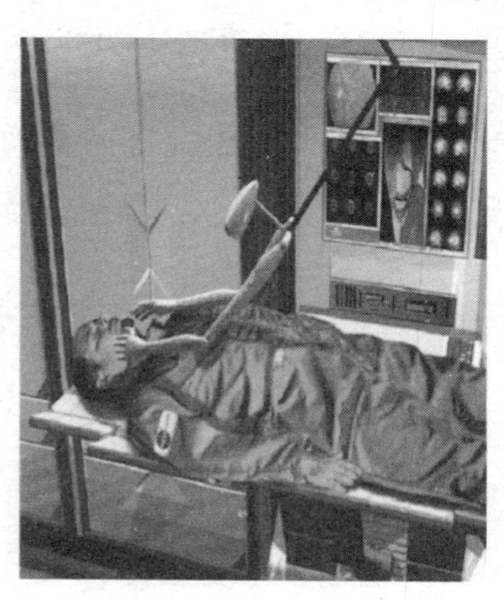

图 11－5　火星医疗评估站——画家帕特·罗林（Pat Rawling）的作品

11.2.5.5　飞行后再适应

基于阿波罗任务的经验和月球上未发现微生物的事实，从月球返回的航天员将可能不需要隔离检疫期。但是，航天员从火星返回将是一个有里程碑意义的事件，现在仍然需要有对这些航天员进行检疫和不检疫的详细方案。至少对于第一名航天员应该返回到一个 5

级控制设施里，预防可能来自火星微生物的污染。航天员同样需要保护免受地球上的细菌和病毒感染，直到他们的免疫系统功能恢复正常。

航天员进行飞行后全面的医学和心理学测试，测试数据将提供给航天员飞行医生，并供作医学研究资料。然后航天员将进行为期3～6个月的康复，可能包括按摩、氧疗和循序渐进的行走。在第1周，可以实行日常生活协助活动。在医学隔离以后，航天员将逐步增加负荷量，进行有氧和阻抗锻炼，使力量、耐力和骨骼的无机物含量恢复到基础水平。由于空间飞行的社会和政治影响很大，航天员将面临非常大的新闻宣传方面的压力。第一次记者见面会需要安排在检疫隔离区内。满足媒体的采访要求是很难的，因为既要保护航天员的健康，同时在飞行后还要留出时间让航天员汇报飞行情况，和进行身体康复。

标准化的医学文件对空间任务的医学支持计划有明确的规定，比如“空间飞行航天员健康标准”和“航天员医学评估要求”。这些文件规定了医疗关注等级和空间飞行器管理人员必须遵循的任务适应标准，确保航天员操作飞行器，并在其中健康生活和安全地完成飞行任务。

即使最好的医疗支持和对抗系统也不能缓解所有的空间飞行对健康带来的风险。美国医学研究所的一个委员会在2001年接到任务，制定超越地球轨道飞行时的航天医学的展望。这个委员会用下面的陈述对其报告进行了总结：“航天飞行本来就是危险的。……如果不解决长期的地球轨道以外的飞行对人类健康的危害问题，那将是对人类深空探险的最大挑战。……由于对风险的本质和基本原因缺乏整体的理解，使得寻求解决方法的过程显得非常困难。”太空医学组织在未来的主要目标是开发和验证人类进行太阳系探险必需的所有对抗措施。人工重力可能是对抗措施中的一个关键部分。

11.3 人工重力研究中的医学监督

对于使人员暴露在高 g 和急性高 g 应力下的离心式操作进行连续的医学监督是必要的，例如那些在空战技能训练的飞行员中经常使用的操作（图 11－6）。在人工重力的研究中，受试者大多暴露在并不非常剧烈的加速环境中，其中的许多医学问题是相同的，医学监督的途径也类似。多数试验方案要求医监医生在场，并提出试验终止标准的预案，预案可能依据试验研究的特点而有所变化。为有效防范与离心有关的生理应激导致的最普遍化的问题（如运动病、晕厥前症状和心律失常等），进行警惕的监督和及时反应是非常必要的。另外，离心机的工作人员必须经过适当的培训并配备必要的装备，以对受伤的试验人员和发生严重医疗事故的人员提供有效的初步治疗。

图 11－6 宾夕法尼亚州约翰斯维利（Johnsville）美国海军航空医学加速度实验室的水星号飞船航天员训练计划中使用的第一台人用长臂离心机。水星号飞船航天员沃尔特·M·希拉（Walter M. Schirra）准备进入离心机吊舱。照片获 NASA 授权

11.3.1 晕厥

离心机上的受试人员，其晕厥前症状和发生晕厥常常是由于沿人体纵向（G_z）分布的重力梯度直接作用引起静脉血在下肢淤积所致。静脉回流受阻，导致了心输出量减少和大脑血流灌注不足。依据个人的耐受力、离心机特定构造和起始速率的不同，在短臂离心机上诱发晕厥所须的重力梯度是不同的。一项短臂离心仰卧状态的研究表明，当足部的重力水平达到 1.5g 的时候，由重力梯度引起的心血管反应非常明显（Hastreiter，Young，1997）。在此研究中，受试者头部顶端位于旋转的中心，而且作者报道一些受试者足部的重力低至 2g 时就会发生晕厥。一个经证实的研究表明，在受试者仰卧位腿部屈曲、头部距离旋转轴 66 cm 的状态下，其可耐受 6.4g 的重力作用（Burton，Meeker，1992）。这项研究中还提到与较快的起始速率（1 g/s）相比，缓慢起始速率（0.1 g/s）下的耐受性更好。

值得一提的是，受试者在短臂离心机发生的体位应激调节的晕厥与重力所致意识丧失机制是不同的。在高负荷和军用航空领域重力所致意识丧失是一个重要的论题，并在高性能离心机上得到了广泛而深入的研究。由于抗荷服的应用限制了静脉淤滞，目前认为重力所致意识丧失的发生机制主要是与快速起始的高 G_z 加速度引起的脑部流体静压突然下降有关（Self，等，1996）。就短臂离心机而言，其起始加速度不超过几分之一 g/s。尽管上述两种情况的发生机制和通常的起始速率有差异，但实质上均可造成大脑血流减少，并导致了同样的神经系统症状。因此，医学监督模式与大功率离心机运作时同样至关重要。

11.3.2 先兆症状

先兆症状[①]可包括视野变窄（视野收缩）、面色苍白、虚弱、头

---

① 前驱症状是医学事件或疾病最初表现出来的症状。

晕目眩、听力下降、恶心、打哈欠以及感到温热或寒冷。不断通过语音通讯链路与受试者进行交流是评价晕厥前症状最有效的方法（图 11－7）。主观数字量表可以用来评价恶心和综合的健康状况，而视频医学监督有助于对发汗、面色苍白或反复哈欠做出直接评价。

采用简单的评价工具光条可以识别是否发生了管状视野，这种设备已在高 g 离心操作时用来检测即将发生的重力所致意识丧失。典型的光条构造是中心有一个红灯，红灯两侧各 35.5 cm 处的有两个绿灯。中心灯放置在距离受试者面部固定的距离（76 cm）。受试者在接到指示后注视中心红灯，若主观感觉绿灯的亮度减弱，即表明开始发生边缘视野消失。

图 11－7　水星－阿特拉斯 7 任务首位航天员 M·斯科普特·卡彭特（M. Scott Carpenter）在宾夕法尼亚州约翰斯维利美国海军航空医学加速度实验室的离心机训练时的特写镜头。照片获 NASA 授权

11.3.3　心率

其他有用的监护方式包括连续心电图（electro－cardiography，

EKG）描记和血压测量。另外对于心律失常的监测，心电图是连续检测心率的可靠途径。离心过程可引起持续压力感受器介导的心率加速。根据采用 g 水平的不同，仰卧的受试者心率增加百分比很容易就达到 40%～60%（Vil - Viliams，等，2004；Miyamoto，等，1995）。在长臂离心机的研究中也发现了类似反应（Vettes，等，1980），推测这可能与每搏量的相对降低有关。

尤其对一些初次参加试验的受试者而言，有时可以在离心前就出现心动过速。心率在 100～140 min^{-1} 范围内的心动过速，许多受试者可耐受 30～60 min 以至更长时间，对那些出现渐进性心率加速的受试者应密切监测失代偿信号。

心动过缓现象有时会在持续的高 g 暴露下出现，但由于一般不适用抗荷动作和抗荷服，因此在人工重力离心作用下并不常见（DeHart，Davis，2002）。可是，如果突然发现开始出现心动过缓，多数方案均会适时要求终止试验。离心时这样的心率快速下降可能引起心输出量明显的突然减少和晕厥。医监人员应该记住，快速的减速（1 g/s）所引起的静脉回流突然增加和交感紧张度的下降实际上可以通过减缓房室结的传导而加剧窦性心动过缓（Zawadzka - Bartczak，Kopka，2004）。因此，适度减速可能更为适当。

11.3.4 血压

血压通常采用自动血压测量系统进行间断性监测。光学体积描记术已经在离心过程中被成功应用于连续血压的测定（Serrador，等，2005；Vil - Viliams，等，2004），张力测量设备（Jentow®，Colin）的应用也有报道（Iwasaki，等，1998）。可是与传统的血压计相比，这些设备通常可靠性较差，故传统的血压套袖测量系统应作为备份设备。在此类应用中人们普遍认为有创血压监测的方法是不合适的。

在已出版的文献报道中，关于短臂离心时血压改变的类型并不一致。例如，米亚莫托（Miyamoto）等（1995）研究发现在 G_z 方向施加 2.2g 时，平均动脉压由 70 mmHg 上升为 90 mmHg，平均动脉压的增加和重力水平的增加表现为平行增长。另外一项研究则报道：伴随着舒张压轻微上升，收缩压则轻微下降（Vil – Viliams，等，2004）。第三项研究显示，脉压小幅度下降且具有统计学差异，这主要是由于 G_z 加速引起的舒张压升高所致（Hastreieter，Young，1997）。

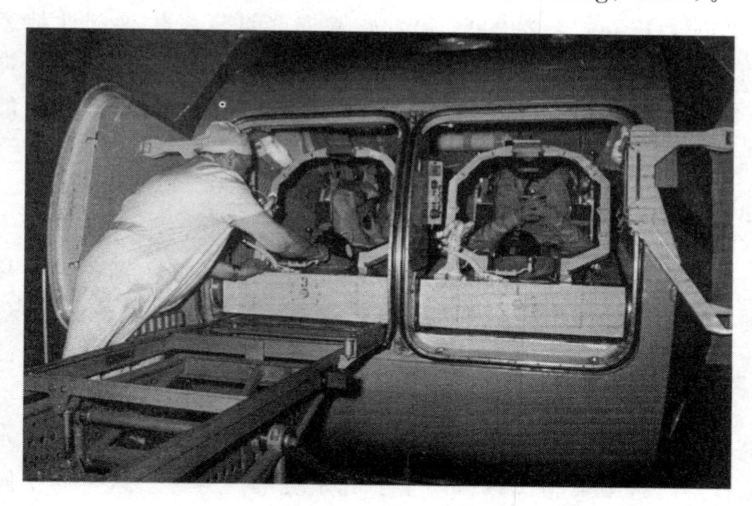

图 11 – 8 技术人员跨过高 *g* 离心机的臂为进行两名受试者的试验作准备

出于医学监督目的，只有当离心力达到恒定速度后，才能确认血压是否保持在相对稳定的水平。通用的终止标准一般包括收缩压的下限（例如，70 mmHg），要附加其他的条件（例如，收缩压低于 90 mmHg 且心动过速大于 140 min^{-1}，或者收缩压下降 25 mmHg）才能定义为低血压。总之，在晕厥前兆出现前，采用间歇方法监测血压的突然降低较困难。假如测量设备非常可靠，那么连续血压监测可能会更有用一些。

在进行所有离心操作时，应尽早识别晕厥前兆和体征，以防止晕厥的发生。症状快速恶化是试验终止的明确指征。缓和或缓慢进展的症状有时可通过下肢末端肌肉收缩而得到改善。受试者通常可以采取小幅度弯曲膝部或用脚趾按压踏板来完成这种缓解措施。下体运动至少部分增加了静脉回流的试验结果从理论上支持这种方法的正确性（Caiozzo，等，2004）。

若受试者在试验终止前发生晕厥，那么在减速过程或减速后的较短时间内应该会迅速恢复。应该记住的是在重力所致意识丧失和神经系统调节的晕厥情况下，常常会发生肌肉震颤（DeHart，Davis，2002；Kapoor，2000）。因此，除非受试者发生局部性神经障碍、头痛、与癫痫发作一致的一些表现（例如，癫痫发作后精神错乱）或者同时存在有危险的心率失常，并没有必要开展广泛性的基础性研究。

11.3.5 运动病

一般情况下运动病的症状的发展是可预测的循序渐进的，从嗜睡到感情淡漠、胃不适、恶心、面色苍白、冷汗、干呕，然后呕吐。其他可能的症状包括多涎、头痛、嗳气、发热、肠胃胀气和食欲减退。运动病的发生机制的传统理论解释是感觉神经传入发生冲突的结果。相关的理论观点是，在人工重力环境下，半规管在运动水平面上移动，科里奥利氏力作用于前庭系统的内淋巴。这可产生倾斜感的错觉和眼球震颤，从而诱发运动病（见 4.3 节）。与急转头动相比，头部的俯仰可明显引起症状刺激（Young，等，2001）。头部运动后可记录到短暂的心率加速（Hecht，等，2001；Young，等，2001）。

当离心机运行时，为了防止刺激症状，应尽可能随时提醒受试者避免头部运动。如果头部运动是必须的话，那么在运动时应尽量缓慢。试验中需要重复参加离心试验的受试者最好进行一些旋转环境的适应性训练（Young，等，2001）。主观评价量表常常有助于判别症状的严重程度。出现进行性或严重的症状时，必须终止试验。相对较慢的减速对受试者来说更为舒适。快速的减速应适用于已经进展到呕吐和要呕吐的受试者。

11.3.6 心律失常

除了心率监测外，心电图的连续监测可以提示节律和传导紊乱。

现已证明采用相互垂直导联足以满足监测的目的，比如双腋导联和一个胸骨导联或者一个改良的胸导联。尽管在离心机训练的早期阶段，没有要求对受试者进行心电图监护，但由于已出版的研究文献证明普通人在执行空军标准训练时会频繁发生心律失常，因此受试者的心电图监护已成为在大负荷离心时的标准手段（Whinnery，1990）。此后的研究证实高 g 诱导的节律紊乱非常普遍，超过 90％的战斗机飞行员执行高 g 训练任务时存在某些种类的心律紊乱。窦性心律不齐的定义是两次连续心搏的速率变化超过 25 min^{-1}，这是最为普遍的心律失常。在航天飞行乘组人员有时进行标准高 g 离心训练时，其发病率可达到约 50％～80％。偶发的室性早搏（premature ventricular contractions，PVCs）是第二种最常发生的心律失常，发病率约 60％。其他类型的心律失常，如房性早搏（premature atrial contractions，PACs）、窦性心动过缓、房性异位节律、结性节律、二联律、三联律以及房室分离也都是常见的（DeHart，Davis，2002；Hanada，等，2004）。

多数心律失常发生在模拟空战动作或快速起始的 $+G_z$ 暴露。由于在人工重力研究方案中剧烈程度通常低很多，而且不包含抗荷动作，故整体心律失常的发生率更少。可是将良性心律失常与那些显示具有潜在心脏疾病的心律失常或增加风险的危险节律（例如延长的窦性停搏、房室分离、心室颤动或持续性室性心动过速）相区别仍然是重要的。哈纳达（Hanada）等（2004）最近的一篇文章分析了日本空中自卫队航空医学实验室累积的 2 年内共 195 名男性战斗机飞行员离心机训练的数据，利用其积累的临床经验和其他有关方法，例如用改良 Lown 标准将由异位心室节律导致临床危险进行分级，该团队提出中止高 g 训练的心律失常依据标准。他们把心律失常划分为 3 种类型（表 11－3）。

这种方法与许多人工重力研究中措施是类似的（例如，Iwasaki，等，1998）。在要终止离心机运行时，医学监护应该针对特定心律失常提出适合的减速速率。许多有危险的心律失常，如心室颤动，可能需要配备基本或高级的心功能救护设备。在这些情况下，快速减速以避免延误对受试者处理是合适的。快速减速也有助于中止阵发性室上性心动过速（paroxysmal supraventricular tachycardia，PSVT）反复发作（Zawadzka－Bartczak，Kopka，2004），但是可能加剧窦性心动过缓。

表 11－3　中止高 g 训练下心律失常的分类标准

类别	行为要求	心律失常类型
正常生理反应	连续离心方案	窦性心律不齐 偶发性室性早搏 偶发性室性早搏
临界状态	非连续离心训练	频发性房性早搏 频发性房性早搏 两次或三次室性早搏（二联律，三联律） 非持续性室性心动过速 Mobitz Ⅰ型房室传导阻滞
危险状态	禁止离心训练	心房颤动 心房扑动 阵发性室上性心动过速 持续性室性心动过速 心室颤动 病态窦房节综合征 Mobitz Ⅱ型房室传导阻滞（或更高） 心脏停搏

注：引自哈纳达（Hanada）等（2004）。

针对研究目的，需要对出现的一些边界变化预先制定终止标准，如定义终止指标是每小时超过 30 次的室性早搏或频发的一分钟超过 6 次室性早搏。其他一些基于心电图的终止标准包括：ST 段的抬高或降低，以及室性早搏落到前一次搏动的 T 波上（R 波落到 T 波上）。对心动过速的最高限值（例如高于 180 min^{-1}）也应进行规定。T 波的改变应该引起注意，其中包括 T 波低平、倒置和出现双相 T 波。这些改变常在高 g 运行开始时发生，一般在运行的后期消失

(DeHart，Davis，2002)。上述状况一般不被作为高 g 离心的终止条件。这种现象在人工重力的研究中未见报道，而且在人工重力环境下是否应作为一种良性现象尚不明确。

11.4　危急情况

必须提前制定详细急救计划。虽然受到充分监护的受试者发生心脏或呼吸停止的可能性较小，还是应该为离心机工作人员配备最基本的生命救护和除颤设备。进一步的心脏生命支持能力必须依赖于及时可用的急救医疗服务。应该执行将受试者从装备中撤离并迅速转移到医院的计划。对所有责任岗位人员的经常性培训也应是常规计划的一部分。

参考文献

[1] Ball JR，Evans CH（eds）（2001）Safe Passage：Astronaut Care for Exploration Missions. Institute of Medicine. National Academy Press，Washingtong DC. Accessed on 21 July 2006 at URL：http：//darwin. nap. edu. /books/0309075858/html.

[2] Balldin UI，Webb JT（2002）The effect of simulated weightlessness on hypobaric decompression sickness. Aviat Space Envion Med 73：773 - 778.

[3] Boonyaratanakornkit JB，Li CF，Schopper T et al.（2005）Key gravity - sensitive signaling pathways drive T cell activation. FASEB J 19：2020 - 2022.

[4] Burton RR，Meeker LJ（1992）Physiologic validation of a short - arm centrifuge for space applications. Aviat Space Environ Med 63：476 - 481.

[5] Caiozzo VJ，Rose - Grotton C，Baldwin KM et al.（2004）Hemodynamic and metabolic responses to hypergravity on a human - powered centrifuge. Aviat Space Environ Med 75：101 - 107.

[6] Clément G（2005）Fundamentals of Space Medicine. Microcosm Press，El Segundo and Springer，Dordrecht.

[7] Davis J（1998）Medical issues for a mission to Mars. Symosium on Space Medicine. Texas Medicine 94：47 - 55.

[8] DeHart RL，Davis JR（eds）（2002）Fundamentals of Aerospace Medicine. Third edition. Lippincott Willams and Wilkins，Philadelphia.

[9] Hanada R，Hisada T，Tsujimoto T et al.（2004）Arrhythmias observed during high - g training：Proposed safety criterion. Aviat Space Environ Med 75：688 - 691.

[10] Hastreiter D，Young LR（1997）Effects of a gravity gradient on human cardiovascular reponses. J Gravit Physiol 4：23 - 26.

[11] Hecht H，Kavelaars J，Cheung CC et al.（2001）Orientation illusions and heart rate changes during short - radius centrifugation. J Vestib Res

11：115－127.

[12] Iwasaki K，Hirayanagi K，Sasaki T et al.（1998）Effects of repeated long duration ＋2 Gz load on man's cardiovascular function. Acta Astronautica 42：175－183.

[13] Jones JA，Barratt M，Effenhauser R et al.（2004）Medical Issues for a Human Mission to Mars and Martian Surface Expeditions. J British Interplan Soc 57：144－160.

[14] Kanas N，Manzey D（2003）Space Psychology and Psychiatry. Space Technology Library 16，Springer，Dordrecht.

[15] Kapoor WN（2000）Syncope. New England J Med 343：1856－1860.

[16] Kaur I，Castro VA，Mark Ott C et al.（2004）Changes in neutrophil functions in astronauts. Brain Behav Immun 18：443－450.

[17] Kaur I SE，Castro VA，Ott CM et al.（2005）Changes in monocyte functions of astronauts. Brain Behav Immun 19：547－554.

[18] Lane H，Schoeller D（eds）（2000）Nutrition in Spaceflight and Weightlessness Models. CRC Press，Boca Raton.

[19] Lupton J（2001）Nutritional countermeasures to radiation exposure. Bioastronautics Investigators Workshop. NASA/NSBRI Houston，pp280.

[20] Miyamoto A，Saga K，Kinoue T et al.（1995）Comparison of gradual and rapid onset runs in a short－arm centrifugation. Acta Astronautica 36：685－692.

[21] Nicogossian A，Huntoon C，Pool S（eds）（1994）Space Medicine and Physiology，3rd edition. Lea and Febiger，Philadelphia.

[22] Pilmanis AA，Kannan N，Webb JT（2004）Decompression sickness risk model：development and validation by 150 prospective hypobaric exposures. Aviat Space Environ Med 75：749－759.

[23] Pool S，Davis J（2006）Space medicine roots：Historical perspective for the current direction. Aviat Space Environ Med，in press.

[24] Prasad KN（1995）Handbook of Radiobiology. CRC Press，Boca Raton.

[25] Purevdorj－Gage B，Hyman LE（2006）Effects of low－shear modeled microgravity on cell function，gene expression，and phenotype in Saccharomyces cerevisiae. Appl Environ Microbiol 72：4569－4575.

[26] Self DA, White C, Shaffstall RM et al. (1996) Differences between syncope resulting from rapid onset acceleration and orthostatic stress. Aviat Space Environ Med 67: 547 - 554.

[27] Serrador JM, Schlegel TT, Owen Black F et al. (2005) Cerebral hypoperfusion precedes nausea during centrifugation. Aviat Space Environ Med 76: 91 - 96.

[28] Simonsen LC (1997) Analysis of lunar and Mars habitation modules for the space exploration initiative. In: Shielding Strategies for Human Space Exploration. NASA, Washington DC, NASA CP - 3360, pp43 - 77.

[29] Stanford M, Jones JA (1999) Space radiation concerns for manned exploration. Acta Astronautica 45: 39 - 47.

[30] Stowe RP, Pierson DL (2003) Effects of mission duration on neuoimmune responses in astronauts. Aviat Space Environ Med 74: 1281 - 1284.

[31] Taylor A (1992) Role of nutrients in delaying cataracts. Ann NY Acad Sci 669: 111 - 123.

[32] Townsend LW, Stephens DL, Hoff JL (2003) Interplantary crew dose estimates for worst case solar particle events based on the historical data for the Carrington flare of 1859. Proceedings of the 14th IAA Humans in Space Symposium, May 20th, 2003, Banff, Alberta, Canada.

[33] Vettes B, Vieillefond H, Auffret R (1980) Cardio vascular responses of man exposed to +Gz accelerations in a centrifuge. Aviat Space Environ Med 51: 375 - 378.

[34] Vil - Viliams IF, Kotovskaya AR, Lukjanuk VYu (2004) Development of medical control of man in conditions of +Gz acceleraitons at short - arm centrifuge. J Gravit Physiol 11: P225 - P226.

[35] Waligora JM, Hawkins WR, Humber GF et al. (1975) Apollo Experience Report Assessment of Metabolic Expenditures. NASA, Washington DC, NASA TN D - 7883.

[36] Watson RR, Mufti SI (eds) (1996) Nutrition and Cancer Prevention. CRC Press, Boca Raton.

[37] Webb JT, Pilmanis AA, Balldin UI (2005) Decompression sickness during simulated extravehicular activity: ambulation vs. non - ambulation.

Aviat Space Environ Med 76：778 - 781.

[38] Whinner JE（1990）The electrocardiographic response to high ＋Gz centrifuge training. Aviat Space Environ Med 61：716 - 721.

[39] Wilson JW，Cucinotta F，Thibeault SA et al.（1997）Radiation shielding design issues. In：Shielding Strategies for Human Space Exploration. NASA，Washington DC，NASA CP - 3360，pp 109 - 149.

[40] Young LR，Hecht H，Lyne LE et al.（2001）Artificial gravity：Head movements during short - radius centrifugation. Acta Astronautica 49：215 - 226.

[41] Zawadzka－Bartczak EK，Kopka LH（2004）Centrifuge braking effects on cardiac arrhythmias occurring at high ＋Gz acceleration. Aviat Space Environ Med 75：458 - 460.

第12章　人工重力研究中的安全问题

约翰·拜厄德（John Byard）
拉里·米克（Larry Meeker）
兰德尔·赖纳特森（Randal Reinertson）
威廉·帕洛斯基（William Paloski）
美国国家航空航天局约翰逊航天中心，美国得克萨斯州休斯敦（NASA Johnson Space Center，Houston，Texas，USA）

人工重力通常是通过让人乘坐在旋转的设备（载人离心机）中进行旋转而获得，但这会给受试者、操作人员以及设备带来实质性的安全问题。本章讨论的关于离心方法的安全问题由自然科学家、工程专家、安全问题专家和医学专家提出。这些专家来自圣安东尼奥（San Antonio）布鲁克斯空军基地、位于休斯敦的美国国家航空航天局约翰逊航天中心、位于加尔维斯顿（Galveston）的得克萨斯大学医学部以及航天飞机委员会，他们在载人旋转方面有几十年经验。我们先概览一下在设计载人离心装置和设备时必须考虑的基本安全准则，然后再讨论用于人工重力研究的离心机及其支持设备设计与操作相关的特定的安全问题。

12.1　通用安全原则

12.1.1　系统安全

系统安全分析提出了系统地有针对性地识别危险、确定这些危险的风险等级及消除和控制风险的方法。系统安全的管理思想是通过好的设计尽可能早地识别出潜在的危险，尽可能多地消除危险，并控制无法消除的各种危险。系统安全程序是一个从概念设计阶段开始并贯穿于初步设计、详细设计、生产加工直至使用操作的相互作用的过程。表 12－1 列出了安全分析的功能。

图 12－1　位于圣安东尼奥的布鲁克斯空军基地的长臂离心机为航天员提供在飞船发射阶段承受的加速度。照片获 NASA 授权

表 12－1　系统安全性分析的功能

1）为确定安全准则及安全需求奠定基础

2）确定是否及如何将安全准则和安全需求纳入设计阶段和操作阶段

3）确定纳入设计阶段和操作阶段的安全准则及安全需求是否已经能够将风险降低到系统可接受水平

4）为预先制订安全目标提供手段

5）为证实安全目标已经达到提供手段

系统安全分析过程应结合顶层管理和工程分析，采取综合的系统的方法管理风险。不管什么问题，第一步都要确定边界条件并对问题进行分析，即确定需要保证安全的范围和等级。负责人必须清楚需要什么样等级的安全及为其所需付出的代价。项目组必须回答这样一个问题：什么样的安全才够安全？

12.1.1.1 危险识别与分析

对系统安全程序来讲，危险识别是至关重要的，因为没有第一步的危险识别就不可能保障系统安全及充分地控制风险。危险识别过程是头脑风暴式地尽可能多地辨别出可信的危险的过程。通过这个过程，项目组形成“初步危险清单”。表 12－2 所列方法部分或全部被用于该过程。

表 12－2 危险识别过程所用方法

1）勘察现场及设施
2）与设施相关职员沟通
3）召集技术专家进行小组座谈
4）分析并比较类似系统
5）识别适用的信息、标准及规范
6）复核相关技术数据（如有关电的和机械的设计图纸、分析报告、操作手册及流程、工程报告等）

一旦识别出，须对每一个潜在的危险进行分析，以确定潜在危险的原因及后果。这可以使人们明白每个危险是如何影响系统的。它可能会怎样发生？如果发生了后果是什么？它们是灾难性的还是临界的？危险分析可以使项目组确定哪些危险会造成重大风险。有了这些信息，就可以将风险划分等级，项目组可以确定做出什么样的保证。

12.1.1.2 危险控制

经过评估风险并根据它们的重要程度划分等级后，项目组必须通过设计消除危险或者控制危险所造成的影响。危险控制主要分两类：工程控制和管理控制。工程控制是首选的解决方案，因为该方法是通过硬件或者软件的调整，完全消除危险或将危险降低到可接受的水平。工程控制的实例包括：在压力系统中增加一个安全阀，如果运转中有门被打开可通过联锁机构中止离心机的运转，增加机械式传感器检测超速状态等。管理控制通常是对组织自身的一些管理制度的改进来减少危险发生的概率。发布并实施一套离心机安全计划是实行管理控制的好方法。其他的例子还有：制订规范化的用于正常情况及应急情况的操作程序，对所有的工程更改的申请单和图纸都应由授权安全工程师进行签署，对离心机或设备的任何改进都要得到中间管理机构的认可。

一旦确定了控制措施，就应对其进行验证，以确保这些措施实际上能够控制危险及把风险降低到可接受水平。危险控制验证的有效方法是采用闭环跟踪及解决程序（表 12－3）。

表 12－3　系统安全程序

步骤	采取措施
1	目标确定
2	系统描述
3	危险识别
4	危险分析
5	风险评估
6	危险控制
7	控制验证
8	残余风险可接受吗 如果可接受，进入第 9 步 如果不可接受，修改系统，返回至第 3 步
9	通过文件说明风险是可接受及合理的
10	系统复核（定期）

12.1.2　安全分析技术

安全分析是一把伞，在这把伞下项目组进行其他标准的工程分析。安全分析的目的是帮助项目组识别还需要进行哪些类型的分析。对离心机项目组来说，很多安全分析技术在系统的生命周期内都是有用的。有些很复杂，另外一些则很简单。有些是定量的，有些是定性的。以下是在机械系统中比较常用的、经过验证的用来评价、控制及减小风险的工具和方法。

12.1.2.1 危险分析

危险分析过程是一个用于系统内进行识别、评估以及控制危险的系统性综合方法。传统上，危险分析过程如表 12－4 所示。

表 12－4 危险分析过程

1）系统定义
定义物理特性、功能特性，理解并评估人员、过程、设施、设备和环境
2）危险识别
识别危险及不期望事件
明确引发危险的原因
3）危险评估
明确危险的严重性
明确事件的可能性
明确是否能接受该风险或消除/控制危险
4）危险解决
承担风险
采取正确行动
消除危险
控制危险

12.1.2.2 过程危险性及可操作性分析

危险与可操作性研究是在系统内识别过程危险及故障的系统性的一组方法。工程组人员按照方法分析系统，通过一系列引导性词句询问什么样的情形会使其偏离预期操作及这样会有何后果。

12.1.2.3 故障树分析

故障树分析是可靠性工程及系统安全工程都普遍采用的图解法。这是自上而下进行推理的方法，是一种非常有效的定性分析工具。工程师假定一个顶事件，然后从顶事件向下分支，系统性地列出各种并行、或串行、或并行串行兼有的会导致该不期望的顶事件发生的故障。

12.1.2.4 故障模式与影响分析

故障模式与影响分析识别某特定部件所有的故障模式及这样的

故障会给系统带来什么样的后果。故障模式与影响分析与故障树分析恰恰相反：它是一个自下而上的方法，从系统的部件开始，识别该部件的潜在故障模式，并分析每种故障模式如何影响整个系统。

12.1.2.5　人因安全分析

人因安全分析的目标是识别并纠正可能导致重大危险的人的错误状态。根据要求的详细程度要求，该分析可以是定性的，也可以是定量的。

12.1.2.6　软件安全分析

软件安全是系统安全领域中的新成员。随着计算机和微处理器不可思议的发展，它们的安全控制变得既重要又困难。最基本的软件安全分析过程应包括表 12－5 所列活动。

表 12－5　软件安全分析过程

软件安全分析过程
1）软件需求分析
2）顶层系统危险分析
3）详细设计危险分析
4）代码危险分析
5）软件安全测试
6）软件用户接口
7）软件更改分析

12.1.2.7　能量轨迹及能量障碍分析

能量轨迹及能量障碍分析的目的是通过追踪系统的能量输入、能量流向、能量输出来识别危险。危险被定义为：能量源反向地影响未受保护的或敏感的目标。

12.1.2.8　潜回路分析

潜回路分析是一种形式分析，确定某个信号或能量（电、气等）在传输通道或流程中每一种可能发生的合并。其目的是识别出回路中所有的通道都是设计出来的，并且不是因故障而形成的。

12.1.2.9 因果分析

因果分析采用类似于故障树的符号逻辑树。分析工程师从冲击或反向冲击系统的某个偶然事件或故障入手，进行自下而上的分析。在对逻辑树进行量化和分析的每一步，都同时进行故障概率的计算。

12.1.3 通用安全小结

总之，如果在早期设计阶段就对所有故障模式及与这些故障模式相关的风险进行分析，就能很好地保证系统安全性。并不需要很高的成本、尖端的技术及耗费很多时间。系统的复杂性决定了系统所需要的安全等级。

12.2 离心机系统设计中要考虑的危险

12.2.1 机械危险

12.2.1.1 锋利的边缘及尖角

离心机系统设计应考虑避免锋利的表面、边、尖头、气割边、电线断头、螺钉头、角、突出的托架、铆钉、锁等。这些都可能对操作人员及受试者造成危险，以及因电线或电缆磨损引起设备故障。设备安装固定应考虑不妨碍受试者及操作人员的活动。裸手抓握的物体必须不能有看不见的毛刺或锋利的边沿。所有长期运转的自由部件应经常对可能引起锋利的边沿及引发部件故障的磨损情况进行检查。不运转的设备及其部件应很好遮盖，以防无意中的暴露。

12.2.1.2 机械储能

在离心机设计中应避免使用储能的机械装置（弹簧、杠杆、扭力杆）。运转的离心机具有可以移动物体及加重装置载荷的特性，从而引起受试者、操作人员及维护人员不期望的潜在的能量状况的改变。

如果储能装置必不可少，那么必须提供如标签、锁、保护装置、警告指示等安全措施。弹簧加力装置应具有储能释放手段。存储的能量不能引起反弹。所有存储的能量源都必须采取措施，或隔离，或标识，以防维护人员触及。

12.2.1.3　运动或旋转部件

为保护受试者及操作人员免受运动或旋转部件的伤害，设计者应提供机械防护措施，防止人员接触旋转部件端部，或在旋转中捏夹端部。防护措施必须能够在整个操作运行过程中防止受试者或操作人员身体的任何部位处于危险区域。

对大多数操作来讲，通过简单的防护或保护装置，只要合理设计、安装、维护及最为重要的正确使用，就可获得充分的保护。机械防护最常用的方法是：加保护盖、互锁装置、采用远程控制、使用双保险装置、电子安全装置、可移动设备、可移动障栏等。

在离心机运转期间，为操作人员提供并保持一个安全的工作环境是必要的。表 12 - 6 列出了几个实际常用的方法。

表 12 - 6　在离心机现场提供安全工作环境的实用方法

1）大门联锁，离心机运转中门被打开则中止离心机运转
2）警告灯，声音报警器，警示牌
3）采用远端控制，通过建筑隔离物（墙）将操作控制台与离心机隔离开。在设计或确定这些隔离物的时候，应仔细考虑离心机运转转速上限时如有部组件被甩出释放的能量及隔离物的承受能力

12.2.1.4　接触温度

当皮肤温度达到 45 ℃（113 ℉）时会出现组织烧伤。超过该温度值的物体表面触摸起来是否安全取决于触摸时间的长短、热量传导的程度（表面光滑程度、接触力、接触面积）以及材料的表面传热率。

12.2.1.5　声学方面

通过科学手段限制可以将较大的声音驱除，工作场所的噪声等级在 8 小时工作日不应超过平均 85～90 dbA。如果噪声等级超过该最大限值，就必须通过切实可行的调节控制手段，如限制在噪声环境的暴露时间，或者其他工程方法，如封闭产生噪声的设备。如果这样做也不能有效降低噪声，则必须提供听力保护措施，以降低所承受的噪声等级。

12.2.1.6 高压系统

在离心机制动系统或装载的其他可拆卸设备中可能会有液压的或气动的传动机构。高压系统存在的危险多数是因泄漏、脉冲、振动和过压引起的故障所产生。除可以预见到的高压气体泄漏所引起的危险外，如果一个容器或管道破裂，吹出的高压气流和碎片以及破损的高压玻璃管、管路或软管的抽打还会导致致命的伤害。通过精细的工程技术手段可实现压力系统的安全：确保组件的结构完整性，对压力和流量进行调节，提供压力释放途径。

很多特定的国家、地区、州及市政当局都有详细的关于压力系统和压力容器设计和操作强制执行的规定和规范。所有的压力系统设计都应使系统中最低级别的组件都有相对于最大允许工作压力至少4.0的设计安全系数。为确保最大允许工作压力不被超过，必须有压力释放装置。任何系统的最大运行压力都必须低于最大允许工作压力的10％～20％。安全阀和断裂片设定值不能高于最大允许工作压力。

压力系统应由与要求的功能等级相匹配的组件构成。这意味着金属软管和标注压力等级的配件与系统的功能相适应。可以采用软管和可弯曲的管子，但须要附加保护措施。压力等级不够的器件，如聚乙烯管、外科手术用的橡皮软管、水龙头管等，用于压力场合都是不可靠的，一旦有问题就会引发危险，必须禁止使用。但这些器件可用于低压的流动慢的气体。压力系统还必须具有可靠的压力调节手段。所有系统都应配置工业标准调节器。强力推荐所有的压力调节器都进行标准的预防性维修。所有的压力系统都应进行测试以确认其完整性。当地政府有权要求必须进行特定的测试。

12.2.2　危险能源控制（锁定或标识）

机械能有动能（运动的能量）和势能（存储位置能量）两种形式，可由电的、气动的、液压的、热力的及机械的能量转化而来。当设备需要进行保养或维护时，所有的能量源都必须隔离、锁定和标识。零能量状态或者零应力状态是指所有能源都处于中立（受控）状态的机器。

当进行维护或保养时，能源锁定/标识（Lock - Out/Tag - Out，LO/TO）规程给出了采用能量隔离装置的最低要求。通常在维修人员实施维护和保养前，应确保设备是停止的，并与所有的潜在危险能源相隔离和锁定，以防止维护和保养过程中因意外受能、或启动、或释放存储的能量引起伤害（表 12 - 7）。

公共机构最好为他们的组织或设备建立锁定/标识制度。不了解该制度的人员应与设备工程部门或安全部门接触，以获得该制度或培训。

表 12 - 7　锁定/标识制度至少应包含的内容

1）通知用户维护或保养活动即将实施
2）对所维护保养设备的相关危险已了解
3）启动能量隔离装置以使设备与能源隔离
4）锁定能源隔离装置
5）释放存储的或残余的能量
6）维护工作完成后确认设备可再启动
7）确保所有人员都已完成工作并解除每个锁定
8）验证所有的控制都是中性的
9）解除所有锁定，为设备供能

12.3　离心机设计中的安全

用于人工重力研究的转动体（离心机）无论在设计上还是在复杂程度上都有很大差别。有的是电机驱动，而另一些则由受试者操作某种装置提供动能运转机器。一些只能容纳 1 位受试者，而另一些能同时容纳多位受试者。每种设计都有自己的危险、安全因素和降低风险的难点。本部分讨论的是所有离心机都共有的安全设计要素。

12.3.1 结构设计

离心机结构设计涉及很多重要的安全问题。任何一个结构上的重大断裂或变形都会对受试者、操作人员、设备带来灾难性的影响。大多数离心机通常都由三个部分组成：电机及其驱动装置、转臂、受试者平台（吊舱）。设计的电机驱动力主要由结构部分的转动惯量和期望的系统性能决定。也就是：能在臂架附属物上产生拉力载荷的最高转速（最大重力值）和能增加驱动系统扭矩的角加速度（重力值增长率）。这些要求还影响到电机驱动系统与地基结构连接设施的设计，因为这些接口需要传递和吸收来自于离心机的静载荷和动态惯量载荷。臂架所需要的强度通常是由系统需要的角加速度决定，角加速度会给臂架结构带来弯曲力矩，而不是由静止状态的拉力载荷决定。尽管离心机所需要的斜坡角加速度通常不高，但紧急制动时所需的角减速度却很高，这是结构载荷设计的依据。

设计之后就是安全需求，由于载人离心机受试者平台各种各样，从复杂的“吊舱”设计到非常简单的悬挂“鸟笼”设计或者“雪橇”设计都有，吊舱由计算机控制，并使受试者脊柱与加速度矢量相关联，鸟笼受试者只能站着，雪橇受试者仰卧其上。设计受试者平台必须为不同身高和体重的受试者提供一个舒适的平台，而且在离心机高转速或高角加速度时必须防止将受试者甩出。为防止振动或抖动引发的不适，应对受试者进行必要的束缚。如果作用在人体上的重力载荷最终都落到受试者腿上，受试者平台必须能顺着转轴自由移动一定距离，以消除载荷在人体与受试者平台之间以剪切力的形式传递。同时必须注意束缚于受试者身体上的物体，如脊柱支撑装置、外围设备、数据设备等尽量少，以避免给受试者增加负担。如果在旋转过程中需要受试者操作或运动，必须为受试者提供足够的支撑，受试者平台的设计必须把科氏力的影响考虑进来。受试者在旋转平台外的任何动作都会在肢体上产生作用力，引起不适或伤害，如在旋转平台之外头部动作还会产生对前庭系统的交叉耦合刺激引起恶心。

离心机结构安全系数通常遵循为研制飞机而建立的标准要求。对于承载部件，应是 2.0 倍的屈服强度（使部件弯曲或变形的载荷），3.0 倍的极限强度（该载荷产生永久变形）。一些重要的部件应有更高的安全系数。复杂离心机系统的结构设计通常采用有限元分析，一种计算结构载荷和强度的计算机设计工具。当进行有限元分析后，在进行动态测试时，通常在关键部位安装应变片来验证有限元分析预测的压力值，以进一步确定系统结构的安全性。

在设计时必须考虑系统的固有频率。为防止在离心机运转过程中不期望的振动或振荡传递到受试者身体，离心机结构固有频率需超过人体自然频率 4～5 Hz（Rainford，Dradwell，2006）。

12.3.2　驱动系统

过去，人用离心机是由液压系统、汽油发动机或多电机系统通过大齿轮驱动运转，现在最通用的做法就是用单一计算机控制的电机直接通过轴与臂架连接。这种方法相当简单，又很少有内在的安全隐患。这种方法的一个改进做法是电机通过减速器与臂架连接。在这种情况下，可能会出现减速器被锁定而引起不安全或灾难性的停车，在某些情况下，通过使用离合器或安全销来降低风险，离合器或安全销可在减速器被锁定时缓解并提供可接受的停车速率。

电机的选择应考虑在性能上留有足够余量，驱动力或扭矩是首要考虑的因素，因为尽管系统所需要的上升率可能很低，所需扭矩较小，但电机可能会被用于刹车或在快速紧急停车时需要较高的扭矩。

对于大多数用于人工重力研究的系统最高转速通常在 50 转/分或更低，几乎所有离心机系统选用的提供应有驱动力的电机，都有能力提供更高的转速，使得超速保护成为最基本的安全考虑因素。

12.3.3　控制系统

给定曲线（时间、角加速度、转速）的精确性是研究的重要影响因素，但从安全的角度，超速保护更是至关重要。很多离心机的安装，特别是用于训练军队飞行员的离心机，典型的增长率高达10 g/s，在这些情形下，即使非常短时的失控也可将受试者推向极其危险的境地，即使用于人工重力研究的离心机系统并不具备高的角加速度能力，也必须安装一个独立的监测重力值或转速的装置，并在超过设定值时关闭系统。该装置必须是单独的并不以任何方式依赖于控制离心机的计算机。一个常用的做法是用加速度传感器控制继电器，切断电机电源。由于在某种程度上有超速的情况发生，表示控制系统已经失效或变得不可靠，系统断电就必须是一个独立的手段，通过缓慢下滑或独立的刹车系统来停止离心机。

角加速度超速保护是通过在系统中设置力矩限制器，或者在控制系统自身当中将实际角加速度值与给定角加速度值进行比较来实现的，一旦监测到超出，可启动一个独立的停车步骤。

介于系统操作人员与控制系统之间的人机界面也是系统设计中一个重要的安全方面。充分的防护应被设计到系统中，以防止对（启动、停车、更改）系统动态状态的误操作。例如，运行或使系统启动至少需要2个步骤，操作开关或按钮并向计算机发指令。控制面板或计算机屏幕应采用好的人机工程应用。控制应被很好地策划，使控制目标明确，并在很大程度上避免误操作。应急状态的控制，如对独立的刹车系统的控制，按钮应大且与其他控制按钮隔离，且控制室内不止一人能够接触到。多数系统采用某种形式的计算机控制，使运行曲线（上升速率斜坡度、峰值角速度、峰值时间、斜坡下降率）在某种动态图形中显示，或在操作员屏幕上绘制曲线。在离心机运转当中这些显示必须仔细监视，如果发现任何明显与设定曲线的偏离，都必须手动切断系统。选用训练有素、警觉的离心机操作员，是防范突发事件的最高等级防范措施。使得接口设计成为离心机安全的最重要方面。

12.3.4 独立的刹车系统

大多数电驱动离心机依靠驱动电机控制停车速率，被称为“再生式制动”。再生式制动主要是把电机当作再生器，但需要控制系统和电机具有操控制动系统的功能。如果控制系统或电机失效，必须有另一套停车系统使离心机安全停车。典型的是用气动的卡钳或刹车片实现该功能。通常这种装置与操作员台或医监台以及其他重要部位的紧急停车开关相连。在某些情况下，特定的联锁装置也会触发该装置。

这些制动系统通常提供较快的停车（很高的负角加速度变化率），因此对受试者及结构都有较高的载荷。为避免使受试者受到潜在的伤害，沿受试者方向（从身体的一侧到另一侧，$\pm G_y$）的最大停车速率的加速度水平应限制在 $1g$ 或更低。

气动的卡钳或刹车片也可以是方便的“定位停车”，当离心机没有运转时，使臂架固定在某一位置上。这样，通过自动地将臂架固定在稳定的位置，可以提高受试者在紧急情况迅速离开时的安全性。

12.3.5　电气系统

电气系统的设计必须符合所有当地政府及国家标准的要求，在美国包括 NFPA 70（国家电气编码），所有的医学装置必须符合类似标准，在美国包括 UL－6060－1 第 3 部分（医学电子设备第 1 部分：通用安全要求）。

12.3.6　通话与监视

在离心机运转期间具有对受试者进行监视和与受试者通话的功能，对运行安全来说是非常重要的。最低限度，系统也应支持系统操作人员、医学监视人员与受试者之间的声音通信功能。受试者的麦克风应在所有的时间里对外开放，以实现实时的、方便的沟通。在运转过程中，通过受试者的闭路电视观察评估受试者状态也是重要的。

12.3.7　联锁系统

离心机这样一个大型的旋转设备无论对操作人员、受试者还是维护人员都存在着巨大的潜在危险，因此需要设计系统联锁，以防止在一些安全条件尚不具备时设备被误操作启动或运行。联锁系统的设计主要取决于特定的系统和设备，但典型的应包括表 12 – 8 所列各项。

表 12 – 8 启动或运行载人离心机所需条件

1）离心机旋转大厅的每一个门都应是关闭的并且锁好
2）承载受试者的舱或厢体的门必须是关闭的并且锁好
注：通常当需要紧急接近受试者时这些锁应能被直接打开并不再起闭锁作用
3）电机及驱动系统应在正常的限定范围内运行
4）所有的控制系统的功能要求都已满足
5）独立的制动系统是可操作的
6）在某些设备处，受试者及一个操作人员必须每人把握一个离心机关闭开关

12.3.8 紧急出口

在紧急事件发生时，能迅速接近受试者，并将受试者从离心机移开，是至关重要的。很多在没有外援的情况下，受试者自己安全撤离离心机是不可能的。因此，有必要将系统设计成能够让操作人员迅速、并安全地将受试者从受试者舱带出，实施救援或医学治疗。由于人工重力研究数据的采集经常需要将一些导线连接到受试者身体上，系统必须设计成允许这些连线快速脱离受试者。对安全带或其他任何会影响将不具备条件、无能力的、或意识丧失的受试者从受试者平台迅速移开的装置，也同样有这个要求。由于受试者可能不具备条件和能力，也需要担架或其他运送装置。应制定在设备出现紧急情况，如着火或恶劣天气时，将受试者安全撤出的程序，并由全体操作人员演练。

12.4 设备安全因素

为支持人工重力研究，要新建离心机实验室建筑物，或对已有的建筑物进行改造，这需要实验室使用者、工程师、建筑师、施工工程师、安全及健康人士之间进行密切沟通，在被提到的各种需求当中，安全及健康状况总是被忽视，重要的安全问题在实验室建好后才被提出。在设计及建造阶段多学科间的适当协调，对预见到的危险及风险的适当分析，对人用离心机特有问题的早期考虑，会消除在建筑物设计及建造上耗时耗资的后期更改。

12.4.1　建筑物的空间布局

当理想的离心机建筑物被设计时，必须想好建筑物内部空间的布局。内部空间布局主要考虑 3 个方面的空间需求：1）人员走动及物品搬动；2）离心机实验室规划；3）机械设备分区及维护维修服务操作空间。这些都要在最后的时候进行详细检查。

12.4.1.1　人员走动及物品搬动

最重要的决定性的空间需求就是建筑物及其周围的人员活动及物品流动。人员活动的健康及安全问题主要应考虑紧急出口，和急救人员如消防人员和警察容易接近建筑物及其内部设施。应特别注意紧急出口和行动不便的人对设施的可达性。

人工重力研究的对象也包括通过卧床或其他方法引起生理功能失调的被试者。这种生理功能失调会令受试者在紧急情况下不能有效地逃离建筑物。所有的紧急出口通道和门都应是可步行通过，有台阶处还应有斜坡。试验室内部不用救护车的走廊和门应设计成允许担架或其他运送受试者的装置安全通过，即双扇门和宽走廊。

12.4.1.2　离心机实验室规划

对离心机实验室内部结构的规划应从对实验室组成及规模的决策入手，规划应包括从整个设施的全面规划到单个实验室的局部规划。从这一点，在设计阶段建筑设计师及工程师就必须与研究人员建立协作关系，以确保设计的实验室能够满足研究人员的科研需要。

12.4.1.3　机械装备和维修保养的分布

实验室建筑物内需要各种各样的能源供应、生活条件及流通空气。为设备安全及科研的需要，应保持定量的空气交换及湿度水平。在垂直方向安装设备或为维修保养而开孔表明会有穿透楼板的孔洞产生。从收集并已经被证实的从施工到设计的有关设备数据看，由所需空间引发的结构与建筑问题甚至是决定性的。因为装备重量、振动以及电磁干扰问题，需要对离心机进行空间布局及建筑设计。离心机上受试者的视景模拟也应考虑。所有的管道工程、管路、电气线路都应安装在天棚板之上、地板之下，或者埋入墙内。照明应安装在不使离心机受试者产生眩光的区域。

12.4.2 暖通空调系统

根据室内所需维持的温湿度条件和所进行活动的需要，为对房间进行环境控制，需要暖通空调系统。特别当需要进行闭环湿度控制时，外部流通空气量应减至最少。当人们需要在进行环境控制的室内持续工作一段时间时，推荐采用每分钟 1.4 m^3（50 ft^3）的外部空气流量控制。通入和排出的空气流量，取决于进行大气环境控制房间的大小，及在房间内进行的活动。

12.4.2.1 温度控制

推荐离心机实验室的室内温度在 16～24 ℃范围内（60～75 ℉）。室内温度控制器及其他仪器应能在宽于上述温度范围内控制室内温度达到需要的精度。控制模式应是控制比例在 0～100%范围，冷凝器单元的能力覆盖全温度范围的全模式。主控制器应能够直接设定控制点、输入输出仪表能够显示控制单元的控制比例，温度指示器能够监测室内温度状况，并具有误差小于满量程的 0.5%的设定精度和不高于设定温度 1%的容差带。30.5 cm（12 in）的周期记录仪应被安装在中央控制面板，记录 7 天或 24 小时图表以辅助监测设定条件的稳定性。

12.4.2.2 室内湿度

为保证设备安全及使受试者舒适，需要进行主动湿度控制。推荐离心机实验室湿度范围在 30%以上（防静电）及 70%以下（防结露）。当需要进行湿度控制时，机械的方法以及加湿或空气干燥装置需能够对比例调节控制系统做出反应。控制器应全量程标定，包含电子敏感单元和集成记录仪，并具有误差不大于满量程 0.5%的设定精度。

12.4.2.3　紧急情况报警及控制系统

安全控制报警系统应安装在离心机房间的墙外并与出口邻近，它应由独立的电子温度下限和温度上限及湿度控制传感器组成，当温度或湿度低于或高于可接受范围时向试验室人员报警。

12.4.3　应急电气设施考虑

实验室的基础供电应尽可能可靠。例如，应安装独立的、不同的供电设备，连接到公共电网上然后分开到二个独立的、带有电网保护器的变压器，每一个变压器应有足够的容量带动实验室用电负荷，这样在任何一个变压器失效的情况下都不会中断实验室供电。即使有了这种可靠性措施，也强力推荐提供应急供电设施，因为任何一个主供电设施的部件（如变压器、主馈电线）都有可能失效，应急供电就会需要。实验室还应配有专门用于应急照明、生命安全需要的应急电源，在需要保护受试者时保证离心机安全（见表 12－9）。

表 12－9　需要与应急电源连接的设施

1）火灾报警和监测系统
2）离心机
3）应急照明
4）烟雾报警及排烟系统
5）操作台
6）医监设备
7）所有在紧急情况期间为保证试验室安全运行需要进行继续工作的其他系统

12.4.4　建筑材料

实验室建筑物的建设应符合所在国家及当地政府的建筑标准和规范要求。实验室的墙设计和建造应采用阻燃材料，以在相邻区域或内部有火焰时为受试者及工作人员提供一个“安全避难所”。一般所有内部设计都应包含这样的思想：避免使用会使火苗迅速燃烧并释放大量烟雾的建筑材料。

在实验室设计和建设阶段也应考虑使用安装有低 g 值离心机的建筑物。最低限度离心机实验室的墙和天花板的强度应是耐冲击载荷 0.56 kg/cm^2（8 psi）并能够承受不低于 48 km/h（30 mi/h）的旋风。

12.4.5 火灾监测报警及抑制系统

除要有检测质量较低的标准喷洒系统外，所有的实验室及相关场所都应配置离子烟感检测器和热敏感检测系统。喷洒系统的设计应符合当地的火灾救助标准和规范。所有的火灾自动抑制系统都应与建筑物的中央报警系统连接。手持便携式灭火器应被放置在大厅和主要出口及单独的实验室内。所使用的灭火器的类型应比当地安全权威部门的建议好一些，尽管洁净的 CO_2 灭火物质更受欢迎。有监测作用的符合当地的火灾救助标准和规范的火灾报警或信号系统应遍布安装于离心机实验室。所有的喷洒报警和监测系统（热量、火灾、烟雾）都应有手动操作站。

12.4.6 照明

建议离心机试验室执行任务或工作时最低照度应达到 50 烛光亮度。

12.5 受试者安全

在离心机运行中受试者暴露于多种危险状况和环境中。上升或下降可能会引起跌落或冲击危险，离心机也会产生前庭干扰，引发恶心，或大脑供血不足引起晕厥，即重力引发意识丧失。通常要为受试者确定运动病级别，以在离心机运转或状态改变时判断受试者是健康良好还是运动病。通常受试者需要通过全面体检（类似于修订后的美国空军 3 级体检）后才能接受离心机试验。特殊的研究还需要一些额外的、必要的合格性检查，如脊柱 X 射线检查或核磁共振影像检查。另外，受试者还需要接受离心机或其他设备的其他方面的测试，这些因素可能互相作用，在提出离心机技术要求时都应考虑。

离心机人工重力研究及危险情况管理中的医学监护在 11.3 节和第 11.4 节详细列出。

通过识别人在操作或维修活动中可能会出现并影响到设备的一些基本错误的行为规律，可以使受试者或操作人员引发的事故降至最低。如果不考虑表 12－10 所列基本原则，可能导致人为失误，造成对设备的误操作及做出不安全的判断。

表 12－10　在运行和维护离心机中容易导致人为失误的人的行为的原则

1）设备设计如果在能力上超过受试者的心理或生理极限，就会增加发生事故的可能性
2）任何使得受试者或操作人员工作起来更消耗体力的设计都可能增加疲劳程度，从而提高出错率
3）在设备使用过程中，如果设施提供不足、信息不正确、手段缺乏（缺少正确的培训、不准确的设计图和流程）可增加受试者和操作人员在执行任务时出错的机会
4）在执行任务时，设计导致的操作复杂及引发的不愉快会使操作人员和受试者不愿意献出更多的时间和精力取得满意的成绩。人的接口应是用户友好的、列入计划并经过测试的、或者用户期望的配置
5）随同硬件设计，适当的培训、良好的沟通及具备与硬件使用有关的识别潜在性危险能力，可以提供良好的基础，使受试者和操作人员执行任务时出错的机会减少
6）如果设备有缺陷或不足，很有可能受试者和操作人员会最后尝试修正或改进它，使之达到一个更好的状况。在短时间内或操作前临时做出的没有经过验证和文件批准的更改，将会大大提高发生错误的风险
7）程序应是权威的、明确的、可操作的、全面的和正确的
8）设备应被设计成使用安全的，使受试者和操作人员处于危险境地的状况最小化

设计人员应牢记大多数设备安全问题都是由于设计时没有充分考虑安全因素和/或使用不当造成的。因此，设计师必须预想设备可能会怎样被误用，以避免误用以及使误用的后果不成为灾难性的。

参考文献

[1] Bahr N (1997) System Safety Engineering and Risk Assessment: A Practical Approach. Taylor and Francis, Washington, D. C.

[2] DiBerardinis L, Baum J (1987) Guidelines for Laboratory Design Safety and Health Considerations. John Wiley & Sons, New York.

[3] Dux J, Stalzer, R (1988) Managing Safety in the Chemical Laboratory. Van Nostrand Reinhold, New York.

[4] Grimaldi J, Simonds R (1989) Safety Management. Richard D. Irwin Inc, Boston, Massachussetts.

[5] Krieger G, Montgomery J (1997) National Safety Council Accident Prevention Manual. 11th edition. National Safety Council, Ithaca, Illinois.

[6] Linvile J, (1984) Industrial Fire Hazards Handbook. National Fire Protection Agency, Quincy, Massachusetts.

[7] Loeffler J, Apol A (1986) Industrial Ventilation. American Conference of Governmental Industrial Hygienists, Lansing. Michigan.

[8] Marcum CE (1978) Modern Safety Management Practice. Worldwide Safety Institute, Morgantown, West Virginia.

[9] Montgomery D (1991) Design and Analysis of Experiments. John Wiley & Sons, New York.

[10] NASA (2002) System Safety Training Workshop. NASA Johnson Space Center, Houston, Texas.

[11] Rainford DJ, Gradwell DP (eds) (2006) Ernsting's Aviation Medicine. Fourth Edition. Hodder Arnold Publication, Oxford University Press, Oxford.

[12] Shelby S, Sunshine I (1971) Handbook of Laboratory Safety. The chemical Rubber Company , Cleveland, Ohio.

[13] Thamhain H (1992) Engineering Management Managing Effectively in Technology—Based Organizations. John Wiley and Sons. New York.

第13章 研究建议

琼·弗尼科斯（Joan Vernikos）[1]
威廉·帕洛斯基（William Paloski）[2]
查尔斯·富勒（Charles Fuller）[3]
吉勒斯·克莱门特（Gilles Clément）[4,5]

[1] 斯佩里维莱，美国弗吉尼亚州（Sperryville，Virginia，USA）
[2] 美国国家航空航天局约翰逊航天中心，美国得克萨斯州休斯敦（NASA Johnson Space Center，Houston，Texas，USA）
[3] 加利福尼亚大学，美国加利福尼亚州戴维斯（University of California，Davis，California，USA）
[4] 法国国家科学研究院，法国图卢兹（Centre National de la Techerche Scientifique，Toulouse，France）
[5] 俄亥俄大学，美国俄亥俄州阿森斯（Ohio University，Athens，Ohio，USA）

在本书的最后章节，我们特别提出，在开展人工重力的继续研究时，无论使用的是长期还是短期的人工重力模式，研究人员必须熟悉和了解人工重力的基础内容，并明确其作为长期失重飞行有效防护措施的可操作性。本书中所给出的建议均来自前面各章节内容的小结部分，以及欧洲航天局人工重力首席研究组的工作报告。该工作组成员共同合作，对当今研究中关于人工重力的相关内容进行了探讨，明确了今后研究的可能方向。本书中采用差距分析方法对这些研究进行了分析，所得出的建议将在后面的章节中加以详细的描述。

13.1 引言

维持地面正常水平的生理状态需要重力的参与。本书的前面部分章节已对重力在维持身体各系统功能中的重要作用进行了描述。但是，关于重力是如何对各系统进行调控和触发环节等问题，我们仍然还不甚清楚。相信随着人类太空活动的增加以及开展相应的地面实验研究，这些问题会逐渐得到解答。

图 13－1　国际空间站建成后模拟图，获 NASA 授权

重力是单一方向的作用力，即指向地球中心的作用力。作为两足生物，人类可以按照自己的意愿使得重力在身体各轴向上发挥其效应。多数情况下，该作用是不连续的。人们可通过夜间睡眠或连续卧床的方法减轻重力的影响，或通过不同的活动增强重力的作用。

人体内有多个途径能感知并发挥地球重力的效应，这些途径参与了人体正常健康状态的维持。这些途径包括人体是如何克服 $+G_z$（头到足向）重力进行日常活动，当人体发生体位改变和其他方向上的运动时，身体各部位如何发生“变化”，以及在重力环境下人体空间定向系统如何发挥其效应的机制等。如果没有常规的重力刺激，例如太空飞行（Clément，2005）或卧床（Sandler，Vernikos，1986）时，人体的各重要系统，如心血管系统、骨骼肌肉系统以及脑功能，尤其是前庭器官参与的各项功能，都会随之发生改变。

以往研究主要集中于重力刺激的变化特性上，重点观察重力方向和强度的改变所带来的效应。生理系统功能的变化，则被视作是重力发生改变后的结果。这里存在着一个被我们忽略的问题，和其他的感觉刺激一样，机体各系统对重力的敏感性，以及由重力改变所导致的身体各系统的反应变化，都会随着我们身体状况的改变而发生改变。年龄、性别、作用时间、健康情况以及基因等，都可能成为影响因素。只有等到我们深入了解重力因素与正常活动人群之间存在的剂量-响应关系后，我们才能停止所有人在太空环境下生理变化都是一致的这一假设。

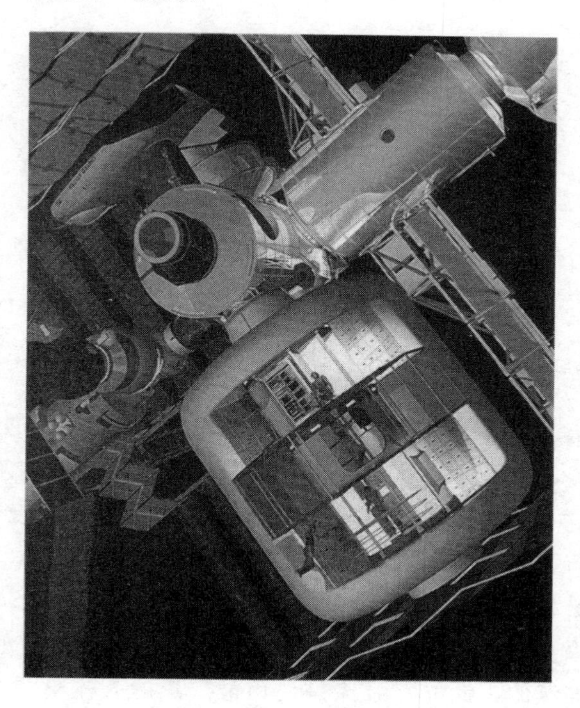

图 13 - 2　TransHab，可充气的直径 8 m 的国际空间站的舱，可以将它转变为航天员的居住舱，用于将来载人登月或登陆火星。本图片已获 NASA 授权

现在，大于或小于 1g 环境的加速度效应研究已经成为医学研究的热点，这些研究包括了分子、细胞以及临床医学研究等不同的层面。地面研究已证实，残留部分腿部肌肉功能的截瘫患者，如果在身体纵轴方向上受到重力约为月球重力大小时，是可以实现自由行走的。而短臂离心机所产生的人工重力可以治疗许多临床疾病。包括废用性骨质疏松患者，异位骨化患者（原本应形成软组织的地方出现层状骨，多见于年轻的瘫痪患者），因运动损伤导致骨折需要长期卧床的患者，以及因举重物所致关节疾病加重的患者，对肺水肿的某些类型也有一定的作用（Cardus，1994）。

13.2 可能的研究工具

前文已经介绍，在人工重力装置应用于火星或者更远距离的太空探索前，一些关键性问题必须弄清楚。这些问题包括，使用多少的人工重力可以防止机体功能失调现象的发生？也就是说，如何界定人工重力使用的时间和量值？是需要 1g 的重力，还是不足 1g 即可满足需求？如果间断性人工重力可以满足需求，那么每天需要多少次的离心机刺激，g 值的大小又是多少？更为重要的是，从医学的角度出发，人类可以耐受多大的重复离心机刺激？

尽管上述问题的明确答案只能通过在太空中实施有效性验证实验才能获得，但是通过地面研究，我们仍然可以开展初步的筛选实验及效果评估。实际上，鉴于开展空间实验的困难以及所需费用，或者在进行人工重力装置性能的观察时，都要求人工重力装置的设计和测试必须在地面上运行。

模拟失重所导致长期的机体功能失调效应的环境实验已经开展许多年。连续的头低位 6°卧床是使用最广泛的人体模型。现有研究已经表明，卧床可以导致肌肉萎缩、骨丢失、体液和身体各部位重量的重新分布，并且伴有血浆容量和红细胞的丢失（Sandler，Vernikos，1986）。

卧床后，人体可出现明显的立位耐力不良，这一现象也同样出现于航天员在返回地球时。尽管人体卧床时发生的生理变化过程与失重所导致的改变非常类似，但也存在着一些显著的差别。例如，在卧床初期时出现的多尿现象就很少在太空飞行中出现（Norsk，2001）。另外，卧床时不会出现在太空飞行中表现非常明显的前庭功能障碍现象。似乎在卧床实验后出现的姿态控制障碍更多是由于废用性肌萎缩的原因，而非前庭功能失代偿引起。

我们在睡眠时，每天至少有三分之一的时间受到来自不同于身体长轴方向（G_z）的重力作用（G_x 和 G_y 方向），而这并不会导致类似于失重或长期卧床时发生的生理改变。显而易见，每天连续6～8小时的 G_x 和 G_y 方向的刺激，足以防止失重引起的机体功能失调现象。弗尼科斯（Vernikos）及其同事在美国国家航空航天局的艾米斯（Ames）开展的长期卧床实验结果表明，每天2～4小时的站立或步行（G_z 方向）可以防止立位耐力不良、血浆丢失或钙丢失，但不能完全维持有氧代谢能力（Vernikos，等，1996）。因此，卧床实验应用于研究最少需要在 G_x、G_y 和 G_z 方向上施加多少重力载荷才可以对抗太空中的失重效应。

另外一个用于模拟太空失重生理效应的方法为干浸实验（见图1-13）。该方法可产生快速的体液转移，表现为非主观意识控制的多尿、电解质丢失以及血浆容积的下降。尽管干浸实验可以产生明显的立位耐力下降，但个体差异很大，尤其是运动员和非运动员之间。另外，使用该方法时产生的卫生问题以及无法精确进行体温控制也是实验的主要不足（Nicogossian，1994）。

短臂或长臂离心机，以及慢速旋转屋等，都在地面实验中扮演了各自的角色。但在太空实验中，离心机的体积必须符合航天飞机中舱或一个国际空间站的飞行舱所允许的大小。在IML-1（见图3-15)的空间实验室和神经实验室（见图3-16）飞行任务中，已经实现了人体离心机的太空运输。所开展的研究证实这些离心机可以方便地安置于国际空间站的飞行舱内。但是，由于太空舱体积狭小，这些离心机的不便之处在于其旋转轴心与人身体纵轴相交，造成头部受到$+G_z$的作用，而在脚部则受到$-G_z$的作用。

具有更大直径的国际空间站太空舱，如 descoped TransHab（图 13-2)，是唯一可能实现短期运行人体离心机的设备。此后人类太空飞行的居住舱可能为航天员探索飞行器，或月球及火星居住用离心机。最后，连续人工重力效应的研究将可通过旋转的太空舱进行观察（表 13-1)。

表 13-1　进行太空人工重力研究评估和验证时的具体研究流程

1）长臂离心机的地面研究
　　—确定加速度耐力
2）短臂离心机的地面研究
　　—确定人工重力装置防护卧床实验所致生理效应的效果
3）慢速旋转屋的地面研究
　　—确定人体适应和再适应需求
　　—确定人体因素的限制
4）在国际空间站上的短臂离心机
　　—评估短臂离心机（效果）
　　—验证地面试验结果
5）太空旋转舱
　　—评估连续离心机性能
　　—确定最小半径和最大转速指标
　　—评估感觉系统的影响
　　—人体限制因素的有效性验证
　　—地面实验研究结果的有效性验证
6）月球或火星居住舱上的短臂离心机
　　—在需要时保护航天员长期逗留在月球及火星表面的测试方法及运行

13.3　动物模型

毫无疑问，在进行人工重力研制和测试时，必须以人体作为实验对象。人体研究的重要性在于人类不仅具有两足站立的特性，尤其是心血管系统在重力作用下呈梯度分布；而且，人工重力装置的人体因素等问题，在评估其在太空中使用的有效性时，只能通过人体实验来证实。

但是，该研究也需要在适当时候进行动物实验的补充。前文中已经提到，我们对于在太空中使用人工重力的有限经验大多数来自于动物研究。动物离心机已经在数次的太空生命科学研究任务中得以运行。而且，原本国际空间站计划中也曾打算使用离心舱，但不幸的是，该计划不久以前被取消了。

动物研究是对人体实验的重要补充。理由如下：首先，动物实验可减少人体实验需要的样本总数量，因此可节省时间和费用。包括实验对象和实验过程的实施，动物实验的花费都远小于人体实验费用。而且，使用动物进行人工重力研究时往往可使用大样本，故可降低实验结果的离散度（误差减少），从而能更好地根据实验条件的好坏对实验结论进行确切的判断。基于设计良好的动物响应模型可以帮助我们推测来自人体的结果，哪怕这些人体实验的数据非常有限。最后，动物实验可以通过有创遥测技术，危险性检查以及组织学观察等方法对人工重力装置的效果进行评估。

13.3.1　灵长类动物

用于太空飞行实验的灵长类动物模型包括恒河猴、松鼠猴、卷尾猴、黑猩猩、猕猴和豚尾猴。大多数为 5～14 天的短期飞行（Clément，Slenzka，2006）。

恒河猴是一种在种属上与人类非常接近的动物医学模型。恒河猴作为微重力生物效应的研究模型已经在体温调节、免疫反应、骨骼肌肉系统、心血管系统、体液平衡、睡眠、生物节律、代谢、神经前庭/感觉神经以及心理运动反应等研究中投入使用。在地面实验中，恒河猴也作为实验对象用于卧床实验、干浸实验以及连续/间断离心机实验中。大多数地面实验的实验设备与太空进行的实验所用设备是一致的。

恒河猴作为试验对象为人工重力研究提供了许多方便。首先，也是最重要的，恒河猴是被最广泛视为人类替代品进行生物医学试验的灵长类动物模型；其次，恒河猴也是两足直立，与人类一样接受来自身体纵轴的地球重力作用；第三，雌性恒河猴和人类一样有着月经周期；第四，恒河猴的认知能力使得其可以开展心理运动测试，从而了解人工重力对神经前庭生理、行为及工效学的影响；最后，体积较大的恒河猴可以提供更多组织学样本，并可同时进行多生理系统和行为学因素的观察。

13.3.2 大鼠

大鼠是最为常用的生物医学模型，其基本的生理学特性已广为所知，包括一些已经建立的种系。这些相对明确的大鼠种系减少了那些在人体研究中常出现的多种干扰，也使得试验结果更加易于解释和便于重复。大鼠作为防护措施研究的动物模型还有其他的好处。不同于灵长类动物，大鼠无需特别的隔离和检疫措施。只需一般的饲养和照料，大鼠可提供大样本的研究对象，从而增加了统计分析的可靠性。大鼠易于适应离心环境，常用于后肢限动和尾部悬吊研究，使得其可作为失重环境下功能失调的动物模型。此前开展的大鼠离心机和悬吊模型研究为进行人工重力装置的性能评估提供了依据。同样，大鼠也可用于包括蹬车和平板在内的锻炼效应研究。

大鼠提供了更多的开展有创或危及生命检查的机会，而在人体，这些都是不可能实现的。大鼠也可进行急性和慢性植入的研究，包括使用导管、电极和遥感检测。在植入后，传感器可连续提供无需人工操作的完整的生理信号，包括血压、血流、心电图、心率、以及温度和活动情况。大鼠也易于重复采样，如血液和尿。处死后的组织学检查也极为方便，比起灵长类动物来，费用更为低廉。较短的孕期和快速的生长使得大鼠成为理想的发育学研究对象。同时，某些随时间变化的生理改变，如微重力或后肢去负荷环境下的肌肉废用性改变，要明显快于人体的变化，因此在使用大鼠作为动物模型时，可在较短的时间内完成多个研究。

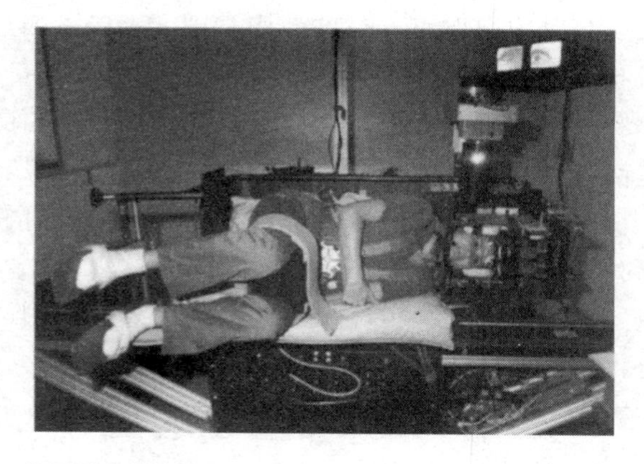

图 13－3　美国国家航空航天局约翰逊航天中心神经前庭实验室的短臂离心机。受试者躺于线形导轨中，导轨可改变其旋转半径。通过摄像机和心理物理检查方法记录其眼动和感知觉变化。本图片已获 NASA 授权

大鼠也广泛用于微重力效应的研究，同样具有其他动物太空实验所具备的优点，即它们不需要进行那些相互矛盾的工作计划和操作任务，从而干扰试验的结果。因此，大鼠的实验大大加深了我们对太空飞行所致生理变化的理解，包括肌肉—骨骼、前庭神经、免疫、发育学、心血管及代谢生理。俄罗斯生物卫星上的大鼠试验是目前唯一验证了 1g 离心机可以有效防止失重飞行所致的多生理系统功能失调改变的在轨飞行资料（图 13－3）。在太空中被验证有效的人工重力很快就被作为一种可能的防护措施开始了地面的以啮齿动物为对象的研究。随后，包括整个生活环境的旋转试验和飞行中离心机的使用研究，都准备在国际空间站上以大鼠和小鼠作为试验对象进行实施（图 13－3）。但是，该计划已被取消。在可以预计的将来，由于缺少人用离心机的资料，最初的在轨飞行人工重力研究将不得不从啮齿动物开始。

使用大鼠模型也有一些不利之处。相对于恒河猴而言，大鼠较小的身体限制了其所能承载的监测仪器数量（包括遥测装置）。较小

的身体也意味着较低的血液和尿液量，尤其在需要重复采样的时候。与恒河猴大多数时间采取直立位的坐姿不同，大鼠是四足动物，正常的重力或接受离心机作用时的方向为胸背向而非头足向。因此，体液的转移和肌肉的载荷方向也和两足动物不同。他们的体重由四条腿而不是两条腿支撑。大鼠是夜行生物，这也意味着其内分泌周期，尤其是褪黑素，与我们熟知的日行动物，包括恒河猴和人类恰好相反。另外，大鼠并无明显固定的节律周期，包括睡眠和清醒。因此，大鼠并不是研究人类睡眠和昼夜节律的理想模型。大鼠即便在怀孕期也可发情等。我们对大鼠的生理已经了解甚多，其中的一些生理反应变化与人类并不一致，这也限制了它们在一些研究中的应用。

13.3.3 小鼠

和大鼠一样，小鼠也有体积小、易于控制、生殖周期短等特点。由于体积小于大鼠，可以方便地增加样本量并减少维护费用，因此使用小鼠模型可提高费用效率。小鼠的生殖和成熟期大大短于大鼠，因此非常适合开展发育学研究。比大鼠更为明显的是，基因明确的小鼠种系个体差异更小，这也降低了研究中的变量因素，使得小鼠模型在生物医学研究中的应用越来越多。目前，已经有许多带有明显特征的基因小鼠被研发出来，以开展特定的生理机制或通道研究。这些模型包括转基因、基因敲入或敲除品系，包括一些缺乏重力敏感前庭刺激通道的小鼠。由于多数小鼠的基因与人类是同源的，小鼠已经成为许多人类生理机制研究的常用模型。例如，小鼠模型常用于免疫学研究。小鼠是离心机试验的良好试验对象，并在以往的研究中取得成功。

但是，由于体积更小，作为实验动物的小鼠有着和大鼠相同的不利因素。其承载植入物和遥测系统的能力更小，同样其可采集的组织和血尿样本也减少。和大鼠一样，小鼠也是夜行动物，没有固定的生物节律。和大鼠相比，小鼠有明显的气味，这使得其作为飞行观察动物的可能大大降低。而且，小鼠的生理反应并不是都和人类一样。对于某些研究，小鼠并不是最佳的动物模型，这就需要我们对其进行个别评估了。

13.4　关键问题

在第 4 章已经谈到，内置的短臂离心机对维持身体运动控制机制的感觉—运动神经标定几乎没有作用。因此，在登陆火星后，空间失定向，运动障碍以及姿态控制困难并不会消失。飞行时产生人工重力的方案之一是将整个太空舱或其中的一个舱进行旋转。同样，由于太空飞船空间狭小，这样的旋转装置必然导致明显的重力梯度，但至少居住者还可以运动，因此该装置可提供对感觉—运动神经和肌肉骨骼系统的有效刺激。

目前，我们对重力是如何调节体液容量和骨矿物质代谢的机制仍然不清楚。失重环境下血容量减少，此时使用离心机可引起立位耐力下降和晕厥。在使用离心机前，人体体液分布的变化与太空飞行返回地球前的情况类似，使用抗荷服可减轻该症状。其他还不清楚的内容包括间断接受离心机刺激对机体心血管系统和内分泌系统的影响，以及是否存在后继效应。足底受到间断作用力的刺激时，脚、踝以及腿部的骨骼发生重塑。这些变化的可能程度以及是否会导致机体各系统功能发生改变，目前还不是很明确。

显而易见，关于离心机效应的研究必须优先进行，并尽早确定其最佳的技术参数，包括旋转半径、转速、重力水平、重力梯度、人工重力暴露的时间和频率、生理反应以及乘员的健康状态。但是，一旦最佳的技术参数确定，在飞行舱的设计和任务安排中必须考虑到人工重力装置的操作流程。例如，多次短期的重复离心机暴露要比单次长时间暴露更能为航天员提供有效的防护和耐受力。但反过来说，这样一个装置的使用对于航天员时间和任务操作要求又是一个明显的负担。因此，必须制定人工重力的生理基础和医疗技术文件，同时还要建立有关的航天员健康和操作规程文档。

由比尔·帕洛斯基（Bill Paloski）和拉里·扬（Larry Young）在1999年利格（League）市组建的美国国家航空航天局/美国太空生物医学研究所（NSBRI）工作组中，有关人员起草了一系列关于广泛开展人工重力研究必须要解答的关键性问题。根据最新的研究和1999年后的相关会议，这些问题已经更新如下，并将可能用于人类的火星探索计划中。

13.4.1 生理功能失调

1）如何确定离心机的最佳技术参数（半径、转速、重力水平、重力梯度、暴露的频率和时间），使得人工重力能够最有效地防护人体出现的骨骼、肌肉、心血管和感觉—运动系统功能失调？

2）在月球和火星表面必须增加额外的人工重力（很可能间断刺激）暴露吗？

3）离心机刺激的起始（开始旋转）和终止阶段（停止旋转）对人体生理系统的危害以及随飞行时间的变化是什么？往返火星以及在火星（或者是月球）表面的变化又如何？尤其是对感觉—运动神经适应、体位性低血压和体液转移有哪些作用？

4）需要增加什么其他的防护装置作为人工重力装置的补充，以形成火星飞行时的综合防护措施？

13.4.2 航天员的健康和活动

1）根据第13.4.1节1）要求设计的离心机装置是否能保证乘员健康和工作的需求，尤其是交互耦合的角加速度或科里奥利加速度是否会导致空间失定向、运动病和共济失调的发生？

2）在进行离心机锻炼的起始和终止阶段，航天员应该接受何种操作束缚？

3）锻炼或其他的防护措施（物理、药物、操作方法）是否与根据第13.4.1节1）要求设计的人工重力装置之间有协同效应？

13.4.3　其他航天环境因素

1）接受人工重力是否会影响到人体对辐射的生理反应？

2）接受人工重力是否会改变人体的日/夜节律？

3）接受人工重力是否会导致人体在太空飞行中的行为学改变？

4）接受人工重力是否会对伤口愈合、免疫系统和药理反应有副作用？

13.4.4　飞行舱的设计和任务设计

1）人工重力装置（如离心机）对飞行舱的设计和任务安排中的质量、体积 、振动以及电源供应的影响如何？

2）根据第 13.4.1 节 1）要求设计的人工重力装置使用时间和次数是否对航天员的时间和飞行任务计划产生影响？

13.5　建议

13.5.1　人工重力作为多用途防护措施

目前关于防护措施是如何有效地减轻太空飞行所致生理功能失调的研究，已经进行了单个系统水平上的分段研究。研究中常常是针对一种症状，而不是首先在充分了解作用机制的基础上选择一种对抗措施。有关人工重力的研究中，最初的设定也是认为每日数次 G_z 方向的人工重力可完全替代地球重力持续作用于人体各系统所发挥的生理效应。在一些有关人体接受旋转屋高重力值连续刺激的研究中（见 3.3.1 节），由于耐受限值和严重的副作用等因素，加速度作用时间都很短。除了 19 世纪曾经尝试使用离心机治疗精神障碍外（Wade，2002）（图 13－4），大多数使用离心机作为人工重力防护太空飞行失代偿的研究对象是心血管系统。另一方面，动物研究的结果提供了大量关于高重力值暴露对其他生理系统的影响，不过，其中绝大多数的研究都是关于连续高重力值刺激的作用，每天仅停止1～2 h 进行卫生清理（Smith，1975）。

图 13-4　200 年前，约瑟夫·梅森·考克斯（Joseph Mason Cox）（1736～1818）研制了著名的用于治疗精神障碍的装置：将人体置于沿着垂直轴旋转的离心机内。这是人体离心机由伊拉斯谟·达尔文（Erasmus Darwin）（1731～1802）提出设想后的首次实现（Wade，2002）

13.5.2　人工重力装置

作为对抗太空飞行所致失代偿防护措施的人工重力装置必须具备有效性、综合性（能保护多个生理系统）、易操作（占用最少的时间）、易接受（使用者或航天员都乐于接受）和安全（无明显副作用）等特点。一定的副作用是可以接受的，但必须采取适当的措施将其影响降至最低。

航天员对人工重力防护装置的接受程度同样是评价的重要指标。尽管有效，但产生不适的人工重力训练将是乏味的，或占用过多的时间，哪怕这些时间是可以接受的，也有可能在长期飞行中遭到摒弃。这一因素在进行费用昂贵的专用装置设计和制造前的评估过程中尤为重要。

很早就有人提出假设，旋转的飞行舱可以提供最佳的人工重力解决方案，从而能在太空中提供类似地球的重力环境（见第 3 章）。但是，在太空中建立如此一个生理有效的重力提供装置，同时还具有足够的旋转半径以减少或消除重力梯度，并不是件容易的事情。另外一种重力模式，即在太空舱中使用治疗剂量的间断人工重力或高重力值刺激，似乎也不能取得良好的效果。最后，在做出决定前，必须在飞行舱设计、费用和环境因素与防护措施有效性和可靠性要求之间进行权衡。但是，这样的评估必须在进行更多的生理学研究和飞行舱设计评估完成后才能实施。

13.5.3　重力研究的需求

重力，或重力的消失，是直接或间接的造成太空失代偿的根源。但在太空中使用替代重力是否能完全恢复航天员在地面的生理健康，目前还只是推测的结果。对于这个问题，可能要开展全面而系统的分析后才能得出结论。例如，我们并不清楚正常健康男性和女性对重力的反应是如何进行的。但通过地面研究，我们可以了解人类是如何、何时以及需要多少重力作为生理刺激来维持正常生活。

美国农业部通过对大量人群正常饮食情况的监测，制定了人每日所需最小营养量。对于重力使用情况的监测装置，如活动测量计，加速度测量计以及相关日志，还要进行相当长一段时间的研究，才能制定日常重力使用的标准。对相关刺激参数进行选择性的逐一因素消除研究将有助于我们了解日常重力的需求量和作用方式。

目前，开展动物有关系统的重力-剂量-反应研究并不多，而且主要集中于高重力值作用的持续暴露效应。在确定明确的重力刺激水平之前，任何人体实验研究都应从较少的试验参数开始。实际上，重力水平应该成为其他防护措施的评估比对标准。例如，一旦人工重力的剂量—反应曲线确定下来，当前所使用的防护措施，如下体负压结合锻炼或其他锻炼模式都应该与人工重力的防护效果进行比较。

13.5.4 防护措施的有效性

13.5.4.1 有效性测量

什么是防护措施的有效性测量？人体组织和功能所允许的最大损失限值是多少？是基于以往研究和飞行发现的平均或相关的能力损失？还是与完成规定要求的能力有关？站立？蹬车？治愈？抵抗感染？康复？康复速度？或仅仅是受试者的感觉？

太空飞行中使用防护措施的目的是维持人体生理水平至飞行前状态，还是在不损坏航天员长远健康的基础上，维持最低安全水平要求的生理状态？

在进行防护措施的精确评估，以及进行模拟实验和飞行数据的比对研究中，上述有效性测量协议的缺乏可能是最明显的缺陷。迄今为止，在进行模拟实验中，有效性测量通常由研究者确定。有效性测量通常是对人体卧床前后以同样的测量方法进行比较。同时，卧床后的结果与同时居住于相同环境下的对照组（偶尔也会居住在同一房间内）也进行比较。

飞行保障医生，航天员以及飞行计划制定人员必须参与防护措施操作要求的制定。他们的参与，是保证防护措施确实有效的基础。但对于人工重力，这一点更为重要。没有这些要求，研究人员将没有任何依据来对防护措施的有效性进行评估。因此，在开展任何防护措施的研究前制定相应的要求将是非常关键的。

13.5.4.2 防护措施评价方法

防护措施的评价方法必须不断的进行审查，提高和细化。尽管目前在制定一系列防护措施评价方法上已经开展了许多工作，但这一内容仍然显得繁杂而冗余。就自身而言，这些检查之间存在着相互矛盾的地方，容易导致错误的结论。因此，这些检查和测试应该集中于那些最能反映航天员感觉和行为方式的方法。对于检测血浆容积和活动能力等指标的方法应该进行标准化。这样，不同防护措施之间的效果就可以直接用数据进行比较了。

13.5.4.3　对监测技术的要求

对生理指标的监测技术而言，应做到即使不能实现实时测量，也要尽可能快速地得到结果。相关装置也应尽量地满足微创或无创，而且可以进行多次或连续的监测。要清楚界定正常生理意义的或与活动能力相关的反应限值，反应限值应该与装置的设计相协调。为实现连续实验研究结果的一致性，有关人工重力研究组实验的数据必须尽可能快地进行有效性验证，以避免负面结果的重复实验，耽误整个实验的进程。

图 13－5　1960 年代美国国家航空航天局约翰逊航天中心的飞行加速度研究室的离心机，用于阿波罗航天员的训练。15 m 长的旋转臂可对外端的 3 人舱产生发射和返回阶段航天员所经历的重力加速度。美国国家航空航天局现今已无室内离心机装置。现在航天员的离心机训练已经搬迁至得克萨斯州圣安东尼奥的布鲁克斯空军基地（见图 12－1）。本图片已获 NASA 授权

13.5.4.4 卧床实验的标准化

卧床实验研究和步骤必须实现标准化。研制人工重力最有效的方法之一是借助已有或改装过的地面设备、技术和有关经验，制定统一标准的研究流程。严格按照规定进行实验以及自由交换实验结果会使得成功更早地到来。

在不同研究机构之间实施标准化方案可以方便不同研究机构开展更多的平行研究，并能获得更多的反馈信息。而且，从种族的角度出发，标准化也可以使得不同国家或单位在开展研究时，能够保证参加实验的志愿者了解实验方案，而且保证实验方法一致。所有可能影响实验结果的环境变量，包括光照强度、日/夜节律、营养、精神刺激、智力刺激等，都应该进行标准化处理。在卧床前的监护对照实验阶段或同步对照研究中，年龄、饮食、活动以及健康状况等，都应保持一致。给予受试者足够的适应阶段，使其能够熟悉并适应人工重力作用模式，以避免其适应阶段的情况影响到整个人工重力的防护效果。该适应过程必须在开始接受正式实验前进行。

13.6 实验方法学

完整的实验内容必须实现：1）确定抵消或防护微重力负效应所需达到的重力阈值；2）评估离心机对不同生理系统的效应。部分的必要实验可以通过近地轨道的人体替代品实验来完成，包括使用灵长类动物。观察人体在离心机作用下的反应实验包括非卧床实验、短期和长期卧床实验以及在轨飞行实验。

开展在轨飞行测试前，人工重力装置的允许限值必须在地面的旋转舱上进行测试。地面实验的结果会受到垂直于地球表面的连续重力因素的干扰，因其对人工装置的直接作用，使得整个实验实际上是在一个亚正常的重力环境中进行，并且重力的存在改变了人体相对于旋转轴的方向和活动情况。因此，实验方案的设计必须把这些干扰因素也考虑在内。有关的干扰因素请见表 3－1。

下面的内容为将来开展人工重力的研究提供了一些指导建议，这有助于我们对作为太空飞行防护措施的离心机装置进行有效性评估。

13.6.1　非卧床研究

1）规划日常重力使用量并确定每日最小重力需要量。

2）测试受试者的健康情况和生理指标，确定间断离心机的有效性。

相应的研究应该包括如下内容，但不应该局限于这些内容：

a. 在考虑到防护方案的有效性、可接受性和可操作性基础上，优化离心机旋转半径，转速以及重力水平等指标。

b. 将受试者的头部置于距转轴不同距离的位置，观察间断耳石刺激对长期的前庭和心血管系统影响（控制头部的位置要优先于对脚部的控制，因其能更有效地研究重力梯度对人工重力效应的影响程度）。除了仰卧位以外的所有体位都要观察。用于减少空间运动病的头部约束效应的优劣有待于进一步的研究。

c. 研制用于离心机上的锻炼装置和锻炼方法，以增强防护的效果，并稳固受试者对离心机的耐受能力。在进行高重力梯度离心机作用时，必须考虑保证血液回流至心脏的静脉血抽吸作用。需要进一步研究主动和被动离心机训练的效果。需要研究训练时科里奥利加速度对肢体和头部运动的生物力学效应，并进一步深入研究以避免重复的应激伤害。

d. 必须检查受试者的位置，包括相对于旋转半径和转轴的方向（例如受试者取仰卧位、侧卧位或坐位）。

e. 研究正常操作时允许的受试者角速度限值，以减少紧急制动时对前庭功能的影响。

f. 明确旋转时周围可以看到的环境（外周环境、固定床、头部固定或暗视环境），因其对运动病有影响，同时还要研究人工重力装置与日常工作和生活的兼容性。

h. 观察昼夜节律效应，该节律会影响到日长时间和人工重力生理效应的相关性，包括对睡眠时间的人工重力效应也要进行研究。

i. 确定重力梯度是否会增强人工重力对心血管效应的影响。

3）比较人工重力和下体负压及锻炼的防护效果。

13.6.2 卧床实验

13.6.2.1 使用站立模式作为 1*g* 重力标准

1）确定防护机体失代偿状态时所需要的时间点、次数以及每日 1*g* 站立的时间，包括主动和被动作用站立模式，或者两者联合使用，哈根斯（Hargens）发现下体负压在上述两种情况均能有效发挥作用。该方法的好处在于其能减少旋转所带来的负效应。

2）比较性别间的差异。

3）结合其他的防护措施研究，如营养（1*g* 结合补充蛋白质能否增强对肌肉的防护）。

13.6.2.2 使用离心机提供 1*g* 以上的重力环境

1）一旦确定了最佳的 1*g* 作用模式，随之制定最佳的使用时间点和作用时间，绘制人工重力装置的剂量—反应作用曲线。

2）结合卧床实验，确定剂量—反应曲线阈值，以及对重力敏感性的变化情况。包括有效作用重力水平的上下限值。

3）确定长期卧床实验中的最佳方案，以明确评估长期使用人工重力的有效性、可接受性和可操作性。

4）结合其他防护措施方案可减少人工重力的使用量。

13.6.2.3 使用短期卧床实验（5 天）进行观察

研究表明，短期的卧床（4～5 天）即可引起血容量和有氧能力的显著下降，立位耐力不良，以及钙分泌和骨丢失标记物的增加（Vernikos，等，1996）。基于这些指标，5 天的卧床实验已经足够开展对防护措施效果的快速观察，例如确定离心机的作用强度、时程以及频率等指标。该模型可使用交互设计研究，对同一被试者的卧床前状态进行重复测量，同时进行无防护措施治疗的对照研究。两次实验之间的间隔为 1 个月，可保证被试者在第一次实验后完全恢复。

13.6.2.4　使用中期卧床实验（21 天）进行全面的有效性评估

对防护措施的有效性评估必须包含中期的卧床实验（21 天）观察，尤其是那些在 5 天卧床实验中无法观察到的一些生理系统变化，如肌肉和骨骼系统。另外，一些研究也要求较长的卧床前适应期，以便于进行饮食的平衡或对使用被试者设备进行训练。

13.6.2.5　使用长期卧床实验（60 天）进行防护措施的有效性评估

在完成对结果的独立分析后，已经完成初步观察分析的防护措施备选方案将进入长期卧床（60～90 天）的全面评估。这些研究将包含对平衡和协调功能的测量。卧床前的准备阶段为期 7～14 天，可提供诸多功能相关指标，如骨骼和肌肉的结构和性能变化。卧床后应包含 14 天的恢复时间，以保证各系统功能的恢复，包括反应最慢的系统，如骨密度。

13.6.2.6　对离心机和其他防护措施联合使用效果的评估

最近，防护措施联合使用的研究引起诸多学者的兴趣，并显示出较好的效果。足部振动、营养、或者增强方向感的虚拟现实系统，在不旋转时使用，可以防止肌肉质量和代谢水平的下降。这与地面实验结果一致，从而使得相应的锻炼防护措施能够更好的维持强度和功能。该方法也可通过增加实验内容和娱乐活动，或增加操作训练等方法提高被试者的顺应性。

13.6.3　在轨飞行研究

前文中已经介绍，如果在地面实验中进行了人工重力设计和制造的研究，必须在太空中进行有效性验证和测试。由于地面重力环境的约束，地面实验结果的可靠性是无法确定的。因此，飞行实验的可靠性验证将大大提高该类设备在太空中成功使用的可能性。我们推荐在下述条件下开展动物或人体的太空飞行可靠性验证实验。

13.6.3.1　动物飞行离心机和自由飞行生物卫星

动物飞行离心机，如曾计划用于国际空间站中的离心环境居住舱（Centrifugation Accommodation Module，CAM），或以前用于生物卫星的装置，是近期计划使用的环境条件。通过该方法，我们可以获得非常宝贵的数据，从而对间断或连续人工重力的动物失代偿生理效应的作用进行评价和标定。同时，该方法也是唯一一种可以提供连续的部分重力环境装置，可用于对长期暴露于火星重力环境可能出现的失代偿变化进行早期评估。

13.6.3.2　国际空间站在轨人体短臂离心机

该方法可对地面开展的间断人工重力下人体反应变化特点研究结果进行可靠性分析和验证。可用于人工重力与其他防护措施有效性和可操作性的比较。

13.6.3.3　航天员探索飞行器的旋转功能或在航天员探索飞行器内实现的旋转环境

和月球航天员探索飞行器不同，在火星运输舱及其以前的运输装置中，具备旋转的功能是极其重要的要求。当然，人工重力必须列入运输计划中。如果航天员探索飞行器过小而无法容纳在轨离心机的话，也可以通过外接装置后旋转整个系统以产生人工重力环境。双子星座-11在1966年的载人太空飞行中显示了基本的概念。在2.4.1节介绍了近期开展的一项实验，对载人舱旋转所需满足的条件进行了研究。

13.6.3.4　用于月球和火星表面的人工重力装置和操作

在进行火星的长期逗留前，建立月球居住地离心机是至关重要的，可用于操作方法和操作流程有效性的验证实验，保护航天员安全。

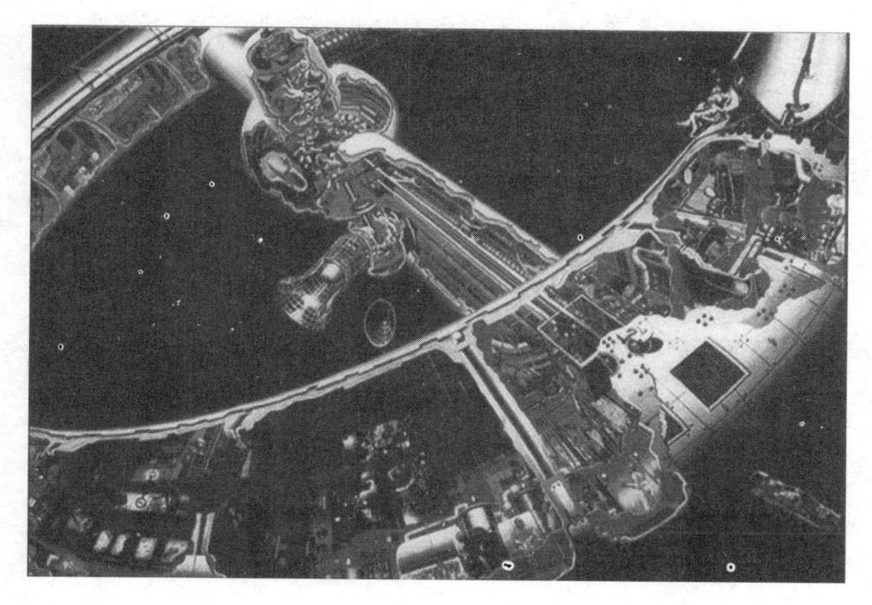

图 13－6　冯・布劳恩（Von Braun）最初的关于旋转太空站的设想，可容纳 50 人，作为探索太阳系的中转站。这一部分剪切的图片最早出现于 1954 年 4 月 30 日的科利尔（Collier）的著作中。该图片显示了空间站的一部分，包括了实验室、供应室和生活室等内容。本图片已获 NASA 授权

13.7　结论

对于科学界而言，人类探索月球和火星的计划既是挑战，又是机遇。最重要的是，如果月球和火星探索实现其最初的基本目标：实现人类突破地球轨道，进入太阳系进行探索活动，那么掌握相关的科学知识是必然的要求。目前，我们还缺少一个关键的信息，即我们尚不清楚人体在长期失重或低重力环境下的适应能力变化。在实施月球/火星探索前，通过国际空间站开展的科学研究所获得的飞行生命科学资料可能是毫无价值的，尤其是在当前逐渐减少了国际空间站的研究内容的情况下。因此，解决人体对微重力环境适应的最佳方案即为研制并验证有效的防护措施。

由于人体在太空飞行或卧床实验中出现各种改变的主要原因是重力作用的下降，以相应刺激替代重力作用于机体各部位将会取得最为显著的反馈效果。理论上说，在太空中使用人工重力（或高重力刺激）将是最有效的防护措施。

只有在具体权衡飞行舱的设计和制造费用、任务限制、防护措施的有效性和可靠性需求，以及飞行舱环境因素的作用等多个指标后，才能确定在太空中使用人工重力的最佳方案。目前，已经有多个在轨道飞行居住环境中使用人工重力的方法。多数的分析研究集中于人工重力装置的结构、质量、配置、转轴方向、动态平衡性以及居住环境因素等内容。相反的，很少有研究考虑舱体内部的短臂离心机设计。连续旋转航天飞船的设计、制造及操作将是对相关技术的极大挑战。但是，在居住环境内，定期地用离心机旋转航天员，产生间断人工重力，结合体育锻炼，看起来更具实际意义，也更容易为人所接受。

在此，我们建议，今后国际研究的方向，应着眼于开展合作的平行研究，共同对本章节中所列举的关键性问题开展探索。包括动物实验和人体实验在内，在探讨人工重力的有效性研究中具有重要的地位，共同对评估飞行防护措施的可操作性和有效性研究发挥着自身的价值。

在我们制定月球和火星探索计划时，不应把人工重力的设想搁置一边。实际上，人工重力完全有可能保证整个航天飞行任务中航天员的健康和工作能力不受影响，它也被证实了是一个具有重要作用的装置。美国国家航空航天局任务计划中关于防护措施的内容，以及国家研究委员会报告（1997）中都提出了针对防护措施的相关方案。目前，这些方案已经在概念设计阶段开始实施，在巡航飞行阶段中作为提供人工重力的备选方案，并可能用于火星轨道飞行中。如果在轨飞行生命科学研究中证实了某种防护措施的有效性，那么其他的设计方案最终会被抛弃。相反的，如果开始进行人工重力系统的研制，那么其他的防护措施研究就变得不是那么重要了。

研制有效的飞行中的人工重力装置，最有效的途径是正确及时地使用地面设备。地面实验进行得越充分，在太空中使用人工重力成功的几率就越大。当前，美国、俄罗斯、欧洲以及日本等国家已经开展了多项关于人工重力的研究，以及结合锻炼的联合防护效果观察，这进一步加深了我们对人工重力的认识。这些研究应该继续进行下去，直至所有的关键问题得以解决。其中关键的一个步骤是明确人工重力的使用剂量、时间以及作用频率与太空飞行对人体各生理系统影响程度之间的相关性。一旦这一关系得以明确，我们就能建立相应的剂量—反应曲线，人工重力也将随之成为评估其他防护措施功效的金标准。首先在地面试用，其次在太空中使用。而且，通过我们对人工重力的认识，我们也能更好地维持人体在地球上的健康安全。

参考文献

[1] Cardus D（1994）Artificial gravity in space and in medical research. J Gravit Physiol 1：19 – 22.

[2] Nicogossian AE（1994）Simulations and analogs. In：Space Physiology and Medicine. 3rd edition. Nicogossian A，Huntoon CS. Pool SL（eds）Lea & Febiger. Philadelphia，PA，pp 363 – 371.

[3] Norsk P（2001）Fluid and Electrolyte regulation and blood components. In：A World Without Gravity. Seibert G，Fitton B，Battrick B（eds）ESA Publication Division，Noordwijk，ESA SP – 1251，pp 58 – 68.

[4] Sandler H，Vernikos J（1986）Inactivity：Physiological Effects. Academic Press，New York.

[5] Smith AH（1975）Principles of gravitational biology. In：Foundations of Space Biology and Medicine. Calvin M，Gazenko O（eds）NASA，Washington DC，Vol II，Book 1，Chapter4，pp 129 – 162.

[6] Vernikos J，Pharm B，Ludwig DA et al. （1996）Effect of standing or walking on physiological changes induced by head – down bed rest：implications for spaceflight. Aviat Space Environ Med 67：1069 – 1079.

[7] Wade NJ（2002）Erasmus Darwin（1731 – 1802）. Perception 31：643 – 650.